中国高校"十二五"环境艺术
精品课程规划教材

3ds Max +VRay
室内外效果图表现
高级教程

曹凯／著

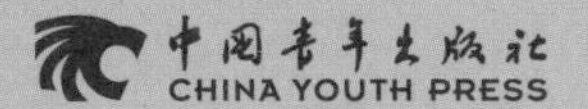

前言

随着计算机技术的飞速发展，国内建筑行业前进的步伐也明显加快。计算机技术的普及与软件功能的不断增强，为建筑设计提供了有效的技术支持。现如今 3ds Max 2014 的问世让效果图设计行业迈出了历史性的一步，2014 版的 3ds Max 不仅在操作上更加人性化，而且在绘图效果与运行速度上都有着惊人的表现。基于此种认识，本书强调知识点的实际运用性，使广大读者能迅速应用该软件。本书所挑选的室内外实例都具有代表性，每一章节也进行针对性地编排，力求使读者读完本书之后对于 3ds Max 2014 能熟练掌握、即学即用。

本书在书稿的编写和对行业实例的制作过程中力求严谨，但由于时间关系和作者水平限制，书中难免会有疏漏与不妥之处，敬请广大读者批评指正。

——作者

软件简介

3ds Max 2014 是 Autodesk 公司开发的基于 PC 系统的三维动画渲染和制作软件，广泛应用于广告、影视、工业设计、建筑设计、多媒体制作、游戏、辅助教学以及工程可视化等领域。目前市场上有很多针对 3ds Max 的第三方渲染器插件，其中 VRay 渲染器是比较出色的一款，主要集中了光线跟踪和光能传递功能，可用于建筑设计，灯光设计等多个领域。目前有很多制作公司都使用它来制作建筑动画和效果图。

内容导读

本书以 3ds Max 2014 软件结合 VRay 渲染器为载体，以基础知识与实际运用相结合的原则进行写作。本书主要分为两大板块：第一、软件的基础知识和操作，从易到难循序渐进地对软件功能进行讲解，让读者熟知操作技法；第二、室内外实例篇，结合 3ds Max 软件与 VRay 渲染器在相关领域的实际应用进行详细阐述，再结合运用设计类的其他软件，让读者在掌握重点知识的同时能举一反三，使读者最终能够掌握室内外效果图设计和处理相关问题的方法。

体例特色

本书结构完整，集知识与应用为一体，上篇分为 6 个章节，对基础知识和具体操作等方面的内容进行了全方位的讲解，章节中的重要知识点也有相对应的实例练习；下篇共分为 8 个章节，其中前 6 个章节为室内实例部分，后 2 个章节为室外实例部分。室内实例部分对 BMW 4S 新车展厅、影视厅、健身房、居室空间、洗浴商业空间、中庭大堂等不同类型的空间进行了详细介绍；室外实例部分则介绍了某地铁站商业圈和某写字楼群的设计。在每一章节中穿插讲解了一些行业领域相关知识，希望能满足读者多方面的学习和需求。

目 录 Contents

Part 01 基础篇

Chapter 01 软件与效果图制作流程

Chapter 02 3ds Max 2014 基础知识

Chapter 03 建模技术

Chapter 04 材质技术

Chapter 05 灯光技术

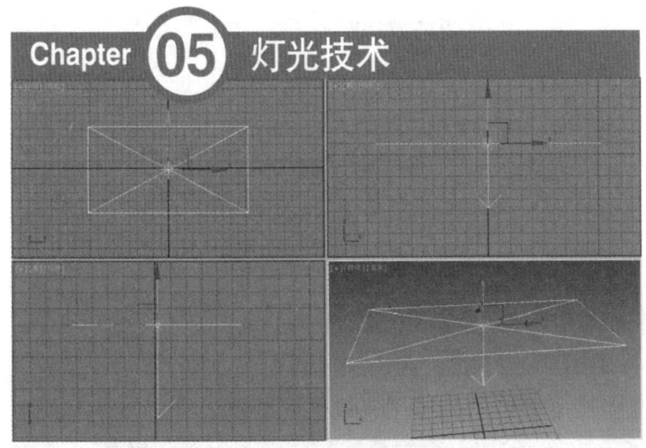

Chapter 06 摄影机与 VRay

Part 02 室内实例篇

Chapter 07 BMW 4S 店新车展厅设计

Chapter 08 封闭式小型影视厅设计

Chapter 09 带外景的健身房设计

Chapter 10 起居室家装设计

Chapter 11 洗浴会所设计

Chapter 12 中庭大堂设计

Part 03 室外建筑篇

Chapter 13 某地铁站商业圈设计

Chapter 14 某写字楼群设计

PART

01

基础篇

重点指引

本篇分为6章，从整体上介绍了3ds Max 2014和VRay相结合制作室内效果图所需要的所有常用工具和重要步骤。为帮助读者更好地进行理解，本篇展示了不同知识板块中所需要掌握的重点，并提供了该知识点所对应的应用案例练习。

重点框架	应用案例
熟悉并掌握基本操作	窗帘
界面、基本建模和修	罗马柱
改器的使用、二维转	高脚杯
三维建模、车削和放	金属、玻璃、木纹小矮人
样建模、编辑样条线	
和多边形、材质编辑	
器、灯光技术、摄影机、	
VRay 渲染与特效。	

Chapter 01 软件与效果图制作流程

本章概述

3ds Max 是一款功能强大的三维建模与动画设计软件，该软件涉及多个行业领域。本章将从最基础的部分向读者介绍 3ds Max 2014 软件，以及利用该软件制作室内外效果图的流程。

核心知识点

❶ 3ds Max 软件的简单介绍
❷ 3ds Max 2014 的新增功能
❸ 效果图制作详细流程

1.1 3ds Max 软件概述

3ds Max 是 Autodesk 出品的一款著名 3D 动画软件，是 3D Studio 的升级版本。它是世界上应用最广泛的三维建模、渲染及动画软件，被广泛应用于游戏开发、广告、影视、工业设计、建筑设计、多媒体制作、辅助教学以及工程可视化等领域。拥有强大功能的 3ds Max 还被用于电视及娱乐节目中，在影视特效方面也有一定的应用，如片头动画等。

根据不同行业的应用特点，需要掌握的 3ds Max 的方面也有所不同，例如建筑动画中只涉及了简单的动画制作手法；片头动画和视频游戏开发中动画占了很大比例，因此对动画设计的要求就更高一筹；影视特效行业则需要把 3ds Max 的特效功能发挥到极致。

我们现在所要掌握的是在国内发展相对比较成熟的室内效果图，在 3ds Max 中，其使用率占据了绝对的优势。建筑方面的应用相对来说要简单一些，只要求单帧的渲染效果和环境效果，有需要时才会涉及一些比较简单的动画，所以掌握起来相对轻松许多。

下面我们就带领大家一步一步地进入 3ds Max 室内外效果图的世界，一点一点理解它的奥秘。

1.2 3ds Max 2014 新增功能简介

Autodesk 每年都会更新它旗下的软件，于是 3ds Max 2014 如期而至，随着微软公司 Win 8 系统的风格更新，Autodesk 的官方网站以及 3ds Max 的 Logo 都更换为与之匹配的全新风格。

除延续之前的功能，有建模、光度学灯光等一般动画功能之外，3ds Max 2014 的功能与之前的版本相比更加强大，下面对新增功能进行简单介绍。

1. 支持点云（Point Cloud）显示

现在可以创建更精准的模型，可汇入从真实对象扫描而来的点云数据到 3ds Max 中。如果你是建模师，可以在 3ds Max 2014 的视口中看到点云对象的实际色彩，并实时调整点云的显示范围，还可通过吸取点云的节点来创造出新的几何对象。支持 .rcp 和 .rcs 文件格式，让你可以和其他 Autodesk 的工作流程解决方案，如 Autodesk ReCap Studio、AutoCAD、Autodesk Revit 及 Autodesk Inventor 这些软件更好地整合。

2. 支持Python脚本

如果你是一名技术总监或开发人员，现在 3ds Max 2014 支持最多人使用且易于学习的 Python 脚本，可以帮助你在 Autodesk 3ds Max 2014 中延伸使用和自定义出更多功能，可更轻松地整合进入以 Python 为主的工作流程。可以用 MAX Script 和 3ds Max 的指令字段执行 Python 脚本。此外，你可以通过 Python 脚本来存取 3ds Max API（Application Programming Interface）的子集合，包含评估 MAX Script 的编码。

3. 支持 3D 立体摄影机显示

新的 3D 立体摄影机功能，可以帮助你创建有别于以往的更具吸引力的视觉内容和特效。如果你已经是 Autodesk Subscription 的用户，则可在 Autodesk Exchange* 应用程序商店找到名为 Stereo Camera 的外挂，这个外挂让你可以进行 3D 立体摄影机的设定。可在 3ds Max 的视口中看到更多的显示模式，包括左右眼、中间及红蓝眼镜（Anaglyph View）的效果。通过 3D Volume 的帮助，你可以有效地调整其三维效果。另外，如果你已加装最新的 AMD Fire Pro 显示适配器以及支持 HD3D Active 的立体显示器（屏幕），也可以直接看到偏光式的立体显示效果。

4. 其他新增功能

其他新增功能还包括：

①支持矢量贴图，图片放大几倍之后也不会有锯齿；

②变得异常便捷的集群动画；

③增加教学动画、骨骼绑定、变形等内容；

④ 2014 版本具有透视合成功能，在 SV 相机匹配完成之后，直接使用平移、缩放可以连同背景一起操作具有透视合成功能；

⑤支持 DirectX 11 的着色器视窗实时渲染、景深等，优化加速视图操作。

1.3 效果图制作流程

一幅完整的室内效果图通常需要配合多种软件进行制作。例如 AutoCAD、Photoshop 等，本节将介绍效果图的制作流程，让读者对室内效果图制作有一个大致的初步了解。

室内效果图的制作过程通常分为 6 个步骤。

01 根据 CAD 创建符合要求的空间模型。

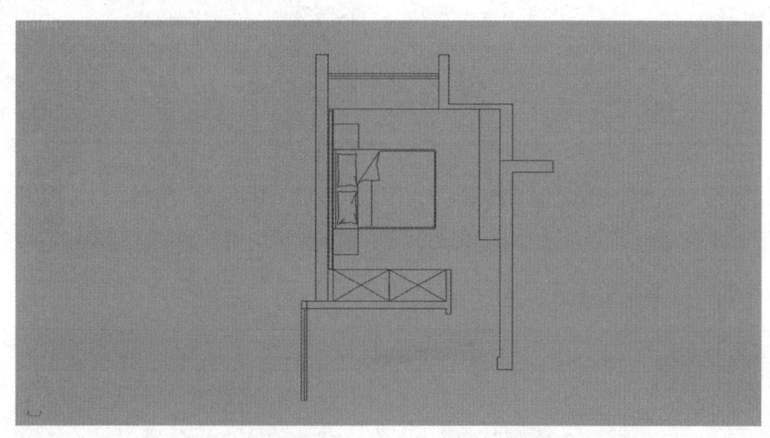

02 通过设置摄影机确定合适的观察角度。

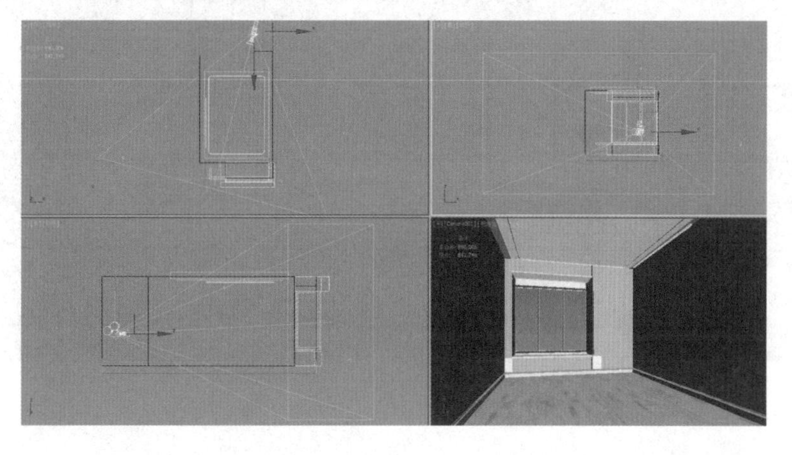

03 为场景模型指定合适的材质。

04 设置场景光源，并完善建模。

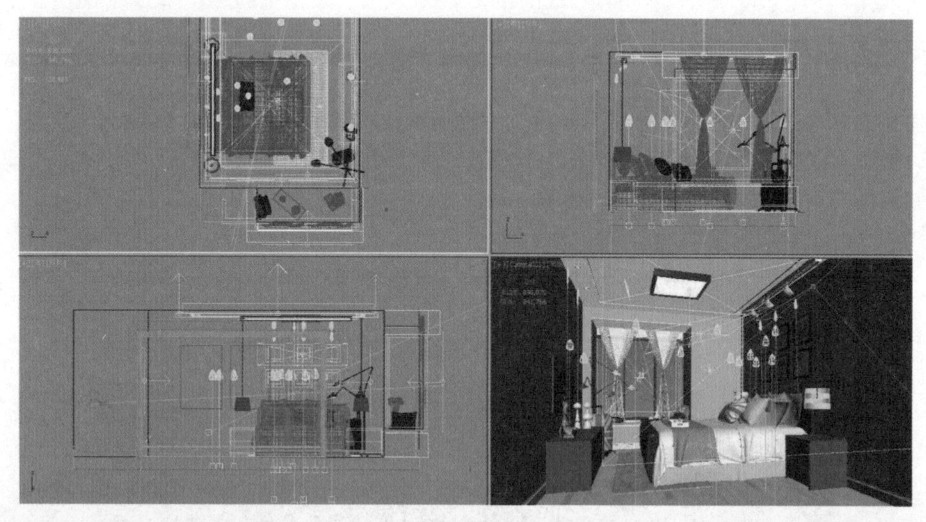

05 设置渲染参数，并渲染出图。

06 根据不同的需要在 Photoshop 中进行后期效果处理。

07 完成的最终效果图如下。

Chapter 02 3ds Max 2014 基础知识

本章概述

本章将会对 3ds Max 2014 中的基本命令与基本操作进行详细介绍，以便读者能更快地了解并使用该软件，这将对后面章节的学习有很大的帮助。

核心知识点

❶ 3ds Max 2014 软件界面及系统设置
❷ 用户界面介绍
❸ 软件基本操作

2.1 界面设置和系统设置

在计算机中安装 3ds Max 2014 之后，桌面上会出现如下图所示的 3ds Max 2014 图标。

双击该图标即可启动 3ds Max 2014，启动完成后映入眼帘的是如下图所示的界面。

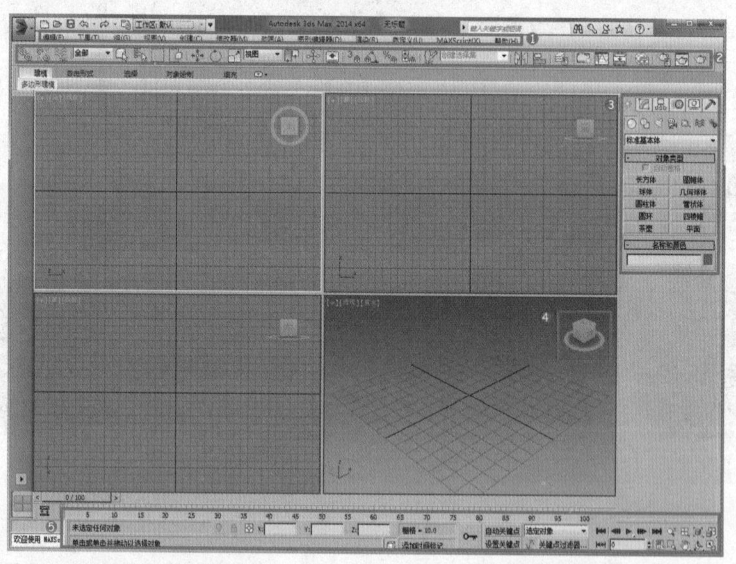

整个界面由菜单栏、工具栏、命令面板、视口、视口导航控制区等几部分组成。

①主窗口的标题栏下方有一排长条选择栏，称为菜单栏，菜单栏中每个菜单的名称表明该菜单中各命令的用途，单击菜单名称时展开的下拉菜单中列出了很多命令，几乎能够涵盖所有菜单命令，是大多数命令的默认选择方式，在界面中能够看到的所有工具栏按钮都能够在相应的菜单中找到与之对应的命令。

②工具栏位于菜单栏下方，包含了几个类别的工具，单击工具栏图标即可访问常见任务的工具和对话框。由于工具栏内包含的操作命令很多，因此为了方便操作，在每组操作按钮之间以小竖线进行分隔。这些工具从使用形式上分为 3 种不同类别。

第一种是最直观的一种，单击之后即可开启该功能，例如："移动"按钮，选择物体以后单击此按钮即可直接移动物体。

第二种是单击后弹出设置窗口。例如单击“按名称选择”按钮以后会自动弹出“从场景中选择”对话框。与其他窗口中的操作界面一样，也带有菜单栏和面板，单击窗口中的菜单名时会执行相应的命令，或者弹出更多的窗口。

第三种是在工具栏中将光标移动到图标右下角带有小三角标志的按钮上，按住鼠标左键不放，则该按钮会自动显示出更多可供选择的按钮，每个按钮的功能一样，只是选择、变换的方式有所区别。例如捕捉按钮，单击之后会有同种属性的其他选择。

③命令面板是 3ds Max 软件系统中最常用的命令集合面板，位于主界面的右侧，是最主要的组成部分之一，在主界面中可以看到命令面板的第一排是由 6 个面板并排而成的。第二排可以通过选择创建命令面板中的不同类型对象，创建出很多系统自带的基本或其他对象，如“几何体”。第三排命令面板下方的下拉列表中可以选择更多的默认对象类别，单击右方的下拉按钮，会展开完整的命令列表。第四排对象类型卷展栏中可以选择更多的默认对象类别，单击需要创建的对象名称按钮，即可创建相应的对象。

④View Cube 为 3ds Max 导航工具，通过它可以在标准和等距视图之间进行切换。不难发现，3ds Max 的主要工作区域显示了顶视图、前视图、左视图和透视图 4 个独立显示窗口，对其也可以进行设置。View Cube 显示时，默认显示在活动视口的右上角；如果处于非活动状态，则会叠加在场景上。

⑤位于窗口底部边缘的界面栏主要用于动画时间控制和播放，在右侧视口导航控制区还包括一些相关选项常用的控制工具。

2.1.1 用户界面配置文件

3ds Max 为用户提供的是最为人性化的操作界面，可以选择软件默认的界面进行创作，也可以更改界面颜色、随意调整视口大小和位置、设置自己的文件路径、更改并保存快捷键等。总之，可以设置为最适合自己使用的界面。

3ds Max 2014 同样也为用户提供了几种预制的用户界面，这些文件保存在 3ds Max 的默认文件路径中。

在菜单栏中选择“自定义 > 加载自定义用户界面方案”命令，弹出“加载自定义用户界面方案”对话框，在其中可以看到 3ds Max 用户界面的配置文件。

在用户界面配置文件夹中，软件自带 4 种默认的界面配置文件。在对话框中双击相应文件，或者选择相应文件，然后单击“打开”按钮，即可加载该界面。可以通过这种方式根据个人喜好来更改界面外观。例如：选择“ame-dark.ui”，则操作界面就会更改为深色背景，如下图所示。

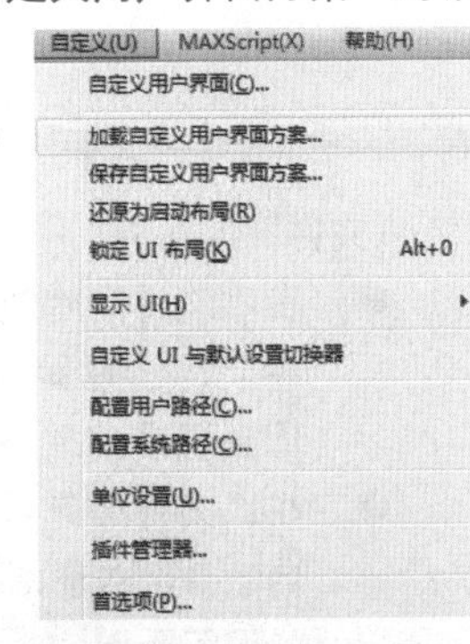

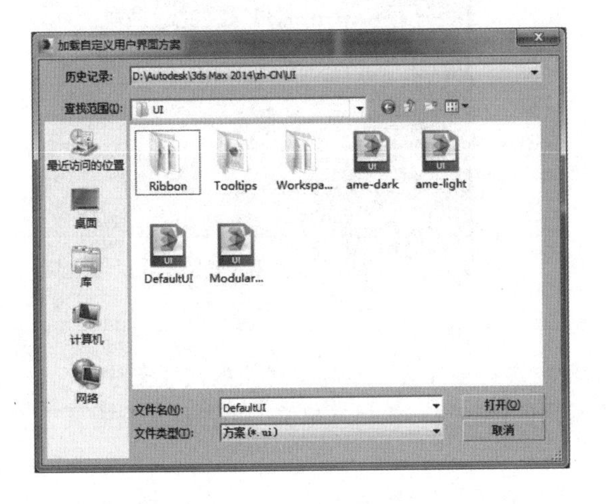

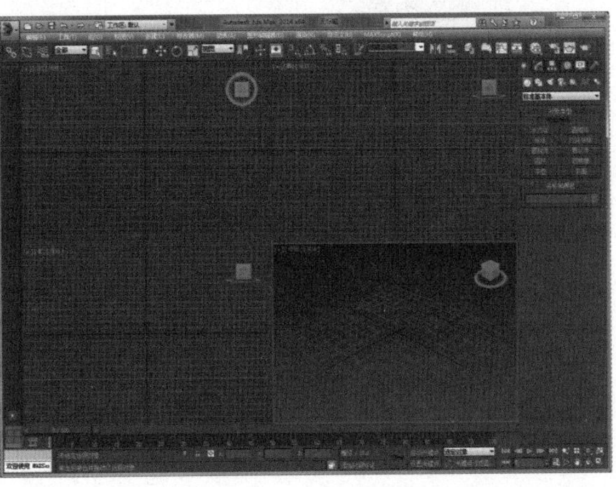

2.1.2 系统常规设置、系统单位以及修改器的快捷设置

系统常规设置主要是设置场景撤销步数、编辑字段中显示的小数位数、备份的文件数量等，设置完成之后能提高绘图效率；系统单位统一之后能更好地控制物体形体大小；修改器的快捷设置则是将常用修改命令做成按钮放在面板上，使用起来更得心应手。

1. 系统常规设置

在使用软件的过程中，最怕遇到的问题就是突然断电或者突然死机而来不及保存，这样会导致文件的丢失以及损坏。因此，在画图之前，我们要预设足够安全的自动保存功能，以便在发生突发事件后能够找到历史记录，尽最大可能挽回文件丢失所带来的损失。具体操作如下。

在菜单栏中选择“自定义 > 首选项”命令，弹出“首选项设置”对话框。

该对话框中有 14 个选项卡，其中“文件”选项卡和“常规”选项卡是最常用的，具体设置如下所示，其他选项保持默认即可。

“常规”选项卡

- 在“常规”选项卡中，“场景撤销”用于设置在场景操作中可以撤销的次数，系统默认的撤销“级别”值是 20，可以根据自己的需要进行更改，需要注意的是，撤销的“级别”数越大，所需要的内存就越大。
- 在“常规”选项卡中，“微调器”用于设置增量值和递减值以及微调器编辑字段中显示的小数位数。

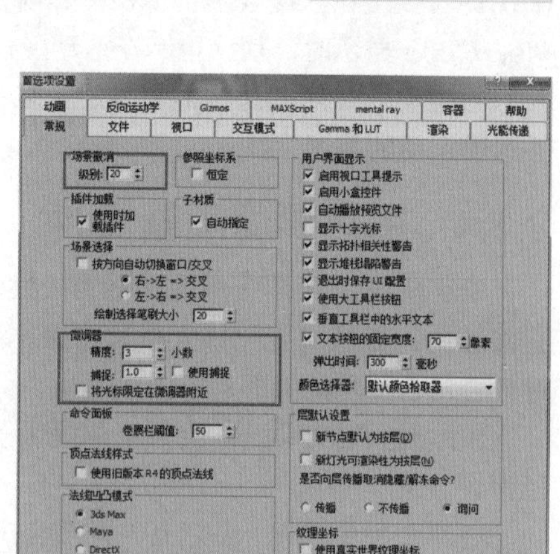

“文件”选项卡

- 在“文件”选项卡中，“文件菜单中最近打开的文件”用于设置文件菜单中最近打开的文件保留的历史记录，默认为 10 个。
- 在“文件”选项卡中，“自动备份”用于设置文件自动备份数量、间隔时间，并且可以对其重新命名。如下图所示。

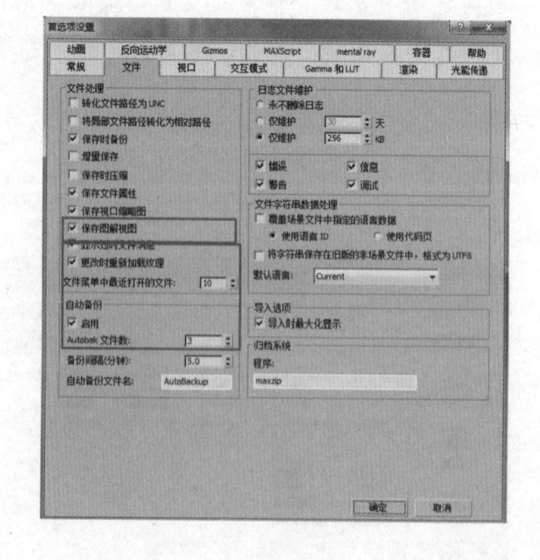

2. 系统单位

系统单位会影响场景中的比例尺寸，使用不一致的单位进行创作会导致场景对象的尺寸无法统一，因此在制作之前需要将系统单位统一。软件中自带了最常用的国际统一的尺寸单位，用户可根据需要选择其中任意一种单位作为标准。

在制作效果图的过程中，通常会使用“毫米”作为尺度单位，具体操作如下。

选择菜单栏中的“自定义＞单位设置”命令，弹出“单位设置”对话框，在“显示单位比例”选项组中，选择“公制”单选按钮，再单击“系统单位设置”按钮，弹出“系统单位设置”对话框，在“系统单位比例”选项组中将系统默认的“英寸”更改为“毫米”。

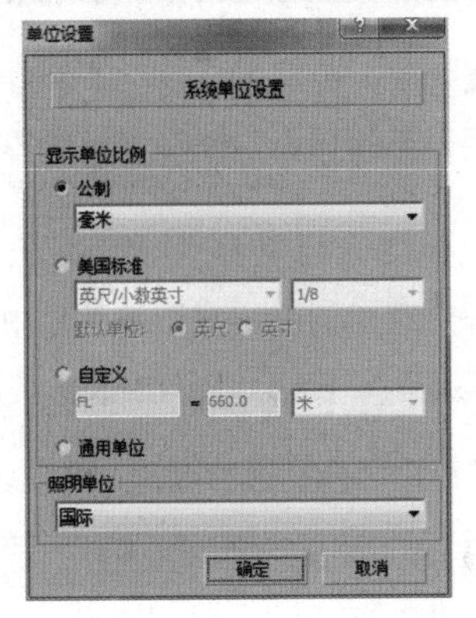

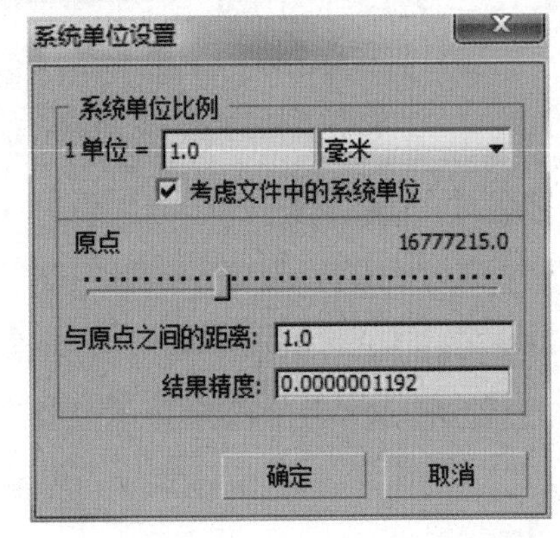

3. 修改器的快捷设置

在 3ds Max 中，修改器的使用是最为频繁的，在视图右侧命令面板中第一排的第二个面板下，所有命令集中在“修改器列表”中，打开修改器下拉列表即可看到各项命令。但命令过多，在以后绘制效果图的过程中寻找起来会不太方便，因此用户可以按照自己的使用习惯来配置修改器按钮，这样使用起来会更加快捷。

01 首先打开修改命令面板设置按钮，单击下拉列表中的第一个选项“配置修改器集”，弹出“配置修改器集”对话框。

02 “按钮总数”用于设置按钮的数量，可以直接从“修改器”列表中找到需要的命令，然后按住鼠标左键将其拖曳到右侧的按钮上，设置完成之后单击“确定”按钮。

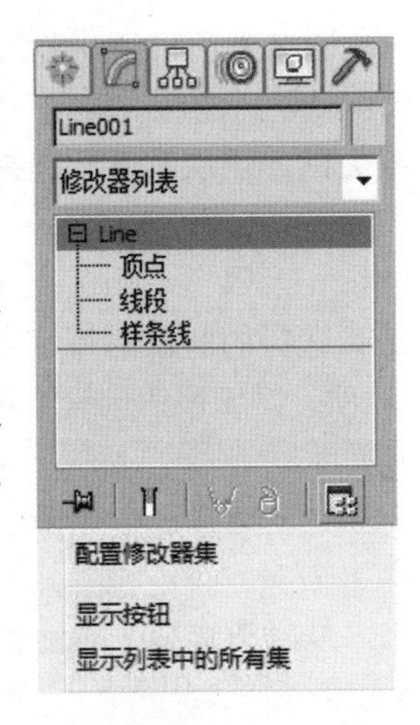

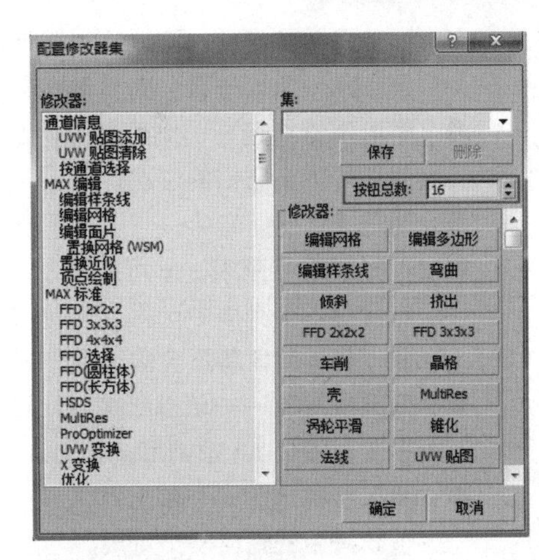

03 如果在修改命令面板中没有显示按钮，可单击设置按钮，在下拉列表中选择“显示按钮”选项，调整完成后的修改命令面板效果如右图所示。

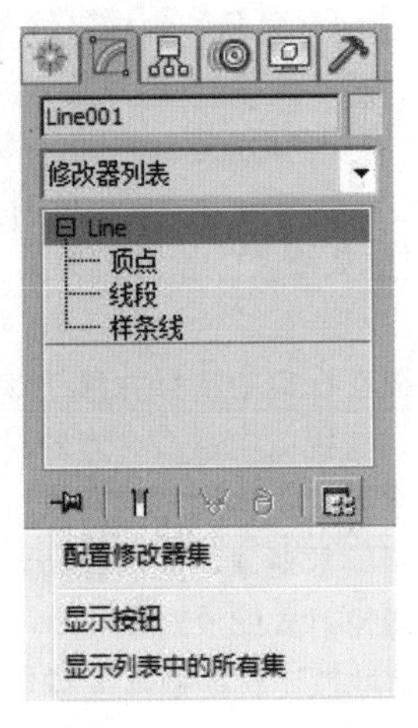

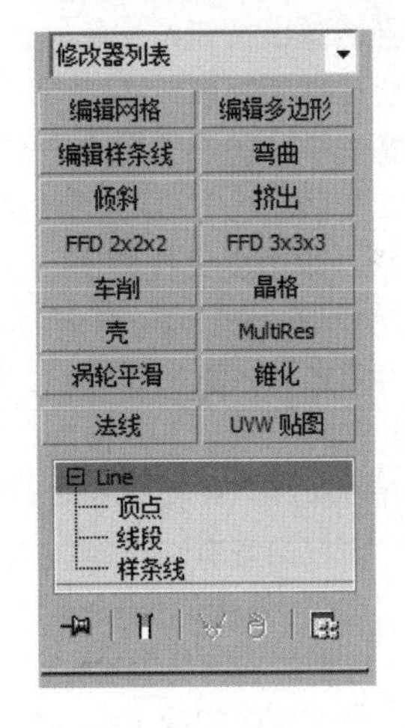

2.2 用户界面

本节将详细介绍 3ds Max 2014 操作界面，包括菜单栏、主工具栏与浮动工具栏、命令面板、视口以及视口布局和导航控制区，帮助读者根据自己的操作习惯设置操作界面。

2.2.1 菜单栏

菜单栏位于主窗口的标题栏下方，每个菜单的名称表明该菜单中各项命令的用途。

编辑(E) 工具(T) 组(G) 视图(V) 创建(C) 修改器(M) 动画(A) 图形编辑器(D) 渲染(R) 自定义(U) MAXScript(X) 帮助(H)

此外，菜单栏上方还有一个快捷工具栏，可分别进行新建、打开、撤销与重做以及另存为路径等操作。

工作区: 默认

2.2.2 工具栏

工具栏包括主工具栏和浮动工具栏。通过主工具栏可以快速访问 3ds Max 中常见任务的工具和对话框。默认情况下只显示主工具栏，浮动工具栏（撤销重做、层、渲染快捷方式、捕捉、动画层、约束轴、附加、笔画预设）被隐藏。

若想启用浮动工具栏，则右击主工具栏的空白区域，在弹出的快捷菜单中选择工具栏的名称，即可开启或关闭相应的工具栏。

1. 主工具栏

- 选择并链接——可以通过将两个对象链接为子和父，定义它们之间的层次关系。单击此按钮，可以从对象（子级）到其他任何对象（父级）拖出一条线。
- 取消链接选择——可移除两个对象之间的层次关系。选择需要取消链接的子对象，单击此按钮即可取消它们的层次关系。
- 链接到空间弯曲——多用于动画制作。
- 选择过滤器列表——可以限制选择工具选择的对象的特定类型和组合。例如：如果在选择过滤器列表中选择“L- 灯光”选项，则使用的选择工具在视口中只能选中灯光对象，其他对象将不会被选中，如右图所示。

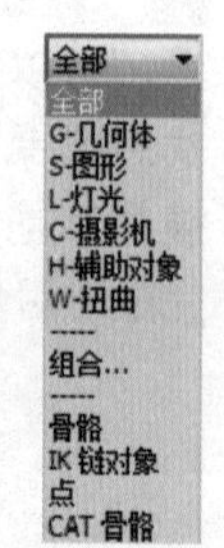

- 选择对象——单击此按钮，可以在场景中选择一个或多个操控对象（按住 Ctrl 键可多选，按住 Alt 键则可减选）。
- 按名称选择——单击此按钮会弹出“从场景选择”对话框，在该对话框中可选择当前场景中的任何一个对象。
- 选择区域弹出按钮——长按此按钮，可显示 5 种按区域选择对象的方式。按住选择区域按钮，会显示包含“矩形”、“圆形”、“围栏”、“套索”、“绘制”在内的 5 种选择区域按钮，选择其中一种方式后，在视口中按住鼠标左键拖动，将以选择的方式选择对象。
- /窗口 / 交叉——单击窗口按钮切换到窗口模式，此时只能对安全包围在选择区域内的对象进行选择。单击交叉按钮时切换到交叉模式，此时选择区域内所有对象及与选择区域边界相交的任何对象都会被选中。
- 选择并移动——单击此按钮，可以在视口中选择并移动对象。单击右键可以输入移动数值。
- 选择并旋转——单击此按钮，可以在视口中选择并旋转对象。单击右键可以输入旋转数值。
- 选择并缩放——长按此按钮可显示缩放物体的三种方式。

单击按钮，可以沿所有 3 个轴以相同量缩放对象，同时保持对象的原始比例。

单击按钮，可以根据活动轴约束以非均匀方式缩放对象。

单击按钮，可同时在另外两个轴上均匀地按比例缩放。同样单击右键可以输入缩放数值。挤压对象势必牵扯到在一个轴上按比例缩小，同时在另外两个轴上均匀地按比例增大，反之亦然。

- 参考坐标系列表——可以指定变换（移动、旋转、缩放）所用的坐标系，如右图所示。
- 使用中心轴按钮——长按此按钮可显示确定旋转和缩放操作几何中心的 3 种方法。单击按钮，可围绕其各自的轴点旋转或缩放一个或多个对象。
- 单击按钮，可围绕其共同的几何中心旋转或缩放一个或多个对象。如果变换多个对象，会计算所有对象的平均几何中心，并将其作为变换中心。
- 单击按钮，可围绕当前坐标系的中心旋转或缩放一个或多个对象。
- 选择并操纵——可以通过在视口中拖动“操纵器”编辑某些对象、设置修改器和控制器的参数。
- 对象捕捉——长按此按钮可显示创建和变换对象或子对象期间，捕捉现有几何特定部分的 3 种方式。

  2D 捕捉：光标仅捕捉活动构建栅格，包括该栅格平面上的任何几何体。将会忽略 Z 轴或垂直尺寸。

  2.5D 捕捉：光标仅捕捉活动栅格上对象投影的顶点或边缘。
- 3D 捕捉：光标直接捕捉 3D 空间中的任何几何体，3D 捕捉用于创建和移动所有尺寸的几何体，而不考虑构造平面。
- 角度捕捉切换——确定多数功能的增量旋转，包括标准旋转变换。随着旋转对象或对象组，对象以设置的增量围绕指定轴旋转。
- 百分比捕捉切换——通过指定的百分比进行对象的缩放。
- 微调器捕捉切换——设置 3ds Max 2014 中所有微调器的单个单击所增加或减少的值。
- 编辑命名选择——单击可打开“命名选择集”对话框，从中可对对象的命名选择集进行管理。
- 创建选择集 命名选择集列表——可以命名选择集，并重新调用选择以便以后使用。
- 镜像——在视口中选择对象，然后单击此按钮，会弹出“镜像”对话框，在对话框中可以选择镜像一个或多个对象的方向，进行移动。还可以围绕当前坐标系中心镜像当前选择对象。
- 对齐弹出按钮——长按此按钮可显示 6 种不同对齐工具。
- 对齐按钮：在视口中选择对象，单击按钮后选择要对齐的对象，将弹出“对齐”对话框，使用该对话框可将当前选择与目标选择对齐。快速对齐按钮：选择对象并单击此按钮，然后选择对齐的目标对象，可将当前选择的位置与目标对象的位置立即对齐。
- 法线对齐按钮：选择要对齐的对象并单击此按钮，然后单击对象上的面，再单击第二个对象上的面，将弹出“法线对齐”对话框，基于每个对象上面或选择的法线方向将两个对象对齐。
- 放置高光：可将灯光或对象对齐到另一对象，以便可以精确定位其高光或反射。
- 对齐摄影机：可以将摄影机与选定的面法线对齐。
- 对齐到视口：可以将对象或子对象选择的局部轴与当前视口对齐。
- 层管理器——可以创建和删除层的无模式对话框，也可以查看和编辑场景中所有层的设置，以及与其相关联的对象。
- 石墨建模工具开关键——单击该按钮，会在主工具栏下方出现石墨建模工具栏。
- 轨迹视口曲线编辑器——是一种“轨迹视口”模式，以图表上的功能曲线来表示运动。该模式可以使运动的插值以及软件在关键帧之间创建的对象变换直观化。使用曲线上关键点的切线控制柄，可以观看和控制场景中对象的运动和动画。
- 图解视口——是基于节点的场景图，通过它可以访问对象属性、材质、控制器、修改器、层次和不可见场景关系。在此处可查看、创建并编辑对象间的关系。可创建层次、指定控制器、材质、修改器或约束。
- 经典材质编辑器——提供创建和编辑材质以及贴图的功能，单击可弹出“材质编辑器”对话框。
- 记录材质编辑器——与经典材质编辑器的功能基本相同。
- 渲染设置——单击将打开“渲染设置”对话框，可整体调试所应用的材质及环境设置，为场景的几何体润色。
- 渲染帧窗口——可以在浮动窗口中创建快速渲染，提供最近一次的预览渲染。

视图
视图
屏幕
世界
父对象
局部
万向
栅格
工作
拾取

- 渲染——长按此按钮可显示 3 种不同工具。

快速渲染：单击该按钮，可以使用当前产品级渲染设置来渲染场景。

渲染迭代：可在迭代模式下渲染场景，而无须打开“渲染设置”对话框。迭代渲染会忽略文件输出、网络渲染、多帧渲染、导出到 MI 文件以及电子邮件通知。在图像（通常对各部分迭代）上执行快速迭代时使用该选项。例如，处理最终聚集设置、反射或者场景的特定对象或区域。

在视口中使用：该按钮提供预览渲染，如果更改了场景中的照片或材质的效果，快速渲染窗口将交互地更新渲染效果。

2. 浮动工具栏

用户可以根据自己的需要和操作习惯来决定是否显示所有的浮动工具栏。

开启浮动工具栏的方法有两种。

01 选择菜单栏中的“自定义 > 显示 UI> 显示浮动工具栏”命令。

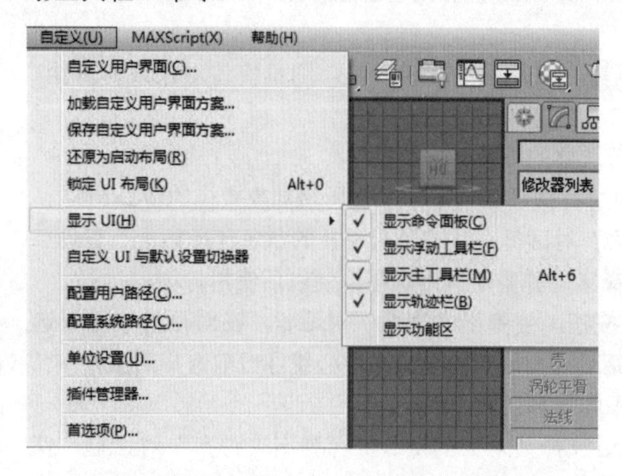

02 将光标放置于主工具栏的空白处，单击鼠标右键，在快捷菜单中单击选择即可。

浮动工具栏全部显示后，选取需要使用的工具栏，将其移动至菜单栏附近时会自动吸附到菜单栏上。

下面介绍一下常用的浮动工具栏。

轴约束——使用“轴约束”工具栏中的选项可以将所有变换限制到某个轴上或者某个平面上，包括移动、旋转、缩放等。

附加——用于处理 3ds Max 场景的工具，分别是自动栅格、阵列。

层——简化 3ds Max 与层系统的交互，从而更易于组织场景中的层。

渲染快捷方式——可以指定 3 个自定义预设按钮的设置，然后使用这些按钮在各种渲染预设之间进行切换。

捕捉——可以访问最常用的捕捉设置。

2.2.3 命令面板

命令面板包括创建命令面板、修改命令面板、层次命令面板、运动命令面板、显示命令面板和工具命令面板，可以访问绝大部分建模和动画命令。

- 创建命令面板——提供创建命令，这是构建场景的第一步。创建命令面板将所创建的对象分为 7 个类别，包括 3D 几何形、2D 线型、灯光、摄影机、空间扭曲和辅助对象。
- 修改命令面板——创建对象的同时系统会为每个对象指定一组创建参数，该参数能够根据对象类型定义其几何和其他特性。可以根据需要在修改命令面板中更改这些参数，还可以为对象应用各种修改器来进行编辑。

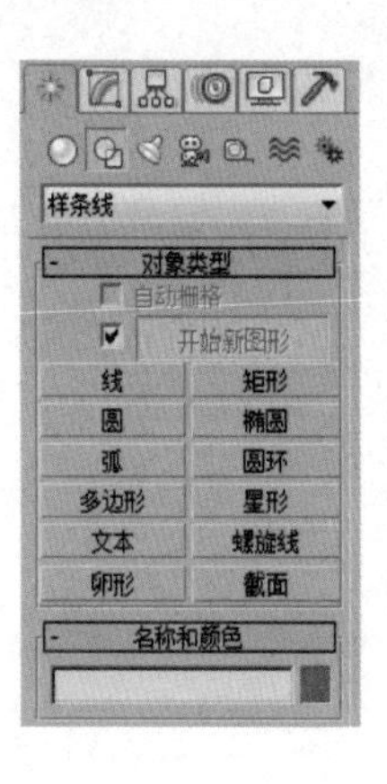

- 层次命令面板——可以调整对象间层次链接。通过将一个对象与另一个对象相链接，可以创建父子级关系，此时应用到父对象的变换同时将传递给子对象。将多个对象同时链接到父对象和子对象，可以创建复杂的层次。
- 运动命令面板——调整选定对象的运动。
- 显示命令面板——可以访问场景中控制对象显示方式的工具。可以隐藏和取消隐藏、冻结和解冻、更改显示特性、加速视口显示以及简化建模步骤。
- 工具命令面板——访问各种工具程序。

2.2.4 视口和视口布局

3ds Max 用户界面的最大区域被划分为四个相等的矩形区域，被称之为视口或视图。单击每个视口左上角的中括号，可以选择该窗口显示的视图。

1. 更改视口大小

为更加随意调整视口，可以将光标移动到 4 个视口的正中间，这时光标会变为四向箭头的图标，按住鼠标左键同时向上下左右方向拖动，视口的大小就会随着光标的移动而相应发生变化。

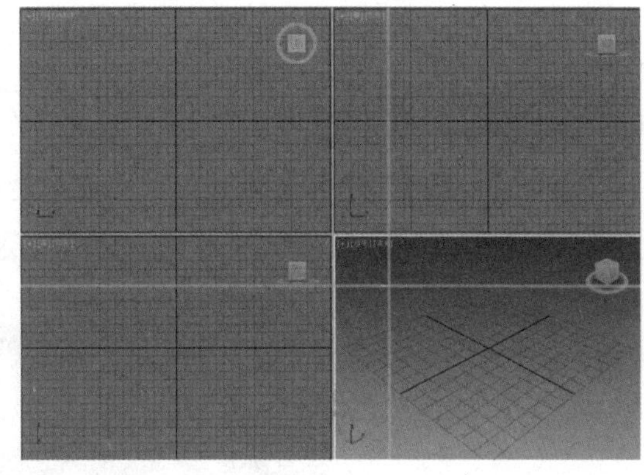

将光标移动到任意两个视口之间的位置，直到光标变为双向箭头。如果两个视口是左右分布，则光标会变为显示左右指向的箭头；如果两个视口上下分布，则光标显示的是上下指向的箭头。同样按住鼠标左键向左右或上下方向移动，视口会发生相应变化。

2. 视口布局

和 3ds Max 2013 一样，3ds Max 2014 中将布局版面规划移动到了操作界面的左下角。

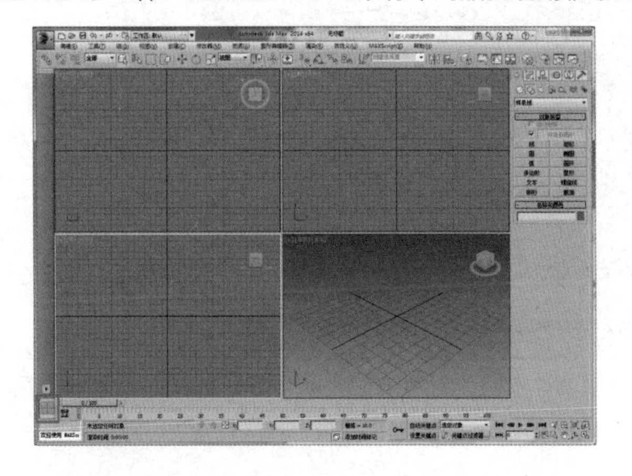

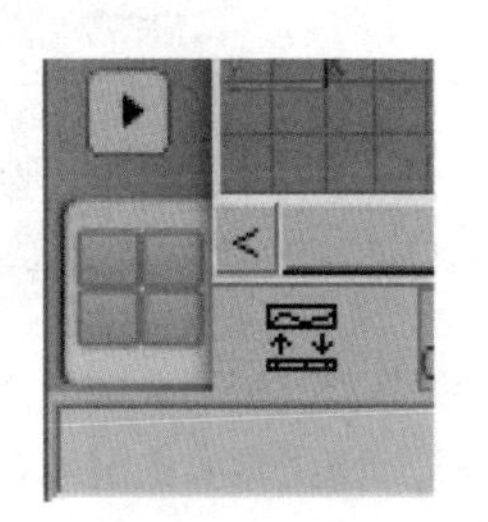

单击三角按钮，弹出“标准视口布局”列表，其中有 12 种视口布局供选择，单击选择后会自动保存在左侧的视口任务栏中，可以根据自己需要调整视口。在视口小标签上右击，可以为特定视口命名，还可将其保存或者删除，这样更为人性化，也更加方便。

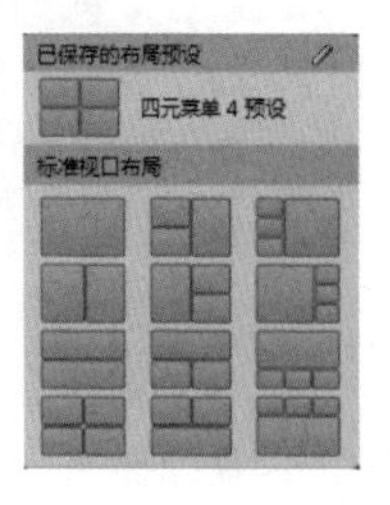

也可以执行菜单栏中的“视图>视口配置”命令，打开“视口配置”对话框，在该对话框的“布局”选项卡中指定视口的划分方式。

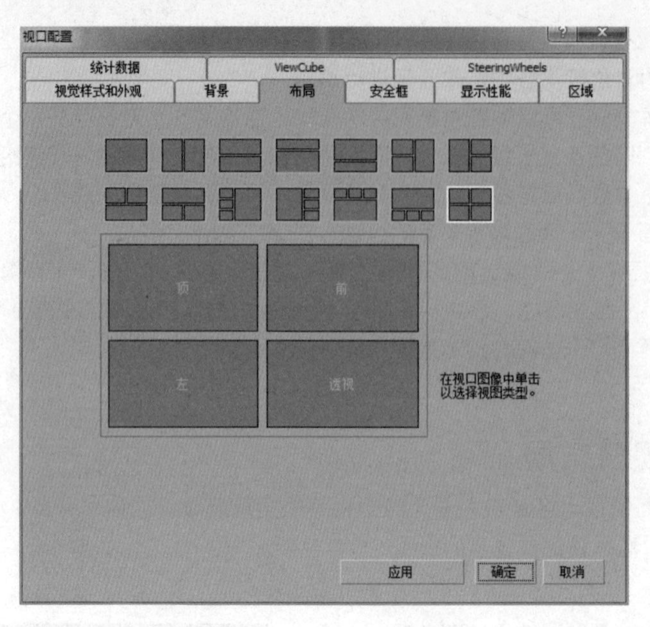

单击图标选择划分方法之后，随即显示相应的视口布局样式。若想指定特定视口，只需要在布局样式区域中单击视口，从弹出的菜单中选择视口类型即可。

3. 视口显示模式

在“视口配置”对话框中切换到“视觉样式和外观”选项卡。

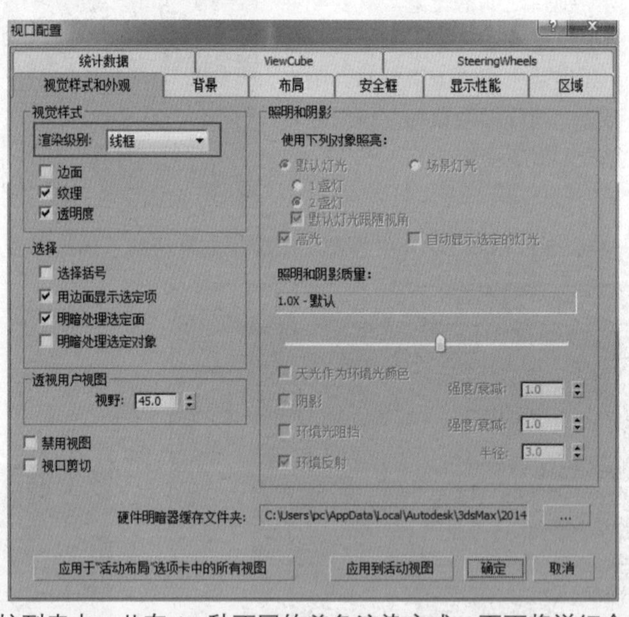

在“渲染级别”下拉列表中一共有 15 种不同的着色渲染方式，下面将详细介绍其中几个常用选项。

- 真实——使用真实平滑着色渲染对象，并显示反色高光和阴影。按 F3 键可在“真实”与“线框”之间切换。
- 明暗处理——只有高光和反射。
- 一致的色彩——在摄影机或者是透视视图中会显示出阴影。
- 边面——只有在当前视口处于着色模式（如平面、平面 + 高光、面 + 高光或边面）时才可以使用该选项。在这些模式下启用“边面”之后，将沿着色曲面显示对象的线框边缘。这对于在着色显示下编辑网格非常有用。
- 面——将多边形作为平面进行渲染，但是不使用平滑或高光显示进行着色。

- 隐藏线——线框模式隐藏法线指向偏离视口的面和顶点。
- 线框——将对象绘制作为线框，并不应用着色。
- 边界框——将对象绘制作为边界框，并不应用着色，边界框的定义是将对象完全封闭的对象框。

2.2.5 视口导航控制区

利用位于 3ds Max 2014 主窗口右下角的视口导航控制区中的按钮，可对视口进行缩放、平移和导航的控制，具体介绍如下。

- 缩放窗口——当在“透视”或“正交”视口中进行拖动时，可调整视口放大值。
- 缩放所有视口——可以同时调整所有“透视”和“正交”视口中的视口放大值。
- 最大化显示——将所有可见对象在活动“透视”或“正交”视口中居中显示。用于在单个视口中查看场景中的每个对象。
- 最大化显示选定对象——将选定对象或对象集在活动“透视”或“正交”视口中居中显示。用于在复杂场景中凸显要浏览的小对象。
- 所有视口最大化显示——将所有可见对象在所有视口中居中显示。可在每个可用视口的场景中看到各个对象。
- 所有视口最大化显示选定对象——将选定对象或对象集在所有视口中居中显示。要浏览的小对象在复杂场景中丢失并希望在每个视图中最大化显示时可使用该控件。
- 视野——调整视口中可见的场景数量和透视张角量。
- 缩放区域——可放大用户在视口内拖动的矩形区域。仅当活动视口是“正交”“透视”“用户”视口时该控件才可用，该控件不可用于“摄影机”视口。
- 平移视口——沿着平行于视口平面的方向移动摄影机。
- 弧形旋转——使用视口中心作为旋转的中心。如果对象靠近视口的边缘，则可能会旋转出视口。
- 弧形旋转选定对象——使用当前选择的中心作为旋转的中心。当视口围绕其中心旋转时，选定对象将保持在视口中的同一位置上。
- 弧形旋转子对象——使用当前子对象选择的中心作为旋转的中心。当视口围绕其中心旋转时，选定对象将保持在视口中的同一位置上。
- 最大化视口切换——可在其正常大小和全屏大小之间进行切换。

2.3 基本操作

本节将介绍文件的打开、重置以及保存等基本操作，以及其他 4 组基础操作，希望能帮助读者对 3ds Max 2014 有进一步的认识。

2.3.1 文件相关操作

在 3ds Max 中，关于文件的基本操作命令都集中于 3D 图标菜单中。

1. 如何打开文件

单击 3ds Max 界面左上角的图标，单击打开下拉列表中的“打开”命令，或在小快捷工具栏上单击第二个按钮，即“打开”按钮。

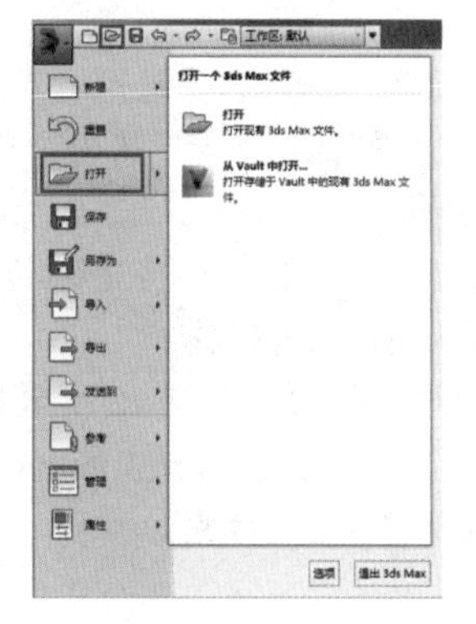

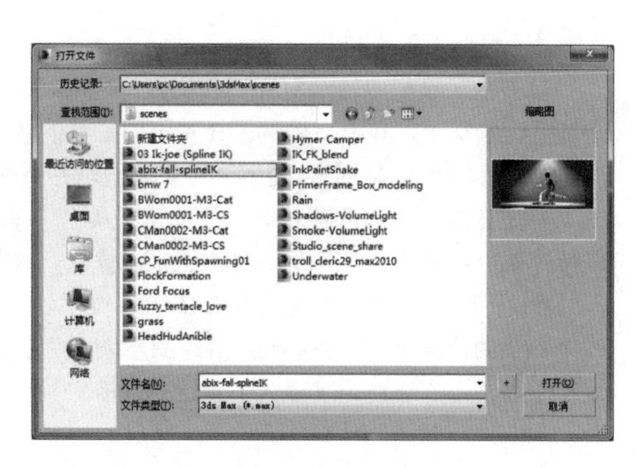

单击“打开”按钮后，弹出“打开文件”对话框，从中选择需要打开的文件。这里可以加载场景文件（后缀名为 *.max）、角色文件（后缀名为 *.chr）或 VIZ 渲染文件（后缀名为 *.drf）。

2. 新建以及重设场景

新建：单击 3ds Max 2014 界面左上角的图标，在下拉列表中选择“新建”命令或单击小快捷工具栏中的第一个按钮。使用“新建”命令可以清除当前场景的内容，而无须更改系统设置（视口设置、捕捉设置、材质编辑器、背景图像）。

重置：单击 3ds Max 2014 界面左上角的图标，在下拉列表中选择“重置”命令。使用“重置”命令可以清除所有数据并重置程序设置（视口设置、捕捉设置、材质编辑器、背景图像等）。重置还可以还原默认设置，并且可以移除当前绘制期间所做的任何自定义设置。“重置”与重新启动 3ds Max 的效果相同。

3. 存储以及另存文件

单击 3ds Max 2014 界面左上角的图标，在下拉列表中选择“保存”和“另存为”命令。小快捷工具栏中的第三个按钮为“保存”按钮。使用“保存”命令可以通过覆盖上次保存的场景更新当前的场景。使用“另存为”命令可以为文件指定不同的路径和文件名，采用 MAX 或者 CHR 格式保存当前的场景文件。第一次执行“保存”命令会弹出“文件另存为”对话框，在此对话框中可以为文件命名、指定路径。

如果先前没有保存场景，则“保存”命令的工作方式与“另存为”命令相同。

2.3.2 镜像、对齐操作

镜像工具与“复制”命令相类似，但区别在于可调节所复制对象的方向；对齐工具可以将当前选择与目标选择进行对齐。这两个功能在建模时使用频繁，希望大家能够熟练掌握。

1. 镜像工具的使用

在视口中选择任意一个对象，然后在主工具栏中单击“镜像”按钮，弹出“镜像”对话框，在对话框中设置镜像参数，然后单击“确定”按钮，完成镜像操作。

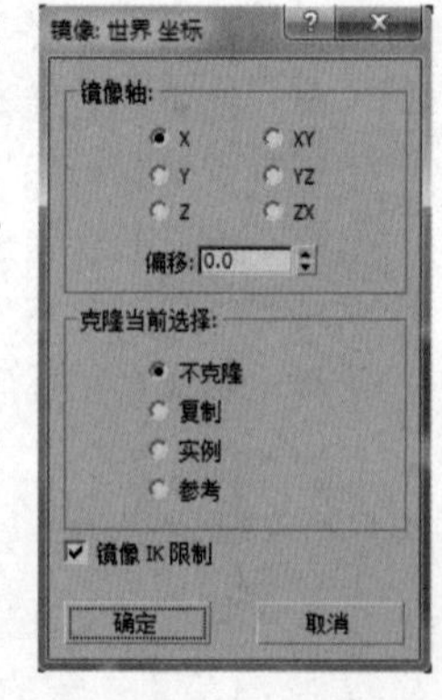

- 在“镜像轴”选项组中，“镜像轴”可以被设置为 X、Y、Z、XY、YZ、ZX。可选择其中的一个轴来指定镜像的方向。这些选项等同于“轴约束”工具栏中的选项按钮。

“偏移”是指定镜像对象轴点与原始对象轴点之间的距离。

- 在“克隆当前选择”选项组中设置由“镜像”功能创建的副本的类型。默认设置为“不克隆”。

“不克隆”是在不制作副本的情况下，镜像选定对象。

“复制”将指定对象的副本镜像到指定的位置。

“实例”将选定对象的实例镜像到指定位置。

“参考”将选定的对象的参考镜像到指定位置。

- “镜像 IK 限制”用于设置当围绕一个轴镜像几何体时，会导致镜像 IK 约束（与几何体一起镜像）。如果不要求 IK 约束受“镜像”命令的影响，可以取消勾选此复选框。

2. 对齐工具的使用

单击主工具栏中的“对齐”按钮，可以将当前选择与目标选择进行对齐，这个功能比较常用。其中，提供了 6 种不同工具的访问，分别是对齐、快速对齐、法线对齐、放置高光、对齐摄影机、对齐到视口。

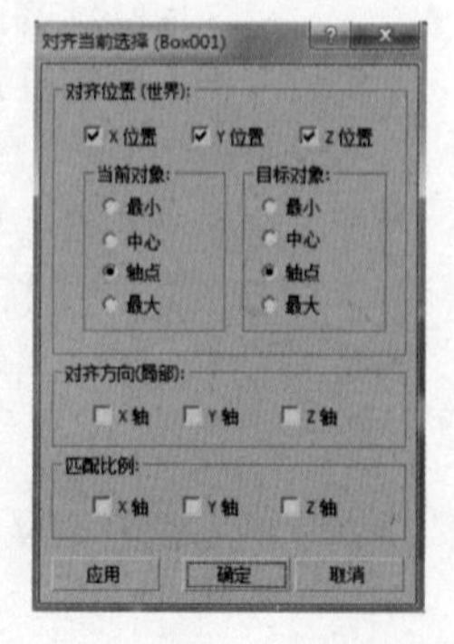

首先在视口中选择源对象，接着在工具栏中单击“对齐”按钮，将光标定位到目标对象上并单击，在打开的对话框中设置对齐参数并完成对齐操作。

- “对齐位置”选项组中的 3 个选项可以用于对齐到 X、Y、Z 3 个坐标轴的位置上。“当前对象”和“目标对象”选项组用于将当前对象以最小位置、中心、轴点或者最大位置进行对齐，两种选择需要配合使用。

- “对齐方向（局部）”选项组中的设置用于在轴的任意组合上匹配两个对象之间的局部坐标系的方向。
- “匹配比例”选项组用于设置匹配两个选定对象之间的缩放轴值。

在使用对齐工具时，通过设置不同的对齐轴以及对象的对齐部位可以产生多种不同的对齐效果。对齐时要注意目标对象和源对象，所选择的对象为源对象，使用对齐工具拾取的是目标对象，目标对象的位置是不发生改变的。

2.3.3 复制、阵列操作

3ds Max 提供了多种复制方式，可以快速创建一个或多个选定对象的多个版本，本小节将介绍多种复制方法。

1. 复制

3ds Max 中提供了多种复制方法，可以快速创建一个或多个选定对象的多个版本。

在场景中选中需要复制的对象，在键盘上按住 Shift 键顺着任意轴线拖动物体即可实现复制，同时会弹出“克隆选项”对话框。

- 在“对象”选项组中有 3 个复制选项。

“复制”单选按钮：指复制以后的源物体改变，后面所复制出的物体将是一个独立的个体，不会有任何变化。

“实例”单选按钮：指复制以后的物体是有关联的，更改第一个源物体的数据，后面所有复制的物体都会随之一起变化。

“参考”单选按钮：指所复制的对象和源对象之间是参考关系，更改源对象，参考对象会随之改变，但是更改参考对象，源对象将不会发生变化。

- “副本数”用于设定复制的物体数量。
- “名称”用于为所复制的物体命名。

2. 阵列

显示“附加”浮动工具栏，单击“阵列”按钮，弹出“阵列”对话框，使用该对话框可以基于当前选择的对象创建阵列复制。

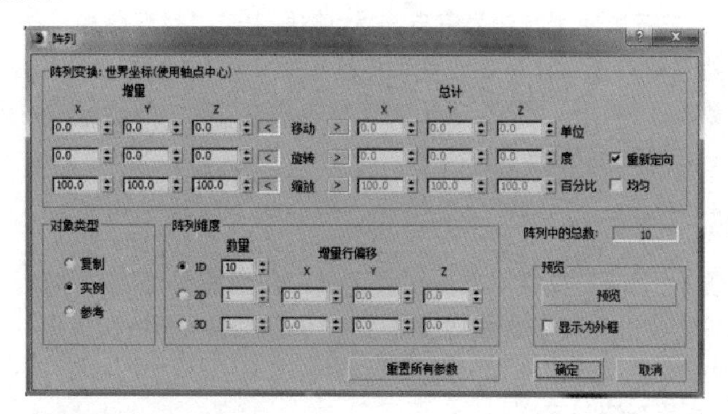

- 阵列变换：世界坐标（使用轴点中心）

指定三种组合方式用于创建阵列。可以为每个变换指定沿着三个轴方向的范围。在每个对象之间，可以按“增量”来指定变换范围；对于多数对象可以按“总计”来指定变换的范围。在任何一种情况下，都可以测量对象轴点之间的距离。使用当前变换设置可以生成阵列，因此该组标题会随变换设置的更改而改变。在“增量”和“总计”中间有 3 个选项，即“移动”“旋转”“缩放”，分别单击左右箭头按钮，确定是否要设置“增量”或“总计”阵列参数。

在“增量”设置组中，“移动”指沿着 X、Y、Z 轴方向每个阵列对象之间的距离（以单位计）；“旋转”用于指定阵列中每个对象围绕 3 个轴中的任意一个轴旋转的度数（以度计）；“缩放”用于指定阵列中每个对象沿 3 个轴中的任意一个轴缩放的百分比（以百分比计）。

在“总计”设置组中，“移动”设定沿 3 个方向中每个轴的方向，所得阵列中两个外部对象轴点之间的总距离。如果要为 5 个对象编排阵列，并将 X 总计设置为 50，则这 5 个对象将按以下方式排列在一行中，行中两个外部对象轴点之间的距离为 50 个单位。“旋转”指定沿 3 个轴中的每个轴应用于对象的旋转的总度数。“缩放”则是指定对象沿 3 个轴中的每个轴缩放的总计。

勾选“重新定向”复选框，将生成的对象围绕世界坐标旋转的同时，使其围绕局部轴旋转。取消勾选时，对象将会保留其原始方向。勾选“均匀”复选框，禁止 Y 和 Z 轴微调器，并将 X 值应用于所有轴，从而形成均匀缩放。

● “对象类型”选项组

确定由“阵列”功能创建的副本的类型。默认设置为“副本”，与复制命令一样有“复制”“实例”“参考”3 个选项，使用方法与复制命令中的一样。

● “阵列维度”选项组

此选项组用于添加阵列变换维数，附加维数只是用于定位，不能用于旋转和缩放。

1D 是指根据“阵列变换”选项组中的设置，创建一维阵列。“数量”用于指定在阵列的该维数中对象的总数。2D、3D 用于创建二维和三维阵列，后面 X、Y、Z 的数量变换表示的是沿阵列二维和三维的每个轴方向的增量偏移距离。

● “阵列中的总数”数值框和“预览”选项组

“阵列中的总数”数值框用于设置将要创建的阵列操作的实体总数，包括当前选定对象。如果排列了选择集，则需要阵列的对象总数是此值乘以选择集的对象数的结果。

“预览”按钮用于切换当前阵列设置的视口预览，更改设置将立即更新视口。若想加速拥有大量复杂对象阵列的反馈速度，则需要勾选“显示为外框”复选框，它可以将阵列的对象显示为边界框而不是几何体。

● “重置所有参数”按钮用于将所有参数重置为其默认设置。

3. 间隔工具

用鼠标左键按住“阵列”工具按钮，在弹出的下拉列表中有间隔工具，它属于阵列工具的一种。单击以后会弹出对话框，可基于当前选择物体进行分路径的间隔阵列。

“拾取路径 / 拾取点”按钮的使用方法为单击物体，然后单击“拾取路径”按钮，最后单击路径，拾取点的操作方式反之。在“参数”选项组中，“计数”复选框用于设置路径上分布对象的数量。“间距”复选框用于设置物体分布对象之间的间隔距离。下拉列表内的选项决定始末端的偏移。

2.3.4 捕捉操作

3ds Max 提供了一些用于精确变换对象的捕捉工具，使用捕捉可以在移动、旋转和缩放时进行精确的定位捕捉。单击捕捉按钮，即可弹出“栅格和捕捉设置”对话框。

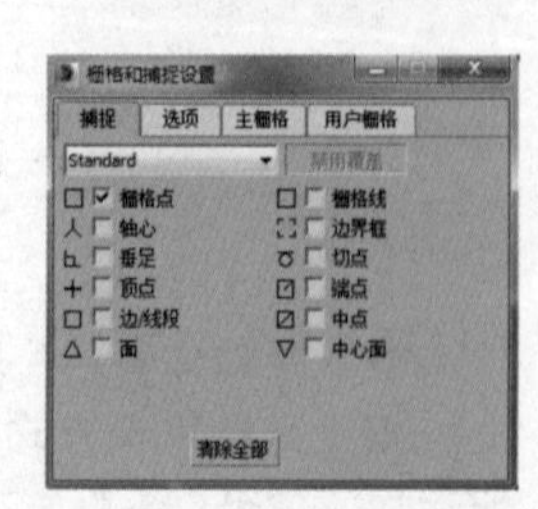

“捕捉”选项卡中的选项介绍如下。

● 栅格点：捕捉到栅格点。

● 轴心：捕捉到对象的轴点。

● 垂足：捕捉到样条线上与上一个点相对的垂直点。

● 顶点：捕捉到网格对象的顶点或可以转换为可编辑网格对象的顶点。

● 边 / 线段：捕捉沿着边（可见或不可见）或样条线分段的任何位置。

● 面：在面的曲面上捕捉任何位置。

● 栅格线：捕捉到对象栅格线上的任何点。

● 边界框：捕捉到对象边界框的 8 个顶点的其中一个。

- 切线：捕捉到样条线上与上一个点相对的相切点。
- 端点：捕捉到网格边的端点或样条线的顶点。
- 中心：捕捉到网格边的中点和样条线分段的中点。
- 中心面：捕捉到三角形面的中心。

2.3.5 成组、冻结操作

控制成组操作的命令集中在“组”菜单中，包含将场景中的对象成组和解组的功能；将场景中的部分物体暂时冻结是为了在建模过程中更方便操作，避免对场景中对象的误操作，在需要的时候可再将其解冻。

1. 成组命令

组在 3ds Max 的效果图中的运用极其广泛。用于控制组的命令集合在菜单栏中的“组”菜单中，单击菜单栏中的“组”命令将会打开下拉菜单。

- “组”命令：选中将要成组的若干个物体后单击，即可将对象或组的选择集合组成为一个集合组。
- “解组”命令：选中已经成组的物体以后单击，即可将当前组分离为单个的对象或组。
- “打开”命令：可暂时将一些物体打开之后分别操作或者修改。
- “关闭”命令：与上一个命令相反，用于关闭重新打开的组。
- “附加”命令：用于添加一些物体到之前已经成组的组中。
- “分离”命令：与上一个命令相反，可以将一些单独的物体从之前的组中分离出来。
- “炸开”命令：“解组”命令只能解开组的一个层级，而“炸开”命令则是将一个物体的所有成组部分全部解开。
- “集合”命令：该命令子菜单中包含了所有控制集合的命令，与“组”命令相似。

2. 冻结命令

在建模的过程中，除了便于操作的“组”命令，“冻结”命令也比较常用，在制作大场景时常会用到。将一部分物体暂时冻结，渲染时会显示，但是在操作时无法选中，不会影响其周边物体的选择和设置，需要时可以再将其解冻。

在视口中选择需要冻结的物体并右击，在弹出的快捷菜单中选择“冻结当前选择”命令，将会实现冻结操作；当需要解冻对象时，选择物体，用同样的方法右击，然后选择“全部解冻”命令，此时场景中的物体将不再被冻结。

2.3.6 隐藏操作

在建模过程中，将场景中的部分物体进行隐藏可以提高界面的操作速度，等到需要的时候再将其显示即可。

在视口中选择需要隐藏的对象后右击，在弹出的快捷菜单中选择“隐藏选定对象”或“隐藏未选定对象”命令，可实现相应的隐藏操作。当需要让隐藏部分的物体显示时，同样在视口中右击，在弹出的快捷菜单中选择“全部取消隐藏”或“按名称取消隐藏”命令，场景对象将不再被隐藏。

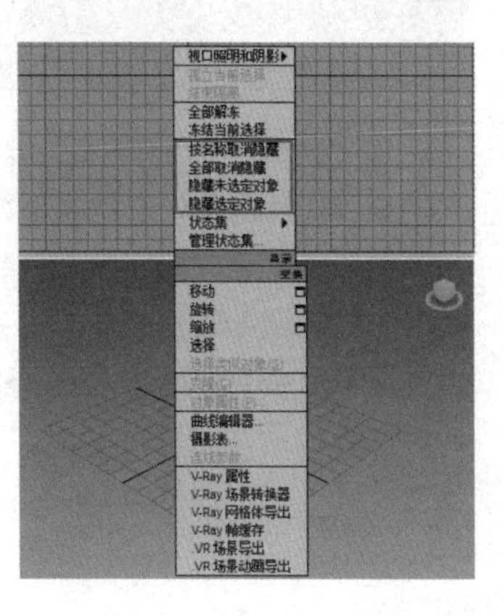

Chapter 03 建模技术

本章概述

本章将会介绍建模的基础技术，其中包括标准基本体和复合基本体的创建方法，同时在小案例中还穿插讲解了高效技巧。掌握本章知识，将对后面的章节学习有很大的帮助。

核心知识点

❶ 熟知建模基础操作
❷ 掌握建模高级操作
❸ 认知常用修改器

3.1 建模基础操作——标准基本体

在命令面板中单击“创建”按钮，然后单击“几何体”按钮，在下拉列表中选择“标准基本体”，即可显示全部基本体，其中包括长方体、圆锥体、球体、几何球体、圆柱体、管状体、圆环、四棱锥、茶壶、平面。

下面将详细介绍几种常用的标准基本体及其编辑与设置。

3.1.1 长方体

长方体是建模中最常用的基本体之一，下面将详细介绍长方体的创建方法和参数设置。

01 单击“长方体”按钮，激活其中的一个视图，拖动鼠标绘制长方体，光标变换形状，向不同的方向拖动，此时“长方体”的“参数”卷展栏中的数值发生变化，数值的大小直接定义长方体的大小。

02 在“参数”卷展栏中还可以设置其分段数。

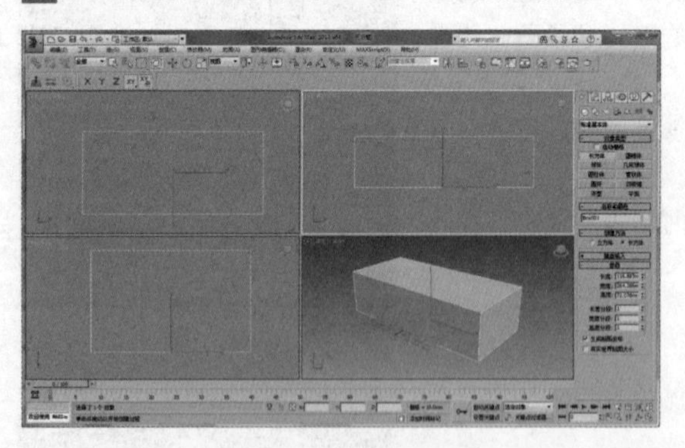

这里需要注意的是，三维对象的细腻程度与物体的分段数有着密切的关系，这在长方体中表现得不太明显，其特别之处表现在圆柱体、球体等几何体中，分段数越多，物体表面就越光滑，反之分段数越少，表面的棱角就越分明。

03 如果需要修改该长方体的参数，在命令面板中单击“修改”按钮，进入长方体的修改命令面板，在修改命令面板的“参数”卷展栏中，在“长度”“宽度”“高度”数值框中输入所需要的数值，即可得到相应大小的长方体。

3.1.2 圆锥体

接下来将介绍圆锥体的创建方法和参数设置，具体操作设置步骤如下。

01 单击“圆锥体”按钮，在透视视图中单击绘制一个圆面，然后沿 Z 轴向上移动光标，圆面升起形成一个圆柱体，其高度随着光标的位置变化而变化。

02 当提升到适当位置时单击，圆柱体的高度停止变化，释放鼠标左键后移动光标，圆柱顶面随光标移动而放大或缩小。在“参数”卷展栏中“半径 1”影响着底面圆的半径大小，“半径 2”则影响着顶面圆的半径大小。当“半径 2”值为 0 时，将会得到圆锥体。

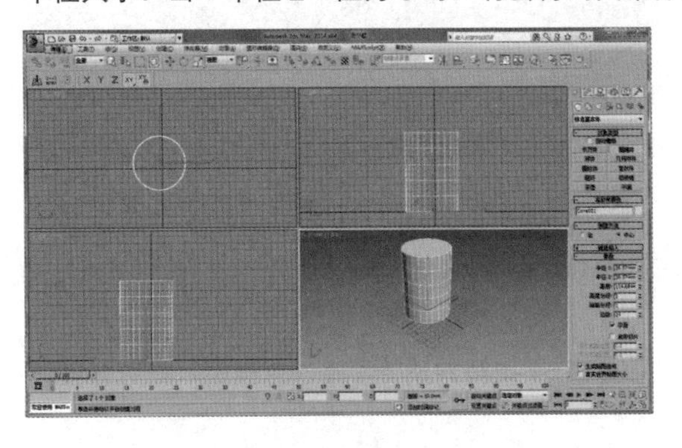

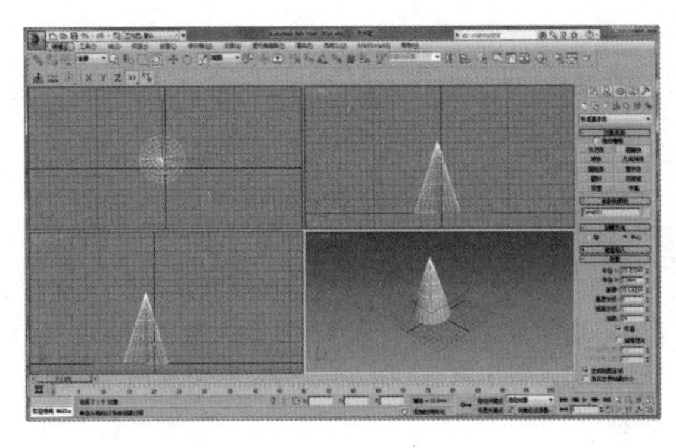

当“半径 1”值比“半径 2”值大时，会得到上小下大形状的圆台。

当“半径 1”值比“半径 2”值小时，会得到上大下小形状的圆台。

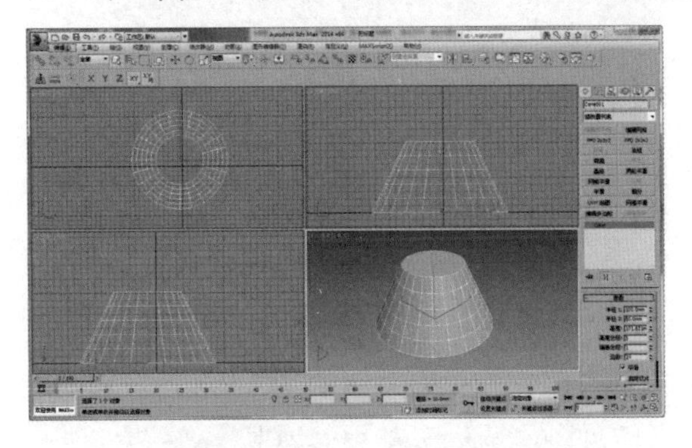

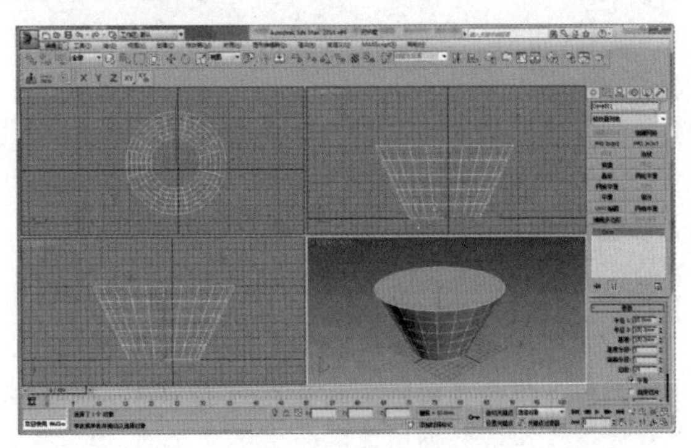

3.1.3 球体

接下来将介绍球体的创建方法和参数设置，具体操作设置步骤如下。

01 单击“球体”按钮，在透视视图中按住鼠标左键拖动创建一个球体，在球体“参数”卷展栏中设置其球体“半径”为 100mm。

02 打开“修改”命令面板，在“参数”卷展栏的“半球”数值框中输入 0.5，即沿着 Z 轴删除 50% 的半球体，同时勾选“切除”复选框。

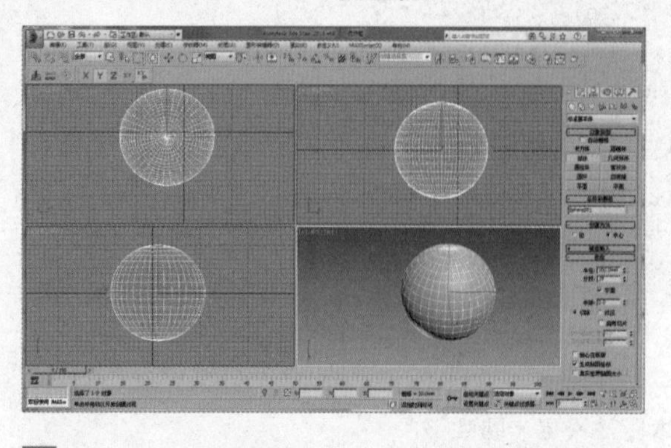

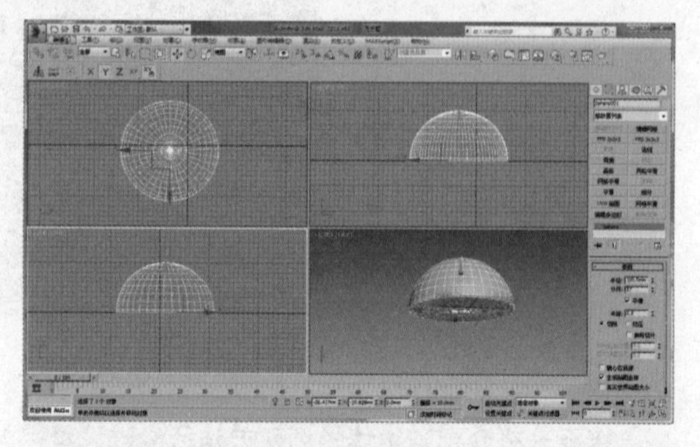

03 在“参数”卷展栏中勾选“启用切片”复选框，设置“切片起始位置”和“切片结束位置”。当“切片起始位置”设置为 180，“切片结束位置”设置为 0 时，效果如右图所示。

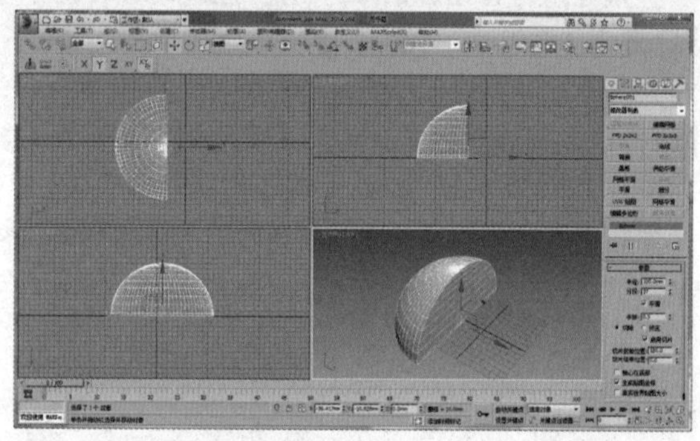

3.1.4 几何球体

接下来将介绍几何球体的创建方法和参数设置，具体操作设置步骤如下。

01 单击“几何球体”按钮，创建的方法与球体类似。

02 在“参数”卷展栏中将“分段”设置为 1，选择“四面体”，并取消勾选“平滑”复选框，即可区分各种基点面类型。

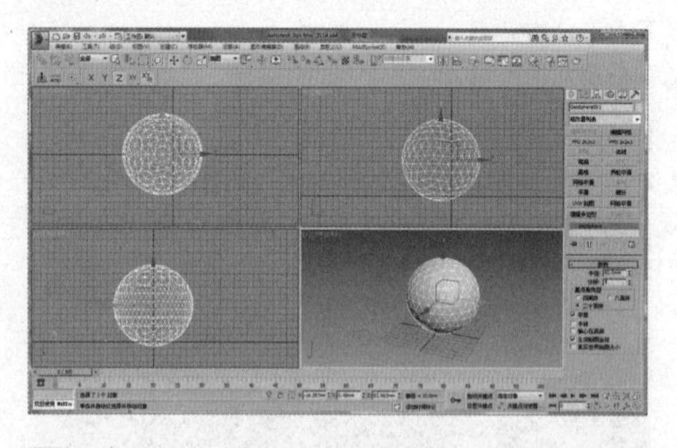

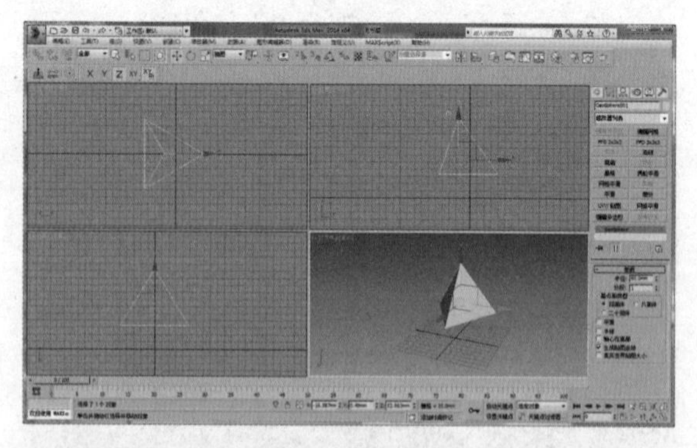

03 四面体组成几何球体的分段是 4 个面，同样，“八面体”组成几何球体的分段是 8 个面，“二十面体”组成几何球体的分段是 20 个面。

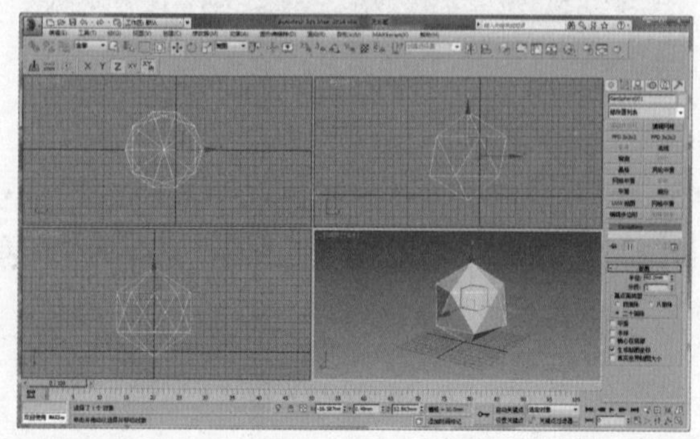

3.1.5 圆柱体

接下来将介绍圆柱体的创建方法和参数设置，圆柱体也可以转变为棱柱，相对于其他基本形要简单一些，具体操作设置步骤如下。

01 单击“圆柱体”按钮，创建一个圆柱体，“半径”与“高度”用于设置圆柱体的大小。选择“参数”卷展栏中的“边数”，将“边数”设置为5，视图中的圆柱体变为了五棱柱。

02 在“参数”卷展栏中勾选“启用切片”复选框，设置“切片起始位置”和“切片结束位置”。

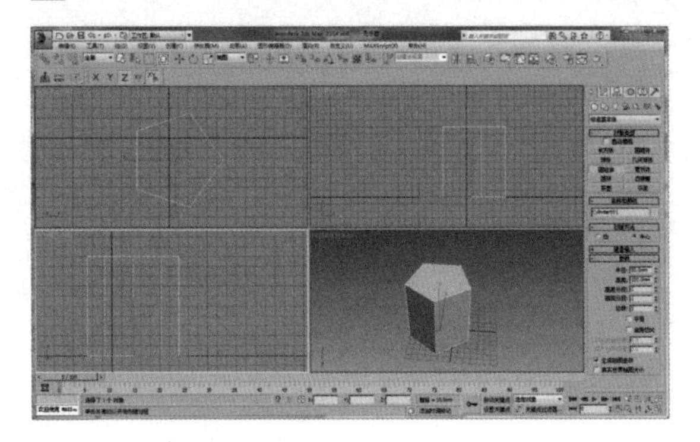

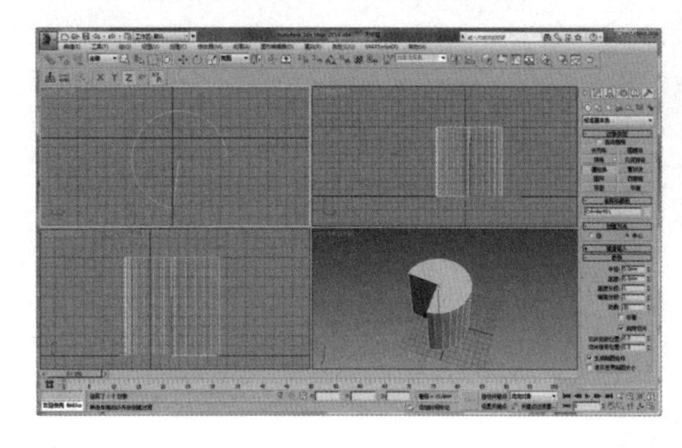

3.1.6 管状体

接下来将介绍管状体的创建方法和参数设置，具体操作设置步骤如下。

01 单击“管状体”按钮，在顶视图中按住鼠标左键并拖动，绘制一个圆环，在适当的位置释放鼠标左键并向反方向拖动鼠标，形成一个圆环面。

02 在适当的位置单击鼠标左键，释放后沿Z轴拖动鼠标，圆环面升起变为圆管。

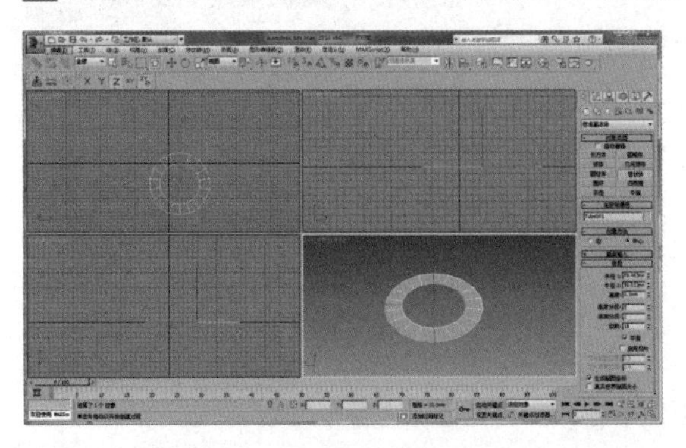

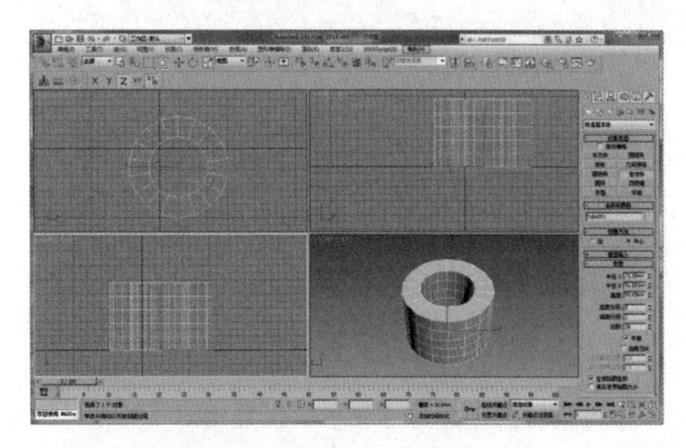

03 打开“修改”命令面板，“半径1”和“半径2”分别控制圆管界面的外圆半径和内圆半径，其余参数与之前介绍过的圆锥体、圆柱体中参数的含义相同，其参数控制方法也相同，在“参数”卷展栏中勾选“启用切片”复选框，可得到与之前物体相同的效果。

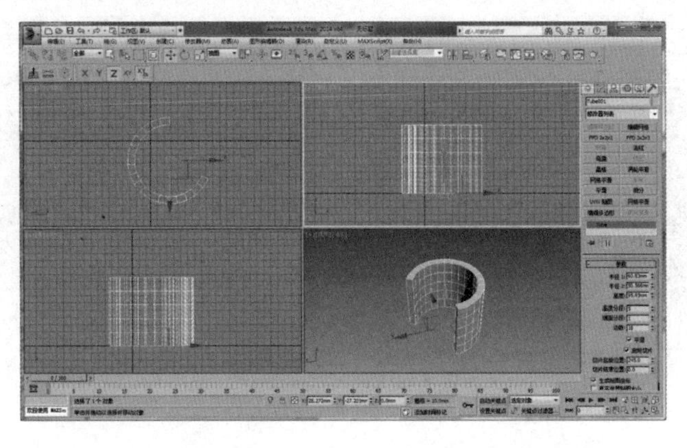

3.1.7 圆环

接下来将介绍圆环的创建方法和参数设置，具体操作设置步骤如下。

01 单击“圆环”按钮，在顶视图中按住鼠标左键拖动，在适当的位置释放鼠标左键并向其反方向拖动鼠标，可以看到圆内径跟随光标变化，在适当的位置单击鼠标左键，完成圆环的创建。

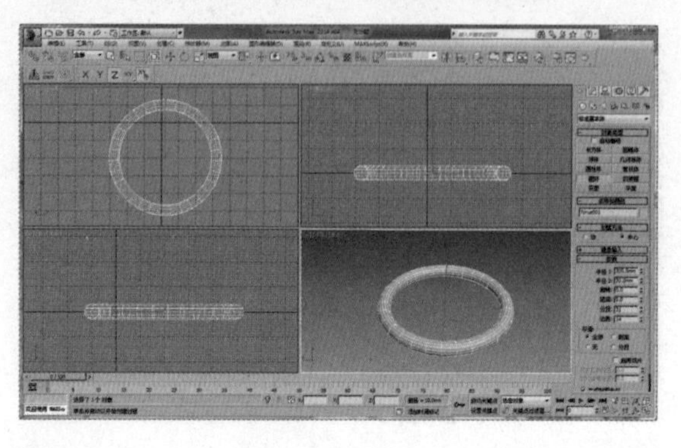

02 利用“分段”数值框右侧的微调按钮进行调节，注意随着分段变化圆环的变化情况，将“分段”设置为3。

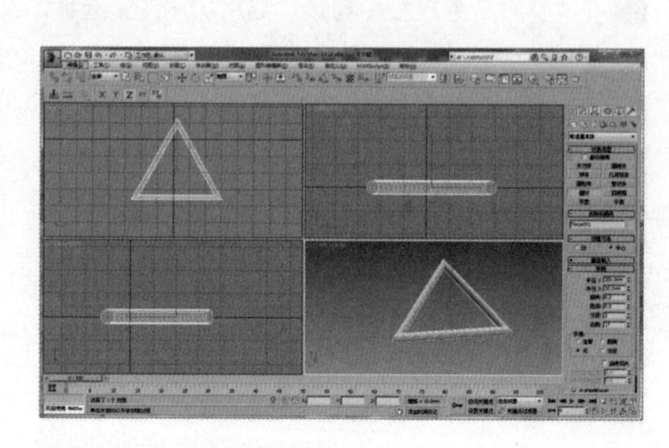

03“边数”指的是圆环的边线，是与圆环平行的母线之间的段数，按照同样的方法，将“边数”设置为3。

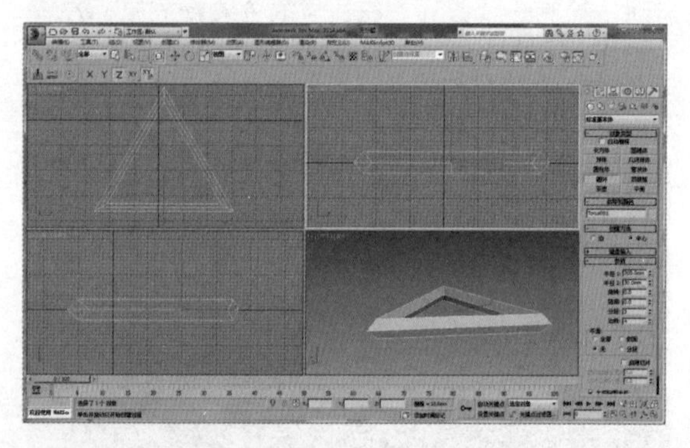

04 用相同的方法来观察“扭曲”的作用方式。圆环扭曲是以环周为轴心进行的，从分段的变化即可看出。

3.1.8 四棱锥

四棱锥的创建方法和参数设置相对于其他基本体要简单得多，具体操作设置步骤如下。

01 单击“四棱锥”按钮，在透视视图中单击绘制一个矩形，然后沿Z轴向上移动光标，升起形成一个四棱锥体，这里需要注意的是“参数”卷展栏的“深度”值控制的是四棱锥底面矩形的长度。

02 同样，如果将“宽度”与“深度”设置为同样的参数，调整“高度分段”，将得到金字塔形状。

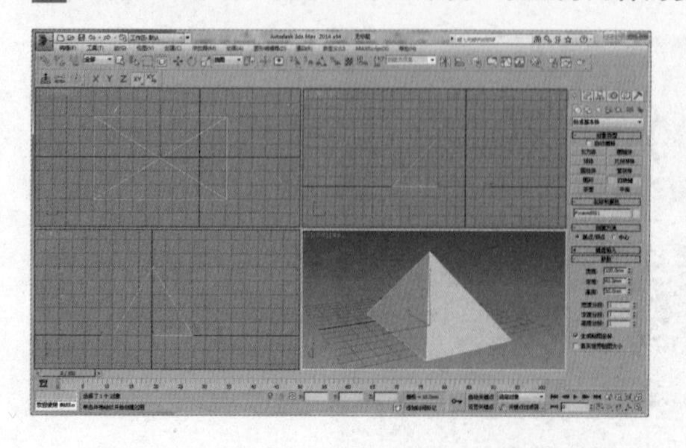

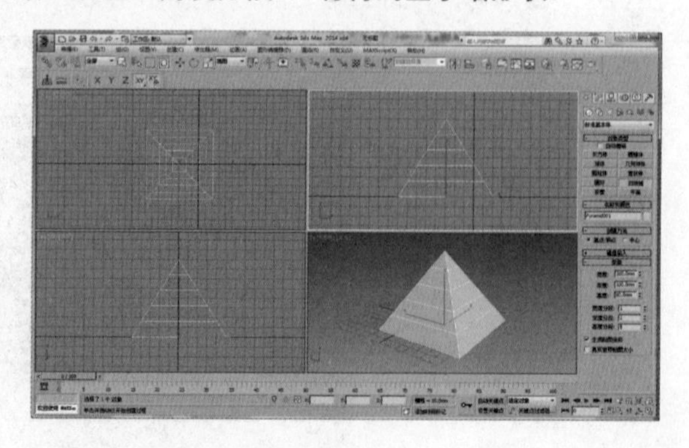

3.1.9 茶壶

接下来将介绍茶壶的创建方法和参数设置，其造型比较具象，设置相对来说比较简单，具体操作设置步骤如下。

01 单击“茶壶”按钮，在透视视图中创建一个茶壶，只有“半径”和“分段”控制参数，“半径”用于控制茶壶大小，“分段”的控制方式与圆柱体相似。

02 在“茶壶部件”中勾选要在茶壶体上显示与不显示的部分。

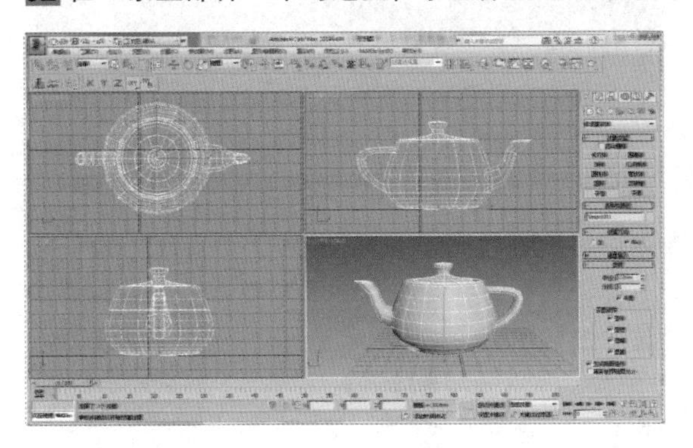

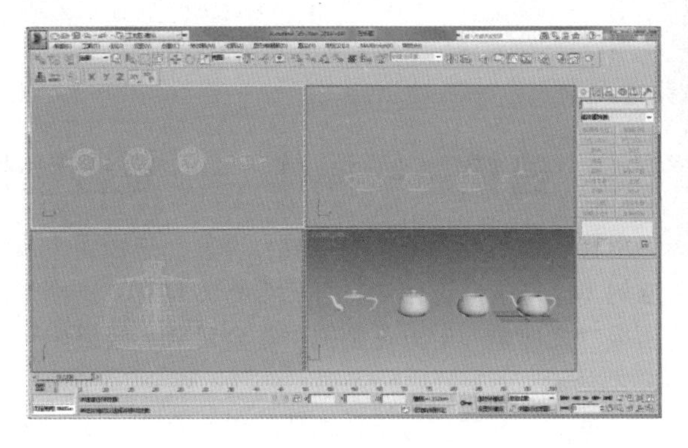

3.1.10 平面

平面在室内设计方面多与“VR-毛发”结合使用，用于制作地毯等；在室外设计方面，与“可编辑多边形”结合使用，多用于地形的建模。

在这里还将简单介绍一下“修改”命令面板中“编辑多边形”的“软选择”命令，结合平面制作一个简单的山包，具体操作设置步骤如下。

01 单击“平面”按钮，“长”及“宽”控制平面大小，为了小山包鼓起得更加均匀，将分段设置为15。

02 选中物体之后，将光标放置到物体上，单击鼠标右键，在弹出的快捷菜单中选择“转换为>可编辑多边形”命令。

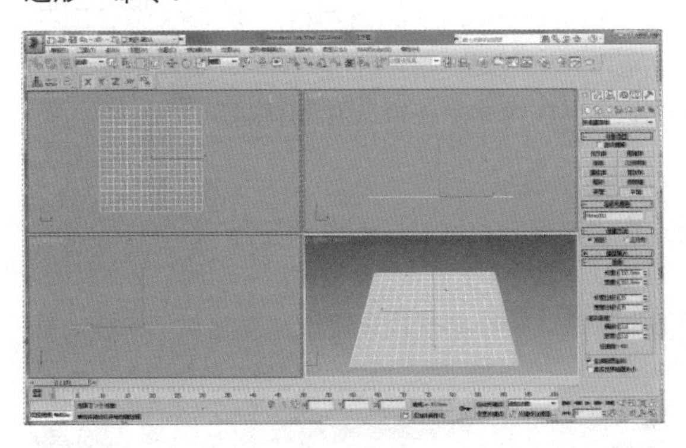

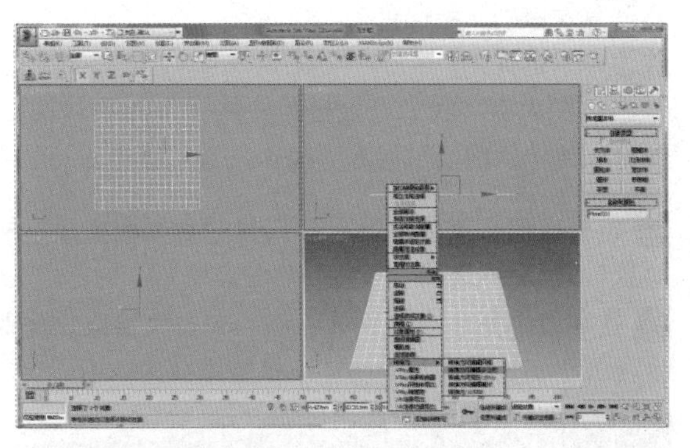

03 在可编辑多边形中，选择“顶点”子集命令，打开“软选择”卷展栏，勾选“使用软选择”复选框，然后将“衰减”设置为100mm，单击选中平面上中间的点，沿Z轴向上拖起。这里需要注意的是，“衰减”的参数设置要根据实际情况而定。

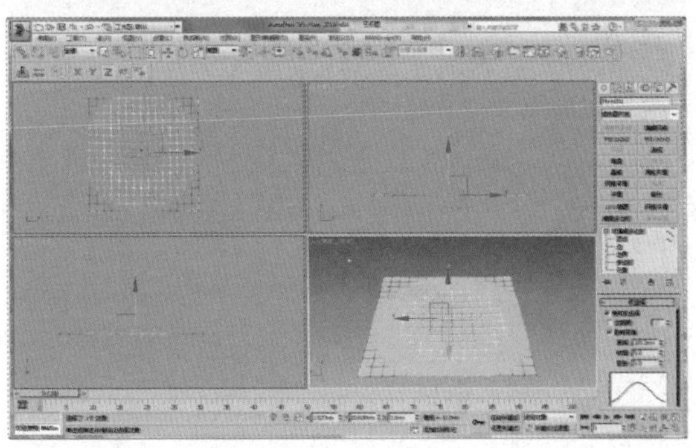

04 最后沿 Z 轴向上提升，形成一个弧形的小山包，完成小山包的造型。

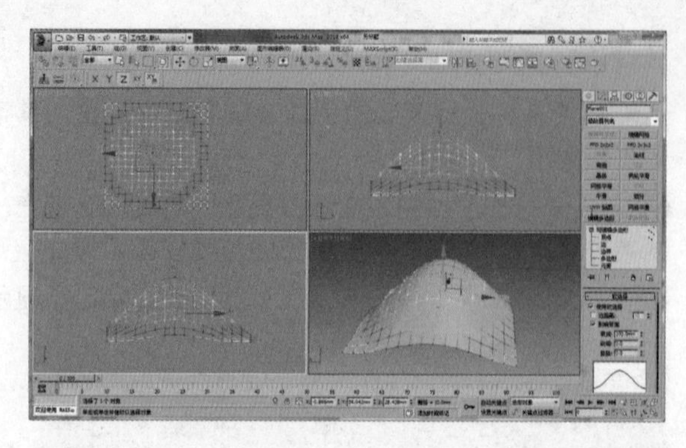

3.2 建模高级操作——复合物体

修改器下拉列表中的“复合对象”是由两个或者多个对象组合而成的单个对象，这些对象有三维物体也有二维图形。在“创建”命令面板“几何体”对象类别的“复合对象”层级中可以选择不同的组合方式。

这些组合方式可组成相应的复合命令，其中就有“布尔”命令和“放样”命令。

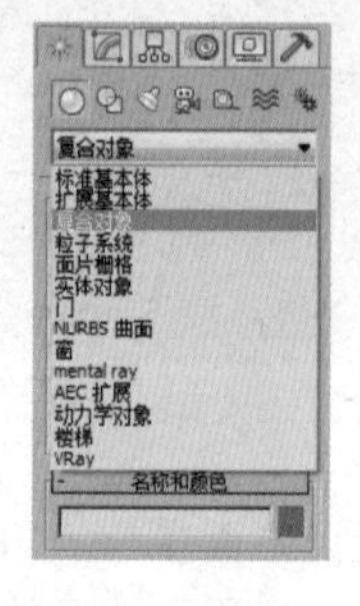

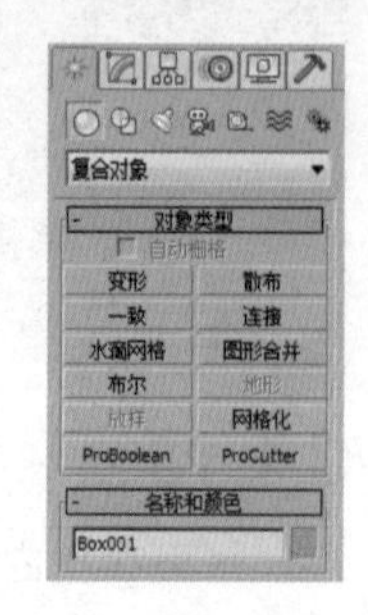

3.2.1 布尔运算

在 3ds Max 的实际应用过程中，有很多图形是单纯依靠三维物体和二维图形绘制不出来的，但是可以通过两个物体重叠相减而成，布尔运算命令刚好就可以满足这样的需要。

乔治·布尔（George Boole）是英国数学家及逻辑学家，1847 年发明了在图形处理操作中引用逻辑运算的方法，使简单的基本图形组合产生新的形体成为可能，并由二维布尔运算发展到三维图形的布尔运算。由于他的突出贡献，在很多计算机语言中将逻辑运算称为布尔运算。

以图为例，我们可以把圆柱体视为 A 物体，把长方体视为 B 物体。在拾取 B 物体也就是长方体之前，可以在“操作”选项组中进行选择。

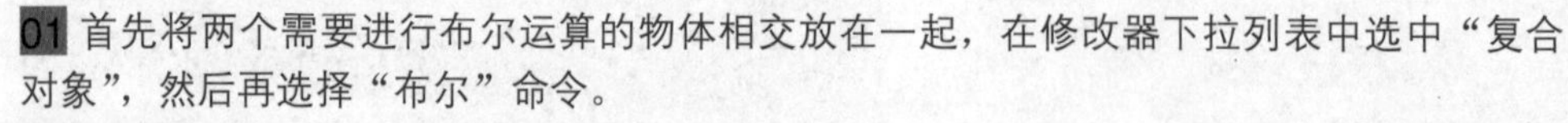
01 首先将两个需要进行布尔运算的物体相交放在一起，在修改器下拉列表中选中“复合对象”，然后再选择“布尔”命令。

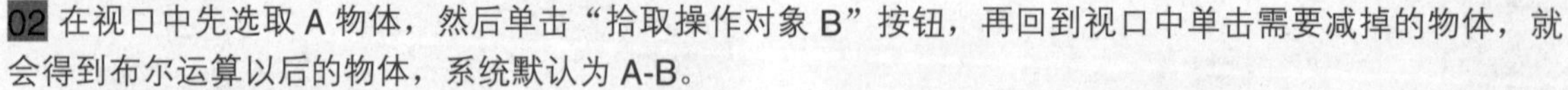
02 在视口中先选取 A 物体，然后单击“拾取操作对象 B”按钮，再回到视口中单击需要减掉的物体，就会得到布尔运算以后的物体，系统默认为 A-B。

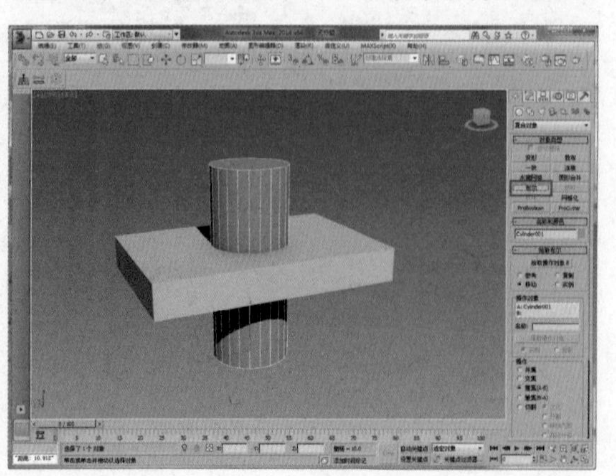

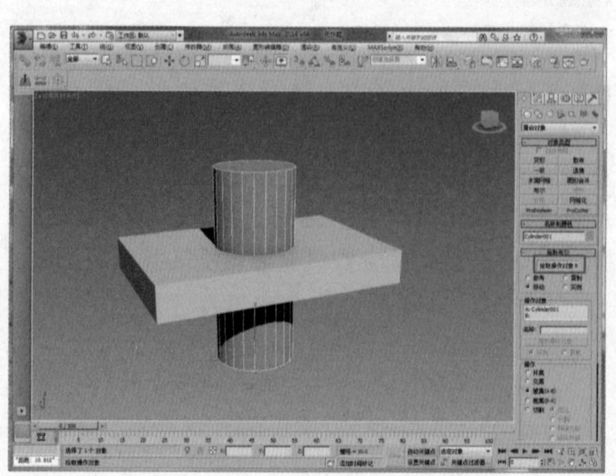

进行布尔运算之后会出现以下 4 种情况。

“差集 A-B”是指布尔对象包含从中减去相交体积的原始对象体积，B-A 反之。

“并集”是指布尔对象中包含了两个原始对象，进行布尔运算以后将只会移除几何体的相交部分或者重叠的部分。

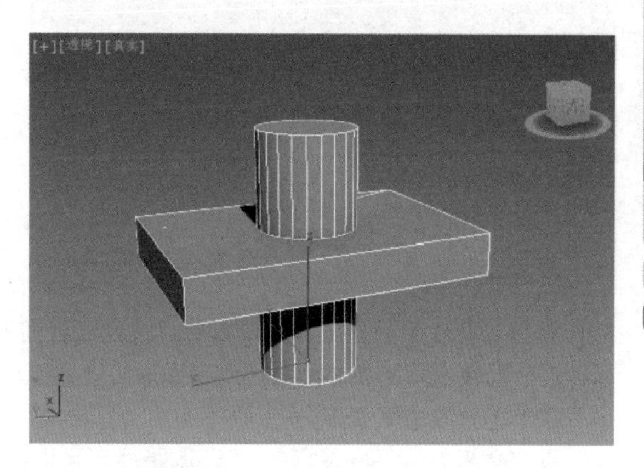

“交集”是指布尔对象只包含两个原始对象共同的，也就是重叠的部分。

“差集 B-A”是指布尔对象包含从中减去相交体积的原始对象体积，与 A-B 的效果正好相反。

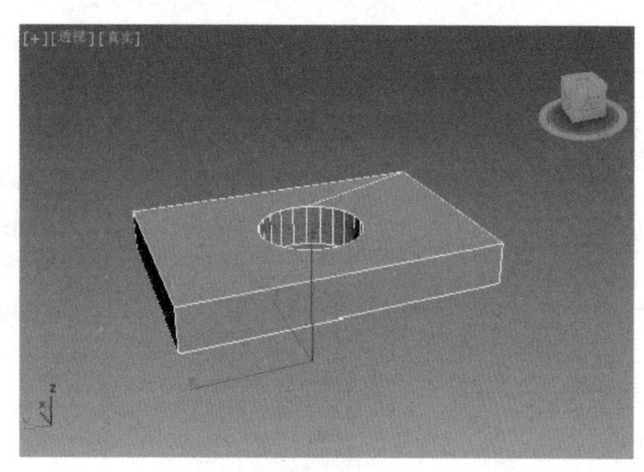

3.2.2 创建放样对象

“放样”对象是沿着第三个轴挤出的二维图形，形象地说就是从两个或者多个现有样条线对象中创建放样的对象，其中一个二维图形会作为放样的截面图形，而另外一条线作为放样的拾取路径，然后在路径上描定的位置插入这些截面，截面之间会自动生成曲面。创建放样对象以后，可以添加并替换横截面图形或者替换路径。

1. 一次放样的步骤分析

先创建两个二维图形，一个图形作为截面，另外一条样条线作为路径。

01 先选取样条线作为路径。

02 单击“放样”按钮。

03 再单击“获取图形”按钮。

04 在视口中单击截面。

05 完成放样。

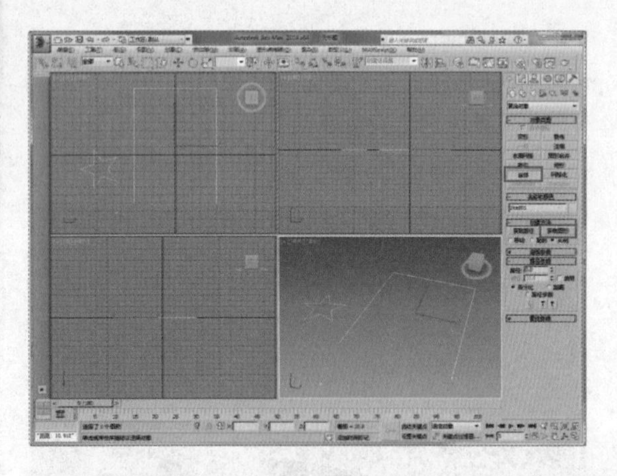

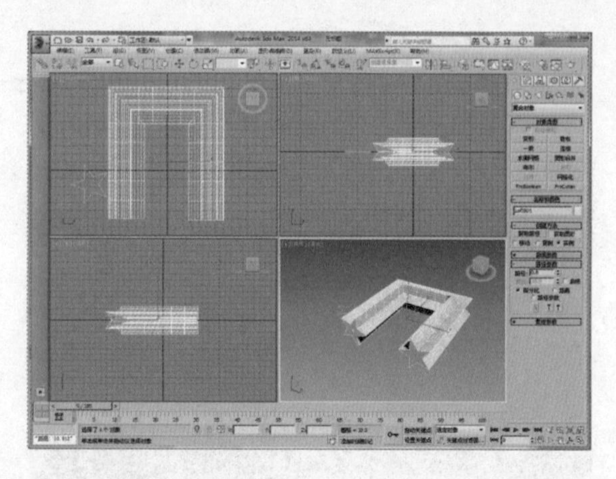

这里需要注意的是放样完成以后，路径或者图形有形体上的改变，所放样出来的物体也会随之变化。所以在一般情况下不要删除路径或者图形，以方便后期对物体进行修改。

放样的修改命令如下。

在“创建方法”卷展栏中，“获取路径”是指将路径指定给图形或更改当前指定的路径；“获取图形”是指将图形指定给选定路径或更改当前指定的图形。

在“曲面参数”卷展栏的“平滑”选项组中，可以通过勾选相应复选框对路径的长度和宽度进行平滑；“输出”选项组用于设置放样的对象是“面片”还是“网格”。

在“蒙皮参数”卷展栏的“选项”选项组中，“图形步数”和“路径步数”用于设置每个定点之间和路径分段之间的步数，适当调整可以减少面，其他选项保持默认状态即可。

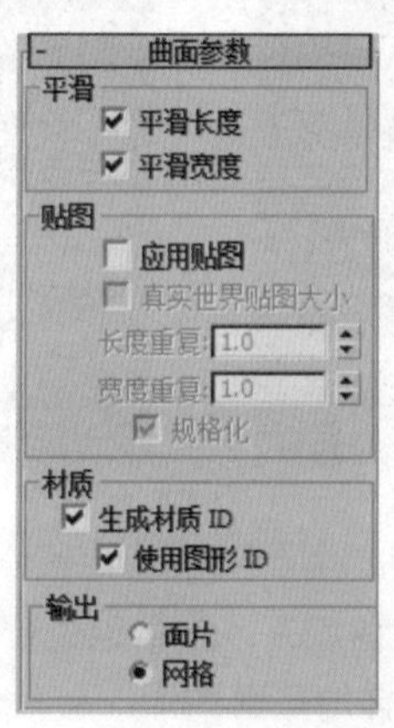

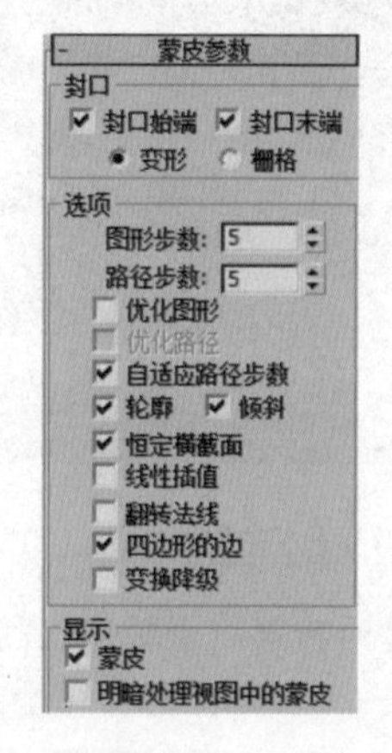

2. 二次放样实例练习：窗帘

窗帘的特征在于上面的波浪比下面的波浪要密集一些，这样窗帘才更加生动。进行这种物体的建模，需要用到的是放样的重复使用。

接下来详细介绍二次放样的具体步骤。

01 首先在顶视图内绘制一条波浪线作为截面，然后再在前视图或者左视图中，从上到下按住Shift键绘制一条直线，路径绘制的方向可以直接影响到放样的顺序。

02 单击“复合对象”中的“放样”按钮，先选择路径，然后单击“获取图形”按钮，在视口中选择波浪线作为截面，第一次放样完成，单击“渲染”按钮。

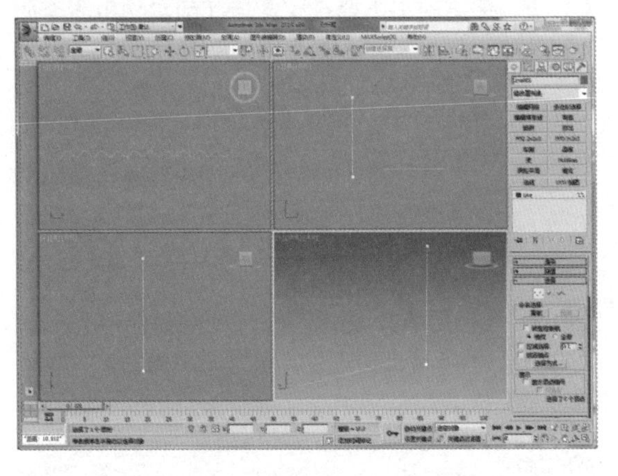

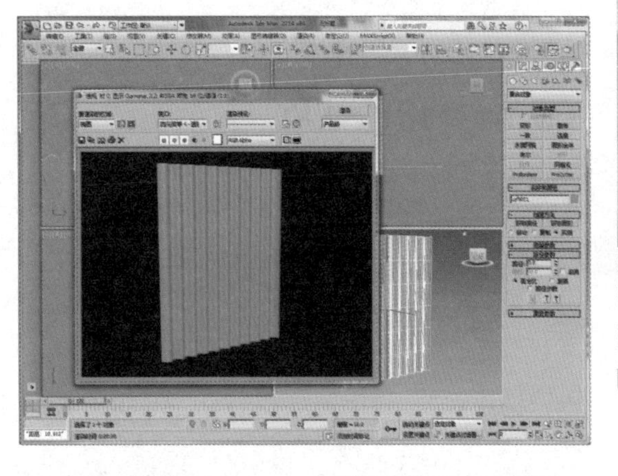

03 放样完成以后会在物体边缘看到一个小黄叉，这代表此物体放样的起点，现在需要更改的是窗帘下部的波浪形，所以二次放样的起点需要调整到下面，在“路径参数”卷展栏中选择“路径”，因为选择的是“百分比”，所以参数最大值只有 100，参数 0 在起点位置、参数 100 在底部，如果参数为 50，小黄叉在整个物体 1/2 的位置，依次类推。

这里需要将参数设置为 100，小黄叉出现在了窗帘的底部。

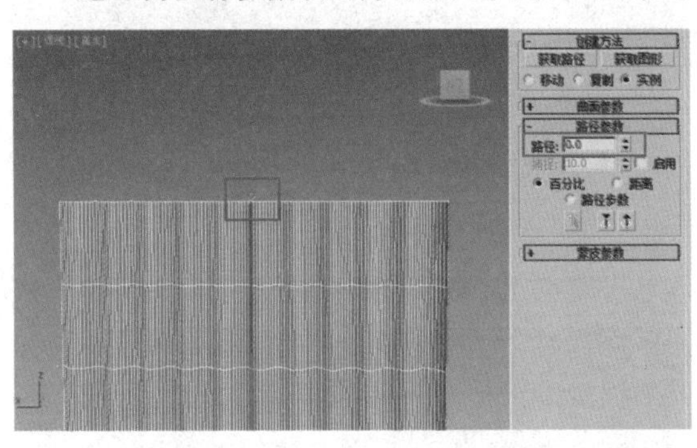

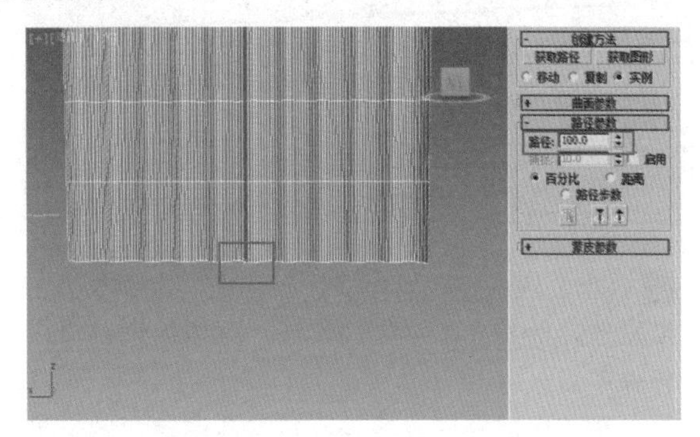

04 再用相同的方法绘制一条波浪平缓一些的线条作为二次放样的截面。

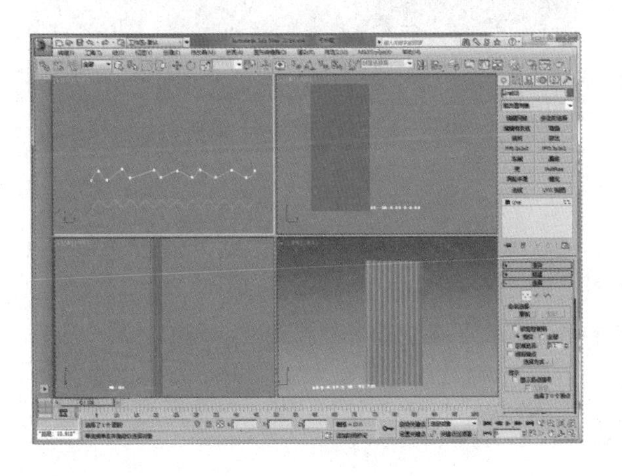

05 再次从被放样的物体中进入放样编辑器，单击“获取图形”按钮，选中平缓的线条进行放样，得到更加生动的窗帘。

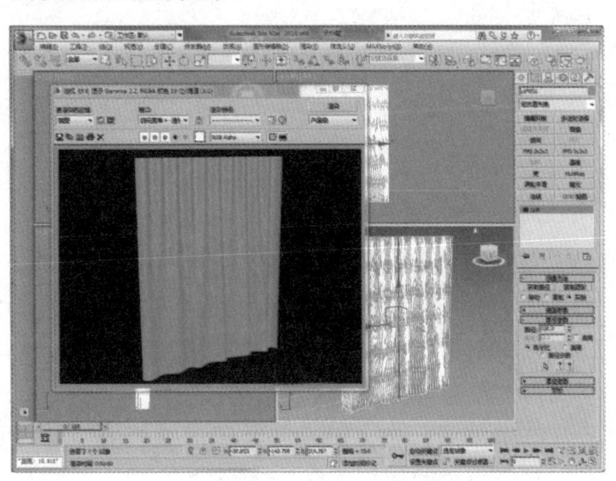

3.3 修改器的基础操作

本节将主要介绍“挤出”命令、“编辑样条线”命令和“编辑多边形”命令，在后面的实例中将会非常频繁地用到这3个命令。

3.3.1 挤出的使用

更多的时候我们使用二维线段绘制的图形是渲染不出来的，这时就需要“挤出”命令，将二维图形挤出成三维的物体，这样就可以进行渲染了。

实例练习：星形和字体挤出

01 先绘制一个二维图形。

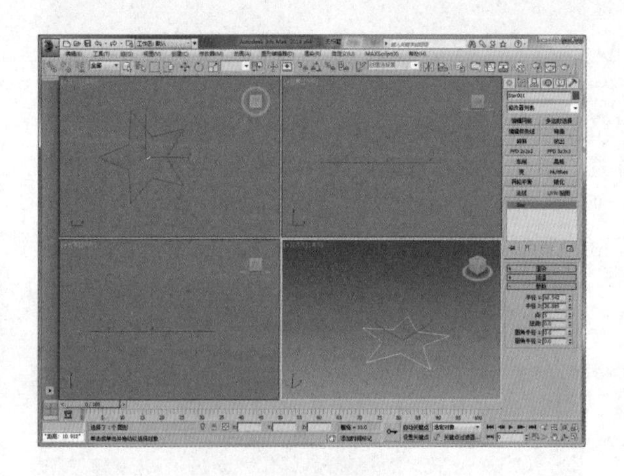

02 选中图形后单击“挤出”按钮，在修改器中“数量”可以用于调节挤出的高度，设置高度之后，“挤出”命令就完成了。

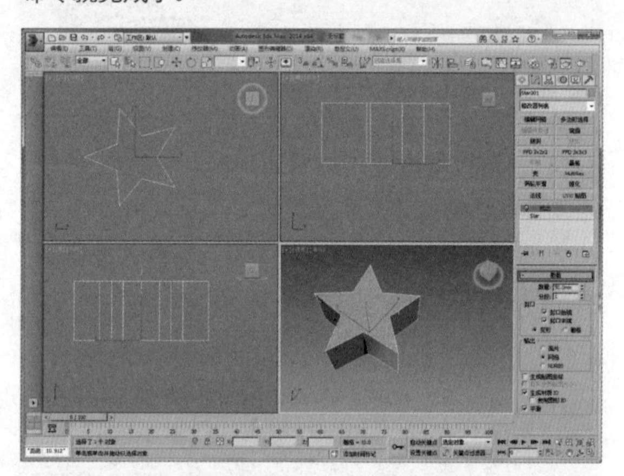

03 任何二维图形都可以通过“挤出”命令变为三维物体，例如文本字体的设计，可以用来制作广告牌等。

在这里需要注意的是，修改器中的命令是可以叠加的，在命令前会有一个小灯泡的形状，白色亮起状态表示正在执行此命令，如果是黑色熄灭状态，就表示这个命令目前没有被执行。

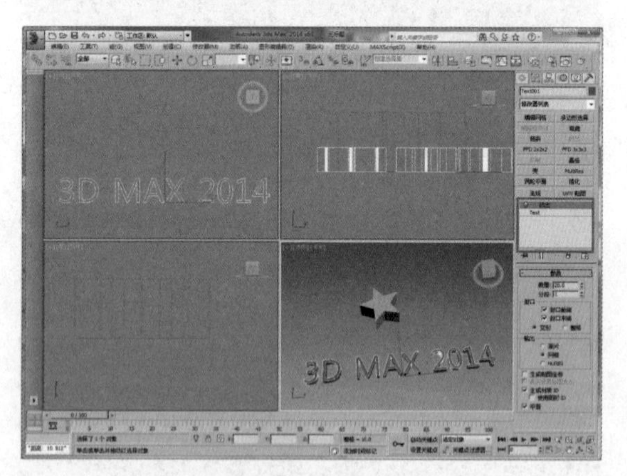

3.3.2 编辑样条线

“创建”命令面板的图形按钮下有3种对象类别的层级，分别是“样条线”层级、“NURBS曲线”和“扩展样条线层级”，它们均提供了很多比较普通和实用的二维图形。

“样条线”中包括有12个图形创建按钮。复合图形是包含了多个图形的样条线，通过启用“开始新图形”参数完成复合图形的创建。

在二维图形中，除了二维图形编辑器中的“线”可以直接用Line来编辑以外，其他的二维图形都可以转换为“编辑样条线”这个命令。

“样条线”可创建由多个分段组成的自由形式样条线，包括了“顶点”、“线段”和“样条线”。下面我们来分别介绍这 3 个修改命令。

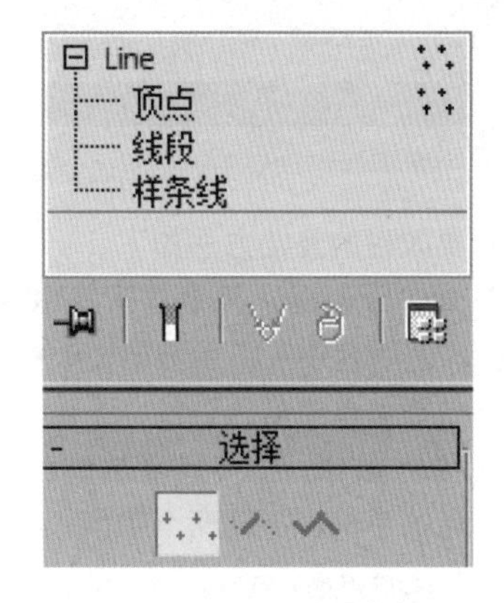

1.“顶点”

“几何体”卷展栏常用命令如下。

- “优化”与“插入”：二者同为在样条线中插入点的命令，但也有不同的地方：“优化”命令在插入点的同时，点不可编辑；而使用“插入”插入点时不仅可以编辑，也可以控制其方位。
- “焊接”：是将两个点合并在一起，后面的数值为焊接的范围，选中未连接的两点，距离在数值之内，都可以把两个点焊接成一个点。例如，用“线”绘制一个没有闭合的图形，选择“焊接”命令将图形线段首尾焊接到一起，可以直接使用“挤出”命令挤出成一个三维物体，如果用“捕捉”命令将图形首尾两个点连接在一起，“挤出”之后不能成为体，而是围合线段所挤出的围合面。“连接”与“焊接”命令相似，也是使两点连接起来，但是与“焊接”不同的是，“连接”只能连接一条样条线的首尾。

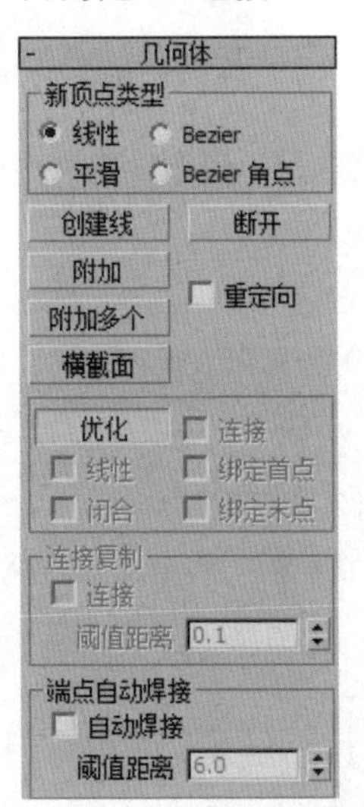

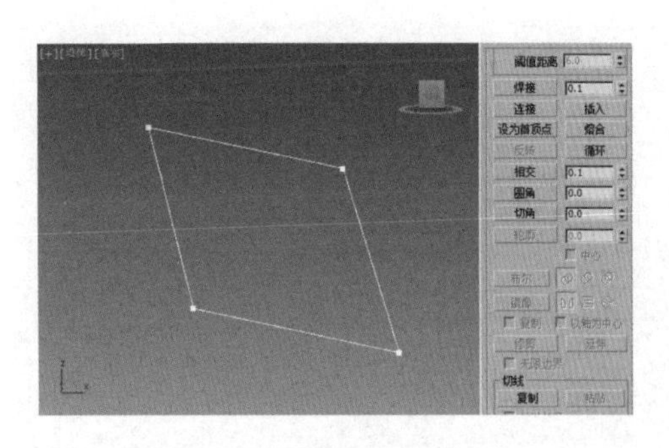

- “圆角”：选择一个点，然后单击该命令，在点上上下移动，可将角倒成圆角。
- “切角”：选择一个点，然后单击该命令，在点上上下移动，可将一个点变为两个点，将一个角切掉变成两个角，即将角倒成非圆角。

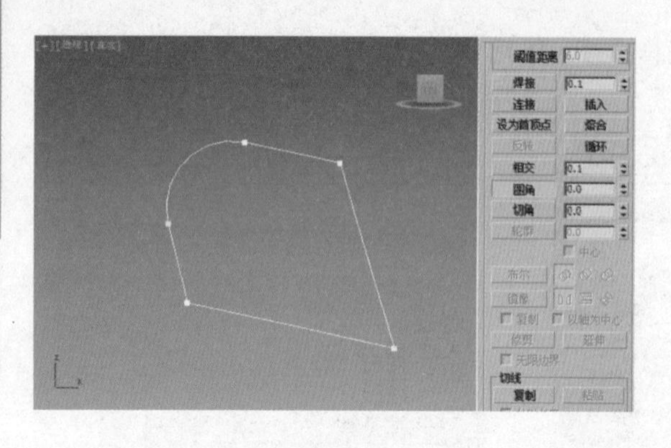

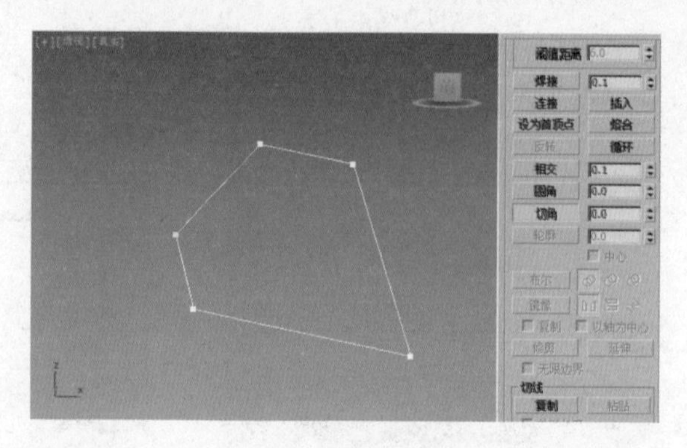

快捷更改栏的开启方法如下。

首先选中修改器，再单击子集命令“顶点”，此时“顶点”的图标会变为黄色图标，然后选中视口中需要更改的顶点，单击鼠标右键，会出现快捷菜单。

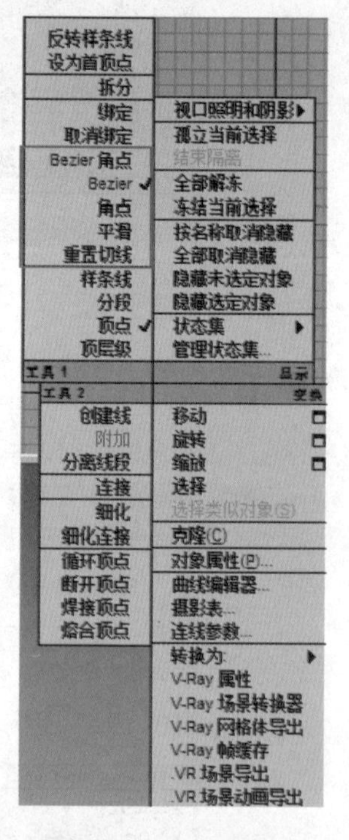

弹出快捷菜单中常用到的几个命令如下。

- “Bezier 角点”（贝塞尔角点）：选择以后，顶点的旁边会出现两个绿色的手柄，拖动两个手柄，可编辑与点相邻的两条线段的弧度。

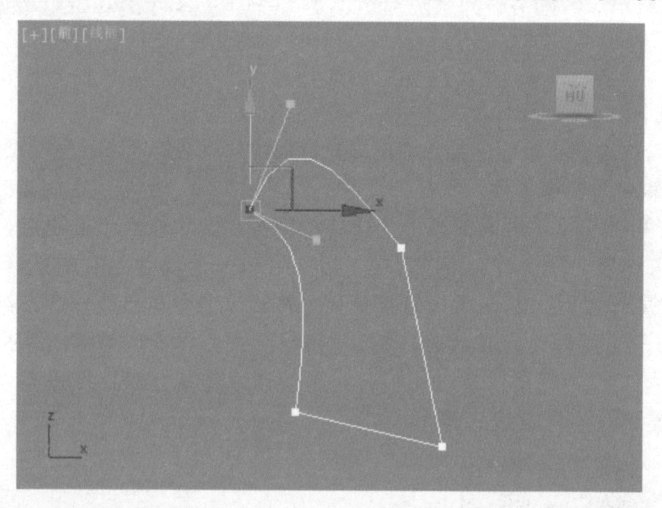

- “Bezier”（贝塞尔）：同样有两个绿色的手柄，与上一个命令不同的是，该命令是两个手柄一起改变，更改一边，另外一边会发生对称式的改变。
- “角点”：无论是什么样的角，单击这个命令以后都会变成一个尖角。

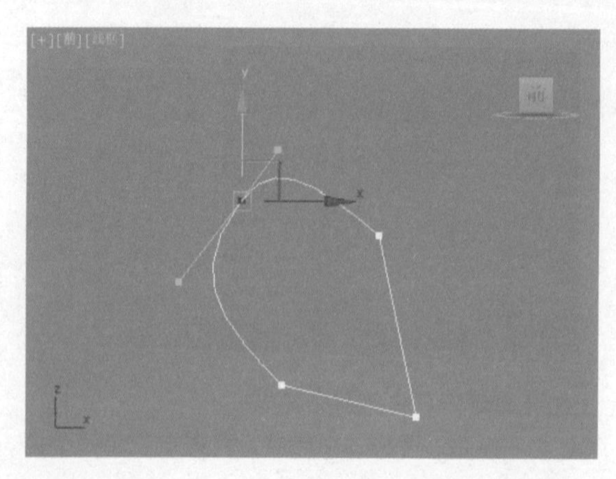

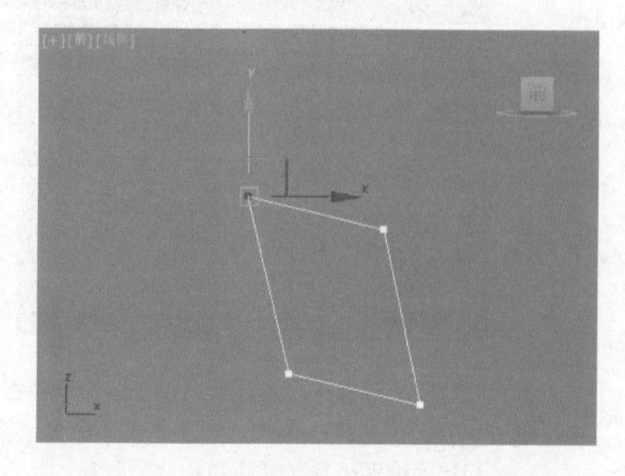

● “平滑”：可以令所选中的角自动形成一个圆滑的弧度。

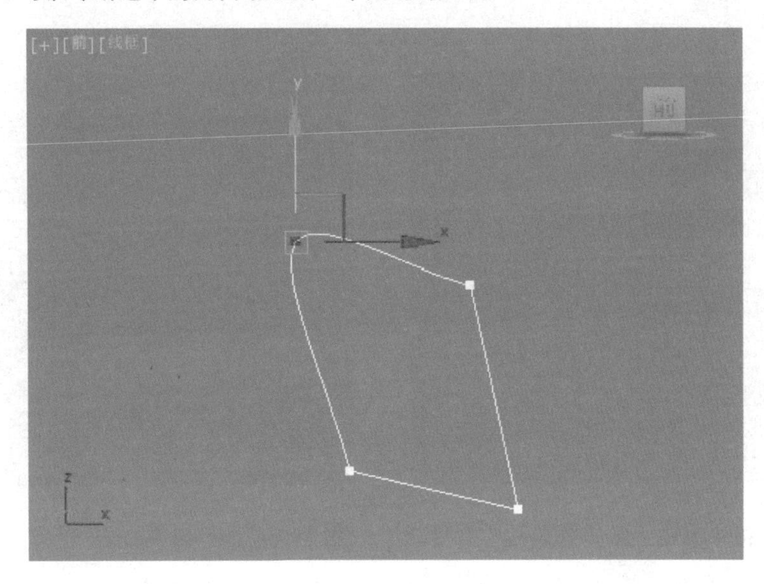

2.“线段”

在线段中没有制作效果图时常用的命令，它主要的作用是可以分线段选择以及删除。

3.“样条线”

“轮廓”命令比较常用，单击子集命令“样条线”，选中视图中的线段，被选中的线段会变为红色，单击“轮廓”命令，可以为一条单线加上一个轮廓。

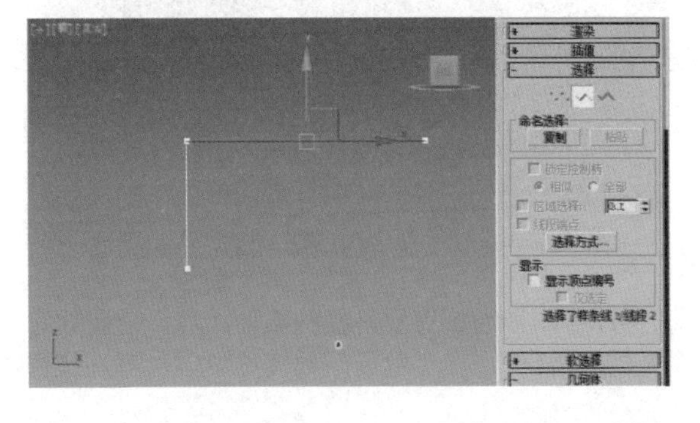

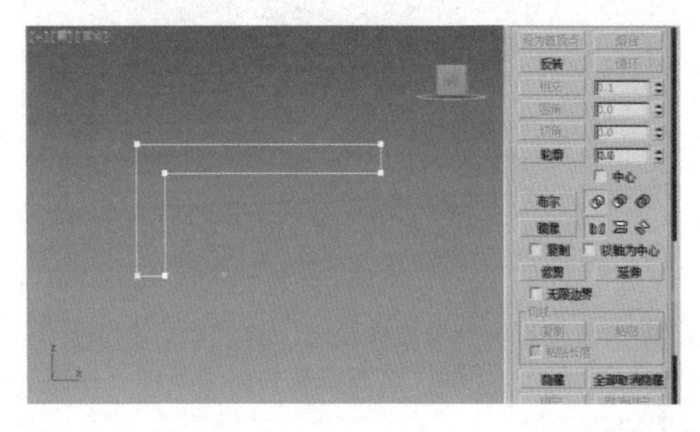

当然，如果继续执行这个命令可以变成双线，这个命令在后期制作室内效果图的过程中为绘制墙体双线提供了便利。

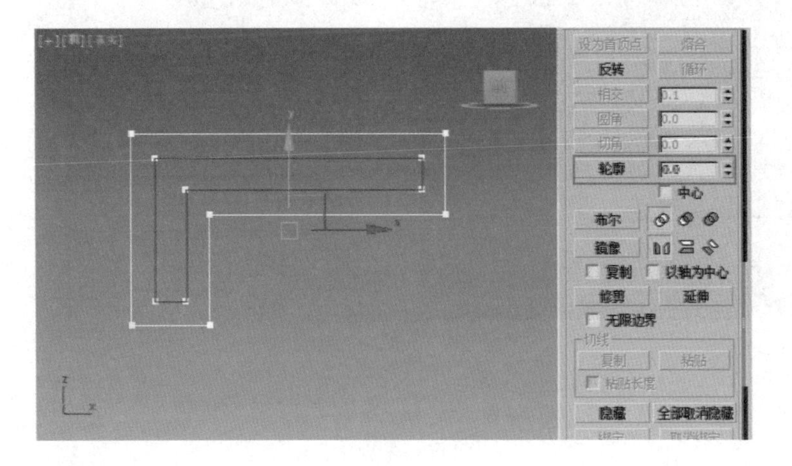

实例练习：用星形图形绘制一个简易罗马柱

01 打开二维物体，单击“星形”按钮，绘制一个星形，然后在“参数”中更改这个星形的半径和点的参数。

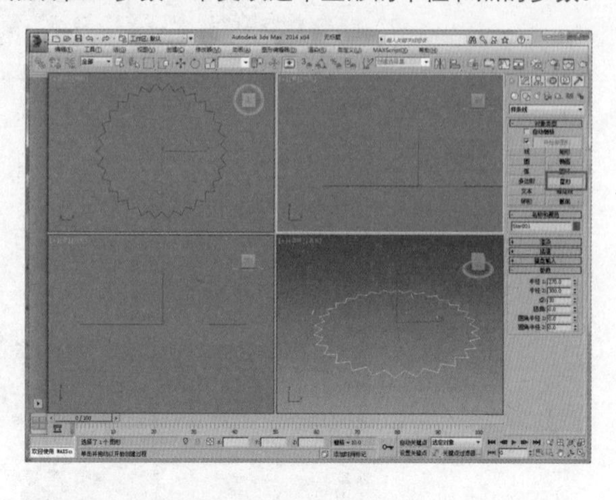

02 在修改命令面板中单击“编辑样条线”命令，选择“顶点”，进入子集命令编辑顶点。

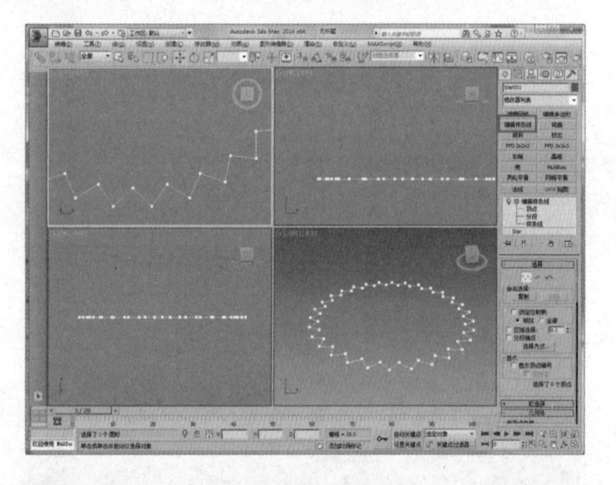

03 框选中所有点并右击，选择“平滑”命令。

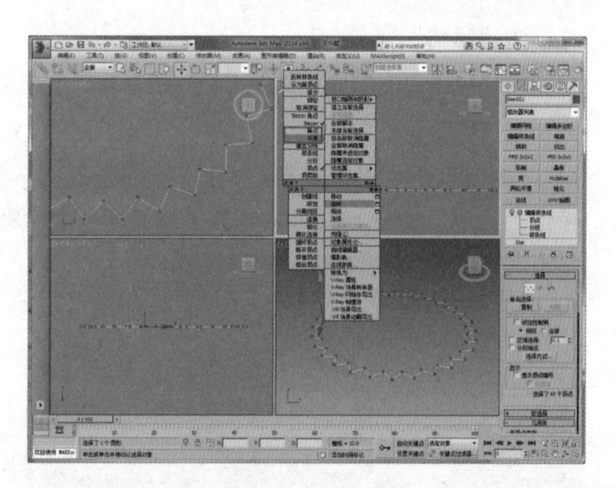

04 这样就可看到原来像锯齿一样的边，变得圆滑了。在用二维图形绘制完罗马柱的截面之后，需要让它变为一个三维物体，这时所需要的工具即“修改”命令中的“挤出”，在“数量”数值框中输入罗马柱需要的高度值。

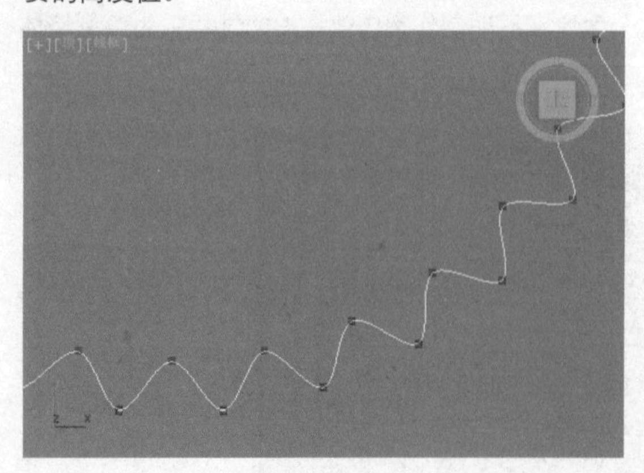

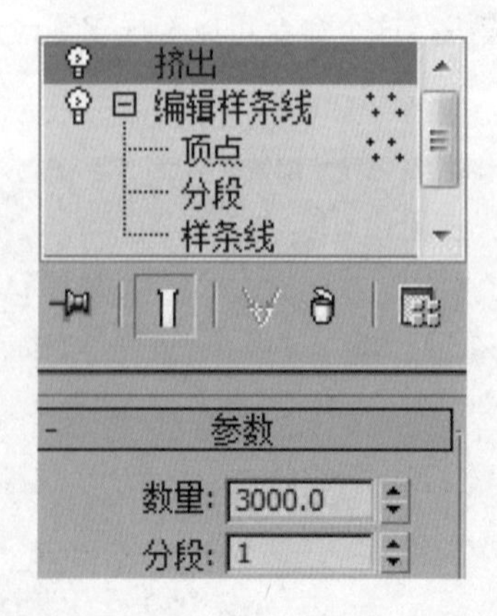

05 “挤出”完成之后单击“渲染”按钮，呈现在我们眼前的就是一个简单的罗马柱造型。

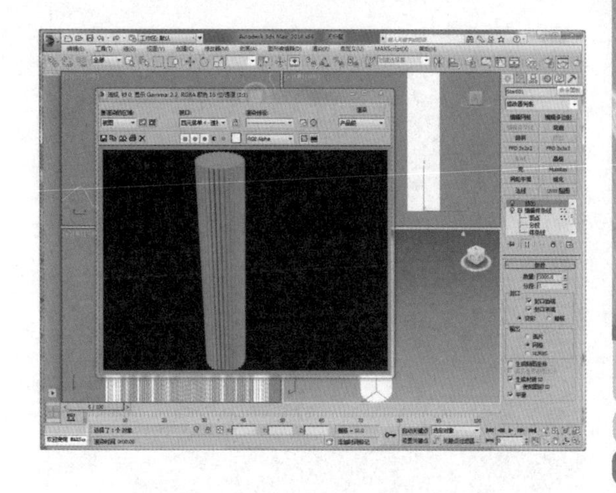

3.3.3 车削建模

“车削”命令能够将二维图形对象围绕一个轴线进行旋转，从而得到三维的物体。利用车削，我们可以很容易地得到一个花瓶或者一个高脚杯等物体。

实例练习：高脚杯的建模

01 首先用“线”绘制一个类似于高脚杯二分之一的横截面形状。

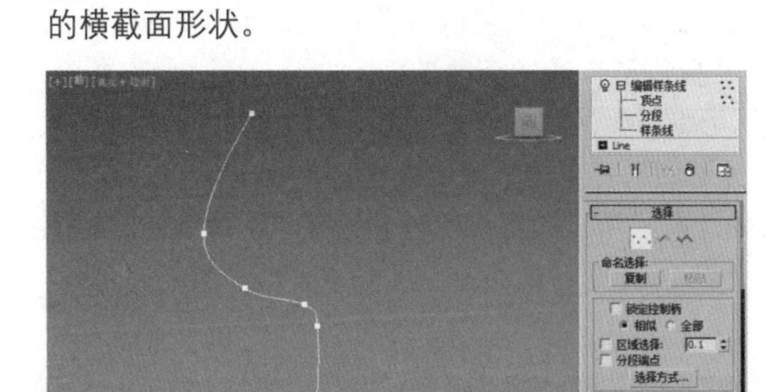

02 然后用“编辑样条线”中的“轮廓”将单线变成双线，为这个高脚杯的杯壁赋予2mm的厚度。

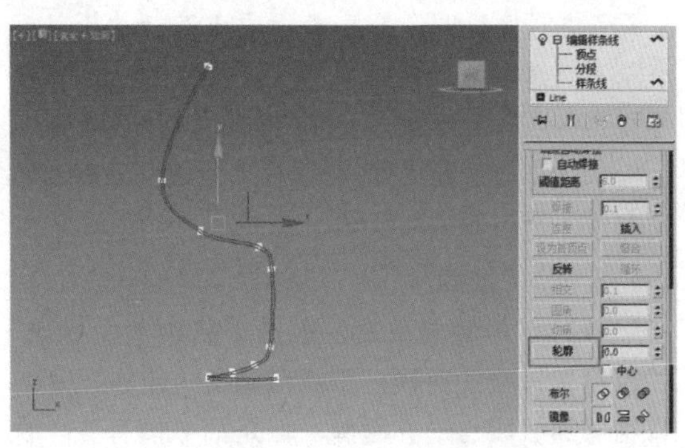

03 完成以后使用“车削”命令，“参数”卷展栏中的“度数”即为车削旋转的度数，这里将其设置为360。

04 使用“车削”命令来旋转物体的同时，会以一个中心为基准，在“对齐”选项组中有三种对齐方式，下面分别显示3种对齐方式的旋转效果。

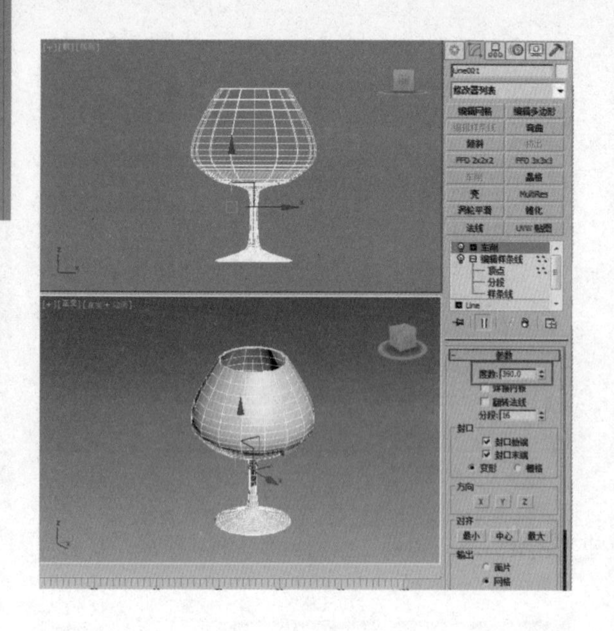

05 最后单击“最大”按钮，完成高脚杯建模。

3.3.4 编辑多边形

“编辑多边形”在修改器中是一个比较特殊的命令，它有着更为强大和自由的编辑功能，可以直接对对象本身的形态进行调整，也可以进行更细致的局部刻画。

打开“编辑多边形”有两种方法：其一，可以在修改器中直接单击“编辑多边形”按钮；其二，选中物体之后右击，选择“转换为>转换为可编辑多边形”命令。在修改器的下拉菜单中可以看到包含的5个子集对象类型，分别是“顶点”、“边”、“边界”、“多边形”和“元素”。

在“选项”卷展栏中也可以通过相应的按钮来编辑可编辑多边形的子集对象。单击此处的按钮与在修改器中选择是一致的，再次单击该按钮将会将其禁用并返回到对象的选择层级。

因为在绘制室内效果图时，“元素”中的子命令很少涉及，所以这里不做过多介绍。下面将详细介绍前面4个常用的子集命令。

1. “顶点”

“移除”：顾名思义，当选中其中的一个点，并想将其移除的时候，所能移除的这个点以及与它相邻的线段也一并移除，但是面依旧存在。快捷键为Backspace键。

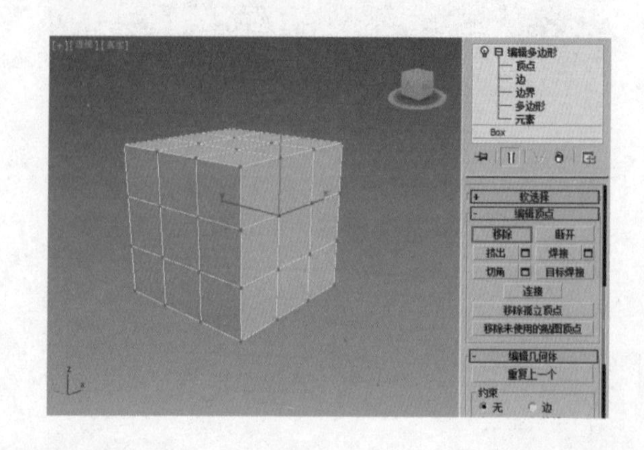

键盘上的 Delete 键与此命令相似，其执行的是删除命令，按 Delete 键之后删除的不只是点和相邻的线，而是把面也一起删除。

- “断开”：将选择的定点断开。这个命令可以在与选定顶点相连的每个多边形上都创建一个新的顶点，让其成为一个单独的面。

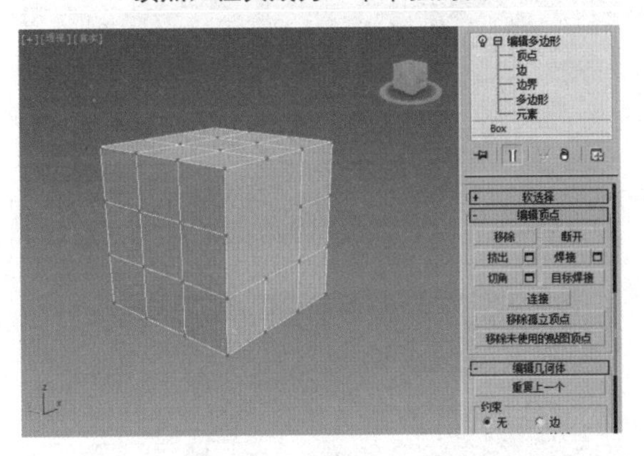

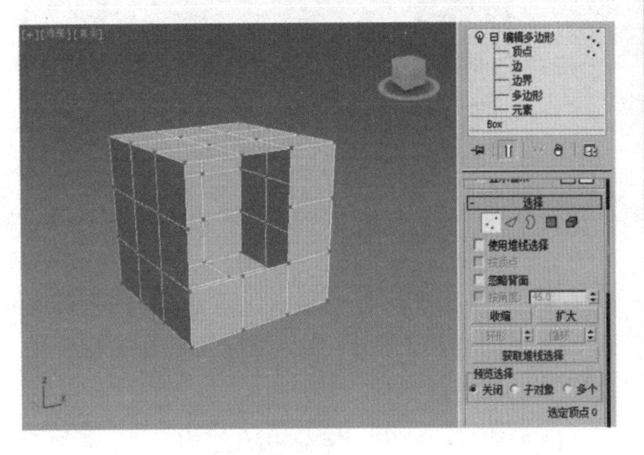

- 与“断开”相反的一个命令为“焊接”，它可以将分离的顶点焊接到一起。

首先我们先单击“焊接”旁的□按钮，在视口中会出现一个对话框，在中间灰色椭圆框 10.0 中输入焊接距离数值，这个数值一定要大于想要焊接的两点之间的距离。可以使用框选同时选中两点，也可以按住 Ctrl 键实现同时选中，与之相反按住 Alt 键为减选。

输入的距离大于两点之间的距离时，两点就自然地焊接在一起了。

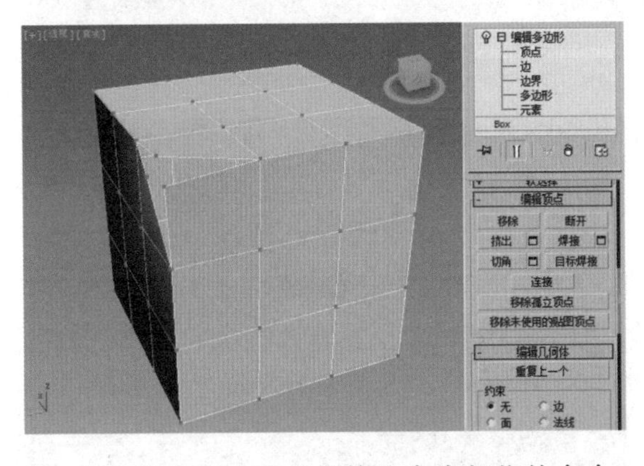

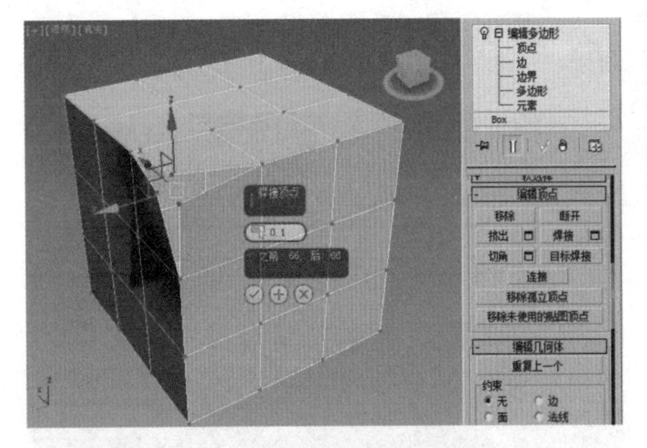

- 还有一个与“焊接”命令相似的命令，即“目标焊接”。只需按住需要焊接的其中一个顶点并拖动，出现一个小虚线，然后直接拖曳到相邻的某点即可焊接。与“焊接”命令相比，“目标焊接”更方便快捷的地方在于不用指定数值。

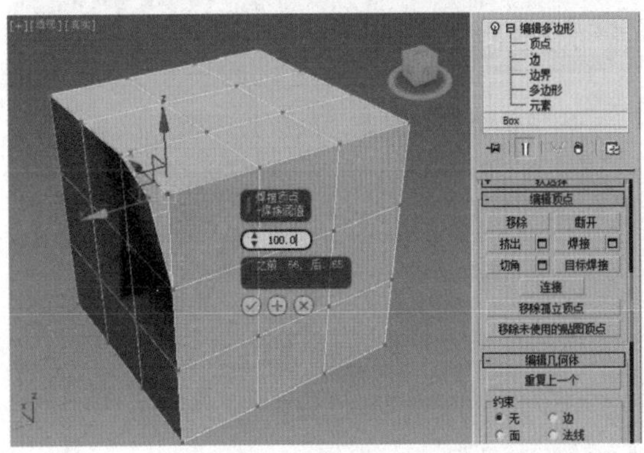

- “塌陷”也与“焊接”命令相似，但其优势在于任何点都能被塌陷在一起。

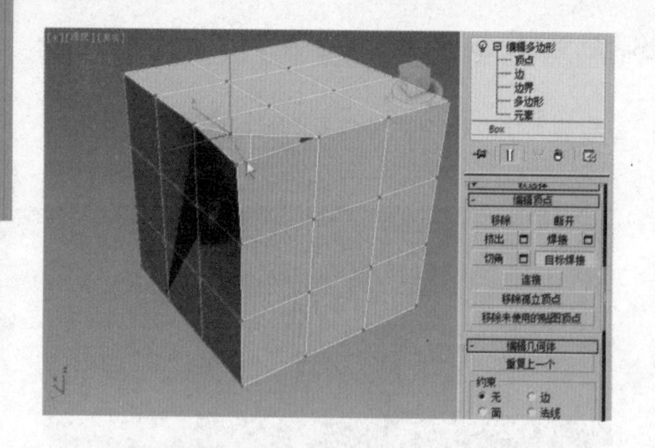

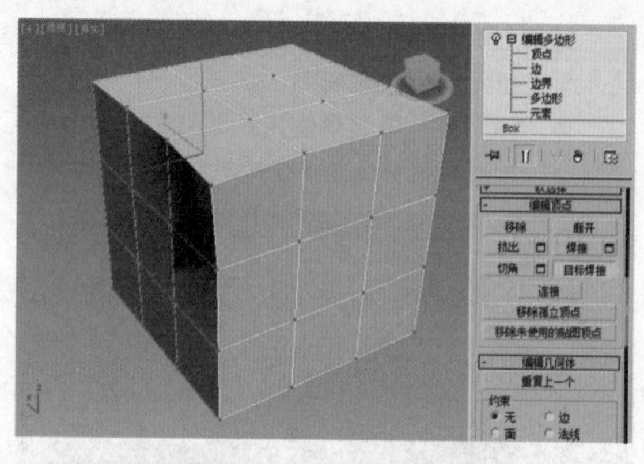

● “挤出”可以使顶点沿法线的方向移动，同样单击“挤出”按钮旁的■按钮会出现小对话框。

分别在“挤出顶点”[0.0]和“挤出宽度”[0.0]中输入数值，就可以看到顶点被挤出的高度。其中勾选按钮为确定，加号按钮为累加动作，叉号按钮为取消。

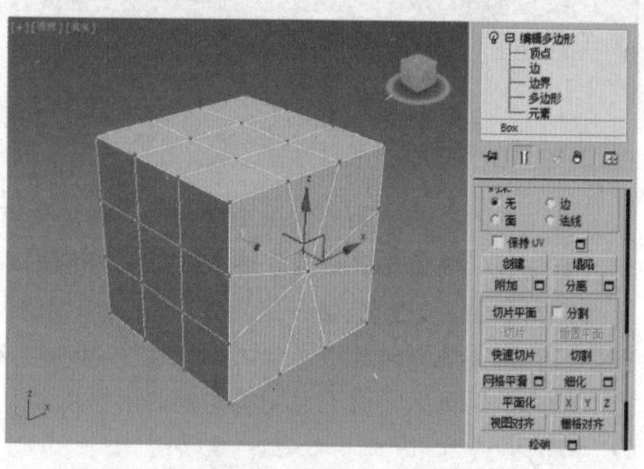

当只输入“挤出宽度”时，效果如右图所示。

当只输入“挤出顶点”时，效果如下左图所示。

把两者结合起来输入数值时，效果如下右图所示。

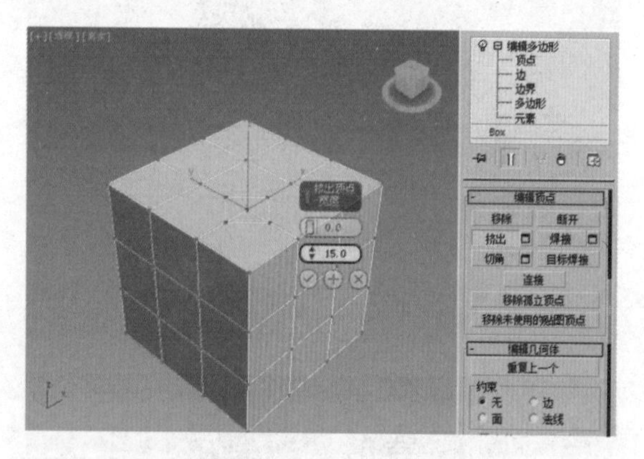

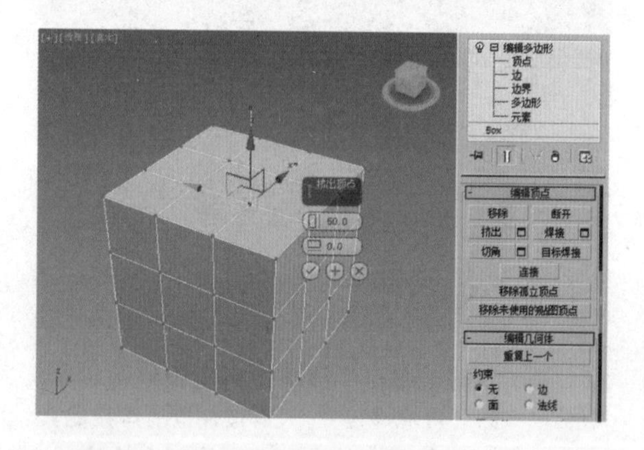

如果选中所有的点，效果如下图所示。

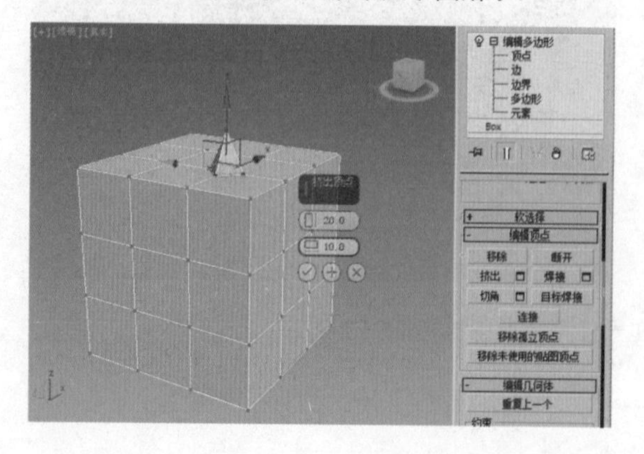

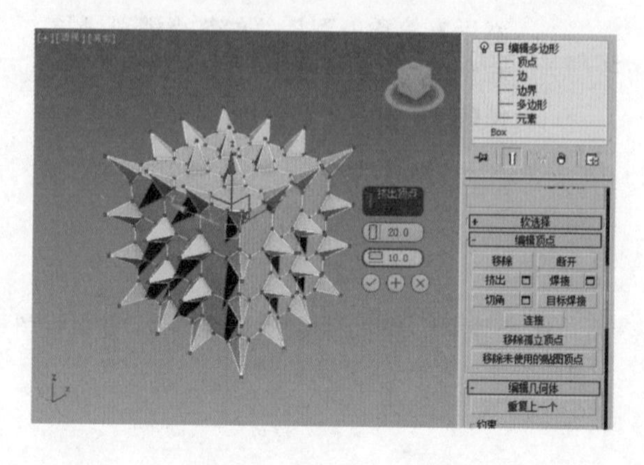

- “切角”命令，对顶点使用该命令后，所有连接原来顶点的线段上都会产生一个新的顶点，每一个切角的顶点都会被一个新面所替换，也可以多次切角。单击“切角”命令后的设置按钮，将会打开一个对话框，同样也是在灰色方框中输入一个数值，更改切角的大小。

在“切角”的设置中还有个“打开切角”命令，勾选之后可以将使用“切角”命令形成的新面删除掉。

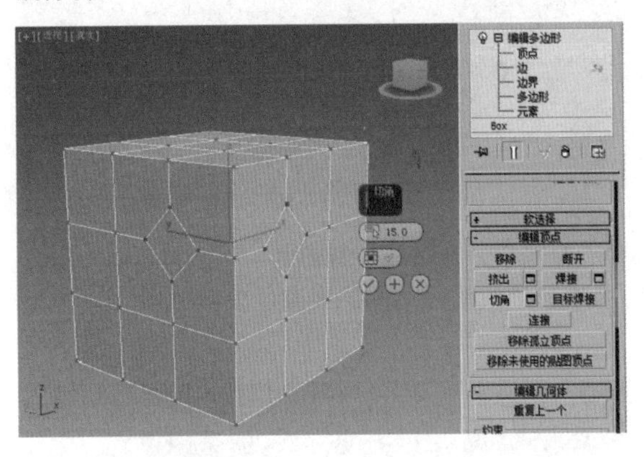

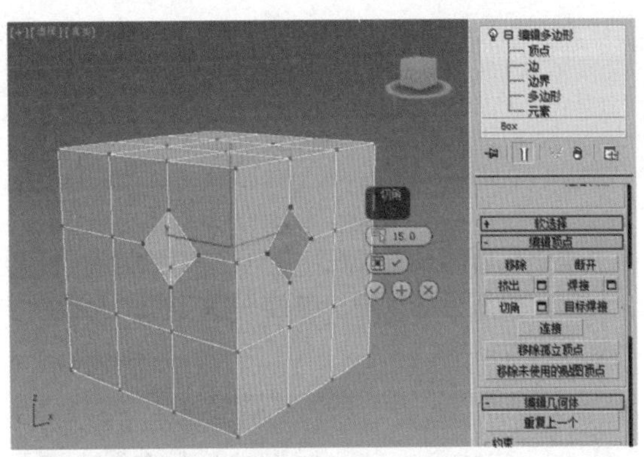

2. “边”

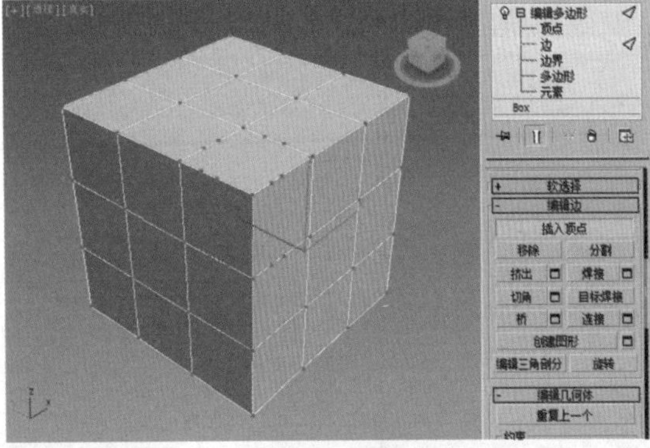

编辑边中包含了一些与顶点中相同的命令，但是会产生不同的效果。

- “插入顶点”命令用于在选择的边上手动插入顶点。
- “环形”命令可以通过选择所有平行于选中线段的边来扩展边的选择。
- “循环”命令可以在选中线段相对齐的同时扩展选择。

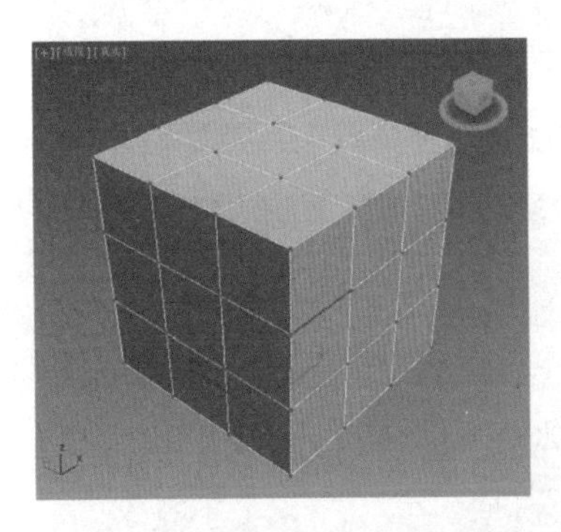

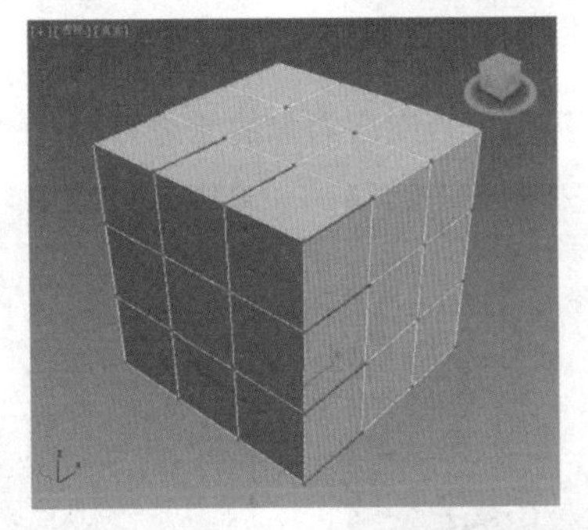

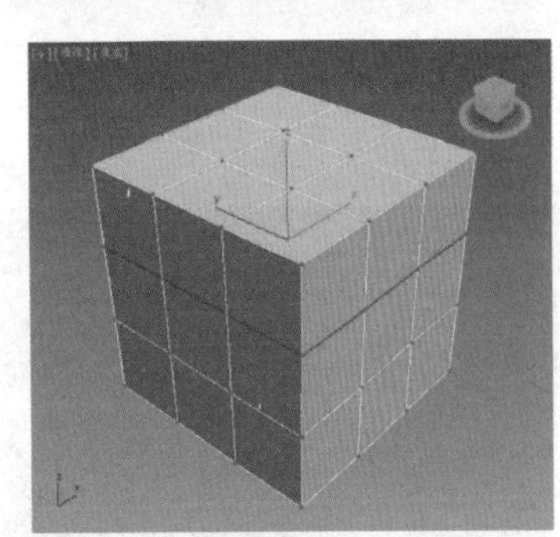

- “挤出”命令会将边界沿着法线方向移动，然后创建形成挤出命令的效果。同样单击设置按钮对数值进行设置。

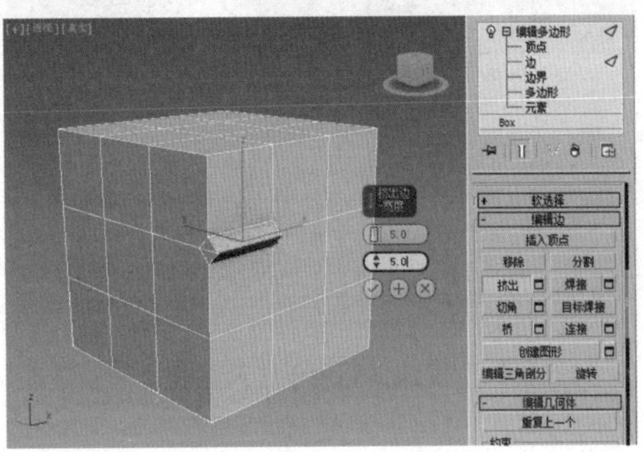

● “连接”命令可以在选定的边之间创建新的线段，首先选中两条线段，单击“连接”命令，就会在两条线中间加入一条或者多条线段。

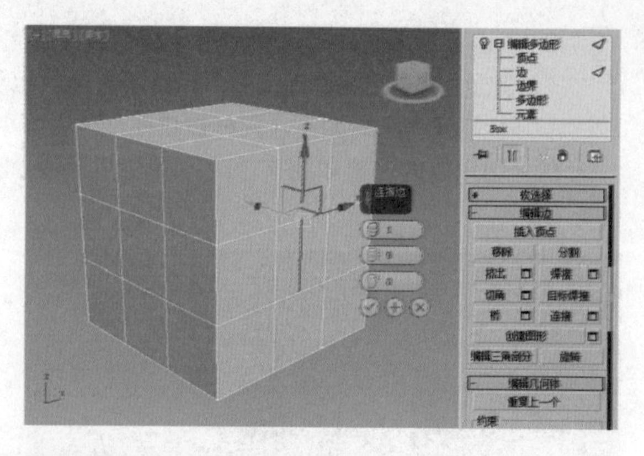

单击后面的设置按钮，第一个灰色椭圆框 选择的是需要分开的线段数量。

第二个灰色椭圆框“收缩” 的参数用于控制所添加的新线段之间的距离，使其线段之间的距离放大或者缩小。

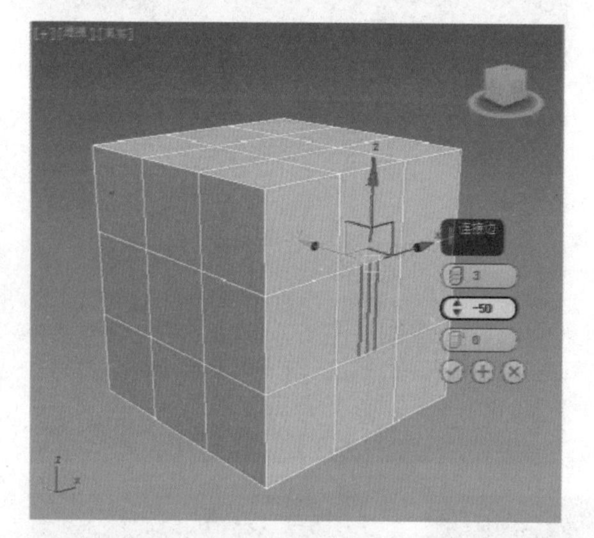

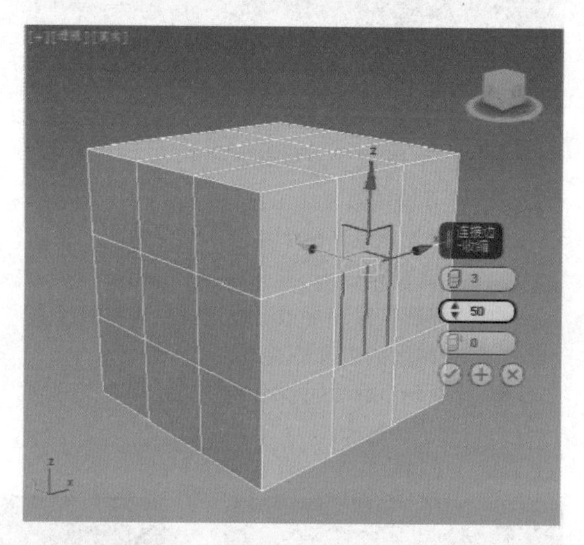

第三个灰色椭圆框“滑块” 用于控制所添加的新边和两侧的相对位置。

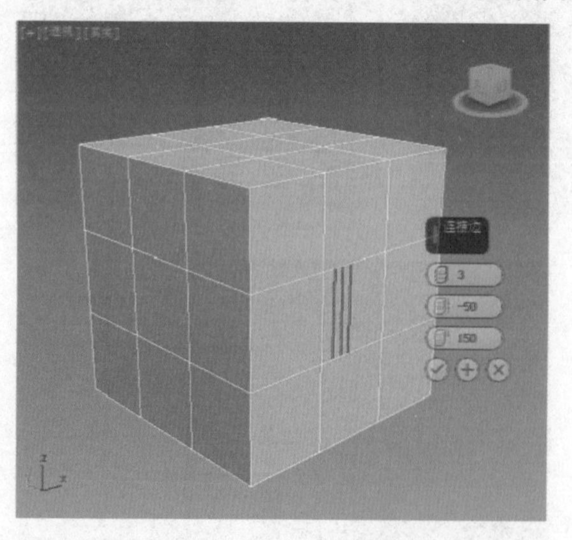

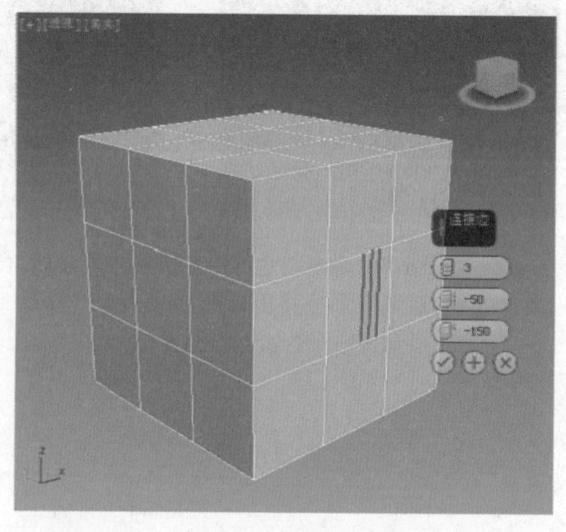

“连接”不仅仅只能用于在两条边之间新建连接，也可以在多条选择的边之间创建新的连接。

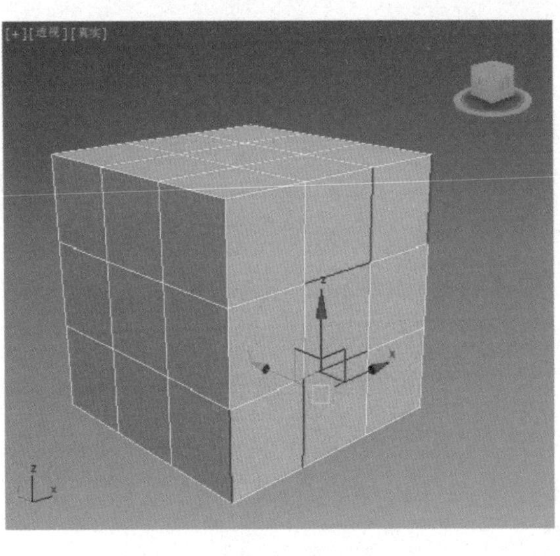
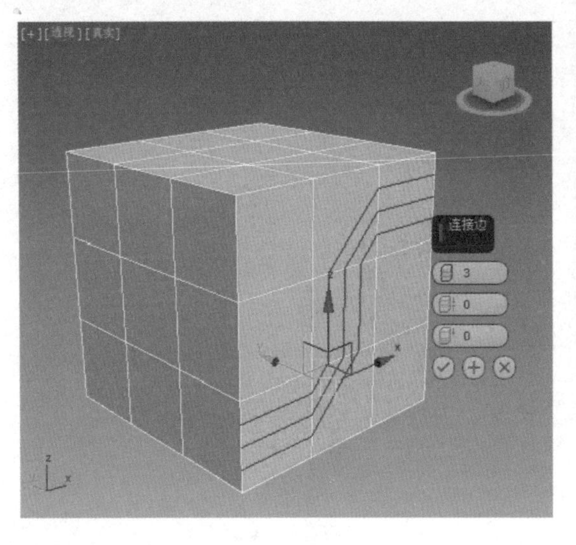

● “切角”命令在“边”中更实用，可以使选择的边分离形成两条线。

单击“切角”命令后的设置按钮，会出现 3 个灰色椭圆框，其中第一个灰色椭圆框用于更改分离的距离，如果由中间向两边分开 5mm，那么两条线中间的直线距离为 10mm，因为倒角是由中线向两边分，所以距离也是这样计算的；第二个灰色椭圆框更改的是两条边中间的分段数。

最后的命令会将使用倒角命令之后形成的新面删除掉。

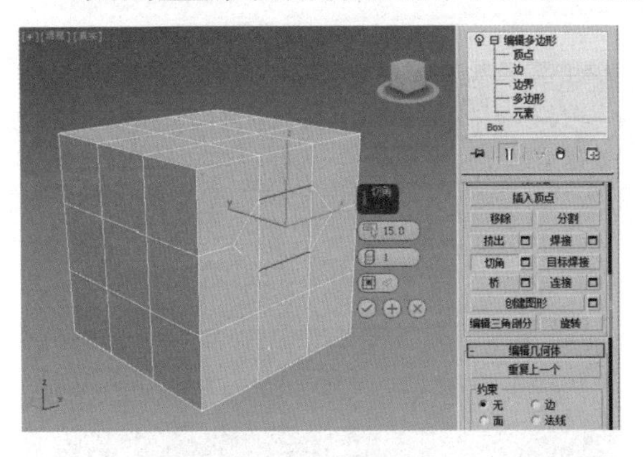

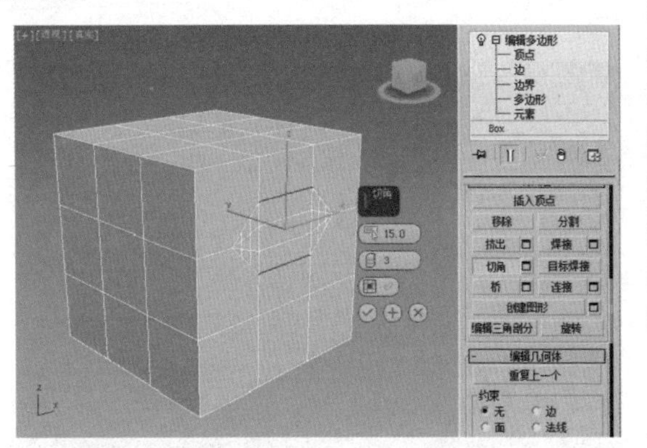

● “切片”命令。在单击“切片”按钮以后在视图中移动黄色线段到需要切开的位置后单击即可完成切片。

● “切割”命令与“切片”命令相似，其优势在于可以用鼠标任意切割。

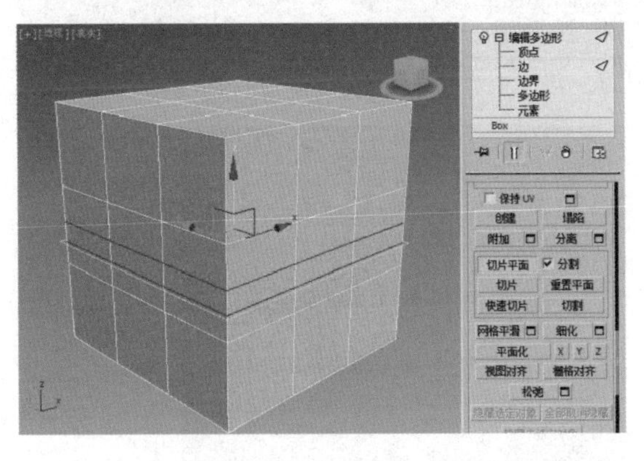

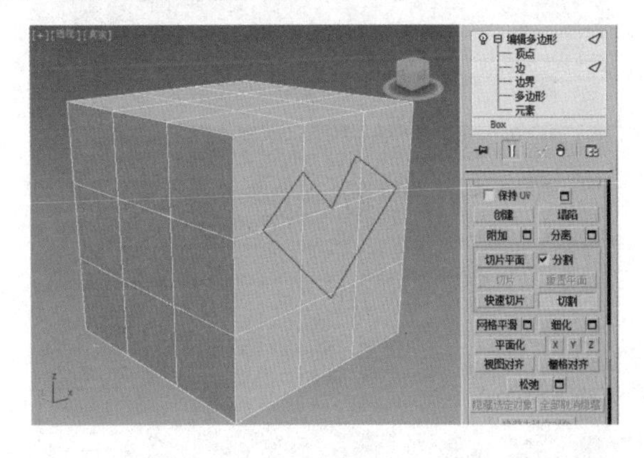

3. “边界”

● “封口”：使用单个多边形封住整个边界环。

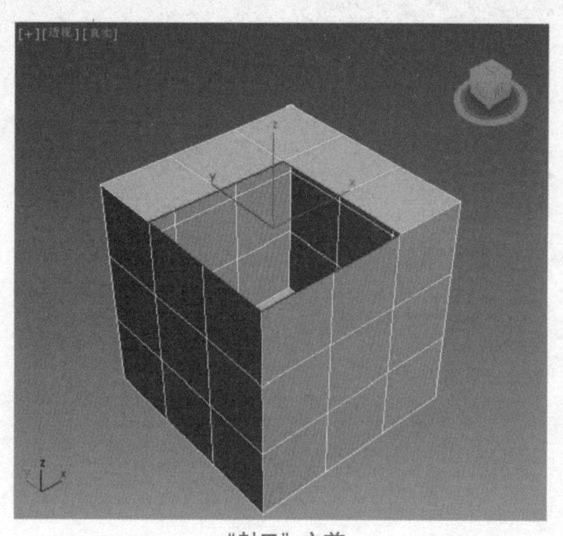

“封口”之前

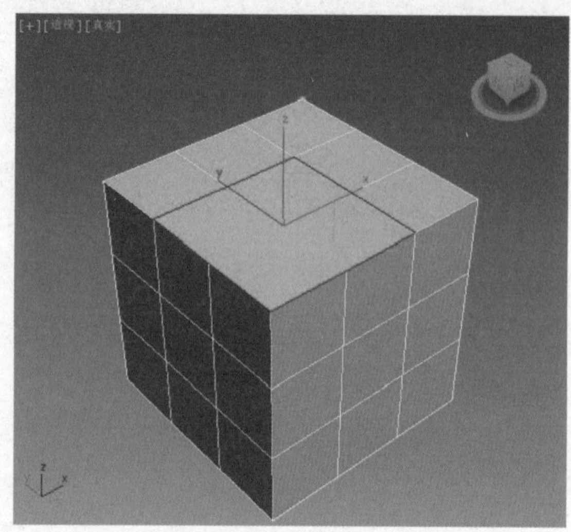

“封口”之后

- “桥”命令可以在两个边界之间创建新的多边形连接，需要注意的是如果是想要在两个物体边界之间建立桥连接，需要在子集命令“元素”中单击“附加”命令，使两个物体变为一个可同时编辑的整体。

首先新建两个物体，然后单击“附加”使其成为一个整体，分别选中对象上的两个边界，然后单击“桥”命令。

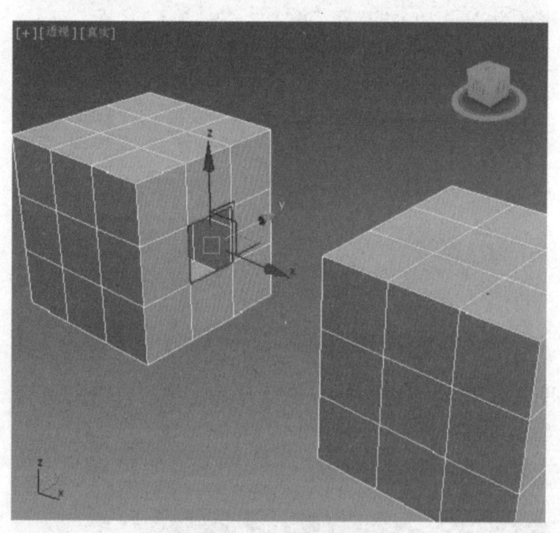

单击“桥”后面的设置按钮之后，会出现6个选择项，用于对桥进行变形。

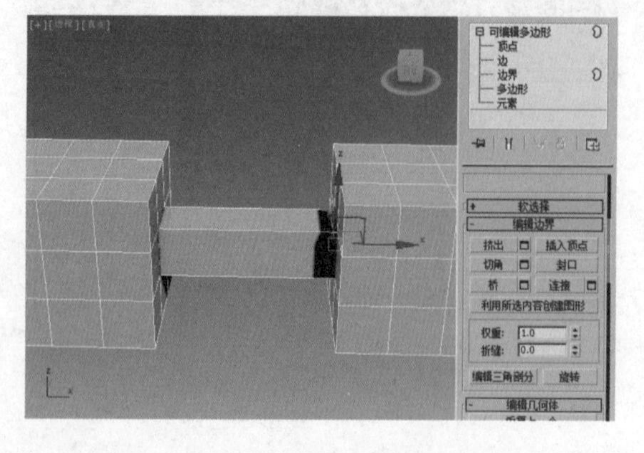

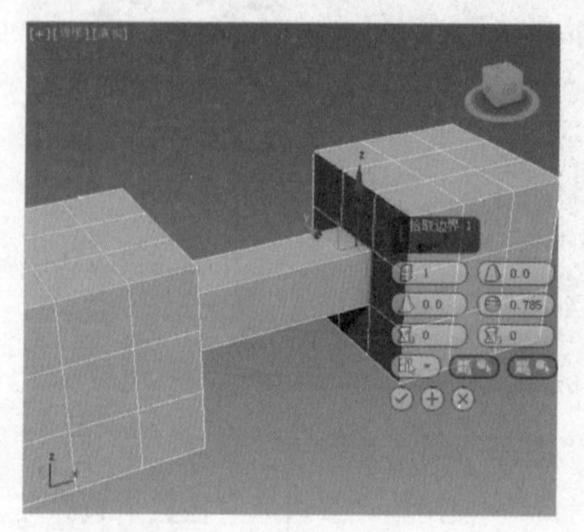

4. ▣“多边形”

- “挤出”命令可以将选择的面拉伸出来形成新的对象，单击“挤出多边形”命令下方的设置按钮，会出现挤出的 3 种不同情况，即“组法线”挤出、“本地法线”挤出、“按多边形”挤出。

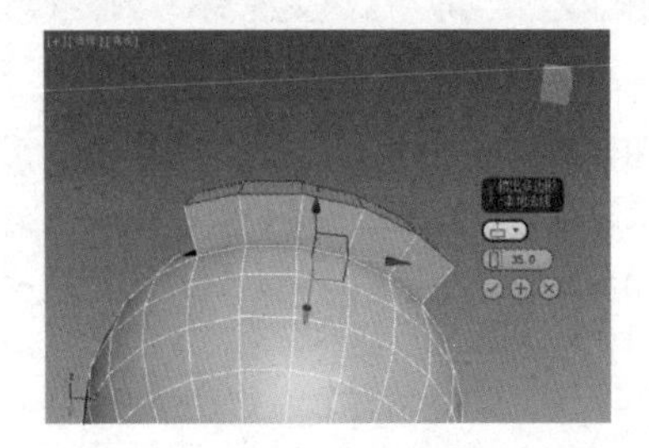
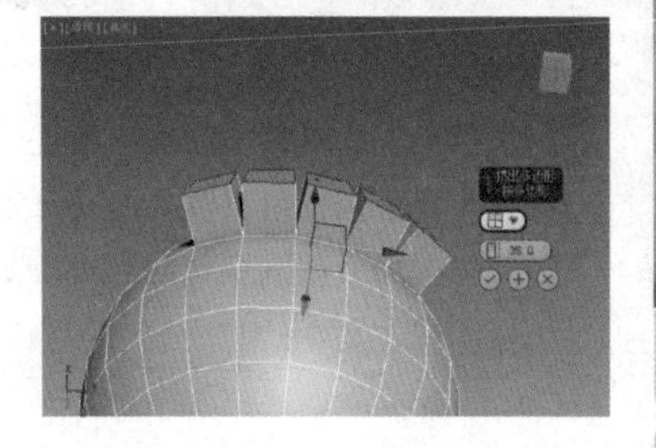

- “倒角”命令和“挤出”命令相类似，都可以将面拉伸出来，但是“倒角”包含一个“轮廓”参数，用于更改挤出面的大小。

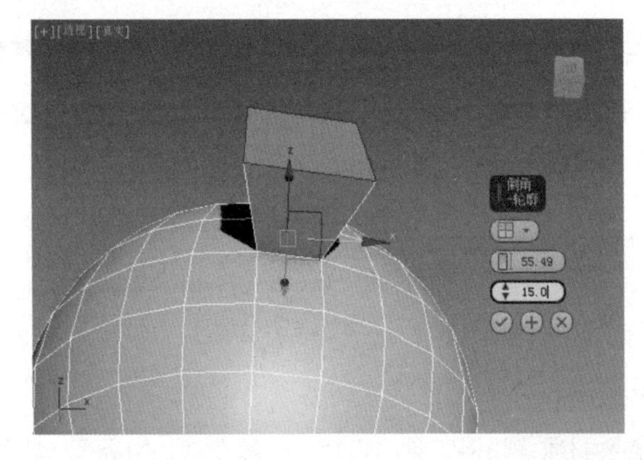

- “插入”命令可以在选择的多边形内插入新的多边形，所插入的新多边形和原多边形之间有线段的连接。

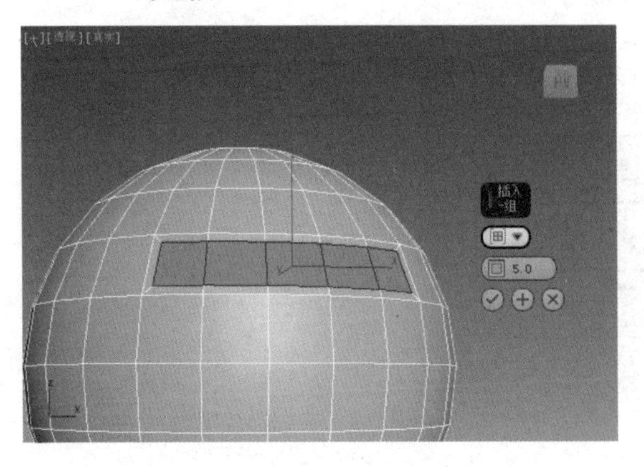

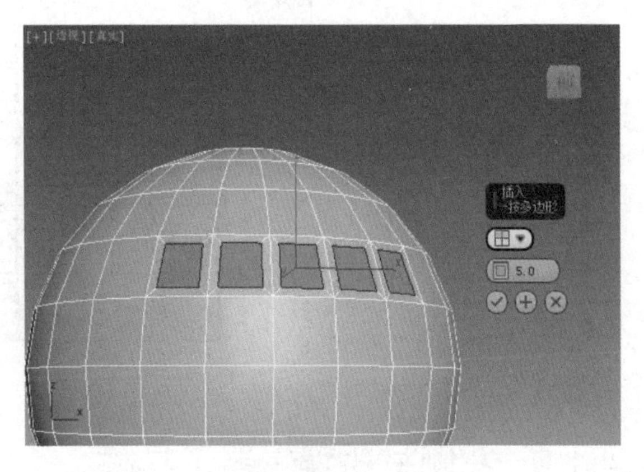

Chapter 04 材质技术

本章概述

材质用于描述对象与光线的相互作用，能模拟各种纹理、反射、折射以及其他特殊效果，本章将会详细介绍 VR 材质的相关知识点以及简单实际应用，为后期制作效果图打下坚实的基础。

核心知识点

❶ 了解经典材质编辑器

❷ 对 VRay 渲染器的初步认识

❸ 效果图常用材质的设置

4.1 材质编辑器

单击工具栏中的经典材质编辑器，打开“材质编辑器”对话框，该对话框提供了创建和编辑材质以及贴图的功能。

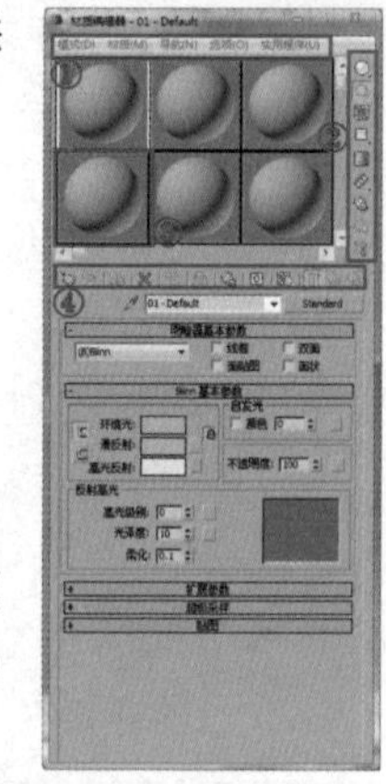

①材质编辑器菜单栏

②左侧材质编辑器工具栏

③材质球

④横向材质编辑器工具栏

4.1.1 材质编辑器菜单栏

菜单栏是另一种调用各种材质编辑器工具的途径，一般在默认情况下一次可以预览 6 个材质球，为了更便于寻找材质球，可以显示出全部 24 个材质球，设置方法是在菜单栏中选择“选项 > 循环 3×2.5×3.6×4 示例窗”命令来进行调试。

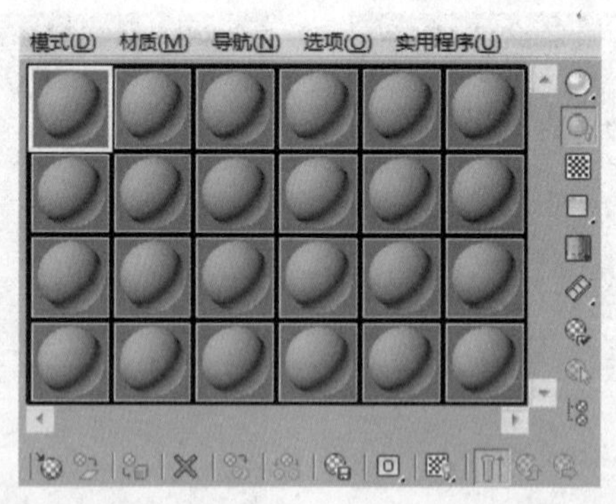

4.1.2 左侧材质编辑器工具栏

- 采样类型：一共有 3 种类型的弹出选项，从中可以选择需要的形状进行材质的编辑。
- 背光选择：可以选择在材质的编辑中显示背光或关闭背光，系统默认为开启状态。
- 背景添加：单击之后可以看到有多颜色的方格背景添加到材质球的示例窗中，主要用于查看玻璃以及其他透明物质的透明度及折射度。
- 采样 UV 平铺：单击之后有 4 个选项，可以设置材质球上采样对象的贴图图案重复方式。
- 材质与贴图导航：单击后会弹出一个窗口，通过材质中贴图的层次或复合材质中子材质的层次快速导航。

4.1.3 示例窗

示例窗内的材质球有冷热之分，如果材质球设置完成后没有运用在场景中的任何对象上，则为冷材质，在示例窗口显示时四周没有被小三角所切。在材质球视口的四周显示有小三角即为热材质，但也有空心与实心之分：空心的小三角表示已经将其指定给了场景中的对象，但是现在没有被用户选中。实心的小三角则代表此时在场景中选择了被指定为此材质的对象。

4.1.4 横向材质编辑器工具栏

- 获取材质：单击此按钮后会开启“材质 / 贴图浏览器”对话框，用于选择材质和贴图等。
- 将材质赋赋予给指定对象：可激活材质，将其指定给场景中的选择对象，赋予材质的步骤为：选中物体，然后选中调整好的材质球，最后单击“赋予”按钮。
- 重置贴图：移除指定对材质的贴图，恢复其设置的所有默认值。
- 在视口中显示贴图：单击后将显示视口中对象表面的贴图材质。
- 显示最终结果：当此按钮处于按下状态时，可以查看所处级别的材质。如处于弹起状态时，示例窗只显示材质的当前级别。
- 转到父级：单击后将当前材质中向上移动一个层级。
- 转到下一个同级设置项：单击后可以移动到当前材质中相同层级的下一个贴图或材质。
- 另外在横向材质编辑器工具栏的下方还有 3 个小工具。
- 吸管工具：想要得到物体材质时单击一下吸管，所选择的材质球上就附上了这种材质。
- 01 - Default ▾ ：给材质命名。
- 单击 Standard 按钮后进入材质编辑器，选择材质之后，材质的属性名称会显示在按钮上。

4.2 标准材质

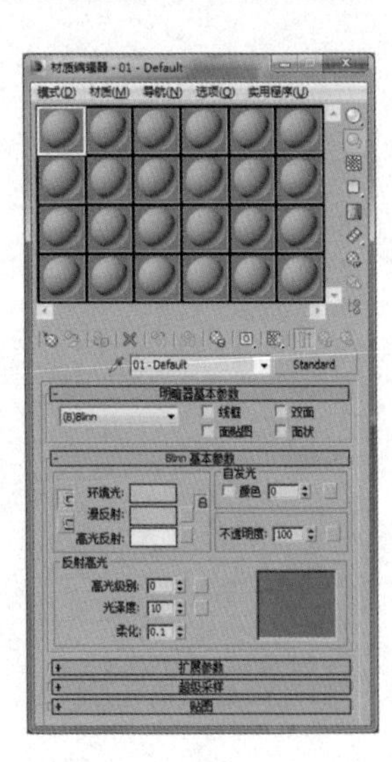

标准材质是 3ds Max 中自带的，为表面建模提供了非常直观的方式，可以模拟表面的反射属性，在卷展栏中包括了 6 个设置卷展栏。

“明暗器基本参数”：选择要用于标准材质的明暗类型，以及影响材质的显示方式。

“Blinn 基本参数”：标准材质的基本参数卷展栏包括一些控件，用于设置材质的颜色、反光度、透明度等，并指定用于材质各种组件的贴图。

“扩展参数”：对于标准材质的所有明暗处理类型来说都是相同的，其具有透明度和反射相关的控件。

“超级采样”：在材质上执行一个附加的抗锯齿过滤。此操作虽然花费更多时间，却可以提高图像的质量。超级采样用于渲染一个平滑的反射高光平面时，或者需要精细的凹凸贴图以及高分辨率时。

“贴图”：用于访问并为材质的各个组件指定贴图，可以从大量贴图类型中进行选择。

“mental ray 连接”：可供所有类型的材质使用，对于 mental ray 材质，该卷展栏是多余的，但是利用此卷展栏，可以向常规的 3ds Max 材质添加 mental ray 明暗处理。这些效果只能在使用 mental ray 渲染器时看到。

4.3 VRay 渲染器的设置

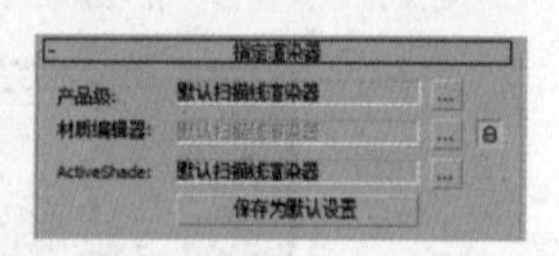

每种渲染器安装之后都会有自己的模块，比如“Brazil 渲染器”，安装完成之后可以在 3ds Max 很多地方找到其身影，例如灯光建立面板、材质编辑器、渲染设置对话框和摄影机建立面板等。如果安装后不指定渲染器，则无法渲染出来。VRay 渲染方法也是一样的。

3ds Max 在渲染时使用的是自身默认的渲染器。所以在先确认安装完成了 VRay 渲染器的情况下，需要手动设置 VRay 渲染器为当前渲染器。

单击菜单栏中的“渲染设置”按钮，弹出一个对话框，在“公用”中找到“指定渲染器”卷展栏。

单击第一个“产品级”选择栏后的按钮，会开启一个对话框，选择 VRay 渲染器，再单击“确定”按钮。

最后在“指定渲染器”的“产品级”选择栏中显示“VRay”渲染器，表示设置成功。

4.4 材质 / 贴图浏览器

材质 / 贴图浏览器的窗口用于选择材质、贴图或 mental ray 明暗器。单击材质编辑器工具栏中的按钮，或者单击 Standard ，进入材质 / 贴图浏览器，选择材质之后双击，就可以在材质球上显示出来并编辑使用。

单击左上角倒三角按钮，打开下拉列表，可对其浏览器进行设置。“材质 / 贴图浏览器”包含“材质”“场景材质”和“示例窗”等选项，如下图所示。

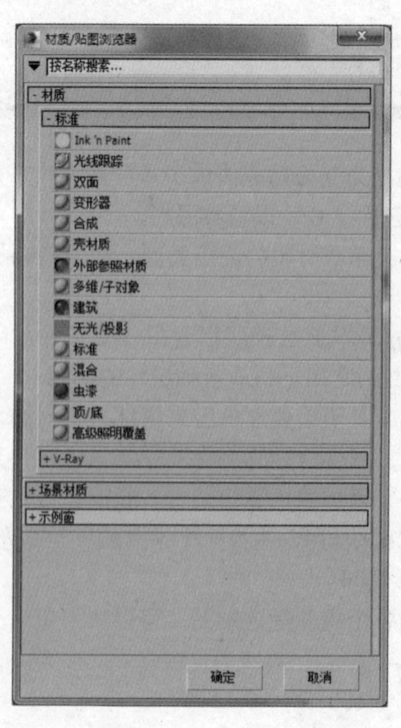

4.5 VR-标准材质与赋予材质

在当前渲染器设置为 VRay 渲染器的同时，此材质才会出现在材质 / 贴图浏览器中，VR-标准材质是 VRay 渲染器中最常见的材质，它能够获得更标准的物理照明，其中它简化了反射和折射的设置，还可以运用不同的纹理贴图来模拟更真实的材质效果。

为物体赋予材质的基本操作步骤如下。

01 设置材质球。

02 在视口中选中需要赋予该材质的物体。

03 返回材质编辑器，单击“将材质赋予给指定对象按钮”，激活材质。

04 如果是贴图材质，还需单击“在视口中显示贴图”按钮，将材质显示在视口中。

在这里将针对几个实例练习主要介绍“基本参数”卷展栏。

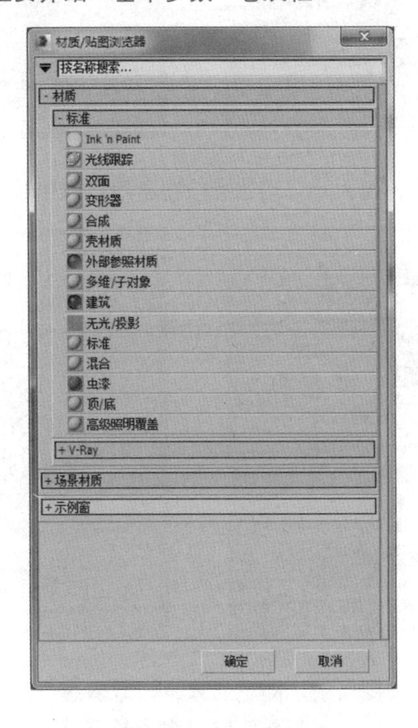

实例练习1：红色小矮人

漫反射：用于调节物体表面固有的颜色。单击色块开启颜色选择器中的选择颜色作为固有的颜色。

在“漫反射”中设置小矮人的固有色，并给这个材质命名。

单击“渲染”按钮之后的效果如下，系统默认的无材质或无贴图物体为灰色。

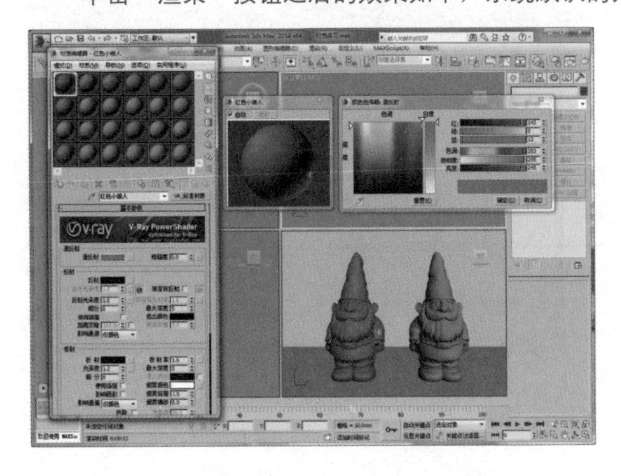

实例练习2：金属色小矮人

反射：控制物体反射，反射的调色板也有黑白两色，它是靠颜色的灰度控制强弱，颜色越白反射越强，颜色越黑反射越弱，同样单击空白按钮选择贴图，用灰度来控制反射强弱。

高光光泽度：控制物体表面的亮斑大小，单击锁按钮激活。数值越小，高光区域越大。

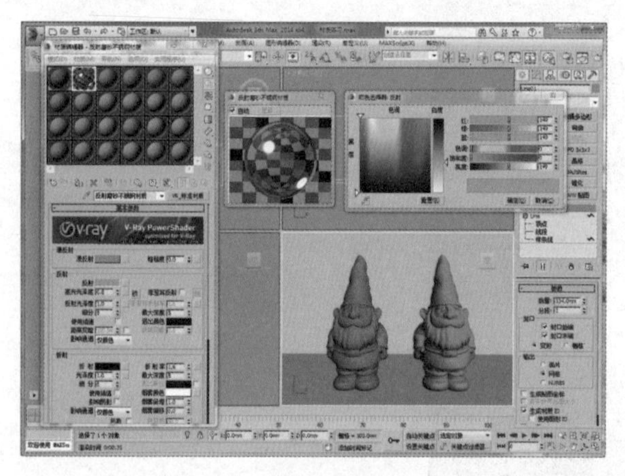

反射光泽度：调整物体表面的模糊反射，即哑光效果，数值越小反射越模糊。

细分：用于控制物体的模糊反射的品质，数值越大渲染越慢。

使用插值：选择之后能够加快模糊反射的渲染。

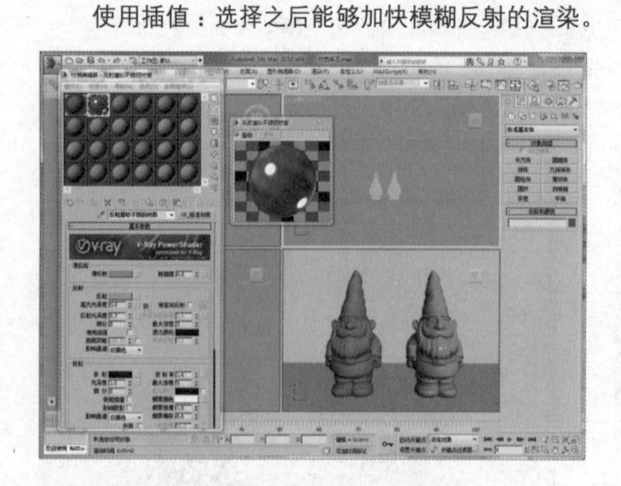

实例练习3：玻璃小矮人

折射：控制的是物体的透明度，通常在调色板中用灰度来控制透明度的强弱，颜色越白越透明，设置到最白为玻璃的材质。

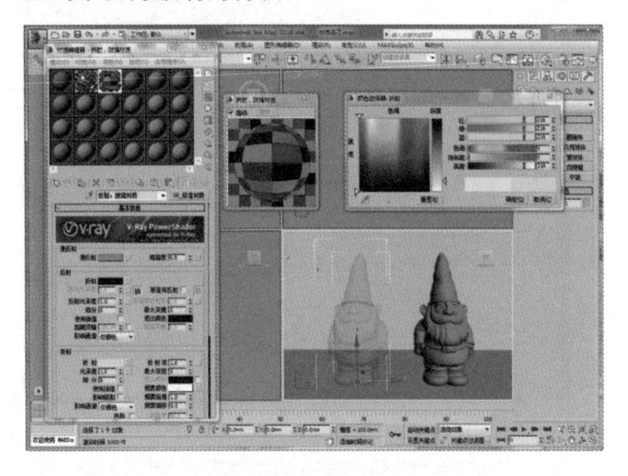

光泽度：调整的是折射的模糊效果，即玻璃的磨砂效果。

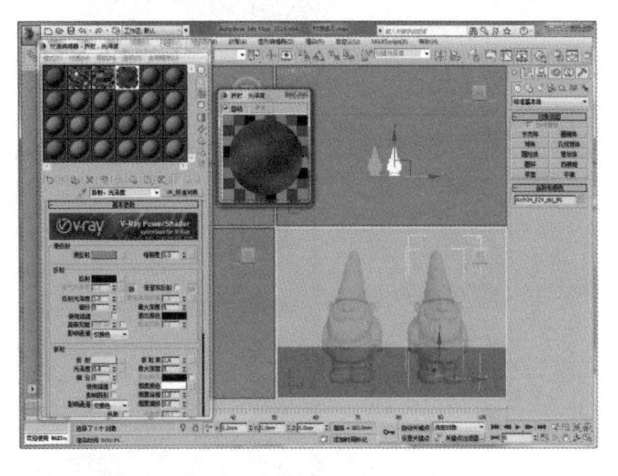

烟雾颜色：调节的是玻璃的颜色，与调节漫反射的颜色不同。

烟雾倍增：调节的是烟雾颜色的强度。

菲涅耳反射：在表现玻璃材质时勾选，反射强度与物体的入射角度有关，可以模拟更真实的反射效果。

最大深度：设置反射的最大次数。

4.6 贴图坐标与 UVW Map 修改器

单击“漫反射”后的空白按钮■可以在材质贴图浏览器中选择贴图作为固有的纹理。

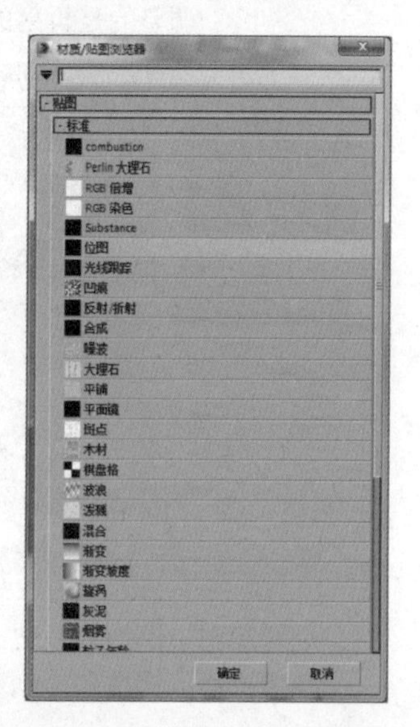

实例练习：木纹小矮人

01 单击“漫反射”后的空白按钮■，打开“材质/贴图浏览器”，选择“位图”，单击空白按钮，显示 Bitmap（位图），然后选择所需要添加的贴图的路径，单击“确定”按钮。

02 选中需要贴图的物体，然后赋予材质，选择横向材质编辑器工具栏中的显示贴图。

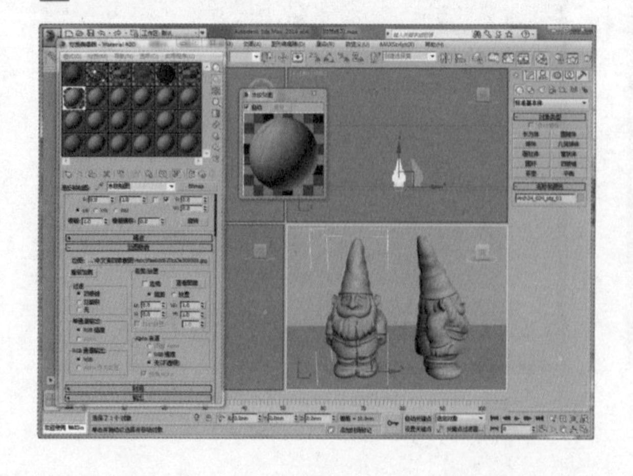

在为模型指定材质的过程中，常发现指定的材质不能正确显示，这时就必须要通过修改器中的“UVW贴图”命令来进行修改，为模型指定一个正确的贴图坐标。

贴图坐标用于指定几何体上贴图的位置、方向以及大小。坐标通常以 U（水平维度）、V（垂直维度）和 W（第三维度，表示深度）来指定，如果将贴图材质应用到没有贴图坐标的对象上，将不能够正确显示贴图。

Gizmo（变形器）: 可以将贴图坐标投影到对象上，可定位、旋转或缩放 Gizmo 以调整对象上的贴图坐标。

贴图选项组，确定所使用的贴图坐标的类型。通过贴图在几何体上投影到对象上的方式以及投影与对象表面交互的方式来区分不同种类的贴图。指定“UVW 贴图”的 Gizmo 尺寸，在应用修改器时贴图图标的默认缩放由对象的最大尺寸定义。

● “UVW 贴图”中的“参数”卷展栏。

“平面”：表现的是平面贴图。

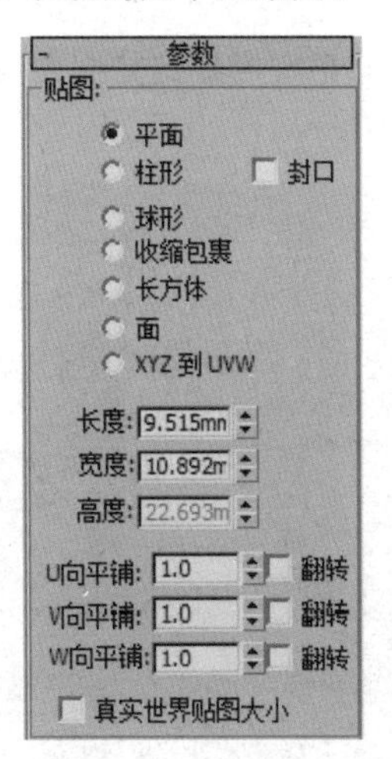

“柱形”与“封口”：表现的是柱形投影贴图，使用它包裹对象，位图接合处的分缝是可见的，多用于圆柱形物体。

“球形”：通过从球体投影贴图来包裹对象，在球体顶部和底部都会出现位图边与球体两级交汇处的基点，多用于球形物体。

“收缩包裹”：使用球形贴图，但是它会截去贴图的各个角，在一个单独极点将它们全部结合在一起创建一个基点。

“长方体”：从方形体的六个侧面投影贴图。

“面”：在对象的每个面应用贴图副本。

“XYZ 到 UVW”：将 3ds Max 程序坐标贴图到 UVW 坐标，将会把程序纹理贴到表面，如果表面被拉伸，程序贴图也会被拉伸。

● “通道”选项组

每个对象最多可拥有 99 个 UVW 贴图坐标通道。默认贴图始终为通道。“UVW 贴图”修改器可将坐标发送到任意通道，这样，在同一个面上可同时存在多组坐标。

● “对齐”选项组

设置各种对齐方式对齐坐标轴，也可以选用系统内置的对齐方式来完成坐标轴的对齐。

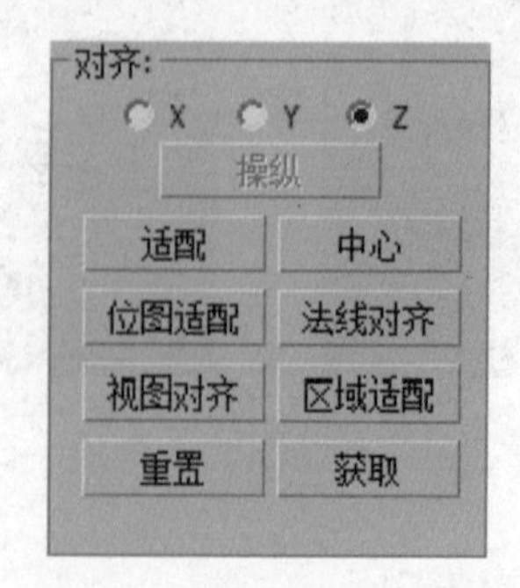

● “显示”选项组

此设置确定是否显示贴图不连续性，以及如何显示在视口中，仅在 Gizmo 子对象层级处于活动状态时显示结合口。Gizmo 子对象主要用于移动贴图在物体上的位置，可以结合移动工具来完成。

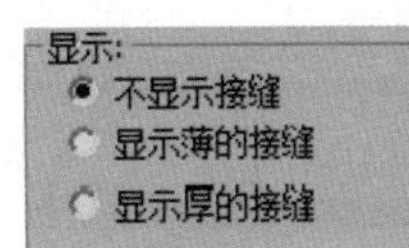

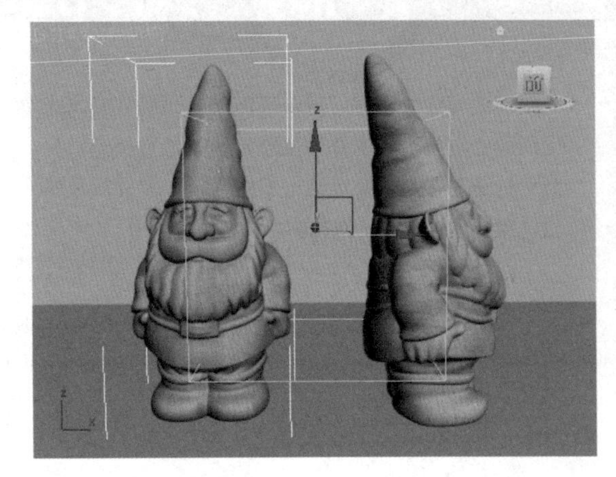

实例练习：完善木纹小矮人

为了让木纹看起来更逼真，要给木纹增添一些光泽度，所以调整一下反射的数值，然后调整反射光泽度。

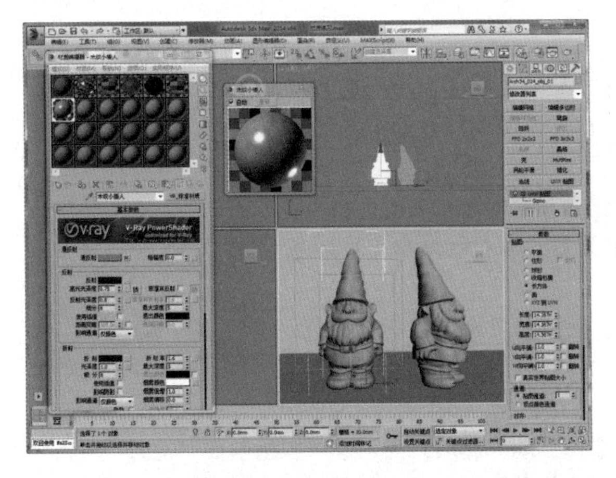

Chapter 05 灯光技术

本章概述

光线到达对象表面时，对象表面反射光线并吸收光线的颜色以显示其本身的色彩，这就是可见光以及颜色的基本原理。通过这一章的学习，掌握对象的材质属性，以及灯光的强度、颜色、色温等。

核心知识点

❶ 了解 3ds Max 系统光源

❷ 初步认识 VRay 光源系统

5.1 3ds Max 2014系统光源

这里的 3ds Max 系统光源是模拟真实的光源，如家庭使用的台灯、白炽灯等，舞台和电影工作时需要使用的射灯以及灯光设备，还有太阳光等。3ds Max 提供了两种类型的灯光，分别是“标准光源”和“光度学”光源。

5.1.1 标准光源

标准灯光的基本参数是影响照明的基本因素，这 8 种灯光能够以不同的方向和方式发射光线以及生成阴影。与光度学光源不同，标准光源不具有基于物理的强度值。

“目标聚光灯”：像闪光灯一样投影聚焦的光束，使用目标对象指向摄影机。

“自由聚光灯”：与目标聚光灯不同的是，自由聚光灯没有目标对象，可以通过移动和旋转使其指向任何方向。

“目标平行光”：主要用于模拟太阳光。目标平行光使用目标对象指向灯光，可以调整灯光的颜色和位置并在视口中旋转，由于是平行光，所以呈现出来的是圆形或矩形的棱柱而不是圆锥体。

“自由平行光”：与目标平行光不同，没有目标对象，移动和旋转灯光对象可以指向任何地方。

“泛光”：从单个光源向各个方向投影光线，也可以将辅助照明添加到场景中，还可以模拟点光源。

“天光”：运用天光模拟日光氛围意味着与光跟踪器一起使用，可以将天空的颜色设置为其他贴图。

“mr Area Omni”(mr 区域泛光灯)：在使用 mental ray 渲染场景时，此灯从球体或圆柱体体积发射光线。

“mr Area Spot”（mr 区域聚光灯）：在使用 mental ray 渲染场景时，此灯从矩形或碟形区域发射光线。

标准光源的基本参数是影响照明的基本因素。

“强度 / 颜色 / 衰减”卷展栏：提供设置灯光的倍增、颜色和衰减的参数。其中“近距衰减”可以启用灯光由弱变强的衰减范围，“远距衰减”可以启用灯光由强变弱的衰减范围。

“聚光灯参数”卷展栏：勾选“显示光锥”复选框后，即使不选择灯光也会显示光锥；勾选“泛光化”复选框后，聚光灯将同时兼有泛光灯的功能；“聚光区 / 光束”和“衰减区 / 区域”用于调整灯光的光锥和衰减角度；“圆 / 矩形”用于选择光锥和衰减的形状；“纵横比”用于调整光锥和衰减的纵横比，“位图拟合”的作用是通过位图来控制纵横比。

“高级效果”卷展栏：“对比度”和“柔化漫反射边”用于控制漫反射区域和环境光区域之间的对比和柔化程度；“漫反射”“高光反射”“仅环境光”这 3 个复选框为整体的效果控制，有具体的应用效果。

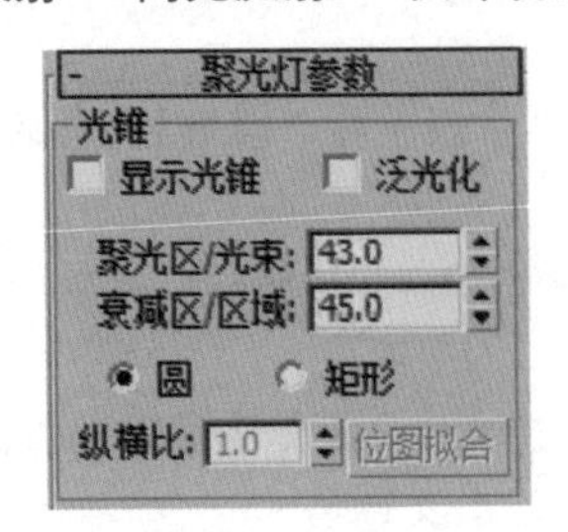

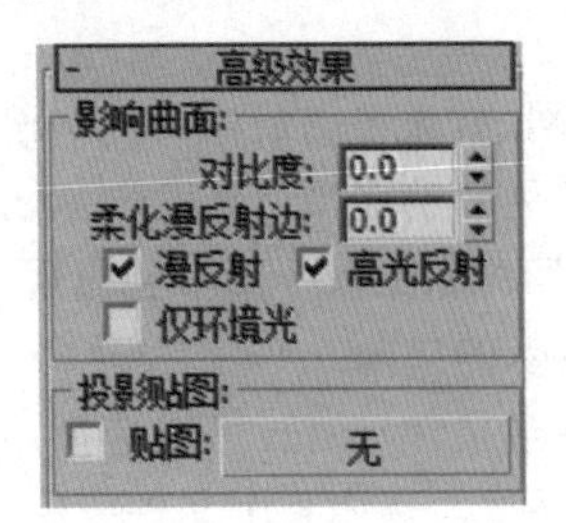

5.1.2 光度学光源

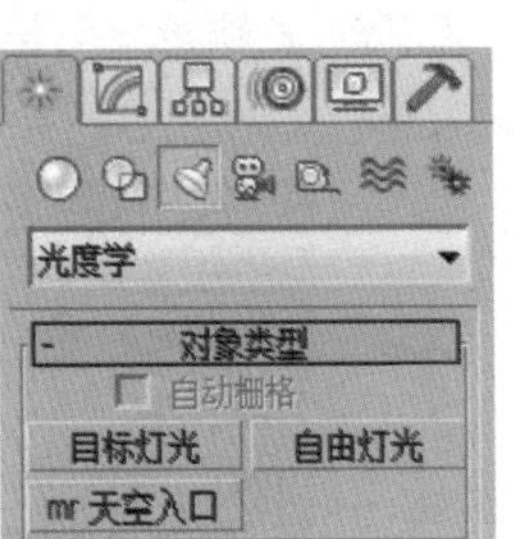

“光度学”使用的是光度学（光能）值，可以更精密地定义灯光，就像真实世界中一样。用户可以设置分布、强度、色温和其他真实世界灯光的特性。也可以导入照明制造商的光度学文件，以便设计基于商用灯光的照明。

“目标灯光”：可以用于指向灯光的目标子对象，也就是这个灯光除了光源点之外还有一个目标点。

“自由灯光”：不具备目标子对象，可以通过使用变换瞄准它，也就是只有一个光源点，不显示目标点。

“mr 天空入口”：此灯光类型为对象提供了一种“聚焦”内部场景中现有天空照明的有效方法，无须高度最终聚集或全局照明设置。

光度学灯光具有强度、颜色、衰减等控制选项，但这些参数都是以真实世界中的灯光度量单位来作为基准的。

“常规参数”卷展栏：“灯光属性”选项组设置是否启用灯光和是否开启“目标”。勾选“阴影”选项组中“启用”和“使用全局设置”复选框后开启阴影并使用全局设置。“灯光分布（类型）”默认为“统一球形”。在下拉列表中选择“光度学 Web”为设定光域网。

“强度 / 颜色 / 衰减”卷展栏：“颜色”选项组用于设置光度学灯光的颜色和色温；“强度”选项组用于设置光度学强光的强度，有 3 种度量单位：lm（流明），测量整个灯光也就是光流通量的输出功率；cd（坎德拉）测量灯光的最大发光强度；lx（lux）测量由灯光引起的照度，该灯光以一定距离照射在面向光源方向的曲面上。“暗淡”选项组用于控制光线的明暗。“远距衰减”选项组用于设置光度学灯光衰减范围。

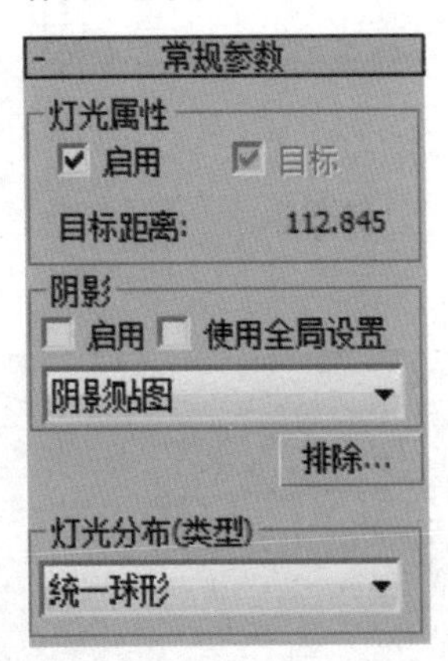

5.1.3 光域网

光域网是一种关于光源亮度分布的三维表现形式，存储在“*ies”文件中。光域网是灯光的一种物理性质，确定光在空气中发散的方式，不同的灯在空气中的发散方式是不一样的。由于灯自身特性的不同，光束形状大小有所不同，如壁灯和台灯发出的光束形状大小不同，这些不同的形状就是光域网所造成的。在三维软件中，为灯光指定一个特殊的文件就可以产生与现实生活中相同的发散效果。只有光度学的光源才能使用光域网。

若需启用光域网，首先在“目标灯光”设置面板中展开“常规参数”卷展栏，然后在“灯光分布（类型）”选项组的下拉列表中选择“光度学 Web”选项。

然后在“修改”命令面板下面就会出现“分布（光度学 Web）”卷展栏，可以使用这些参数选择光域网文件并调整 Web 的方向。

单击“选择光度学文件”按钮，可以选择用作光度学 Web 的文件。该文件可采用的格式有“*.ies”“*.ltli”和“*.cibse”格式，选中某个文件以后，该按钮上会显示出文件名。

在选择光度学的文件之后，在 Web 图的缩略图框中将会显示出灯光分布图案的示意图。下方的“X、Y、Z 轴旋转”是要让光域网沿着 X、Y 或 Z 轴旋转，旋转的中心就是光域网的中心，范围值在 ±180° 之间。

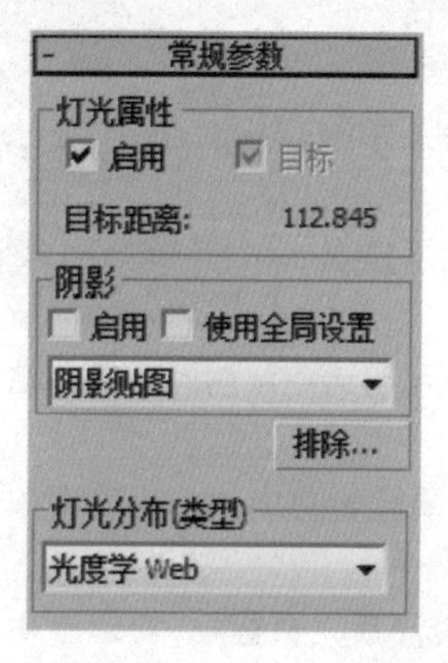

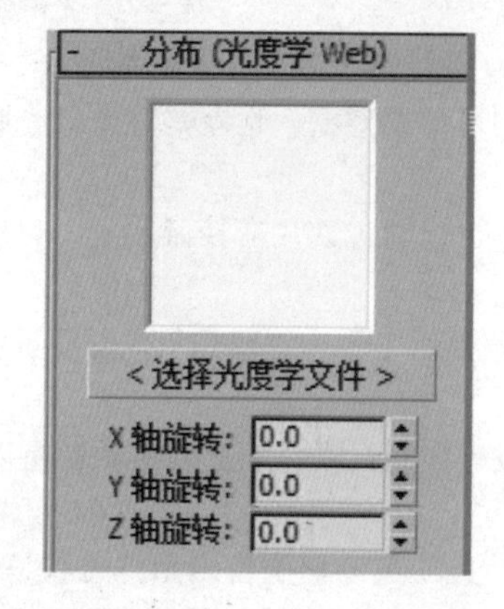

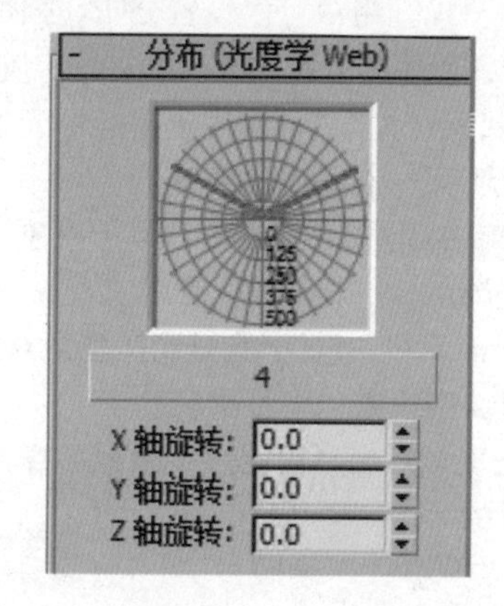

5.2 VRay 光源系统

在安装完成 VRay 渲染器之后，灯光创建命令面板的灯光类型下拉列表中会增加一个 VRay 类型，也就被称为 VRay 光源系统。下面将对其中的两种光源具体描述。

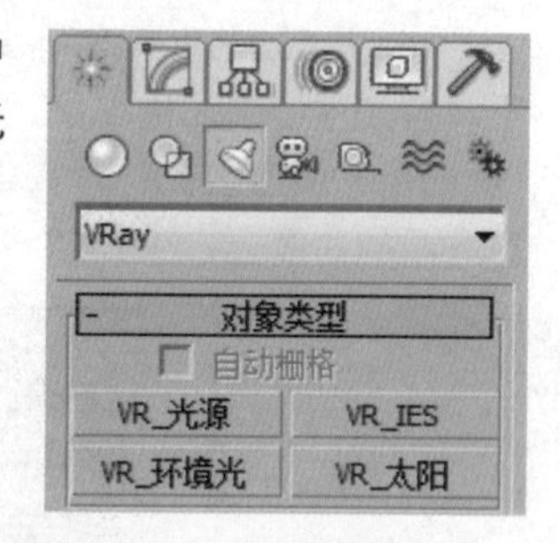

5.2.1 VRay 灯光

“VR_灯光”是 VRay 渲染器中自带的灯光之一，其使用的频率较高，默认的光源形状为具有光源指向的矩形光源，也就是俗称的“灯片”。

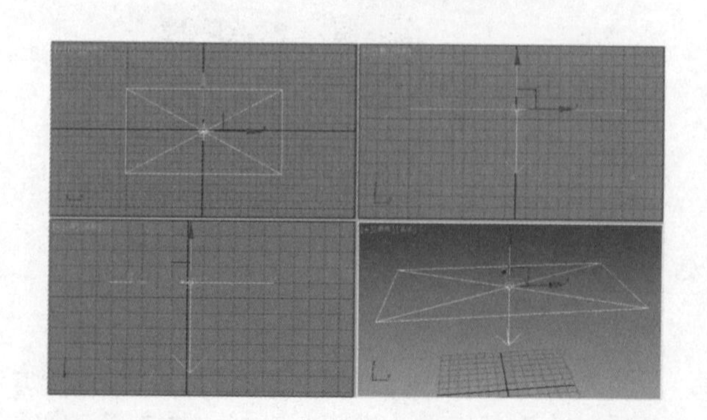

“基本”选项组中的“开启”是灯光的开关，勾选之后灯光才会被开启：“排除”按钮可以将场景中的对象排除在灯光的影响范围之外；“类型”下拉列表中共有 4 种光源类型可供选择。

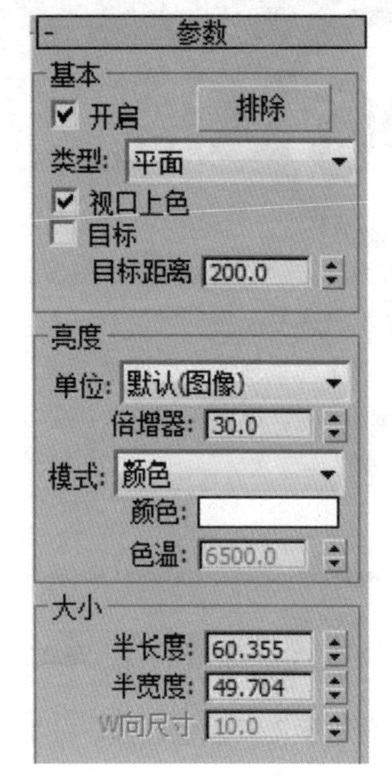

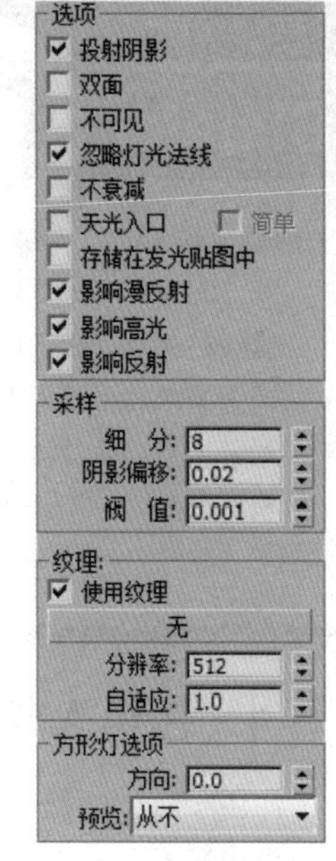

“亮度”选项组中的“单位”是 VRay 的默认单位，以光照的亮度和颜色来控制灯光的光照强度；“模式”下拉列表中选择的是光照的“颜色”和“色温”，其中“颜色”控制的是光源发出的光的颜色，“倍增器”用于控制光的强弱效果。

“大小”选项组中的“半长度”是面光源长度的一半；而“半宽度”是面光源宽度的一半。

“选项”选项组中的“双面”控制是否在面光源的两面都产生灯光效果；“不可见”控制是否在渲染的时候显示 VRay 灯光的形状；选择“忽略灯光法线”以后场景中的光线按灯光法线分布，不选择所得到的是场景中的光线均匀分布；选择“不衰减”之后灯光的强度将不随距离而减弱；选择“天光入口”之后将把 VRay 灯光转化为天光；选择“存储在发光贴图中”之后同时为发光贴图命名并指定路径，这样 VRay 灯光的光照信息将保存。在渲染光子时会很慢，但最后可直接调用发光贴图，减少渲染时间；“影响漫反射 / 影响高光 / 影响反射”控制灯光是否影响材质属性的漫射和是否影响材质属性的高光。

“采样”选项组中的“细分”控制 VRay 灯光的采样细分；“阴影偏移”控制物体与阴影偏移的距离。

“纹理”选项组中的“使用纹理”可以设置 HDRI 贴图纹理作为穹顶灯的光源；“分辨率”控制贴图的清晰度。

5.2.2 VRay 阳光

VRay 阳光是 VRay 渲染器中用于模拟太阳光的功能，通常和 VRSky 配合使用，“VRay 阳光参数”的卷展栏中各选项功能如下。

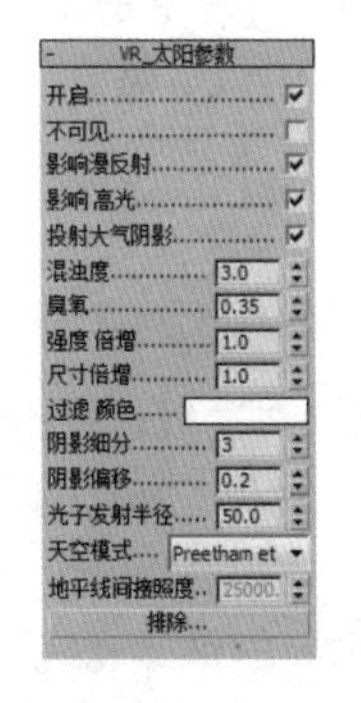

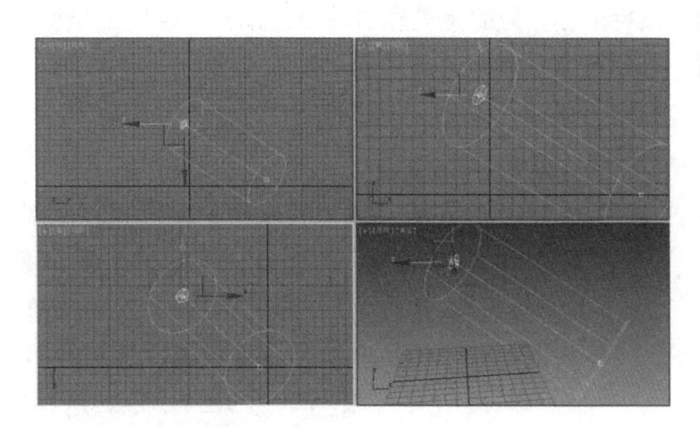

“开启”：控制阳光的开关。

“不可见”：控制在渲染时是否显示 VRay 阳光的形态。

“混浊度”：影响太阳光的颜色倾向，当数值较小时，颜色倾向为蓝色；当数值较大时，颜色倾向为黄色。

“臭氧”：空气中氧气的含量。

“强度倍增”：控制阳光的光线的强弱。

“尺寸倍增”：控制太阳的大小，主要表现在控制投影的模糊程度。

“阴影细分”：控制阴影的品质。

“阴影偏移”：数值以 1.0 为中心，表示阴影无偏移现象；大于 1.0 则阴影远离投影对象；小于 1.0 则靠近投影对象。

“光子发射半径”：设置光子发射的半径。

Chapter 06 摄影机与 VRay

本章概述

在 3ds Max 中，画面的构图与摄影机固定视图有着直接的关系。在工作流程的最后一步便是渲染，完成渲染之后可以直接将渲染的结果保存为图像或者动画文件，通过对本章的学习，可以掌握有关摄影机的设置以及渲染的基本操作方法。

核心知识点

❶ 了解摄影机
❷ 初步了解 VRay 渲染
❸ 了解 VRay 特效

6.1 3ds Max 标准摄影机

3ds Max 中提供了两种摄影机以供选择，分别是目标摄影机和自由摄影机。

1. 目标摄影机

目标摄影机有两个分别用于目标和摄影机的独立图标，一个是目标点，一个是摄影机。当创建摄影机时，目标摄影机会查看所放置的目标图标周围的区域。目标摄影机比自由摄影机更容易定向，因为只需将目标对象定位在所需位置的中心即可。

2. 自由摄影机

自由摄影机在摄影机指向的方向查看区域，自由摄影机由单个图标表示，为的是更轻松地设置动画，当自由摄影机沿路径移动时，可以将其倾斜。如果将摄影机直接置于场景顶部，则使用自由摄影机时可以避免旋转。

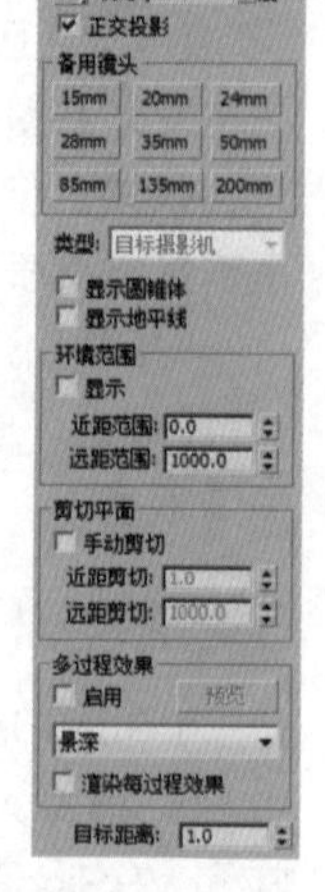

3. 重要参数设置

“镜头”：以 mm 为单位设置摄影机的焦距。

“视野”：3 种视野度可供选择，分别是水平、垂直和对角线，视野的数值决定摄影机查看区域的宽度。

“正交投影”：选择之后摄影机视口看起来就像用户视口，取消选择之后呈现的则是标准的透视视口。

“备用镜头”：提供 9 个预设值设置摄影机的焦距。

“显示圆锥体 / 地平线”：一个是显示摄影机视野定义的锥形光线；一个是显示地平线。

“环境范围”：勾选“显示”复选框，在锥形光线内的矩形会显示“近距范围”和“远距范围”的设置。

“剪切平面”：勾选“手动剪切”复选框后可定义剪切平面，“近距剪切”和“远距剪切”用于调节近距和远距的平面。

“多过程效果”：勾选“启用”复选框后使用效果预览或渲染，单击“预览”按钮可在活动摄影机视口中预览效果，下拉列表中的“景深”为默认选项，此外还有“景深（mental ray/iray）”和“运动模糊”选项，其效果相互排斥，一般还是使用默认比较好；勾选“渲染每过程效果”复选框后指定任何一个，则将渲染效果应用于多重过滤效果的每个过程，例如景深或者运动模糊。

“目标距离”：在使用自由摄影机的同时将点设置为不可见的目标，以便让摄影机围绕这个点来旋转，使用目标摄影机时表示的则是摄影机和目标之间的距离。

6.2 VRay 渲染器设计面板简介

VRay 是最常用的外挂渲染器之一，支持的软件偏向于建筑表现行业，如 3ds Max、Shetch Up、Rhino 等。其渲染速度快、渲染质量高的特点已被大多数行业设计师所认同，作为独立的渲染器插件，VRay 在支持 3ds Max 的同时，也提供了自身的灯光材质和渲染算法，可以得到更好的画面计算质量。

6.2.1 渲染帧窗口

在 3ds Max 中进行渲染一般都是通过“渲染帧窗口”来查看和编辑渲染结果的。3ds Max 2014 的渲染帧窗口整合了相关的渲染设置，使其功能相比之前的功能变得更加强大。

渲染帧窗口中的主要功能如下。

“保存图像”：可保存在渲染帧窗口中显示的渲染图像。

“复制图像”：可将渲染的图像复制到系统后台的剪贴板中。

“克隆渲染帧窗口”：将创建另一个包含显示图像的渲染帧窗口。

“打印图像”：可调用系统打印机来打印当前渲染图像。

“清除”：可将渲染图像从渲染帧窗口中删除。

“颜色通道” RGB Alpha ：可控制红、绿、蓝以及单色和灰色等颜色通道的显示。

“切换 UI 叠加”：激活该按钮后，当使用渲染范围类型时，可以在渲染帧窗口中渲染范围框。

“切换 UI”：激活该按钮之后，将显示渲染的类型、视口的选择等功能面板。

6.2.2 公用参数设置

在 3ds Max 中打开 VRay 渲染器，渲染器的参数面板才会被激活。

“输出大小”：顾名思义，设置的是渲染出图的大小，在该选项组中可以选择一个预定义的输出大小或自定义大小来影响图像的纵横比。

“渲染输出”：单击“文件”按钮，设置的是渲染完成以后自动保存的路径。

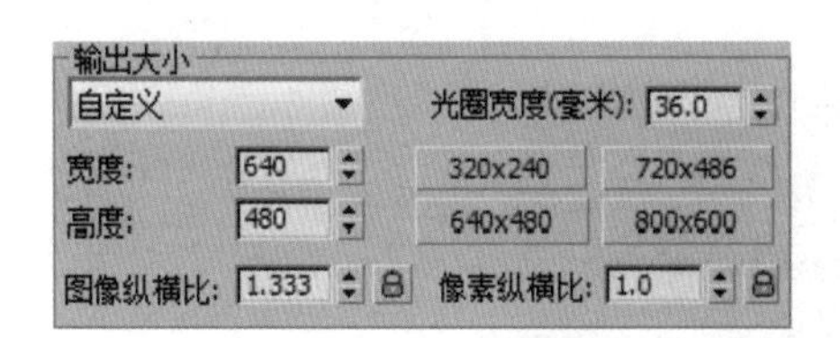

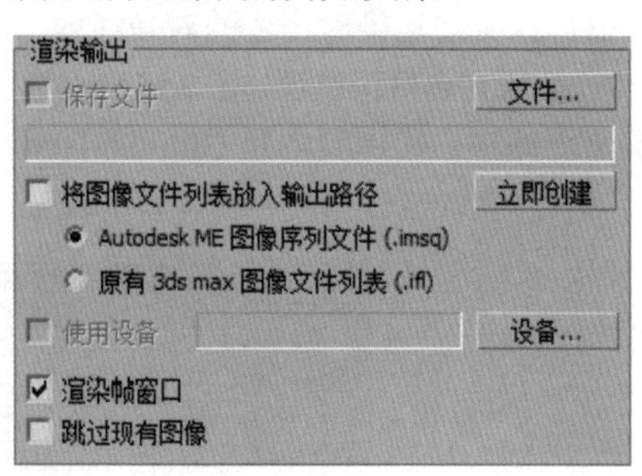

6.2.3 全局开关

在“VR-基项”中，“全局开关”卷展栏中的各项参数可对渲染器进行全局控制，其中包括以下设置。

“置换”：置换贴图的开关。系统默认为勾选，将渲染场景中的置换设置。

“灯光”：如不选择则场景中的灯光将不起作用。

“缺省灯光”：在场景中是否使用 3ds Max 系统中的默认灯光。

“阴影”：控制场景中是否产生阴影。

“只显示全局”：控制是否只显示全局照明。

“反射 / 折射”：控制材质是否有反射或者折射的效果。

“最大深度”：控制场景中反射或者折射的最大反弹次数。

“贴图”：控制是否使用纹理贴图。

“过滤贴图”：控制是否使用纹理贴图过滤。

“最大透明级别”：控制透明材质被光线追踪的最大深度。

“透明中止阈值”：控制对透明材质的追踪何时终止。

“替代材质”：控制是否使用覆盖材质，选择之后将不渲染场景中任何材质，而渲染指定的材质替换场景材质。

“光滑效果”：控制反射或者折射模糊。

“二次光线偏移”：设置发生二次反弹时的偏移距离。

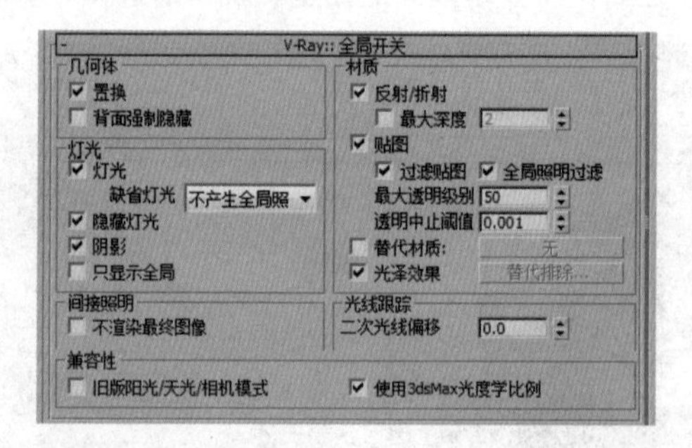

6.2.4 图像采样器（抗锯齿）

图样采样是指采样和过滤的一种计算方法，并产生最终的像素来完成图像的渲染。在“图像采样器（抗锯齿）”卷展栏中可以对图像采样器和抗锯齿过滤器进行设置，控制渲染图像最终品质。

“类型”：图像采样器有固定、自适应准蒙特卡罗、自适应细分 3 种类型。固定采样器是计算时对每个像素使用一个固定数量的样本，适合场景中拥有大量模糊效果时采用；自适应准蒙特卡罗采样器是采样器根据每个像素与其相邻像素的敏感差异，不同像素使用不同的样本数量，这种采样器适合场景中有少量的模糊效果或高细节的纹理贴图时使用；自适应细分采样是每个像素的采样设置小于 1 的高级图像采样，适合在没有或有少量模糊效果的场景中使用。

“开启”：勾选之后将会开启抗锯齿过滤器。

抗锯齿过滤器可以平滑渲染时产生的对角线或弯曲线条的锯齿状边缘。在最终渲染和需要保证图像质量的样图渲染时，都需要启用该选项。在 3ds Max 2014 中提供了多种抗锯齿过滤器，这里将不一一介绍。

在后面的实例训练中，常用到的是 Catmull-Rom 过滤器，它是具有轻微边缘增强效果的 25 像素重组过滤器。

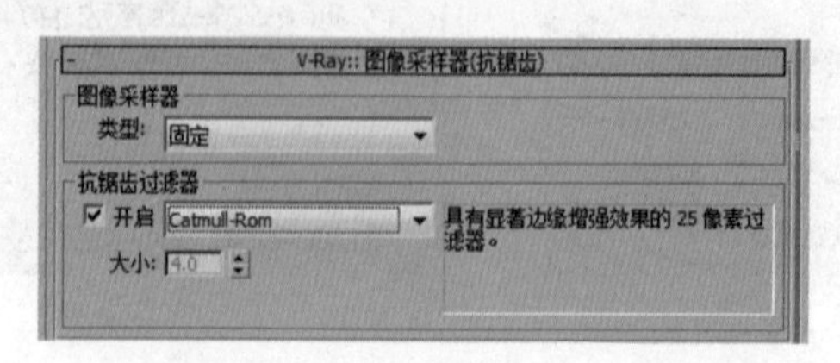

6.2.5 环境

“环境”卷展栏可以在全局照明和反射或者折射中为环境指定颜色或贴图，包含了全局照明环境（天光）覆盖、反射 / 折射环境覆盖和折射环境覆盖。

“全局照明环境（天光）覆盖”和倍增器：控制 VRay 天光的开关，倍增器控制天光亮度。

“反射 / 折射环境覆盖”和倍增器：选择之后打开 VRay 的反射环境，倍增器控制反射环境亮度。

“折射环境覆盖”和倍增器：选择之后打开 VRay 的折射环境，倍增器控制折射环境亮度的倍增。

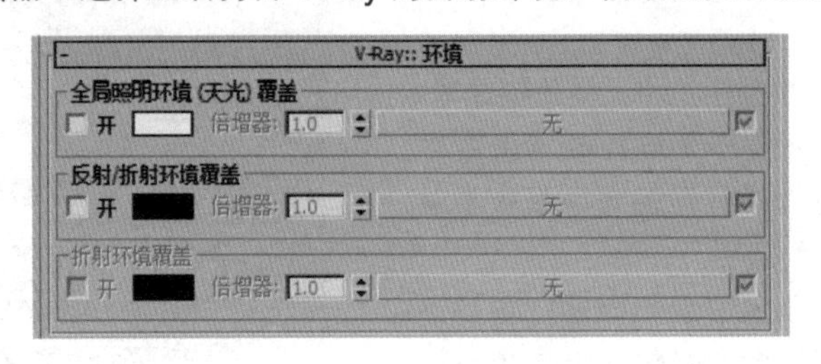

6.2.6 颜色映射

“颜色映射”卷展栏中可以整体控制渲染的曝光方式，曝光方式有多种，在效果图的制作过程中通常使用指数曝光方式。

“类型”：提供 7 种曝光方式。

“暗倍增 / 亮度倍增”：用于对暗部或者亮部的倍增效果。

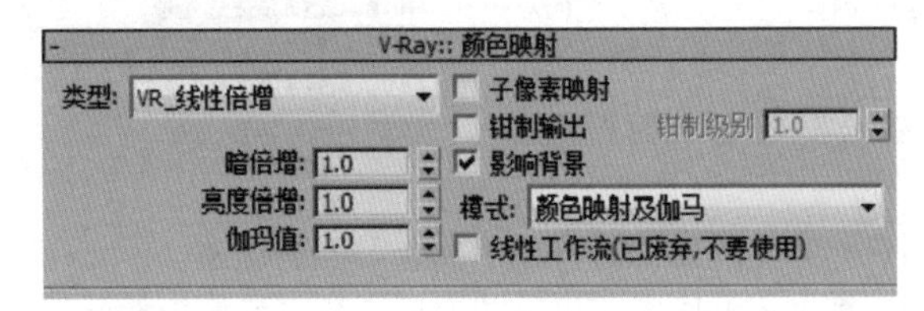

6.2.7 间接照明（全局照明）

在“VR_间接照明”选项卡中，“间接照明（全局照明）”卷展栏是 VRay 渲染器的核心部分，它可以对全局间接照明进行设置。在这里可以打开全局照明效果，选择全局照明引擎。首次反弹和二次反弹的全局照明引擎都提供了多种选择。

“开启”：选择之后将会开启间接照明；

“反射 / 折射”：控制是否让间接照片产生反射或者折射聚散；

“饱和度”：控制间接照明下渲染图的饱和度，数值越高，饱和度越强；

“对比度”：控制间接照明下渲染图片的明暗对比度；

“对比度”基准：与对比度配合使用；

“首次反弹 / 二次反弹”：控制首次和二次反弹倍增器，数值越大，反弹的能量越强。

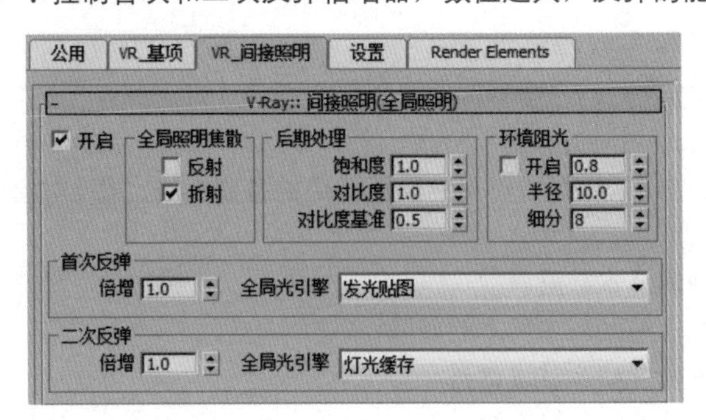

6.2.8 发光贴图

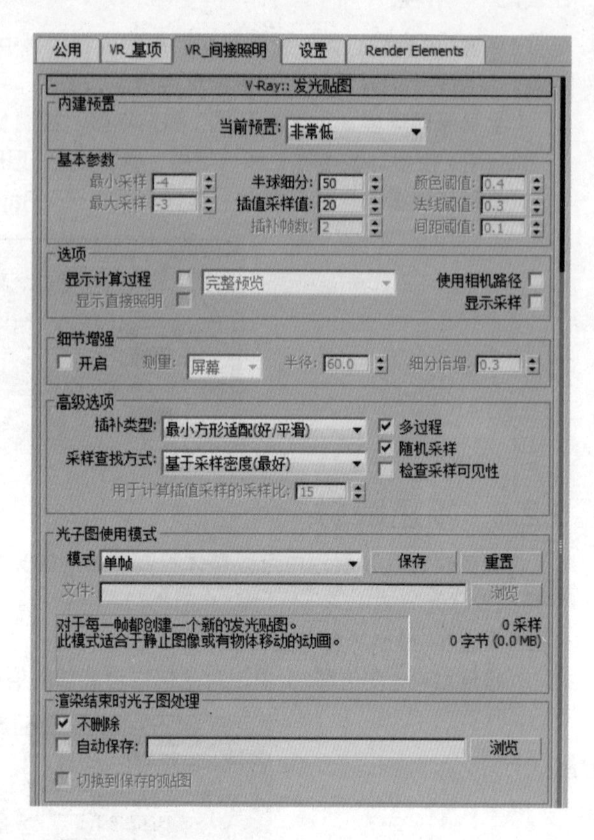

在“间接照明（GI）”卷展栏的“全局照明引擎”中选择“发光贴图”选项时，才会在渲染设置面板中显示“发光贴图”卷展栏。“发光贴图”卷展栏中的内容是基于发光缓存技术的，它仅计算场景中某些待定点的间接照明，然后对剩余的点进行插补计算。

“当前预置”：提供了 8 种系统预设模式供选择。

“最小 / 最大采样”：最小采样控制场景中平坦区域的采样数量，最大采样则控制场景中物体边线、角落、阴影等采样数量。

“半球细分”：决定单独的全局照明样本的品质，取较小的值渲染速度会比较快，但是也可能产生黑斑。

“插值采样值”：控制样本的模糊程度，值越大越效果越模糊，值越小效果越锐利。

“颜色阈值”：让渲染器分辨平坦区域，以色彩的灰度来区分。

“法线阈值”：让渲染器分辨交叉区域，以法线的方向来区分。

“间距阈值”：让渲染器分辨弯曲表面区域，以表面距离和弧度来比较区分。

“显示计算过程”：控制在计算发光贴图时将显示发光贴图的传递。

“显示直接照明”：控制计算发光贴图时将显示首次反弹除了间接照明外的直接照明。

“显示采样”：选择之后将在窗口以小圆点的形态直观显示发光贴图中使用样本的情况。

“开启”：打开细部增强功能。

“半径”：表示细节部分有多大区域使用细部增强功能。

“细分倍增”：控制细部的细分，与模型细分要配合使用。

“插补类型”：提供了“加权平均值”“最小方形适配好”“三角测试法”“最小方形加权测试法”等 4 种插补类型。

“采样查找方式”：提供了“采样点平衡方式”“临近采样”“重叠”“基于采样密度”等 4 种查找采样。

“模式”：提供了多种发光贴图的使用模式。

“不删除 / 自动保存”：当光子渲染完成后，不将光子从内存中删除或者自动进行保存。

6.2.9 灯光缓存

在“间接照明（GI）”卷展栏的“全局照明引擎”中选择“灯光缓存”选项时，才会在渲染设置面板中显示“灯光缓存”卷展栏。

“灯光缓存”是建立在追踪从摄影机可见的光线路径的基础上的，每一次沿路径的光线反弹都会储存照明信息。

“细分”：控制灯光缓冲的样本数量。

“采样大小”：控制灯光缓冲贴图中样本的间隔。

“测量单位”：确定样本尺寸和尺寸过滤器。

“进程数量”：灯光缓冲贴图的计算次数。

“保存直接光”：选择之后可以在灯光缓冲贴图中同时保存直接光照的相关信息。

“自适应跟踪”：选择之后可记录场景中光的位置，并在光的位置上采用更多样本。

“预先过滤 / 过滤器”：选择预滤器之后可以对样本进行提前过滤，选择过滤器在渲染时对样本进行过滤。

“对光泽光线使用灯光缓存”：选择之后可提高对场景中反射和折射模糊效果的渲染速度。

“模式”：此设置组中有 4 种保存灯光缓冲贴图的方式。

“文件”：用于选择调用的光子图文件。

“不删除 / 自动保存”：选择以后灯光缓冲贴图将保存在内存中，自动保存会将灯光缓冲贴图自动进行保存到指定路径。

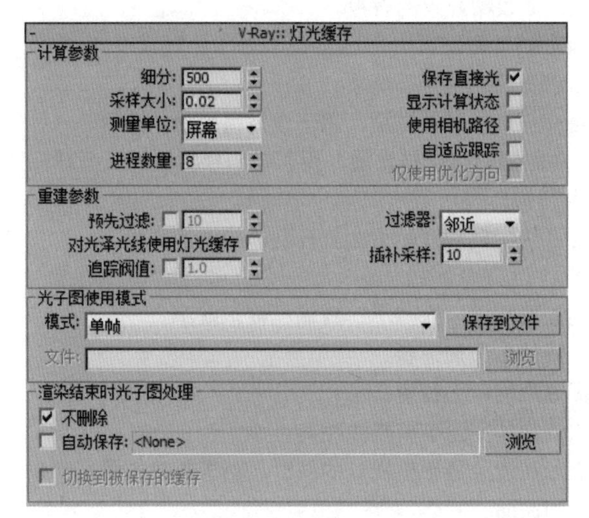

6.3 VRay 特效：焦散、景深

焦散这个功能只有在渲染的时候才会被提及，其主要的作用就是能够产生水波纹的光影效果，为了达到真实的效果，它可以将光影计算得非常精准，但是这种特效的渲染非常费时间。景深是指在摄影机或者其他成像器前沿着能够取得清晰图像的成像器轴线所测定的物体距离范围，也就是在聚焦完成后，在焦点前后的范围内都能形成清晰的像，这一前一后的距离范围，便称为做景深。下面将分别介绍这两种特效。

6.3.1 焦散

“焦散”的主要作用就是产生水波纹的光影效果，为了达到真实的效果，它可以计算很精致、准确的光影，渲染出逼真的焦散效果，但是这种渲染所用时间很长。

“开启”：选择之后将渲染出焦散的效果。

“倍增器”：用于设置焦散的亮度倍增。

“搜索距离”：对物体表面进行光子追踪，同时以初始光子为圆心，以搜索距离为半径进行追踪。

“最大光子数 / 最大密度”：控制最大的光子数目或者最大密度。

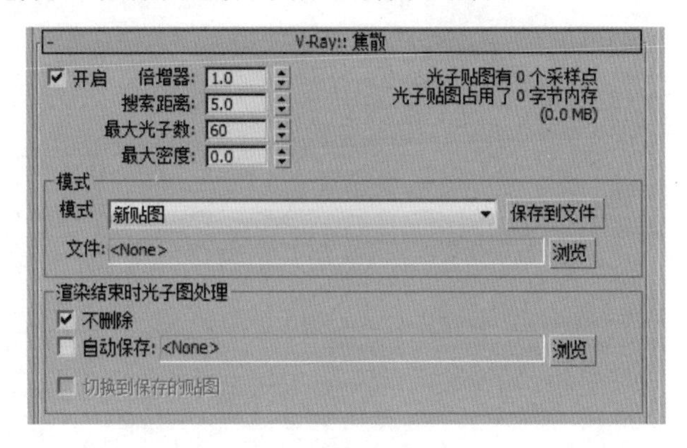

6.3.2 景深

在真实世界中，景深范围内的焦点处清晰度最高，其他影像则随着与焦点的距离增大而逐渐模糊，景深的位置和深浅是由焦点决定的，焦点主要是受到光圈、焦距、物距这 3 个因素影响，当调整焦点位置时，景深会产生相应的变化。光圈与景深成反比例关系，光圈越大，景深越小；焦距与景深也是成反比例关系，焦距越小，景深越大；物距与景深成正比例关系，物距越近，景深越小。

所以对景深特效的合理控制可以对背景或者前景的物体进行不同程度的虚化，从而体现出更好的空间感。在 VRay 渲染器中，同样也提供了设置景深的效果的功能，其参数位于“摄影机”卷展栏中，包括摄影机类型、景深效果、运动模糊效果的设置。

“类型”：提供了 7 种摄影机类型。

“覆盖视野”：选择之后将激活“视野”选项。

“高度”：在选择圆柱正交摄影机时被激活，用于设置摄影机的高度。

“距离 / 曲线”：在选择鱼眼摄影机时被激活，用于控制摄影机到反射球间的距离或者控制渲染图形的扭曲程度。

“自适应”：在选择之后系统会自动匹配歪曲直径到渲染图的宽度上。

“开启”：开启景深效果。

“光圈”：模拟摄影机的光圈尺寸，光圈小，模糊程度也就小。

“边数”：模拟摄影机光圈的多边形形状。

“中心偏移”：控制模糊效果的中心位置。

“焦距”：确定从摄影机到物体完全被聚焦的距离。

“从相机获取”：选择之后在渲染摄影机视口的同时，由摄影机的目标点确定焦距。

“细分”：控制景深效果的品质。

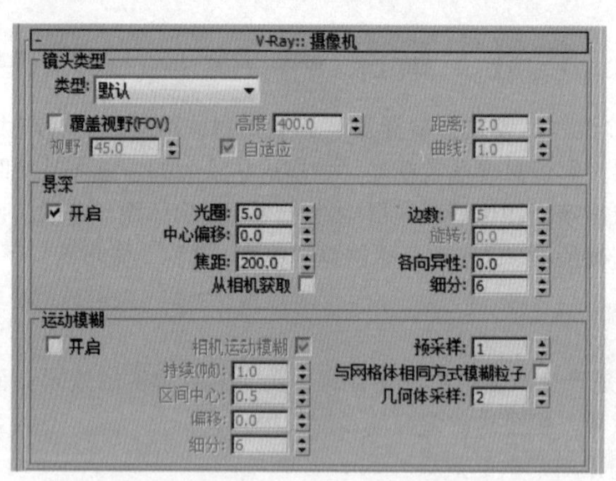

PART

02

室内实例篇

重点指引

本章综合了前面介绍的3ds Max软件和VRay软件的相关知识，分别介绍了6种不同的室内空间效果图设计。结合实例为读者展示如何从建模开始完成一幅完整的效果图，展示3ds Max软件在室内设计领域的实际操作。

重点框架	应用案例
新文件的创建、导入图	BMW 4S店新车展示厅
形、合并图形、多边	设计
形建模、创建灯光和	封闭式小型影视厅设计
材质球、利用AutoCAD	带外景健身房设计
和Photoshop等辅	起居室家装设计
助软件完成效果图	洗浴会所设计
的制作。	中庭大堂设计

Chapter 07 BMW 4S 店新车展厅设计

本章概述

本章详细的描述了室内效果图的制作过程，从 CAD 的导入开始初期建模，第一次渲染设置到后面完善建模，第二次渲染设置到最后出图，通过对本章的学习，可以进一步掌握命令的使用方法和技巧。

核心知识点

❶ 建模前期调整
❷ 多边形建模
❸ 创建灯光及材质球
❹ 两次渲染参数的设置

7.1 CAD 图纸导入

打开 3ds Max 软件之后，单击窗口左上角文件图标，在下拉式列表中选择“导入”命令，弹出“选择要导入的文件”对话框。

在“选择要导入的文件”对话框中，根据文件的保存路径选择需要导入的 CAD 文件，并单击“打开”按钮。

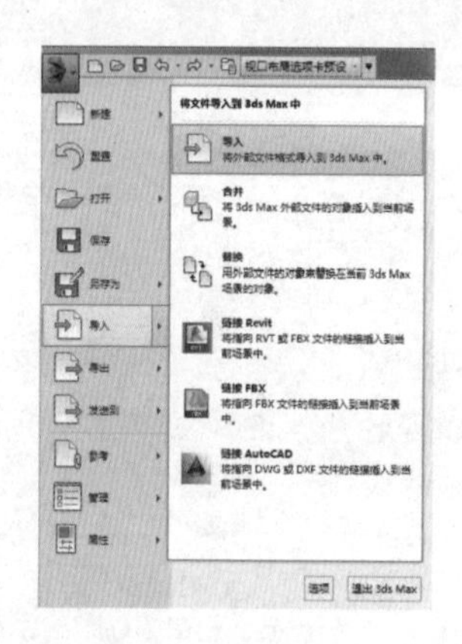

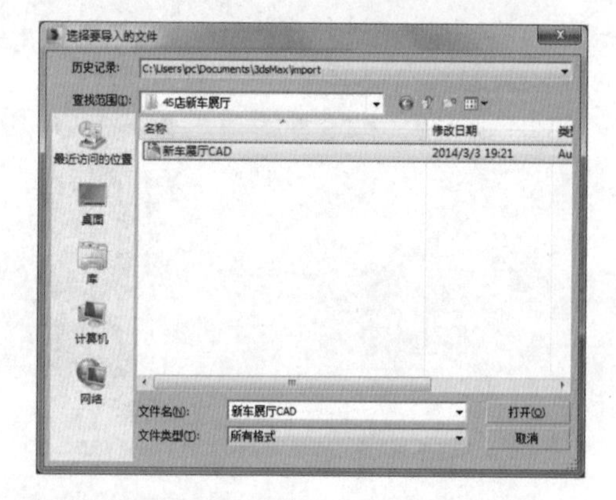

单击“打开”按钮之后，会弹出“AutoCAD DWG/DXF 导入选项”对话框，可以保留其默认设置再单击“确定”按钮。也可以在“按以下项导出 AutoCAD 图元”下拉列表中选择“颜色”（按 CAD 的画图习惯上来看，“颜色”能更加直观的区分物体。例如，一般都会将墙体统一成一种颜色来表示，所以按颜色来导出更加便于在 3ds Max 中识图与进一步建模制作）；在“几何体选项”中勾选“焊接附近顶点”复选框，有部分 CAD 图纸可能不太完善，有些线段没有封闭，勾选后将焊接这些断点，导入封闭的图形，方便后面建模的使用。

此时，新车展厅平面布置图就导入到了 3ds Max 中。

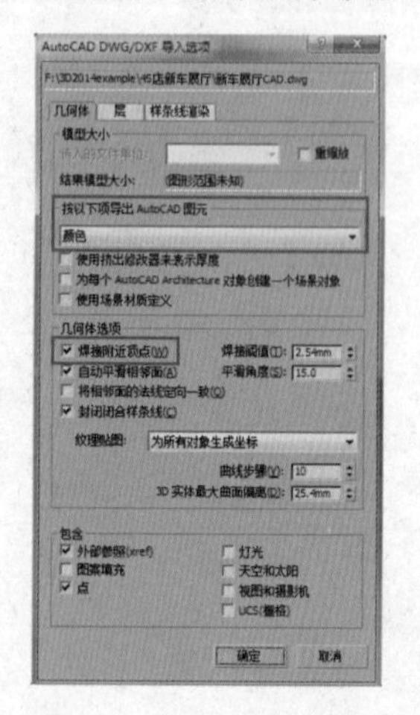

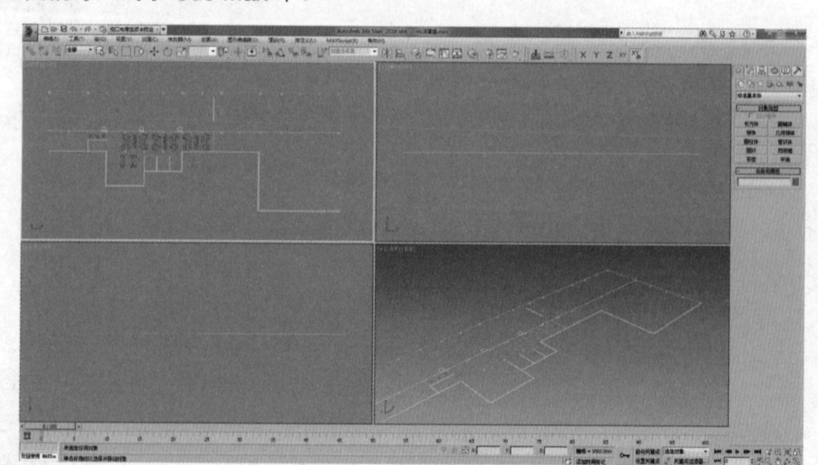

7.2 建模前期设置

在开始建模之前首先要按顺序进行以下 5 个步骤，为后期更加方便地建模奠定基础。首先从统一单位开始到成组，再到原点设置，然后更改线框颜色，最后在冻结的 CAD 线框基础上开始墙体建模。

7.2.1 统一单位

在菜单栏中选择“自定义 > 单位设置”命令，弹出“单位设置”对话框，在“显示单位比例”选项组中选择“公制”并设置为“毫米”；再单击“系统单位设置”按钮，弹出“系统单位设置”对话框，在“系统单位比例”选项组中将系统默认的“英寸”更改为“毫米”。这样系统单位和显示单位就都以毫米为单位了。

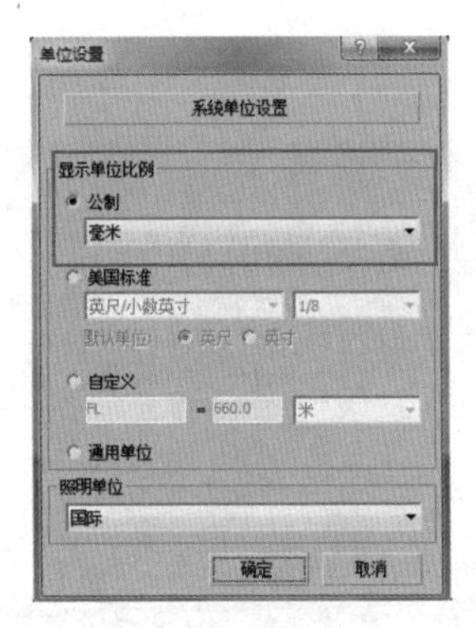

7.2.2 成组操作

按 Ctrl+A 快捷键，或者将场景中导入的线框全部选中，接着选择菜单栏中的“组 > 组”命令，将场景中的物体组成组。在弹出的“组”对话框中将新建的组命名为“平面图”，方便后期寻找和修改。

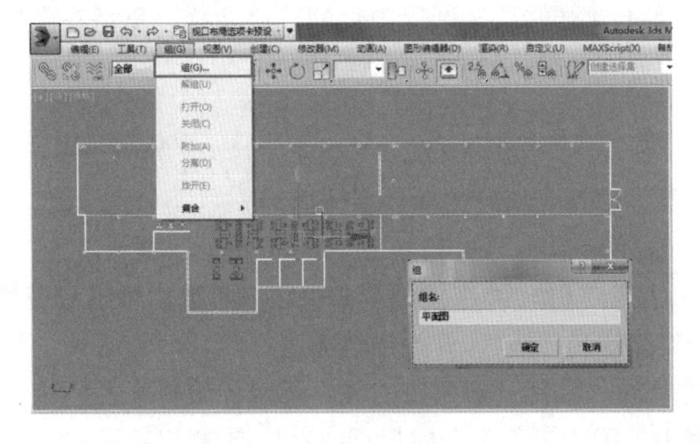

7.2.3 原点设置

单击主工具栏中的移动按钮，在场景中选择成组物体，然后在视口下方将 X、Y、Z 后的数值分别设置为 0，这样可以将成组的物体移动到系统坐标的原点处。因为在视口中创建任何物体时，系统默认的是从原点处开始。

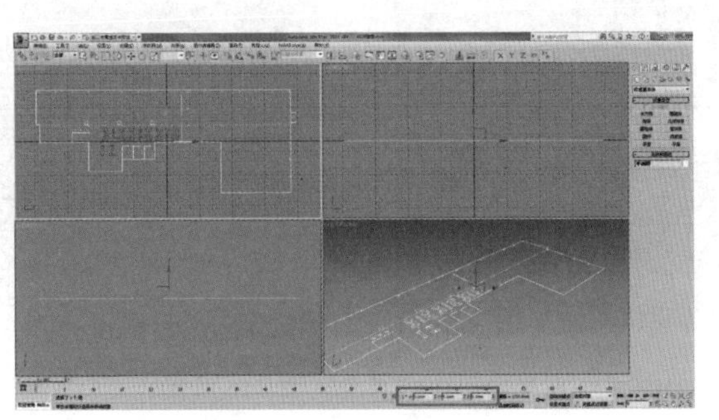

7.2.4 隐藏栅格、更改颜色

为了可以更加轻松地看清导入图形，首先可以将视口中的栅格隐藏（快捷键为 G 键）；然后单击右侧面板中的色块，弹出“对象颜色”对话框，将平面图的颜色统一为黑色后单击“确定”按钮。

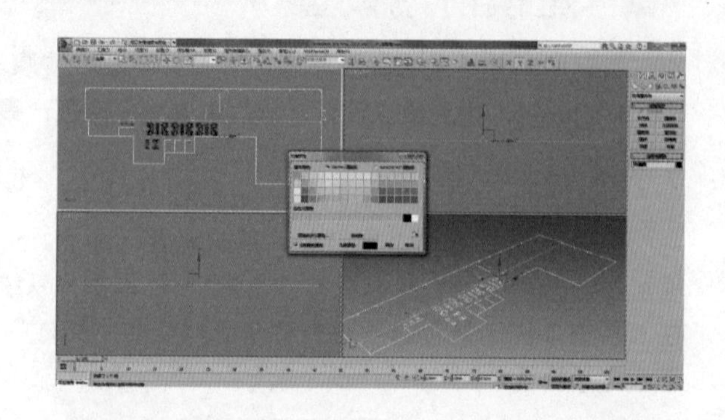

7.2.5 冻结操作

在视口中选中线框，单击右键，在弹出的快捷菜单中选择“冻结当前选择”命令，这样被选中冻结的物体虽然不能随意移动，但仍然可以捕捉到关键点（这里需要注意的是，3ds Max 2014 中“捕捉到冻结对象”是默认选择的，如果没有选中的，需要在“捕捉设置”中勾选“捕捉到冻结对象”复选框），大大地减少了操作中的失误。

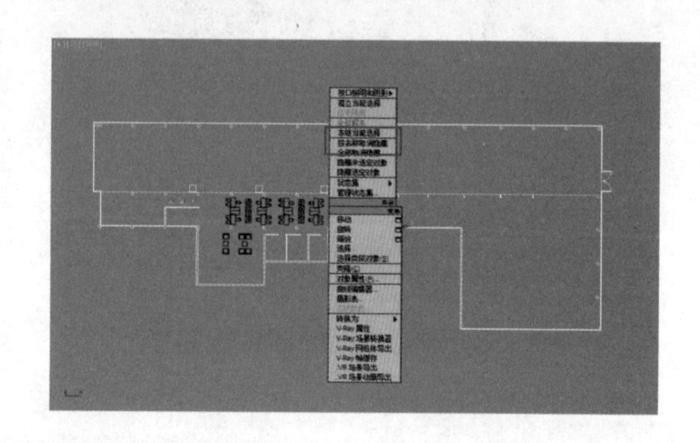

7.3 展厅三维建模

完成前期设置之后，下面正式开始新车展厅内部的三维建模，重点在于掌握展厅的结构，然后从墙体开始，将整个三维空间初步建立起来。

7.3.1 墙体

前期的准备工作完成之后，现在可以开始建立墙体模型。

首先，将顶视图最大化显示，单击 3ds Max 窗口右下角的“最大化视口切换”按钮（快捷键是 Alt+W）；然后开启“2.5 捕捉按钮”，并在按钮上单击鼠标右键，弹出“栅格和捕捉设置”对话框，选择顶点捕捉；最后选择二维物体中的“线”，开始描墙体边。

沿着平面图上所显示的墙线，绘制一条完整的线，用鼠标滚轮来控制画面大小，当光标移动到转折点周围时，会在顶点上出现小十字，再单击开始描点，然后再依次描下一个点（按住 Shift 键，绘制出来的是直线）。

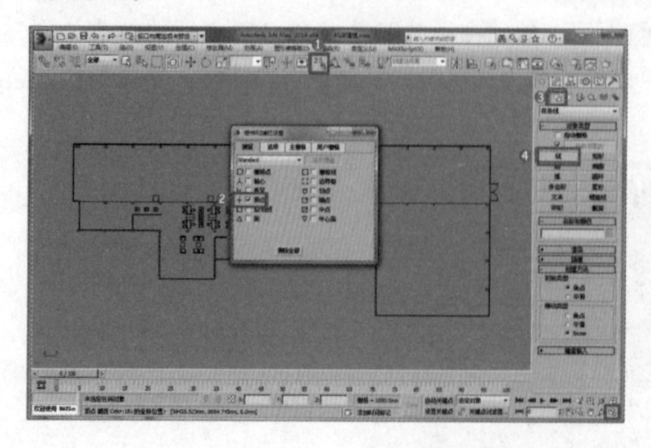

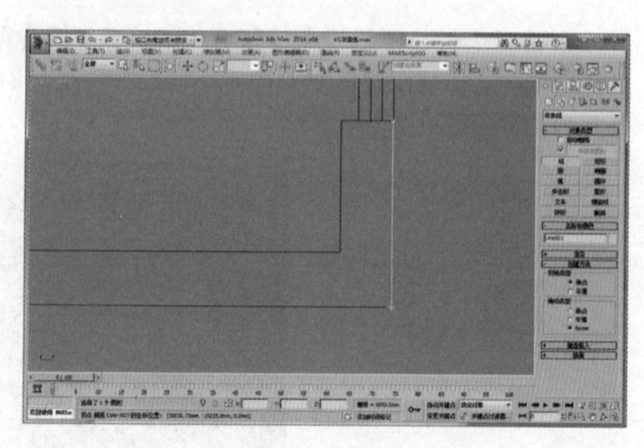

接下来选择修改器，在“线”中选择“样条线”，也可以在下面的卷展栏的“选择”中选择样条线，然后在“几何体”卷展栏的“轮廓”后输入“-150mm”，生成墙的轮廓。

“轮廓”由单线变为双线。

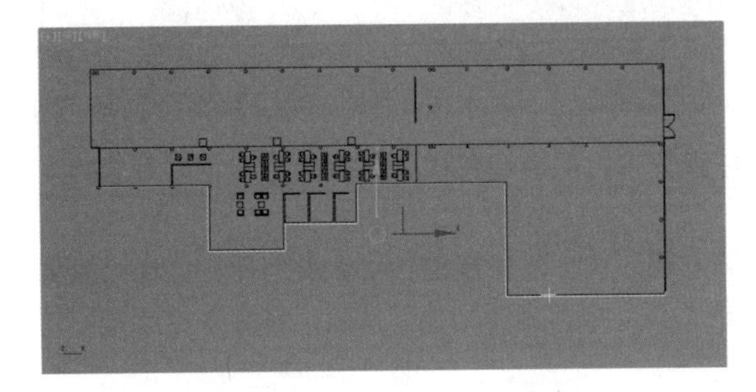

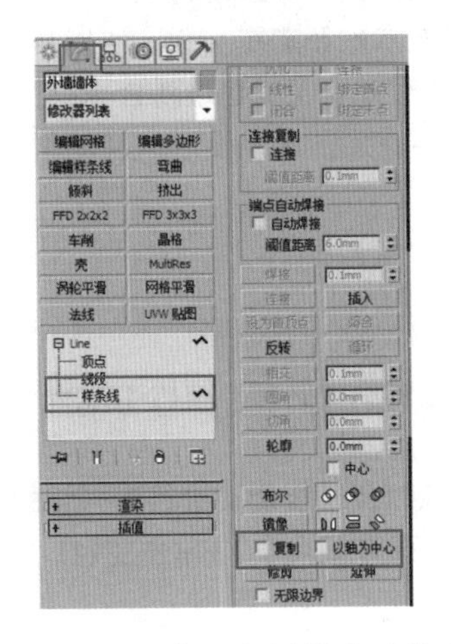

此空间的层高我们定为 8 米，其中一层空间的高度为 3.5 米，所以单击“挤出”命令，在“数量”中输入 8000mm 将墙体挤出，并命名为“外墙墙体”。用类似的方法，绘制一层的墙面并命名（注意不要重名），高度设置为 3500mm。

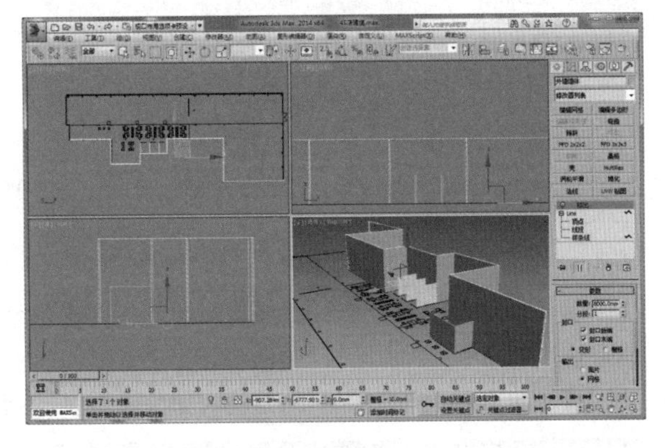

7.3.2 楼板

再回到顶视图中，用“线”绘制二楼的楼板。

注意，在绘制的过程中，有些地方没有捕捉到点，所以绘制出来的线是斜边。

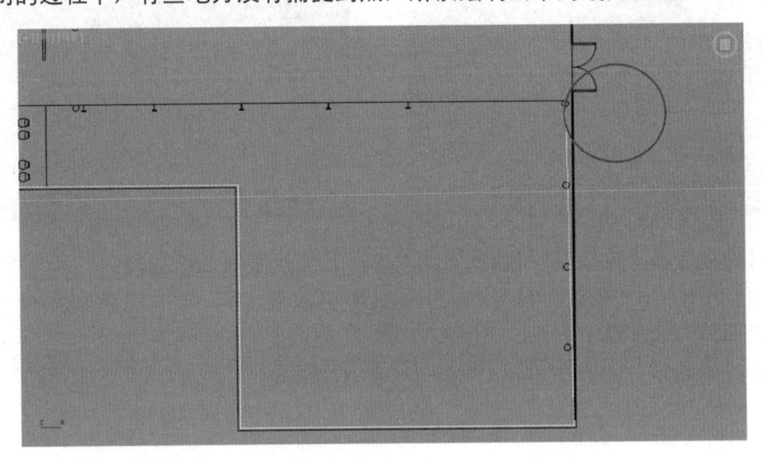

此时需要将 A 点对齐到 B 点，解决的方法是，完成整条线段之后，确定闭合。单击 Line 中的“点”，开启点捕捉，锁定 X 轴。选择并移动 A 点，将光标移动到 B 点，由于 A 点被锁定在 X 轴，所以其只能在 X 轴上移动。按住鼠标左键移动到 B 点（当捕捉命令的黄色小十字捕捉在 B 点上时）释放鼠标，A 点就与 B 点对齐了。

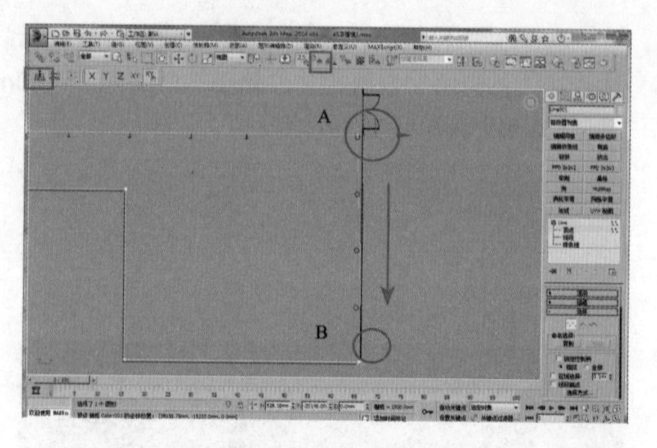

二层的楼板线框绘制完成之后，挤出 1000mm，在视口下方的“偏移模式转换输入”的 Y 轴后输入 3500mm。

为了更方便对楼板以及楼板侧面进行下一步的编辑，使用 Alt+Q 快捷键独立当前选择，这样可以将选中的物体单独显示，更方便操作。（单击在视口下方的“孤立当前选择切换”按钮，将会恢复所有物体显示。）

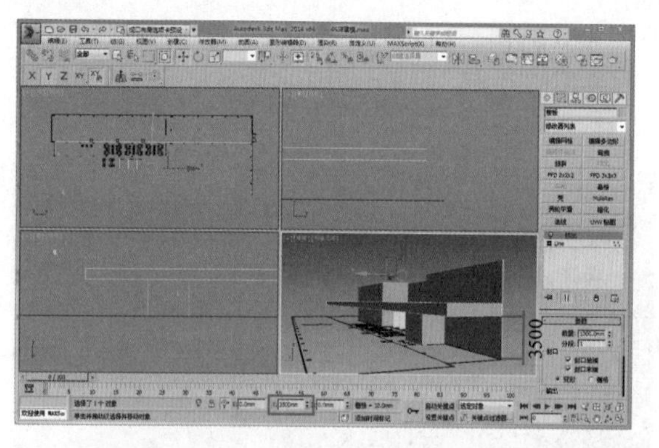

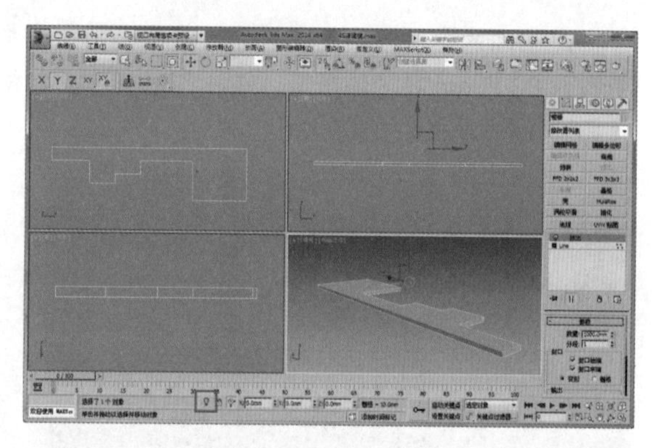

将楼板单独显示之后，选择物体并右击，弹出快捷菜单，在快捷菜单中选择“转换为 > 转换为可编辑多边形”命令。

在“编辑多边形”层级下，选择“边”子层级，然后选中楼板中相对应的两条线段，按住 Ctrl 键可多选。

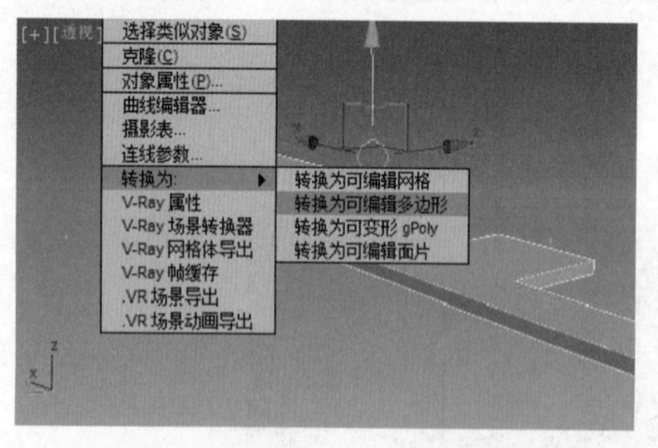

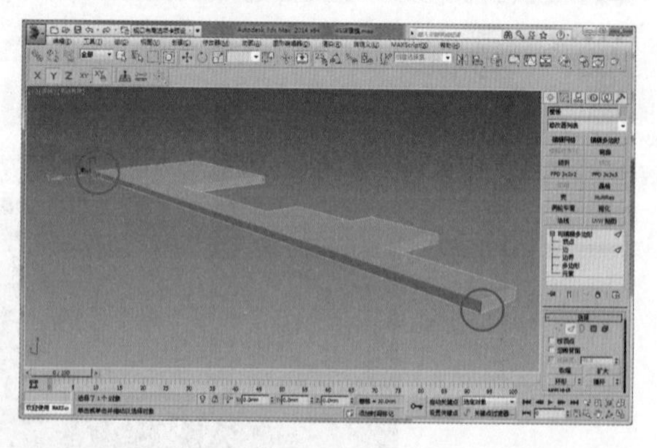

在“边”卷展栏中选择“连接”，将数量设置为 3，这样就得到 3 条线段。

将一条边线作为参照，选择“移动”命令，再更改视口下方“偏移模式转换输入”中 Y 轴的数据，X:0.0mm Y:0.0mm Z:0.0mm。

设定这 3 条线段的间距分别为 200mm、30mm 和 370mm。

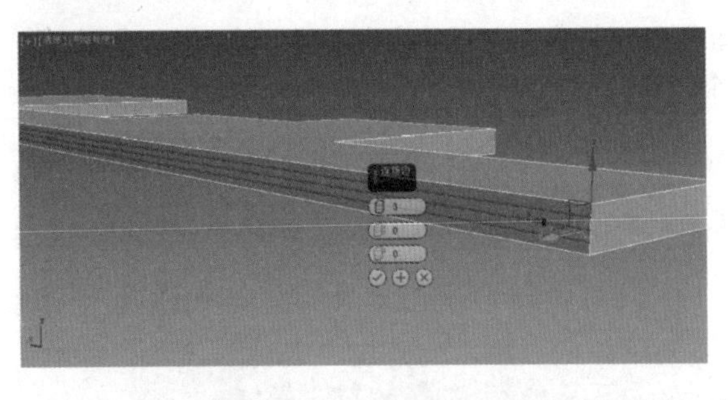

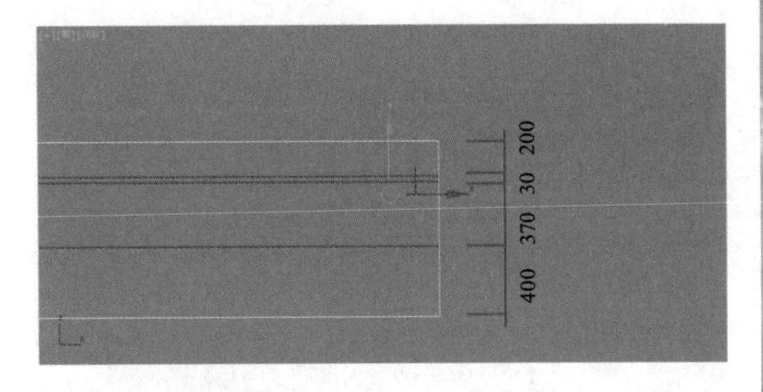

在“可编辑多边形”中选择“多边形”中的“挤出”按钮，挤出 20mm。

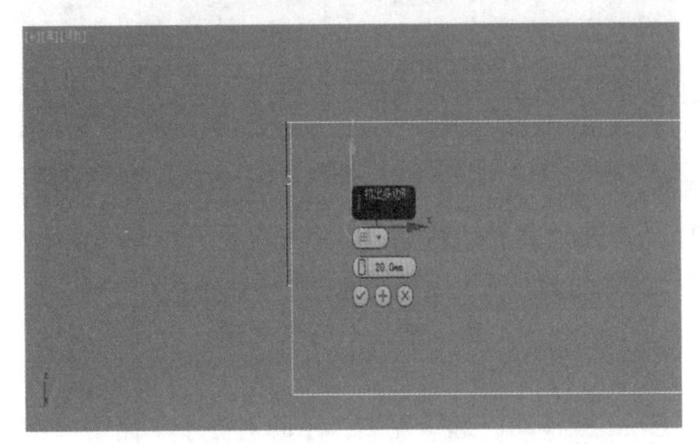

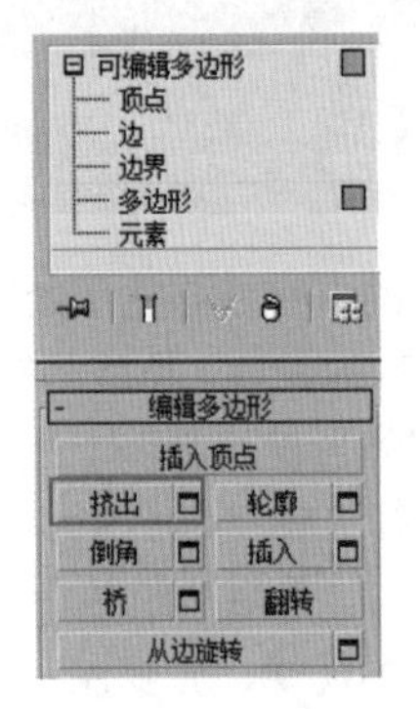

绘制一个与二层楼板同长度、宽度为 200mm、厚度为 20mm 的长方体，将其转换为“编辑多边形”，然后选择“多边形”下的卷展栏，选择“插入”并设置为“20mm”。再向内挤出 10mm。

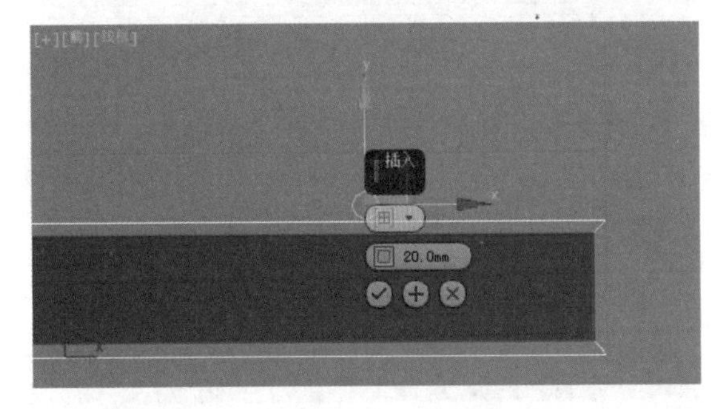

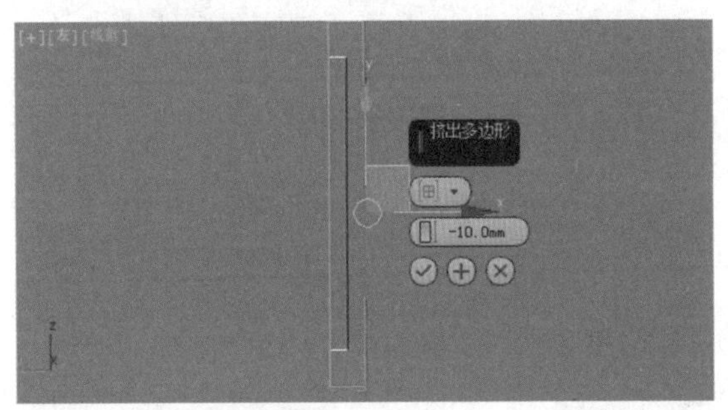

因为风口处的材质与周边不同，所以先选择“多边形”，然后选择“分离”，在弹出的“分离”对话框中命名为“风口”。 这样它们就变为了两个单独的物体，可以分别选中。最后同时选中这两个物体，将其成组并命名为“空调风口”。方便后期为其赋予不同的材质。

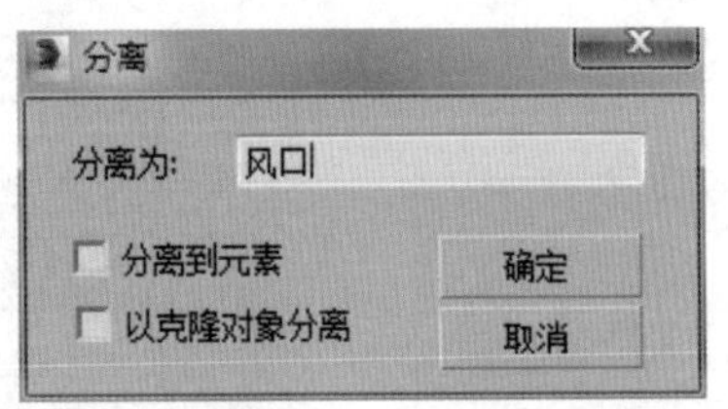

7.3.3 柱子

在顶视图中可以很清楚地看到柱子的大小与摆放的位置，所以在三维物体中选择“圆柱体”，半径为 200mm，高度为 8000mm。（在这样的大场景中，文件中的“面”越多电脑运行相对来说就会越慢，在不影响物体造型的情况下能省则省。）圆柱体分段都设置为 1，边数为 18。

进行柱子以及踢脚线的建模，使用二维物中的“圆”，然后转换为“可编辑样条线”选择线，选择“轮廓”并设置为“-15mm”，然后挤出 100mm，得到一个环形。

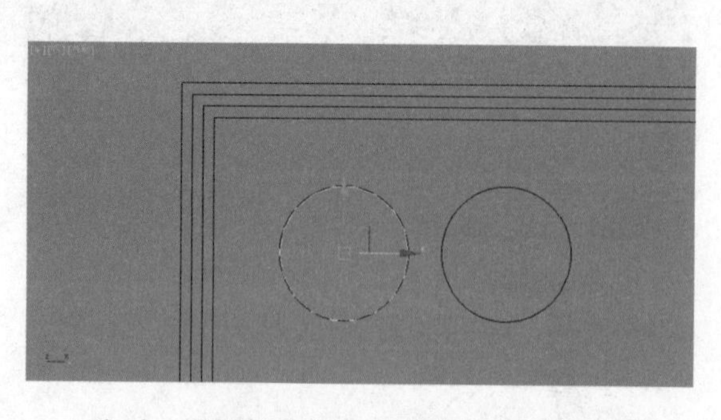

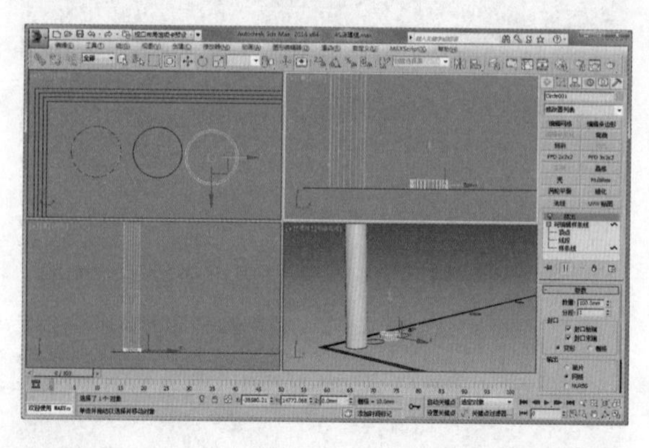

这时，需要把这个圆环的中心点与柱子的中心点对齐。

具体步骤为，将需要对齐的物体，也就是圆环选中，再单击“对齐”按钮，再单击需要被对齐的物体，也就是柱子，随后会弹出“对齐当前选择”对话框，取消勾选“Z 位置”，在“当前对象”选择组中选择“中心”，在“目标对象”选项组中选择“轴点”，（因为每次对齐的情况不一样，所以根据不同情况来进行选择勾选）单击“确定”按钮，完成对齐。最后成组并命名。

根据平面图上柱子摆放的规律，先复制一个。按住 Shift 键移动，选择复制。手动对齐于平面图中相应的位置。

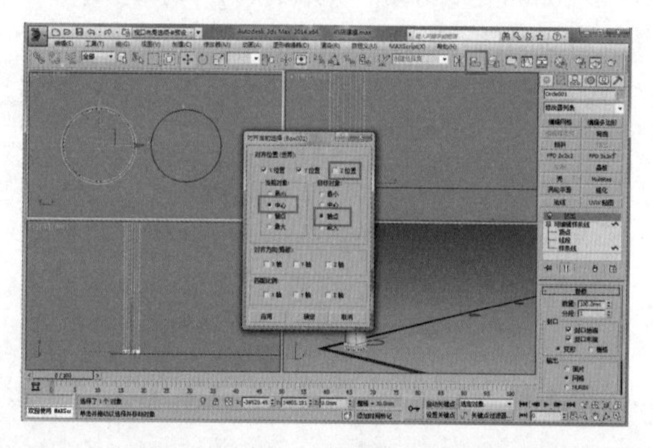

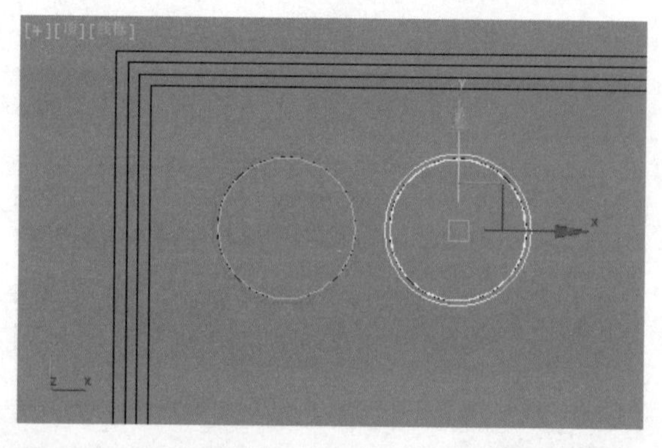

因为同时复制多个柱子时要保证距离相同，可以单击“阵列”按钮，在弹出的“阵列”对话框中，“增量”中的 X 轴的移动数据调整为 5000mm，因为从平面图上来看两根柱子之间的间距为 5000mm，数量先设置为 10。完成之后的效果如图所示。

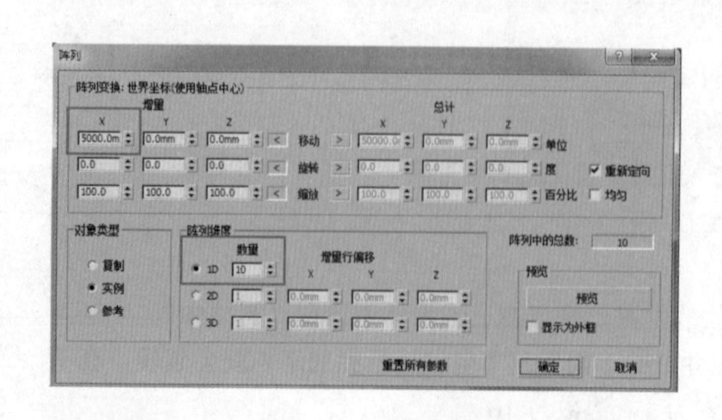

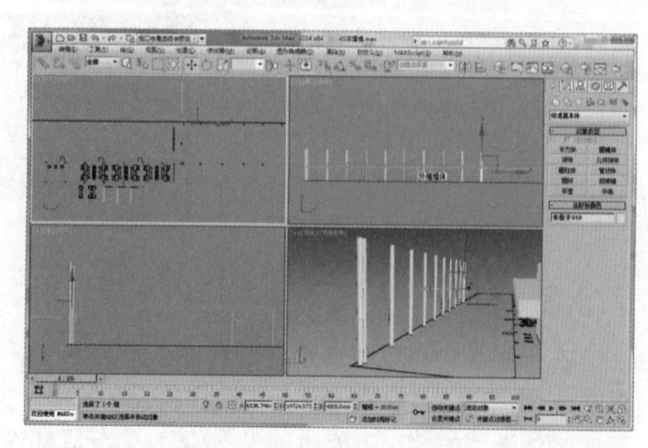

用相同的方法绘制所有的圆形的柱子。

在平面图上有工字钢的地方用方形包柱，直接用“长方体”绘制画方形柱子即可。长和宽同为 400mm，高为 3500mm。

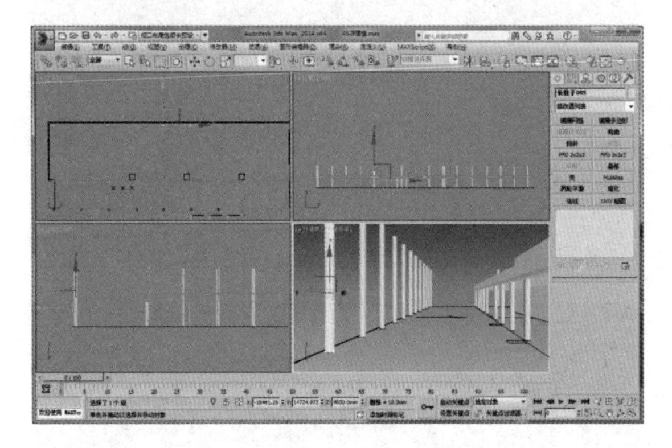

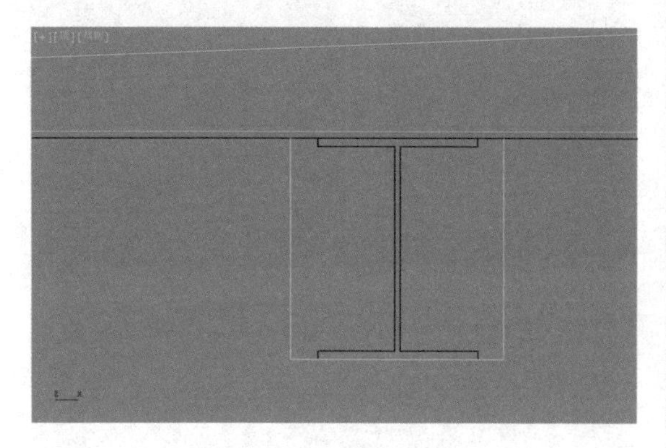

遇到圆形柱子与工字钢在一起的时候，一般会采用包成一个柱子的方式，更具有整体性，操作步骤如下。

使用二维物体中的“圆”绘制一个与柱子大小一致的圆，转换为“可编辑多边形”。

选择“点”选择框选选中一半的点，此时点会变为红色，锁定 X 轴，并开启“捕捉”命令，沿水平方向向右拖至完全包裹住工字钢的位置。

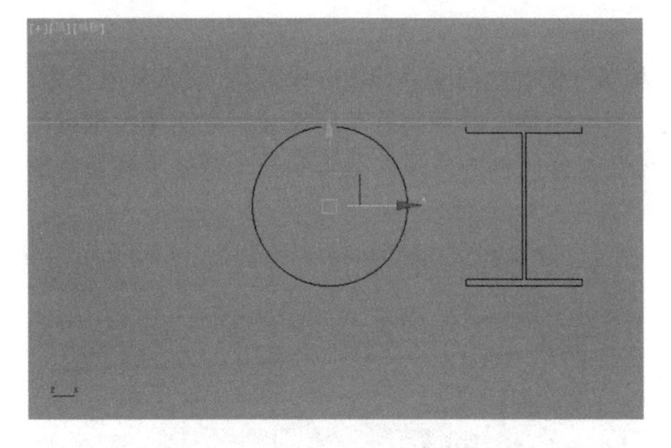

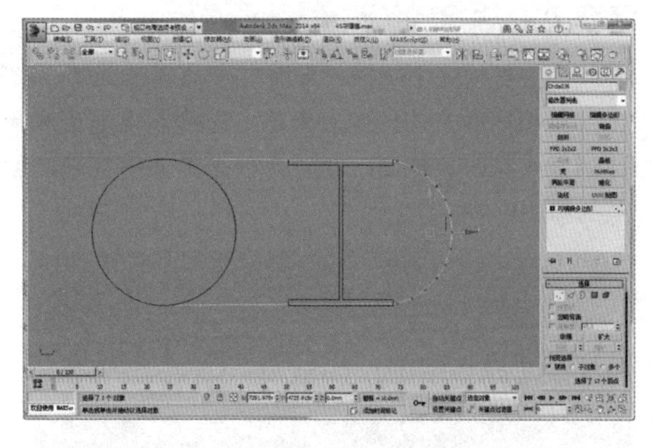

使用“轮廓”使这个面向外扩大 15mm，作为柱子的踢脚线。

将此底座向上挤出 100mm，完成底座。

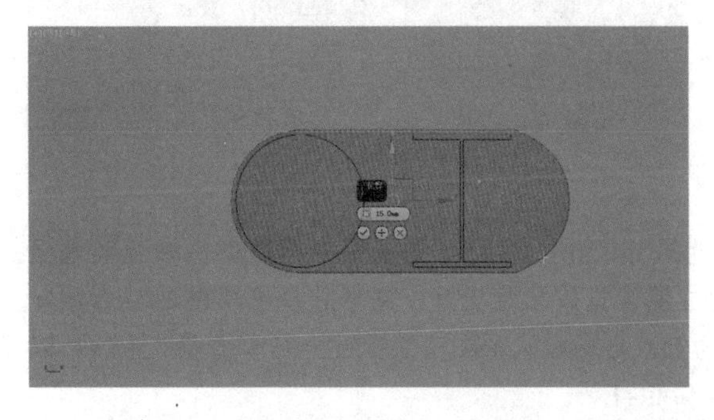

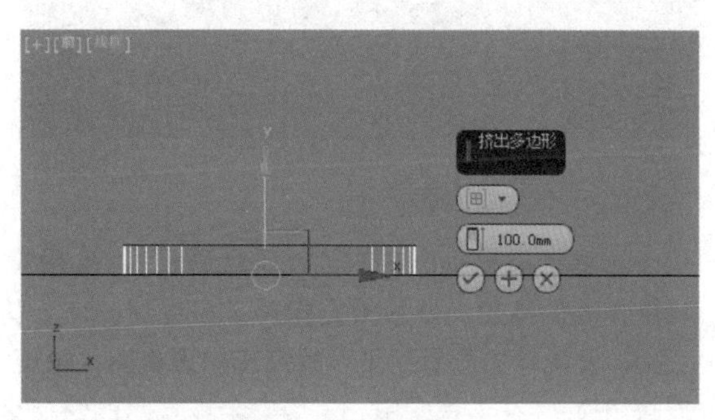

再使用轮廓将顶面向内插入 15mm，再挤出 7900mm，使底座与柱子成为一个整体。

选择子物体“面”，并框选踢脚线，选择“分离”，然后为踢脚线命名。

完成所有柱子之后的效果如图所示。

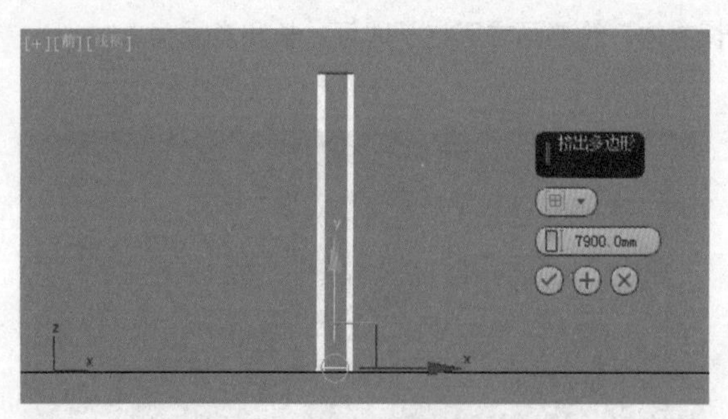

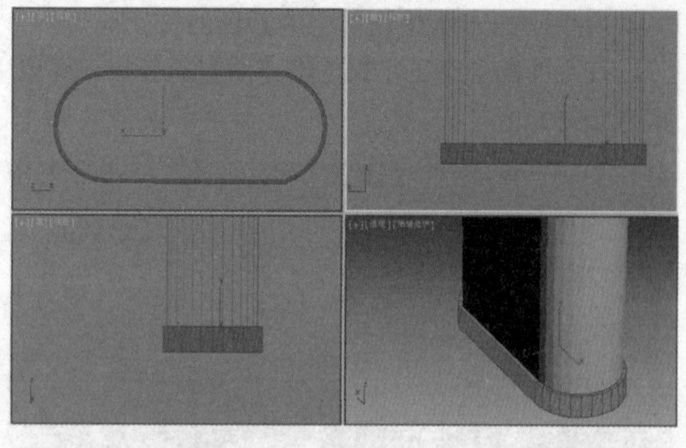

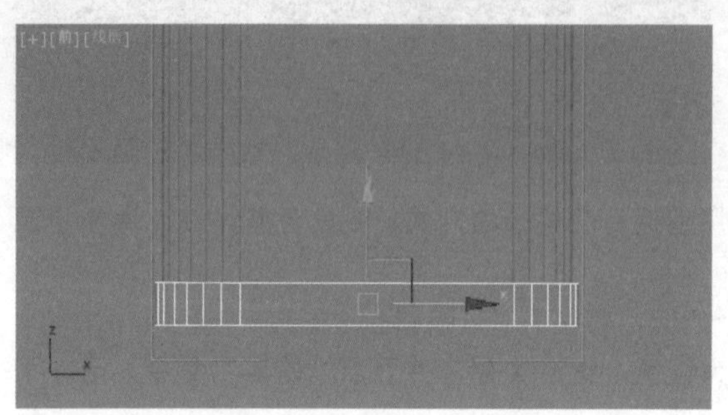

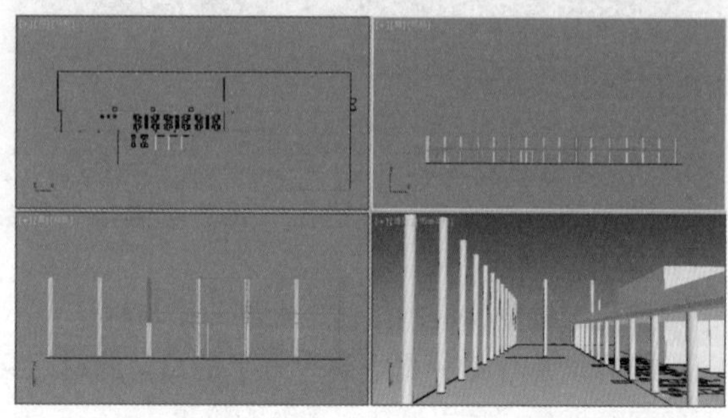

7.3.4 简单的地面与天花

在三维物体中选择“平面”，分段更改为 1，将玻璃幕墙一侧的地面向外伸出一段距离，留做外景布置。

用相同的方法绘制出天花。先绘制出地面和天花，对这个画面的空间感有所把握，在后期会根据设计调整天花以及地面，到时再根据具体情况来删除，现在这样简单的吊顶只是起到一个辅助观察整体效果的作用。

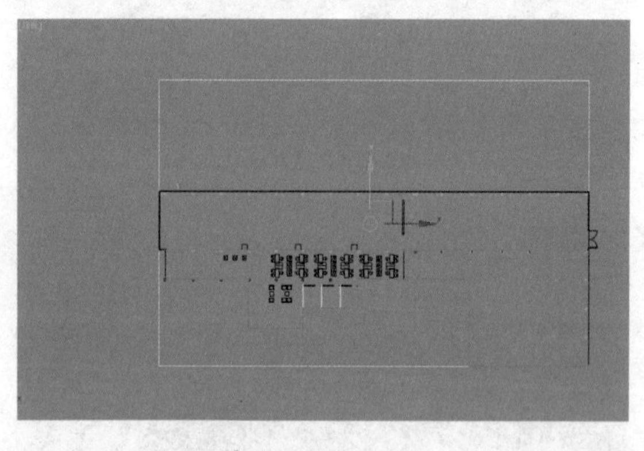

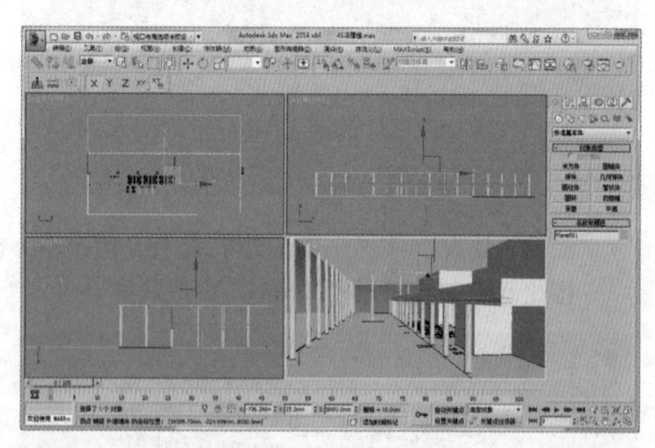

7.3.5 设置摄影机

选择“摄影机”中的“目标摄影机”，备用镜头选择 24mm，然后在侧视图中把摄影机拖至离地面 1200mm 的高度，一般根据构图，多看到一点天花的位置视觉效果会更好，所以将摄影机的目标点微向上抬，使视口中能看到更多的天花。透视图（快捷键为 P）与摄影机视图（快捷键为 C）出现的景象可以来回切换。（在透视图中，渲染安全框显示的快捷键为 Shift+F）

在摄影机视图景象中的物体，有的时候可能会因为透视角度问题发生显示上的失误，解决的方法为在菜单栏中选择“修改器 > 摄影机 > 摄影机校正”命令。

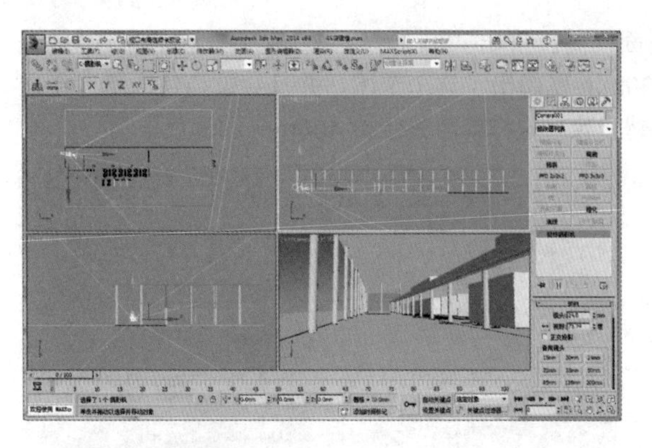

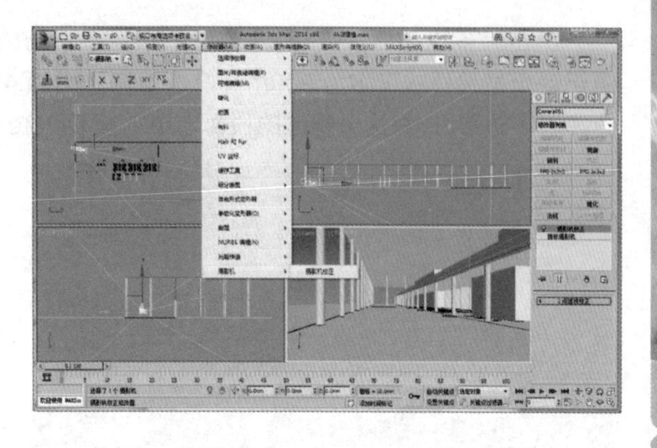

7.3.6 玻璃幕墙

因为玻璃幕墙是框架结构，所以使用长方体来搭建完成。在平面图上确定需要搭建的横杆的长度，然后将长度设置为160mm，宽度设置为65mm。

按住Shift键，拖曳复制出5个，然后在“偏移模式变换输入”中设置距离，从下向上距离分别如下右图所示。

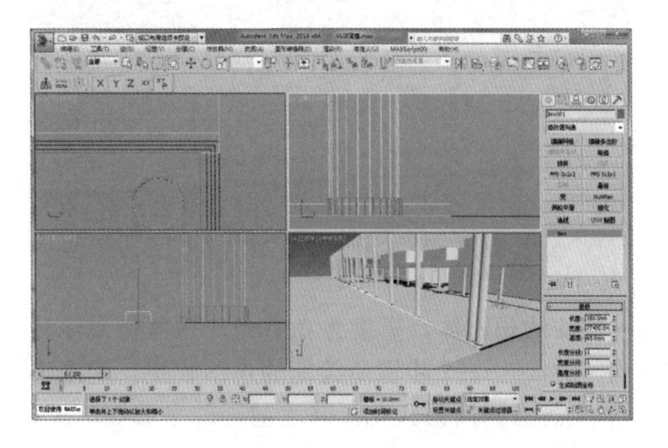

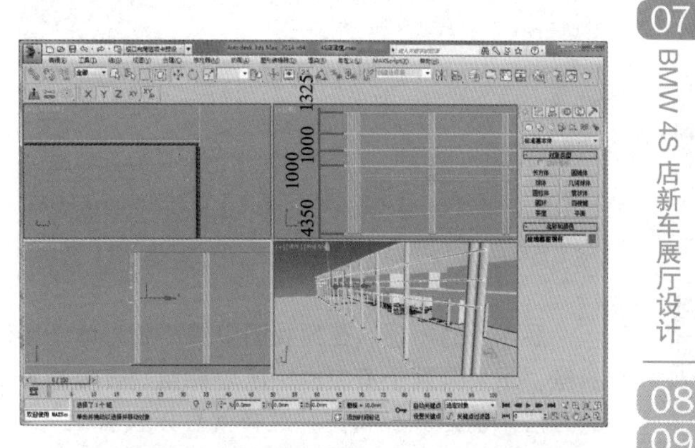

竖杆之间的间隔为2000mm，完成所有的玻璃幕墙的窗框，成组并命名，效果如右图所示。

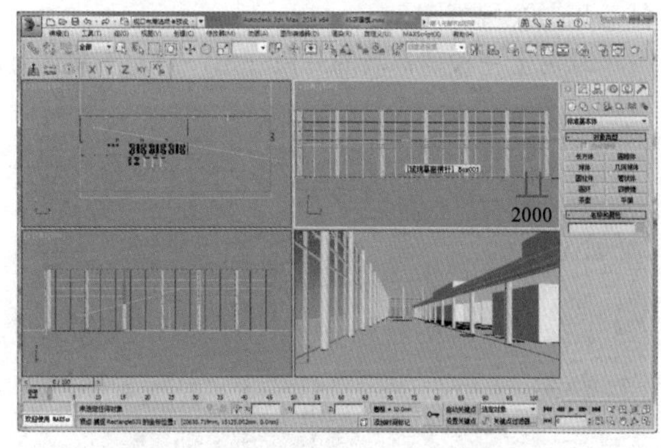

7.3.7 天花吊顶

由于这个场景中休息区为一部分，另外一部分为展示区，展厅与二楼吊顶是有区别及变化的，所以分开来绘制。

休息区的吊顶，首先用“长方体”覆盖整个二楼楼板，厚度为200mm, 然后单独显示，将其转化为“编辑多边形”，选择子集命令“样条线”之后再选择“连接”命令连接两条线，再使用“偏移模式变换输入”将两条线的中间距离设为1900mm，靠近一边Y轴“-350mm”。

接着再“连接”两条线，中间距离设置为65600mm，为吊顶造型凹槽的长度。

单击“多边形”，选中刚才通过两次连接得到的面，向上挤出 400mm 作为二楼休息区的吊顶灯槽。由于这个吊顶面板设置为 200mm 厚，但是挤出的 400mm 厚超出了这个范围，并且会被挡住，所以还是选择“多边形”，将这个物体的顶面选中，按 Delete 键删除。这样就能显示出 400mm 的深度。

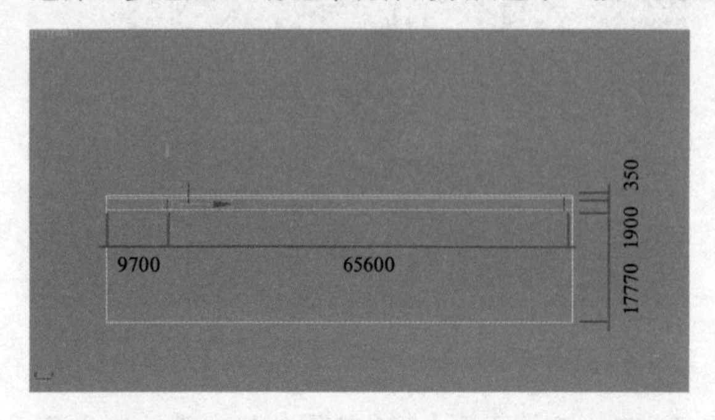

删除之后，还是用“多边形”选中面向展示厅的一边，向外挤出 850mm，最后得到以下效果，命名为“休息区吊顶”。

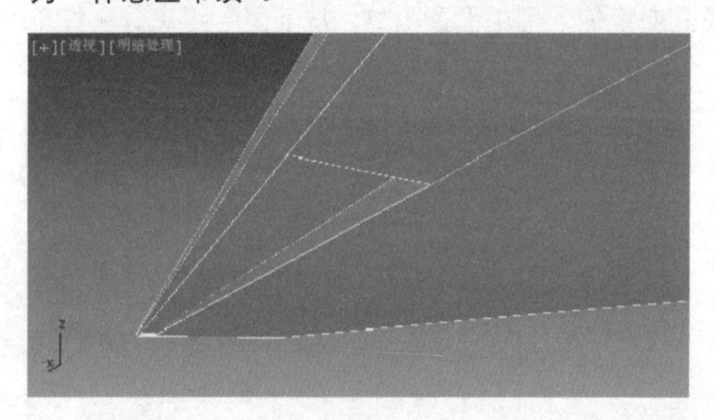

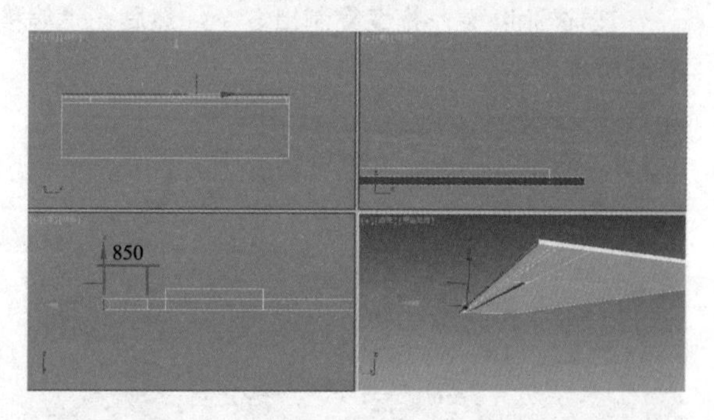

展示区的吊顶，在顶视图中用“长方体”绘制出一整块的长方体，高度为 600mm, 这里值得注意的是，吊顶是属于室内的，所以要绘制在玻璃幕墙之内，并与上一个步骤所绘制的吊顶相接。用这样的方法来确定其长和宽。这样就可以代替之前只用一个平面画的简易天花，将之前画的平面删除掉，然后以单独模式显示。

从右上角玻璃幕墙的一角开始，到左下角休息区吊顶一角结束。

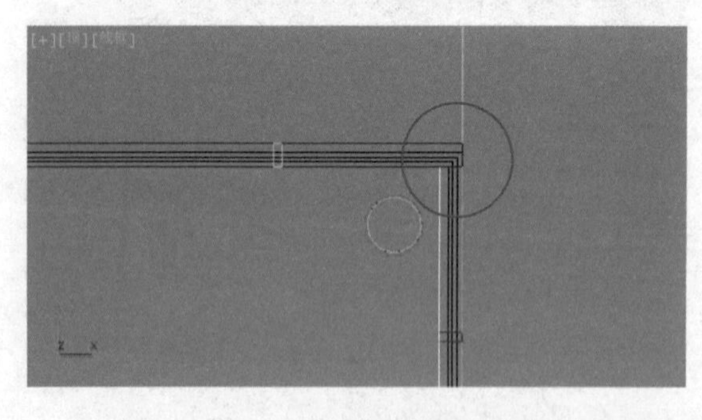

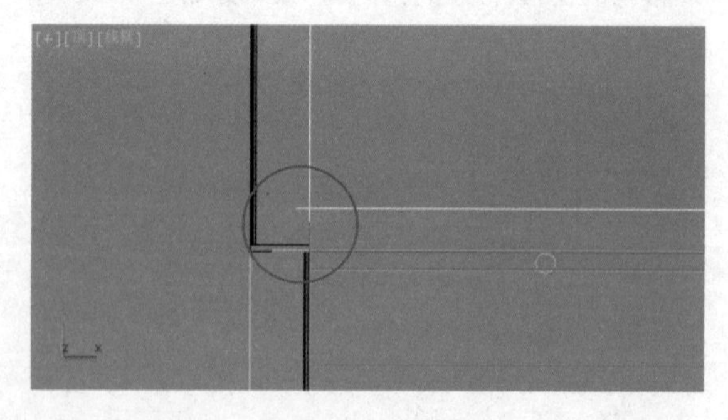

同样还是将物体转换为“可编辑多边形”，选择两条边连接，一边留出 1180mm，另一边留出 2180mm, 这样确定了被吊出的部分，然后选择“面”并挤出 400mm。

分别在被挤出的长方体的侧面再用相同的方法连接，挤出长 150mm、高 100mm 的边沿部分。

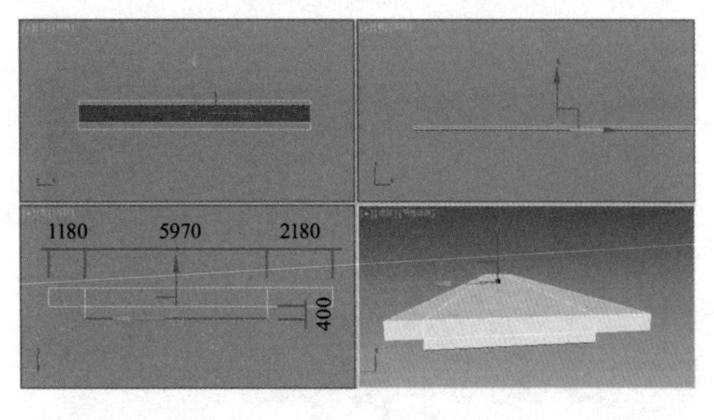

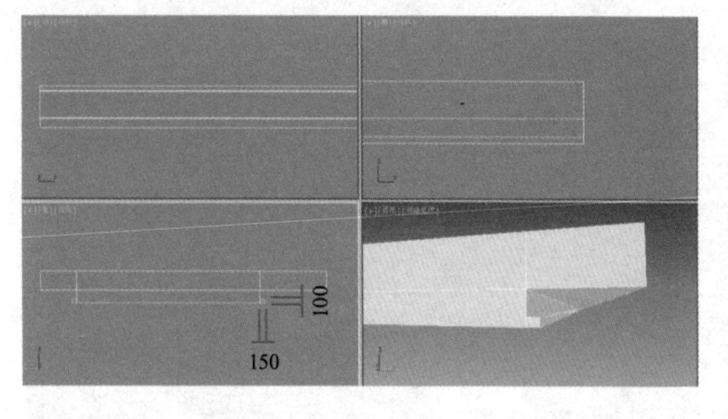

再在底面“连接”出 6 条线，间距为 300mm，然后向内挤出 150mm。形成 3 个凹槽。

删除两边多余的面，这样吊顶的造型如下右图所示。

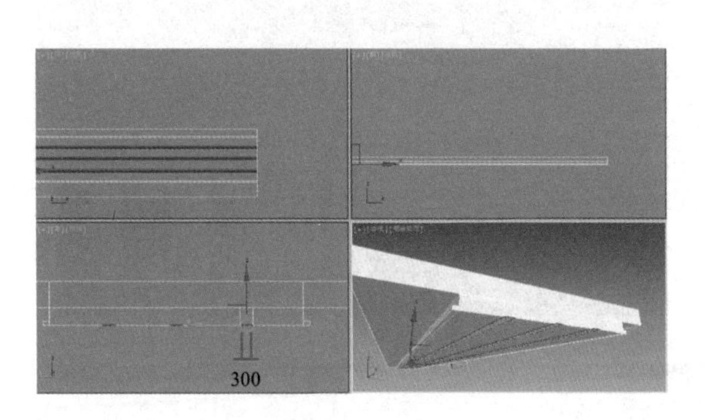

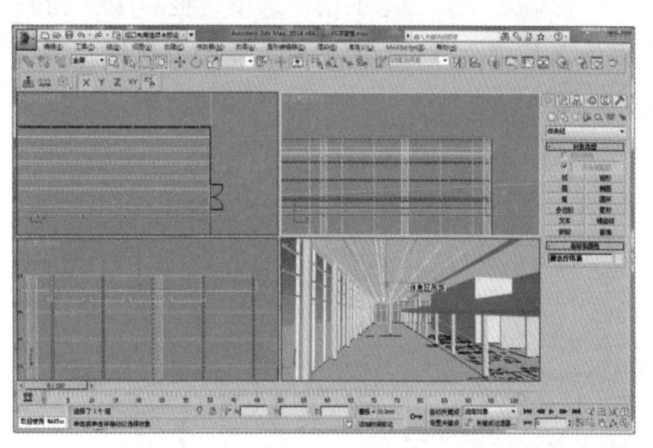

7.3.8 办公室门

根据平面图中办公室落地窗框的位置，先使用二维物体中的“矩形”，在顶视图中控制窗框的宽，选择“编辑样条线”子集命令“样条线”，然后选择“轮廓”命令，向内缩小 50mm，最后挤出 50mm。

再在前视图用二维物体中的“线”绘制一个大门框，同样选择“轮廓”并设置为 50mm，然后再挤出 120mm。

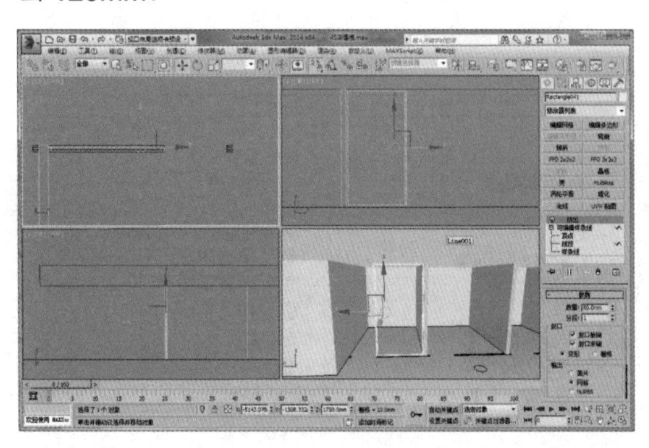

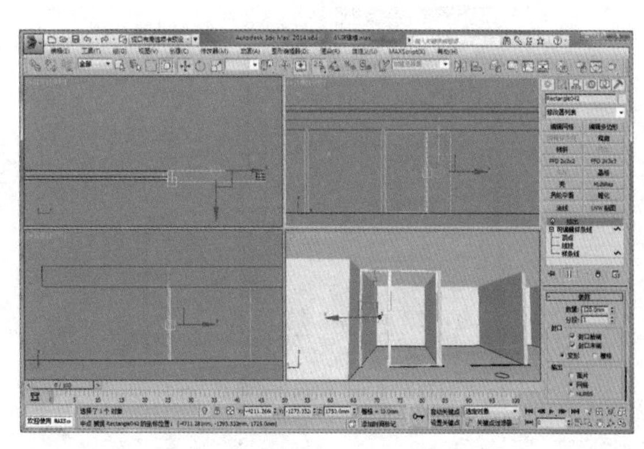

建立一个“长方体”，放置在门框中，间隔出一个门的高度，与门同宽，长为 120mm、高为 50mm，将门高设置为 2400mm，再分别建立两个“长方体”，分别作为门和门上窗，厚度为 50mm。

使用三维物体“圆柱形”设置半径为 40mm、高度为 10mm、分段 1、边数为 12；再使用二维物体中的线绘制一个 L 形，作为门把手，同样运用“样条线”，选择“轮廓”并设置为 15mm，选择“挤出”并设置为 25mm，作为门把手，如图所示摆放。最后成组并命名。

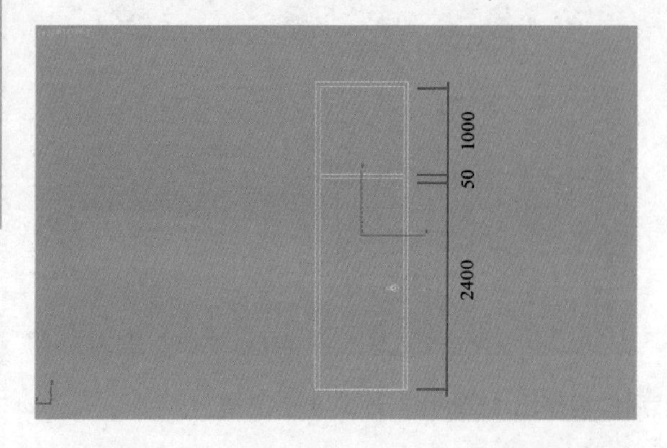

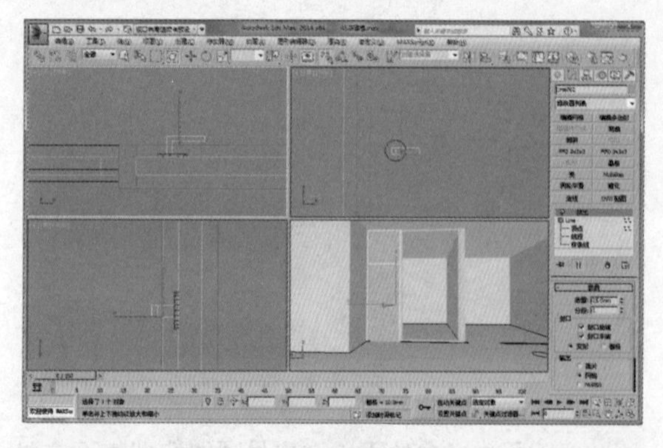

复制3个办公室的门，选中门框后按住Shift键拖曳复制。再用相同的方法绘制出窗框，如右图所示。

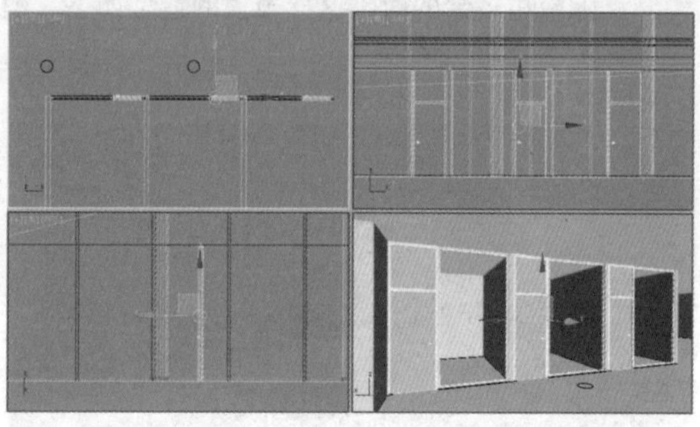

7.4 第一次渲染参数调整

开启VRay渲染器，在菜单栏中单击“渲染设置”按钮，弹出“渲染设置”对话框。单击“指定渲染器”中“产品级”后的按钮，在弹出的“选择渲染器”对话框中选择“VRay渲染器”。

选择VRay渲染器之后，将进行第一次渲染设置，此设置适用于不同场景的每一次渲染。

在渲染设置“VR_基项”选项卡下，在“全局开关”卷展栏中将“缺省灯光”设置为“关掉”，其他选项保持默认设置。

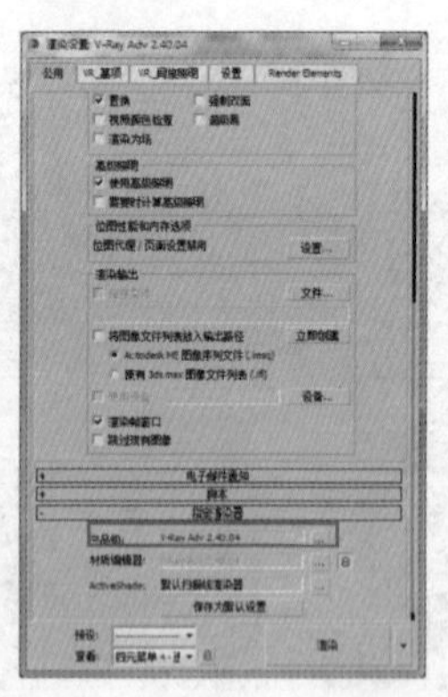

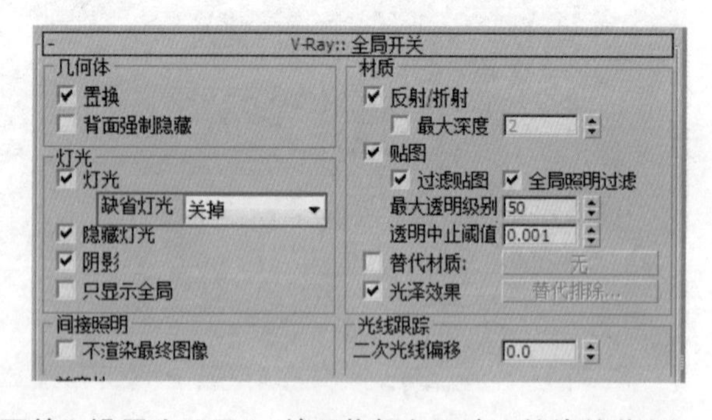

在“环境”卷展栏中将“全局照明环境（天光）覆盖”设置为“开”，并且将颜色更改为较浅的蓝色，更加接近于天空的颜色。

将“图像采样器”卷展栏的“图像采样器”的“类型”设置为“固定”。“固定图像采样器”的“细分”调整为1。

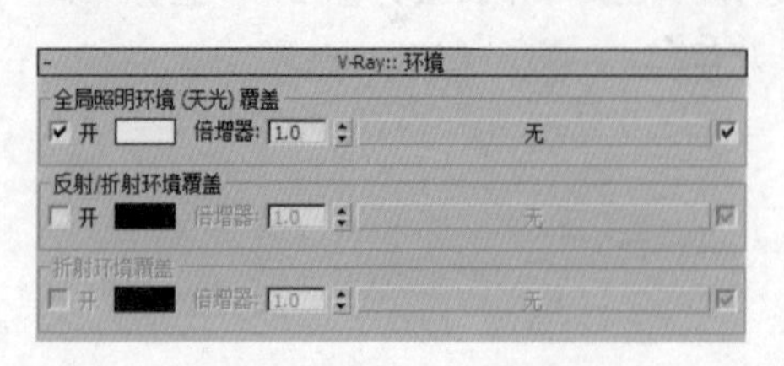

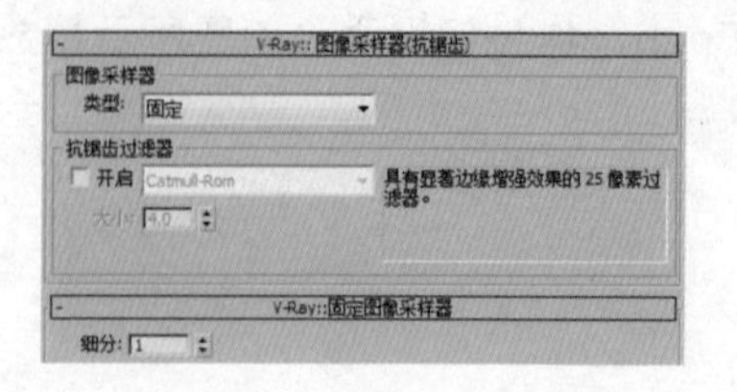

在“VR_间接照明”选项卡中，将“VR_间接照明（全局照明）”卷展栏的“首次反弹”的“全局光引擎”设置为“发光贴图”，“二次反弹”的“全局光引擎”设置为“灯光缓存”。

“发光贴图”卷展栏中的“当前预置”设置为“非常低”，再更改为“自定义”，将“半球细分”设置为 50。这样可以提高初期的渲染速度，方便进行调整。如果想要更快地渲染小图，也可以将“半球细分”调整为 25。

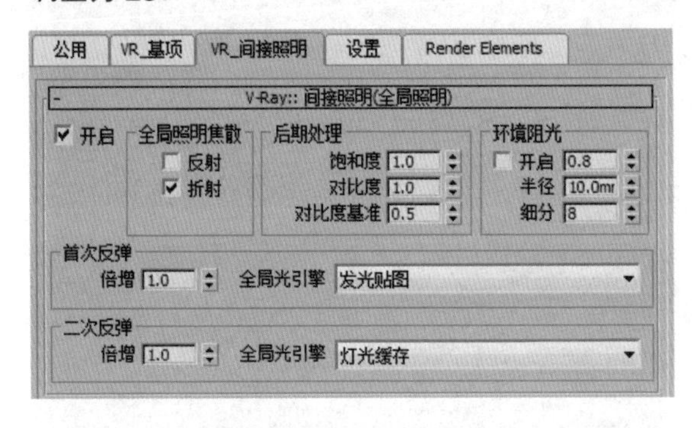

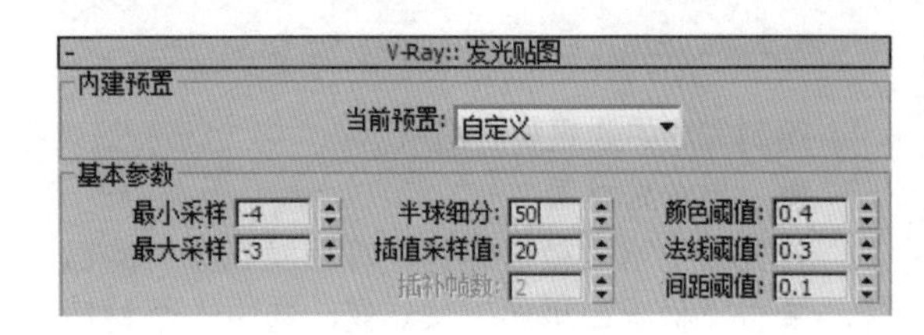

将“灯光缓存”卷展栏中的“细分”设置为 200。

设置“DMC 采样器”中的“噪波阈值”为 0.05。

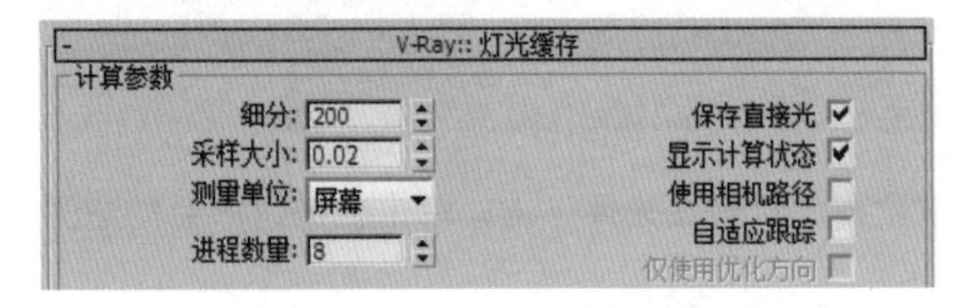

在“系统”卷展栏中，将“区域排序”设置为“Top->Bottom”（从上到下），这样可以使渲染的过程更加直观，“帧标签”和“VRay 日志”的开关根据用户自己喜好进行选择。完成设置。

7.5 完善建模及材质设置

在这一节中将进一步完善建模，主要是室内细节装饰的刻画，并将介绍几种常用材质的设置方法。

7.5.1 天花细节设计（自发光材质、白色漆和哑光金属材质）

这一小节将主要介绍灯箱和射灯的画法，希望大家能够掌握“自发光材质”“白色漆”和“哑光金属材质”的用法。

1. 灯箱（自发光材质、白色漆）

首先建立一个“长方体”，摆放于天花凹槽中间，与周边相隔的距离为 100mm。用“偏移模式变换输入”来完成。

将该长方体转换为“可编辑多边形”，选择“多边形”，再选择下面一个面，插入 50mm，再向内挤出 50mm，分离并命名为“灯箱发光体”，将在下面另外赋予材质。

将一整片灯箱用 6 个长 1600mm、宽 30mm、高 30mm 的长方体分隔，摆放位置如下右图所示。

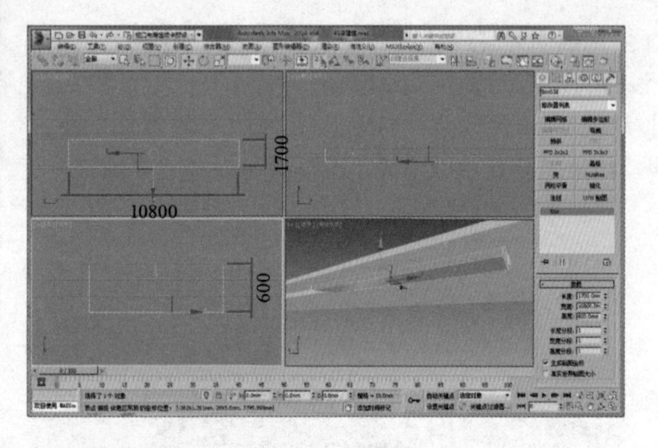

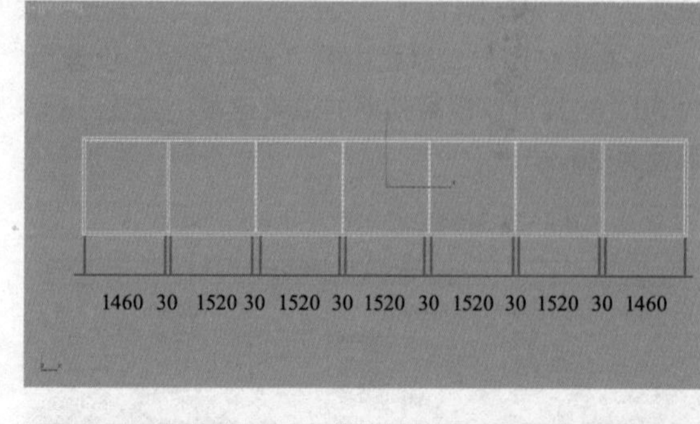

绘制完成的效果如右图所示。

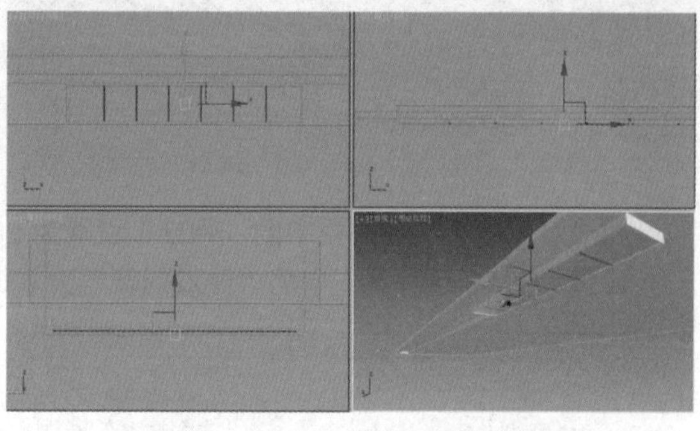

● 自发光材质

首先选中刚才被设定为“灯箱发光体”的面片。单击“材质编辑器”按钮，选中一个材质球，单击“吸管”工具后的 Standard 按钮，弹出“材质贴图浏览器”对话框，在“材质”栏中选择VRay材质中的“VR-自发光材质”，此时的材质球已经变为自发光的材质。

保持默认设置，将此材质球命名为“发光灯片”，然后单击“将材质给指定对象”按钮，材质就赋予在“灯箱发光体”上，单击按钮将会把贴图显示在场景中。

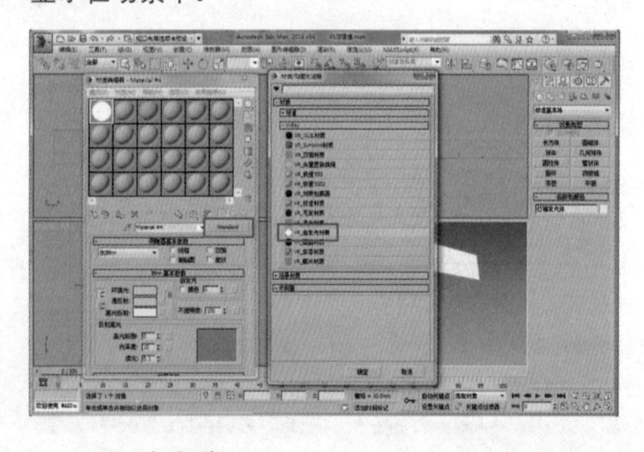

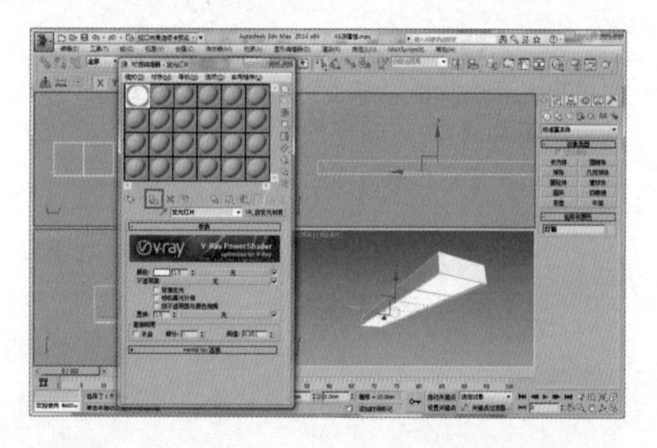

● 白色漆

再选中一个材质球，用同样的方法，单击 Standard 按钮，在VRay材质中选择“VR-标准材质”，再单击“漫反射”后面的色条，在弹出的“颜色选择器”对话框中将亮度调亮一些，并命名为“白色漆”，最后将这个材质赋予灯箱的外框。

这里需要注意的是成组的物体会赋予相同的材质，如果组中的物体需要赋予不同的材质，选择菜单栏中的“组 > 打开”命令，分别赋予材质之后再关闭组。

绘制4个“长方体”，长为1900mm、宽为

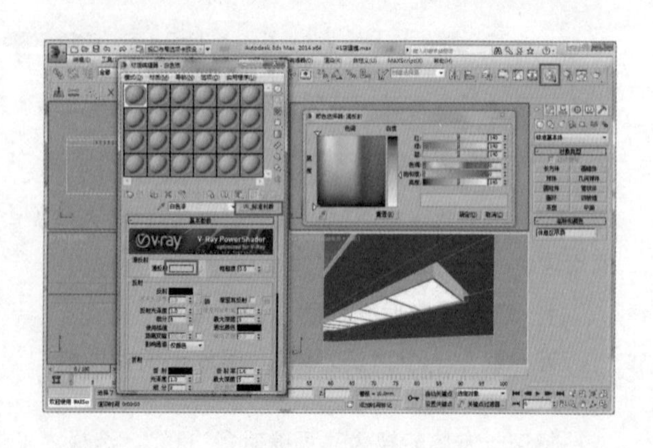

200mm、高度为 400mm。靠近发光灯箱的长方体距灯箱留有 100mm 的缝隙。每个间距为 200mm, 两个中间的空隙留到 9600mm。最后赋予“白色漆”材质。

绘制一个长 50mm、宽 9600mm、高 400mm 的“长方体”。

单击“阵列”按钮，在弹出的“阵列”对话框中，将 Y 轴移动更改为“-150mm”, 数量为 13，单击“确定”按钮，最终得到的吊顶造型如下右图所示，成组并命名。

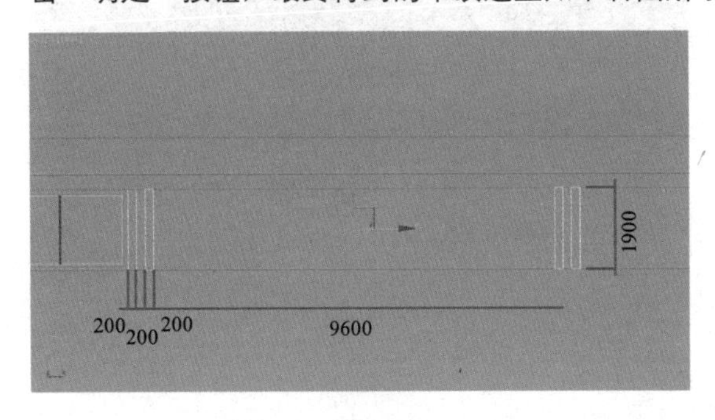

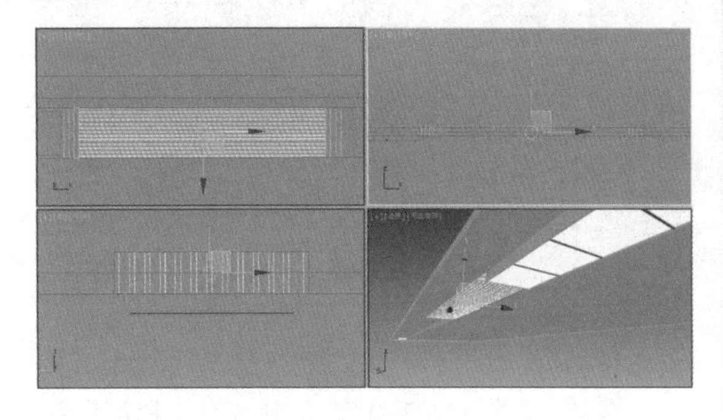

2. 射灯（哑光金属材质）

先绘制一个长方体，长 100mm、宽 180mm、高 400mm。随后转化为“可编辑多边形”，选择“多边形”，选中向下的一个面，选择“倒角”命令，向内倒角“-5mm”。再选择“挤出”命令，向内挤出 30mm。

再绘制一个小圆柱体，半径为 40mm、长为 50mm，高度和端面分段为 1，边数为 13，放入长方体中。

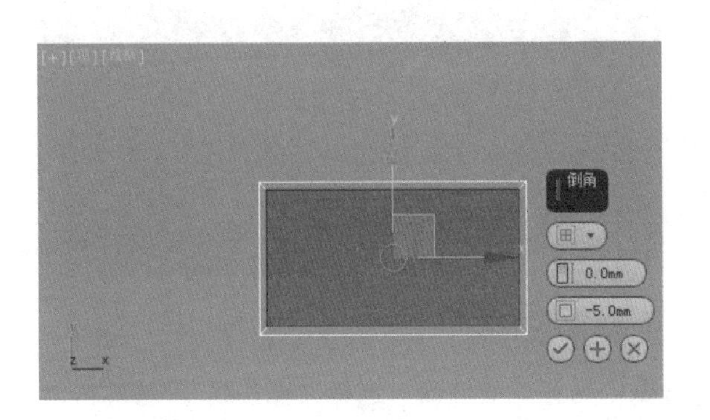

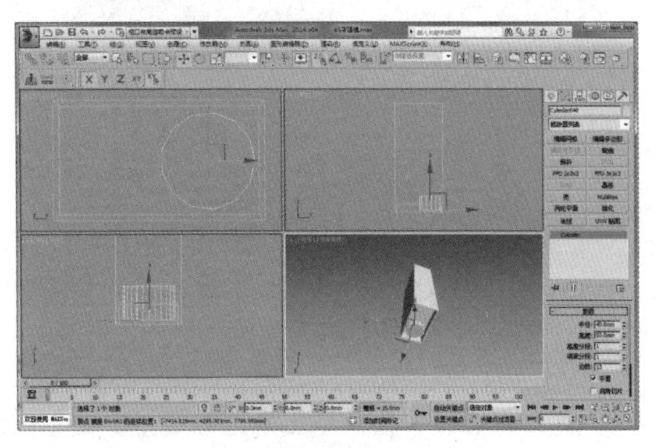

同样将这个小圆柱体转换为“可编辑多边形”，选择“多边形”，然后选择“倒角”命令，再向内倒角“-5mm”, 向内挤出 5mm, 再选择“分离”命令，命名为“筒灯发光面”，成组之后再为其附上自发光材质。

绘制完成之后，再复制一个，摆放位置如下右图所示。

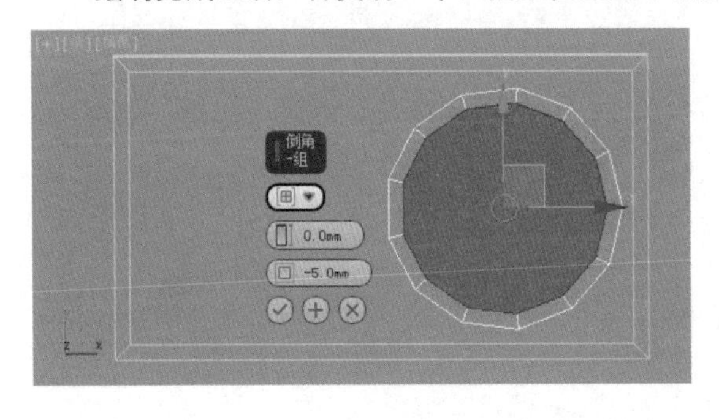

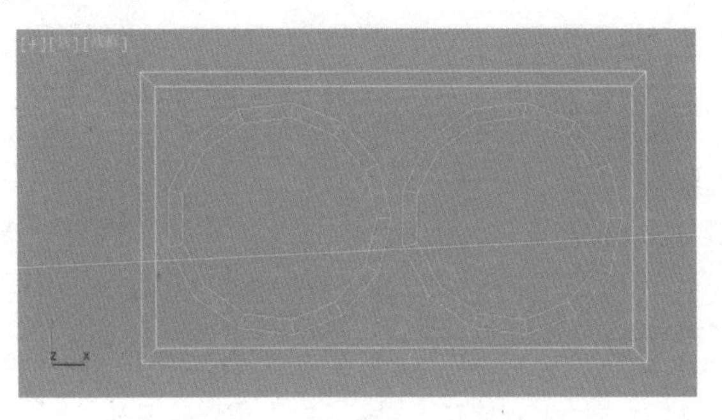

单击材质编辑器，选中一个材质球，将漫反射调整为 15，反射调整为 101，将高光光泽度和反射光泽度调整为 0.8，并且将这个材质命名为“哑光金属”。

选中两个小圆柱形和外部框，赋予材质。

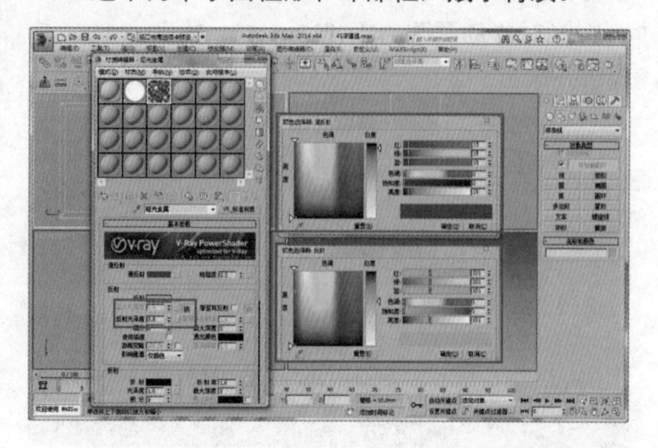

成组并命名为“射灯”，复制 6 个，摆放位置如下左图所示。

用相同的方法，将整个吊顶凹槽填充完整。其顶视图如下右图所示。

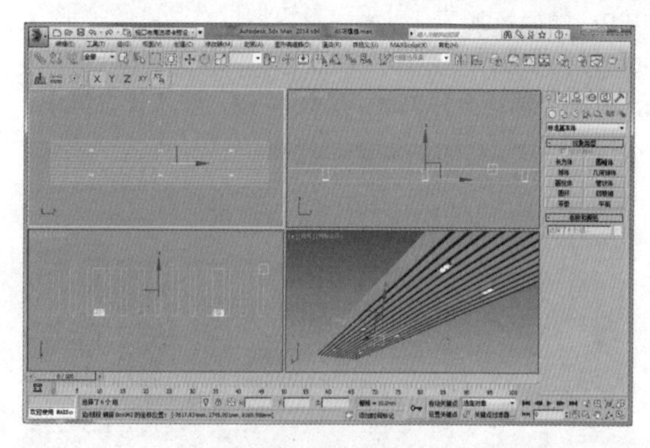

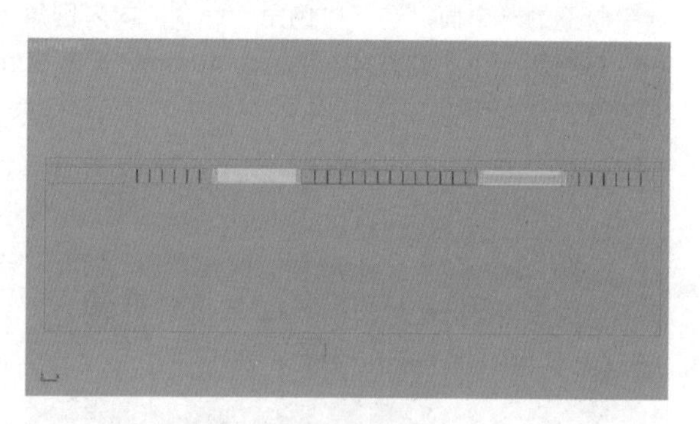

7.5.2　背景墙和棕色门（凹凸水泥板、深色玻璃、黑色分缝）

首先将墙面单独显示出来，然后用“线”描出需要绘制背景的墙面，选择“样条线”，轮廓挤出 10mm，再挤出 7800mm, 摆放位置如下左图所示。

为这个背景墙设计造型：先绘制一个 300mm×490mm 的长方体，与背景墙体同高，为 7800mm。再绘制一个 2900mm×100mm×7800mm 长方体，再转换为“可编辑多边形”，选中向外的一个面，向前挤出 140mm, 再分别向两边挤出 150mm。

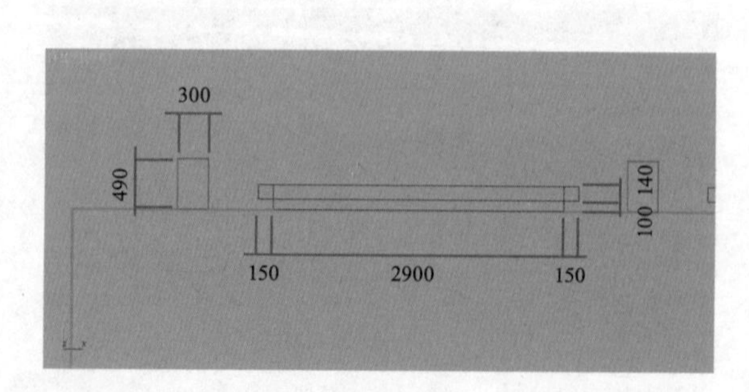

绘制的背景墙的装饰物体之间的间距与数量，如下右图所示。

1. 水泥板（凹凸贴图）

同时选中墙面和 5 个小长方体，进入材质编辑器，选择“VR-标准材质”，然后单击漫反射后的■按钮，在弹出的“材质贴图浏览器”中选择“位图”。

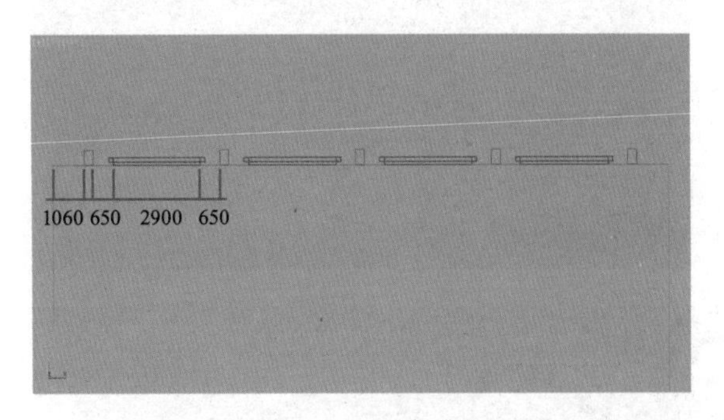

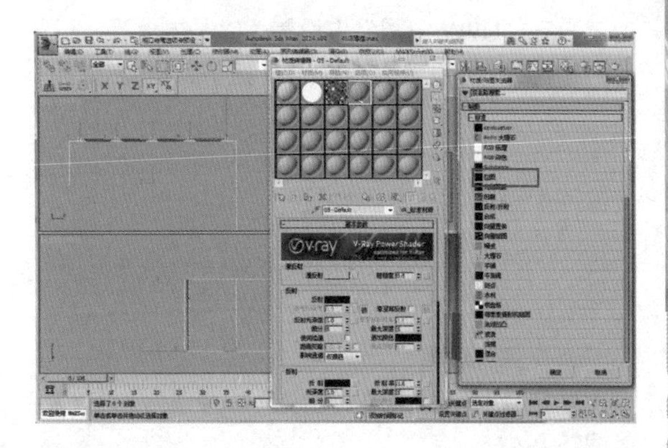

随后弹出“选择位图图像文件”对话框，然后在“查找范围”中选择需要被赋予该物体的贴图图片，（在这里建议把场景中所有材质贴图都放在同一个文件夹中，因为在 3ds Max 中，材质图片的保存路径非常重要，一旦图片赋予了物体，系统就默认这个路径，一旦路径改变，在 3ds Max 的视图中就无法显示出来）选择需要被赋予的贴图，这里选择“分缝水泥板副本”，单击打开。

此时被选择的图片就已被赋予在材质球上了。将反射调整为 15，反射光泽度为 0.6，让这个材质看起来有光泽的质感。

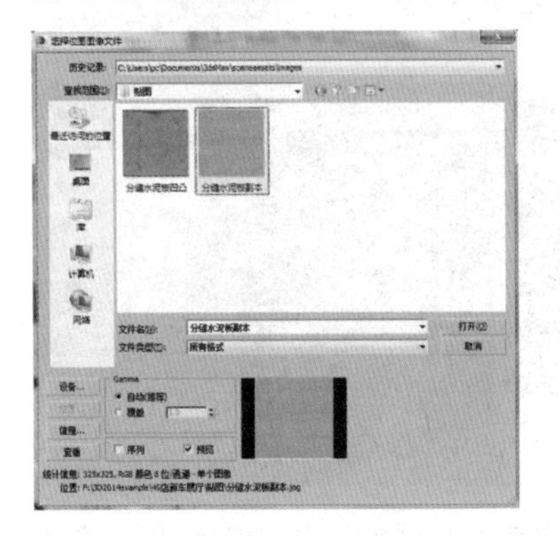

还是在“材质编辑器”中，选择“贴图”卷展栏中的“凹凸”并单击“凹凸”选项后的“无”按钮，在弹出的“材质贴图浏览器”中选择“位图”，在随后弹出的“选择位图图像文件”对话框中，选择“分缝水泥板凹凸”图片将其打开，这样一个材质球上面就赋予了两张贴图，材质球上面的水泥板凹凸不平的质感会明显显现出来。将“凹凸”后面的倍增数值更改为 300，增加质感。将这个材质球命名为“水泥板”并附到背景墙上。

此时会发现赋予的图片的大小与物体不相符，需要在修改器中选择“UVW 贴图”命令，在“参数”卷展栏中选择“长方体”，再将长宽高更改为 800mm，其他选项保持默认不变。

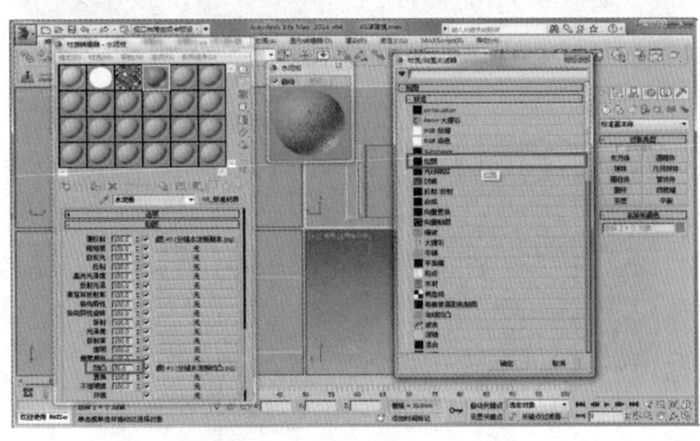

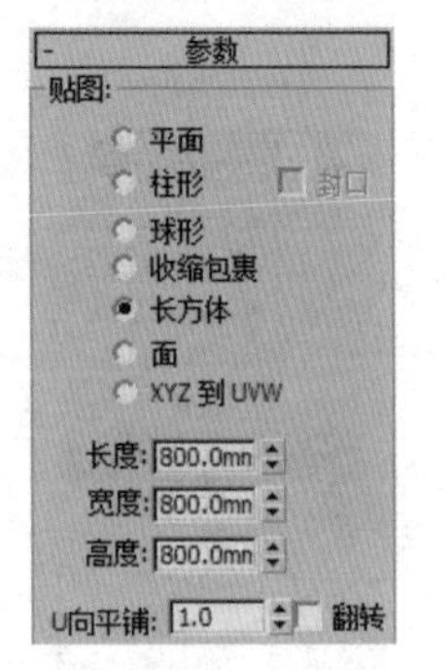

这样就将贴图的大小控制在 800mm×800mm，也就是在“UVW 贴图”中设置为“长方体”，然后分别将长宽高均设置为 800mm，赋予到物体上。

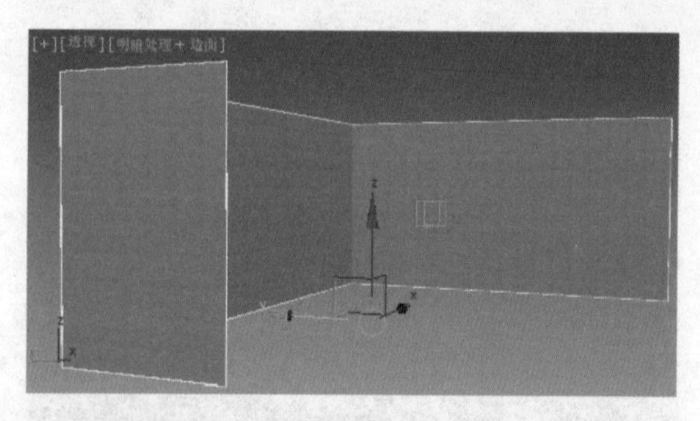

● 深色玻璃

新选择一个材质球，将漫反射调整为 8，将反射调整为 47。

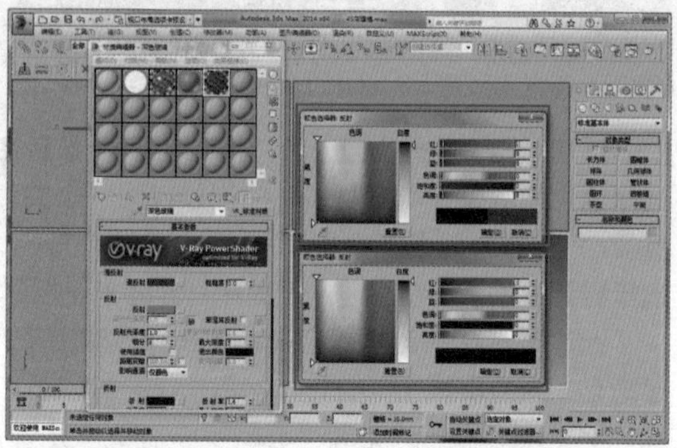

选中物体并赋予材质。

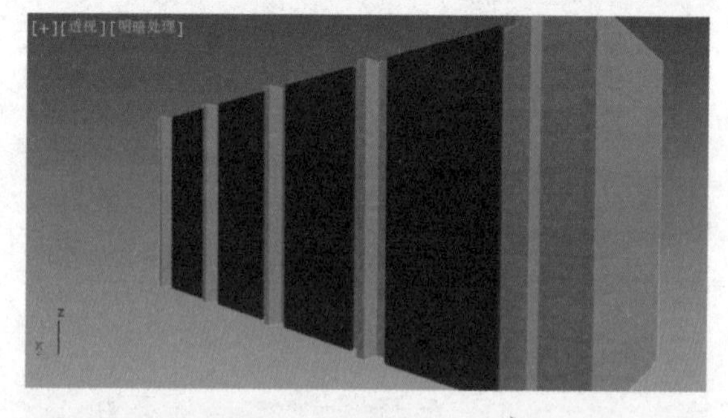

● 黑色分缝

使用二维物体中的“线”命令，描绘背景墙的外边。然后将“轮廓”设置为 2mm，挤出 4mm 的宽度。

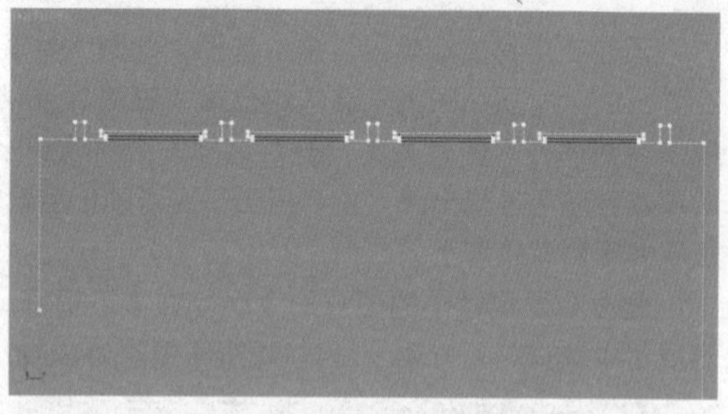

新选择一个材质球，将漫反射调整为 1，更改为黑色，然后命名为“黑色分缝”，并赋予物体。

再选择“阵列”，间距设置为 900mm，数量设置为 8。

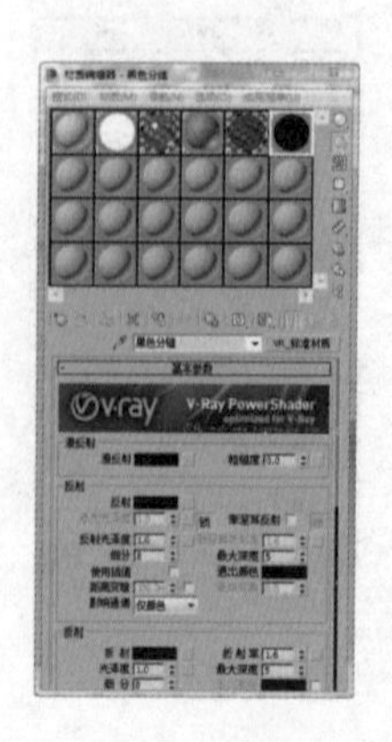

2. 棕色门

先选择一个材质球，将漫反射的颜色设置为深棕色，再将反射调整为5，最后将高光光泽度调整为0.8，反射光泽度调整为0.7，让其有光泽感。

成组的物体如果不打开，被赋予的材质将会是一样的，所以要为成组的物体赋予不同材质时，要先将组打开，再分别赋予不同材质。为门把手赋予“哑光金属”材质，完成之后再关闭组。

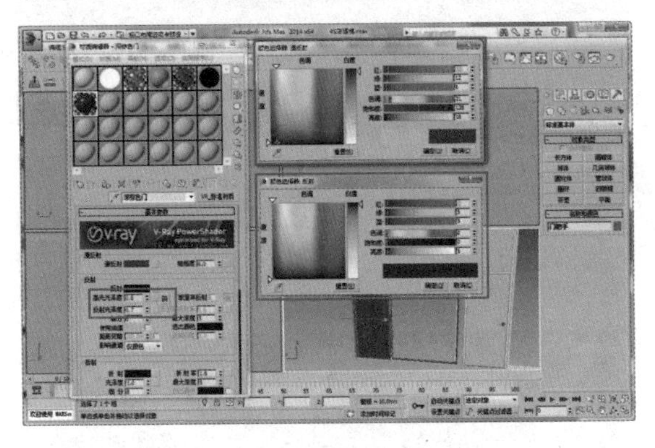

7.5.3 完善整个空间吊顶

1. 单个射灯

绘制一个圆柱体，半径设置为80mm，高度设置为50mm。再转换为“可编辑多边形”，选择底面，选择“插入”为20mm，再向内挤出10mm，“分离”并命名后，赋予“发光灯片”材质，筒灯外部赋予“哑光金属”材质，最后成组并命名。

选中先绘制好的筒灯，放在天花上，再选择“阵列”命令，将X轴之间的间距设置为1500mm，个数为50，Y轴间距为1200mm, 成组并命名。

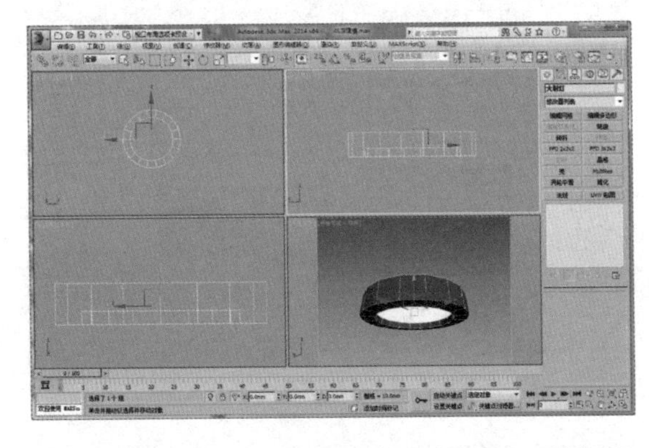

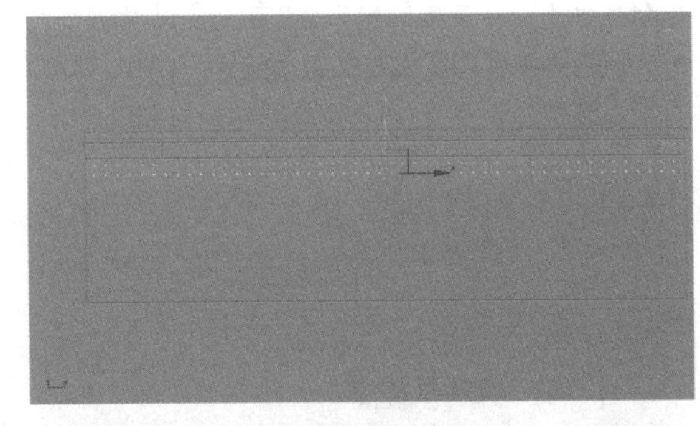

再将展示厅的吊顶以单独模式显示。用相同的方法设置单个射灯中间间距为1500mm，在吊顶3个凹槽内创建3个“平面”，分段为1，再在凹槽中连续放置两个射灯，将“阵列”间距设置为6500mm，放置10组。

2. 风口贴图

选中刚才在凹槽内绘制的“平面”，赋予“风口”贴图材质，再选择“UVW 贴图”，选择“平面”，然后将长设置为 76140mm，宽设置为 300mm。

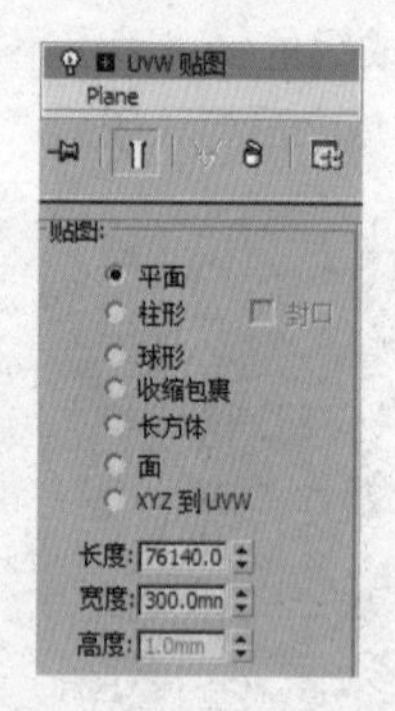

为二层楼板侧面的风口也赋予“风口”贴图材质，整个大空间的照明系统如右图所示。

3. 木纹贴图

选择休息区天花吊顶中的横条天花造型，并以单独模式显示。将“横条吊顶樱桃木”的贴图赋予到材质球上，将反射调整为 2，高光光泽度调整为 0.7，反射光泽度调整为 0.8，最后选择“UVW 贴图”命令，选择“长方体”，长宽高都调整为 800mm。

4. VR-材质包裹器

“VR-材质包裹器”用通俗的语言来表达就是材质的集合，可以同时设置几种材质，并通过更改“附加曲面属性”的选项，更改物体的受光程度。

步骤如下，选择之前命名为“白色漆”材质球，单击“VR-标准材质”，打开“材质贴图浏览器”，再选择“VR-材质包裹器”。

此后将会弹出“替换材质”对话框，根据实际情况进行选择，选择“将旧材质保存为子材质”单击“确定”按钮。

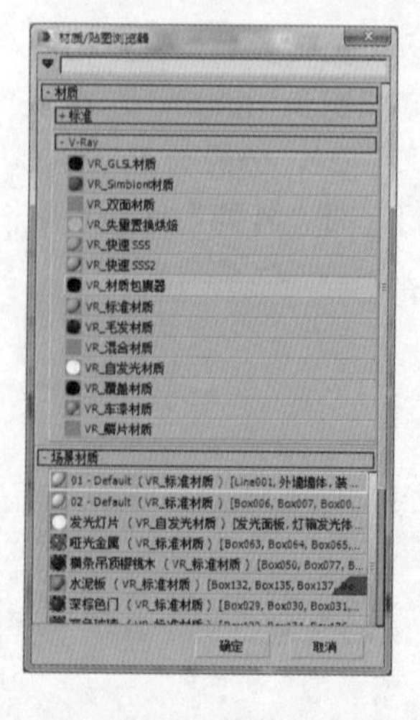

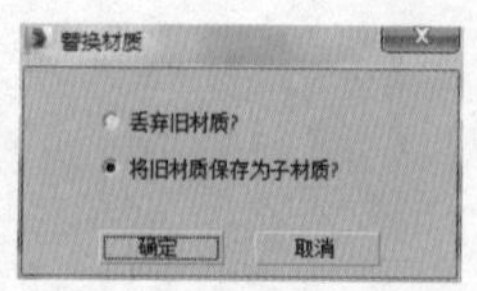

此时，“基本材质”就为“白色漆”，将“接收全局照明”更改为1.4，之前被赋予“白色漆”的物体将会受到环境光的影响，看起来更亮一些。

在这里需要注意的是，“产生全局照明”主要是控制色溢，数值越小，其对环境的影响更小；“接收全局照明”是使材质更接近环境的色调。

将除了地面以外所有的白墙以及天花都赋予“白色漆”材质。为柱子底座赋予“哑光金属”材质。再选择一个材质球，命名为“深色哑光金属”，为其设置与“哑光金属”相同的材质参数，与其不同的是，将漫反射设置得再深一些。

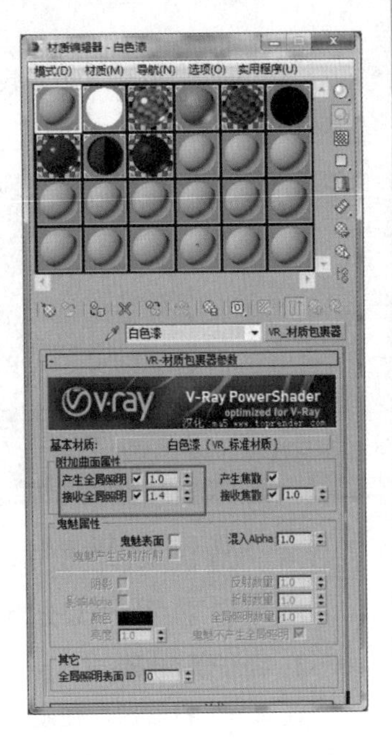

5. 楼板发光片

首先取消冻结，将平面图与二层楼板以单独模式显示出来，利用“可编辑多边形”命令，选择“边”，在向下的面上“连接”两条线，因为“连接”命令都是默认均分的距离，所以选择两条长短不一的线连接起来就会出现以下效果，然后选择“点”命令，选择点捕捉，将A点与C点对齐，B点与D点对齐。

选择“连接”一条线，选择“切角”命令，输入1250mm，这样这两条线中间的距离就为2500mm，而且是在中间的位置。

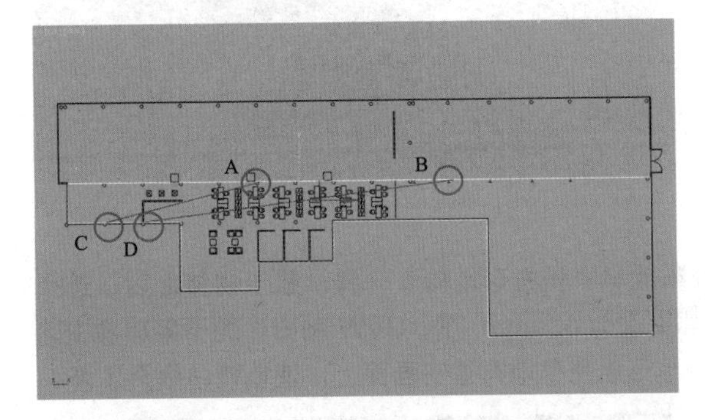

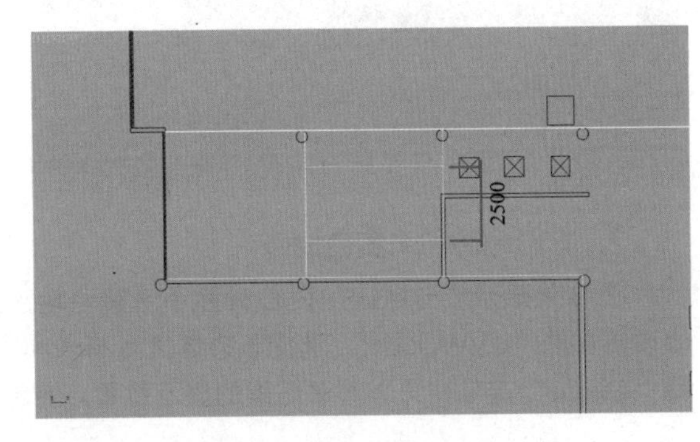

向内“挤出”到150mm的位置之后，在“多边形”中选中旁边两个面各向内挤出500mm。

用绘制灯箱的方法再绘制一个灯箱，并分别赋予材质。

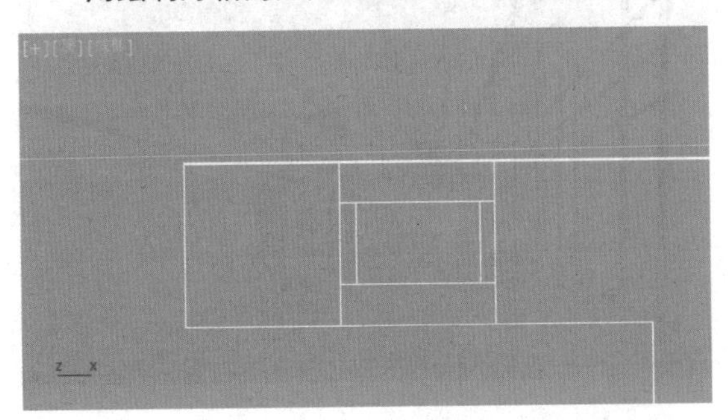

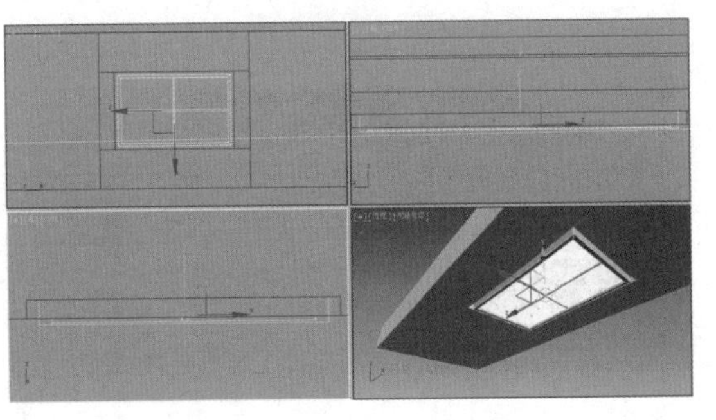

再使用“长方体”绘制一个长1200mm、宽200mm、高10mm的长方体，赋予自发光材质，再复制两个小射灯，与这个发光体一起放在楼板下面，作为一层办公区的照明，摆放位置如下左图所示。摆放的数量如下右图所示。

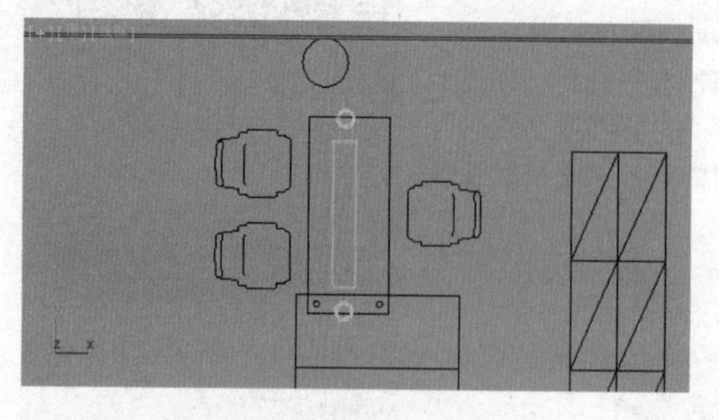

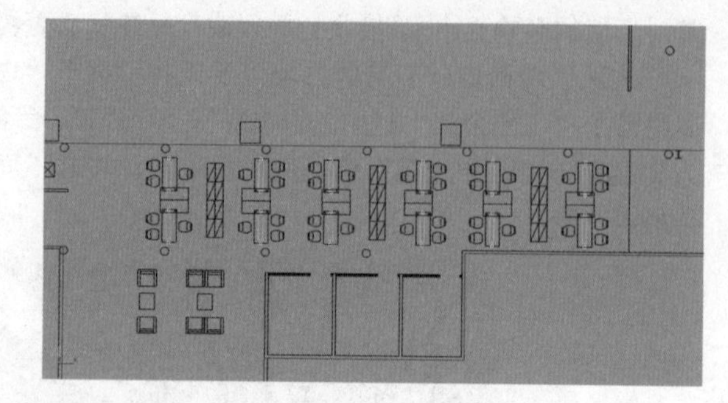

7.5.4 分区域地面铺装

用“线”将平面图划分为3个区域，分别如下左图所示，都“挤出”2mm作为地砖。

1. 长方形地砖

选择一个材质球，在漫反射中赋予“长方形地砖”贴图，然后将“反射”调整为25，“高光光泽度”调整为0.7，将“反射光泽度”调整为0.85，赋予A处。在修改器中选择“UVW贴图”，选择“长方体”，长度调整为600mm, 宽度调整为1200mm，如下右图所示。

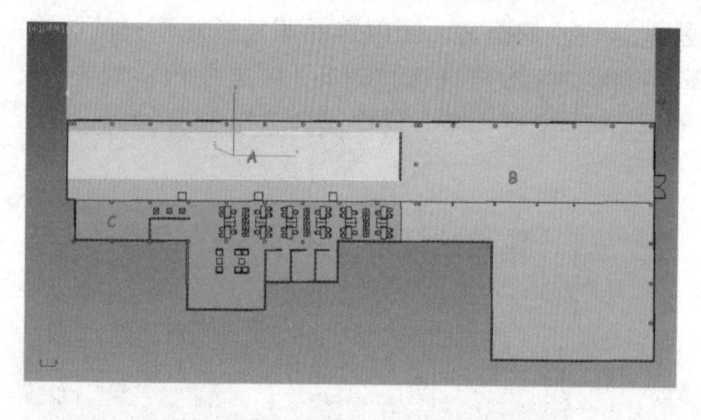

2. 方形地砖和米黄色地砖

在B处赋予方形地砖，在C处赋予米黄色地砖，参数与“长方形地砖”一样。赋予物体之后，选择修改器中的“UVW贴图”，选择长方体之后将长和宽都更改为600mm, 在“UVW贴图”的子集选项中选择“Gizmo”选项，可以移动贴图的显示位置，将地砖尽可能完整地布置在画面上，使地砖拼缝更工整。

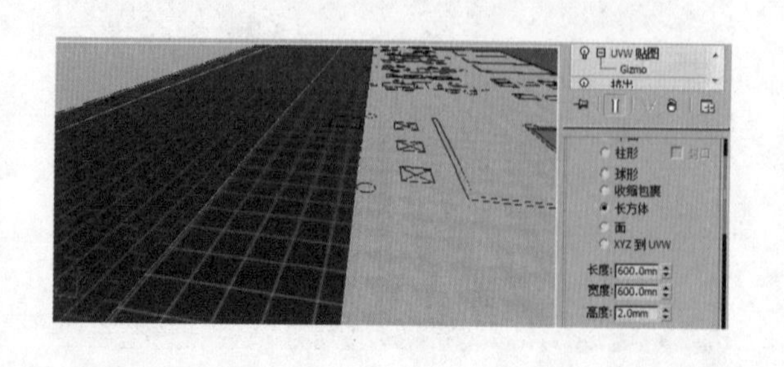

7.5.5 屏风墙和展示牌

接下来将介绍如何用“快速切片”工具来建模屏风墙，以及在漫反射贴图里使用“角度”参数来控制位图在物体上的角度。

1. 屏风墙（白色烤漆）

下面将会对墙面进行改造造型设计。

绘制一个小长方体，长 150mm、宽 40mm、高 3500mm, 再选择“阵列”命令，设置阵列 52 个，间距为 100mm。

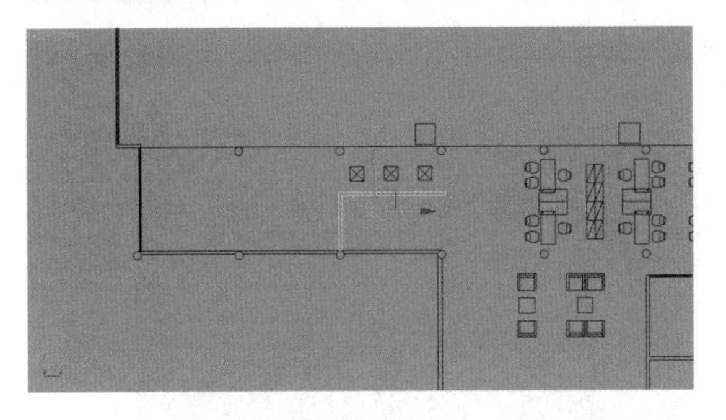

将这 52 个长方体单独显示之后选中其中一个，然后转换为“可编辑多边形”，单击“附加”命令后面的■按钮，将会出现“附加列表”对话框，选中附加列表中所有的 Box，单击“确定”按钮。这样就将这些长方体变为了一个整体，可以统一进行编辑。

执行“附加”命令以后，选中其中一个就可全部选中，与“组”命令的区别是，组打开之后能够单独编辑某一个部分，而附加之后就变为一个属性相同的整体，不便于修改。

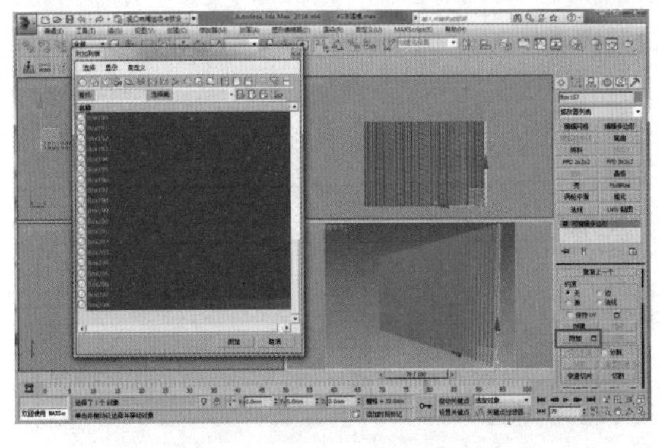

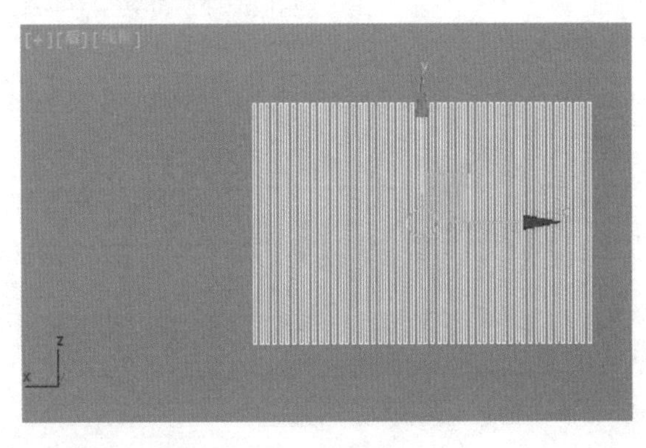

用二维物体中的“线”绘制一条斜线，再复制一条，作为“快速切片”的线条辅助。

选中长方体再单击鼠标右键，在快捷菜单中选择“快速切片”命令。

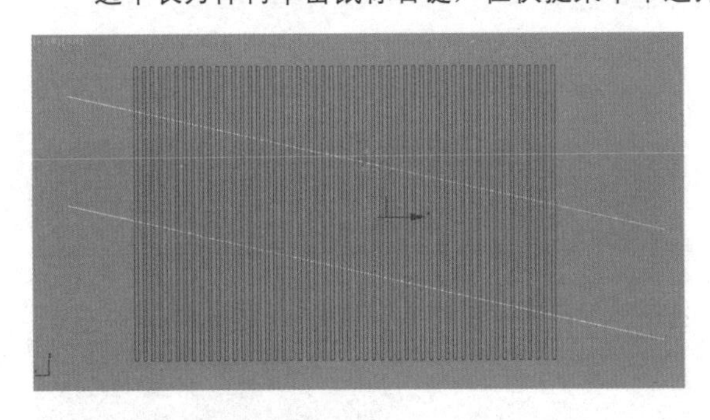

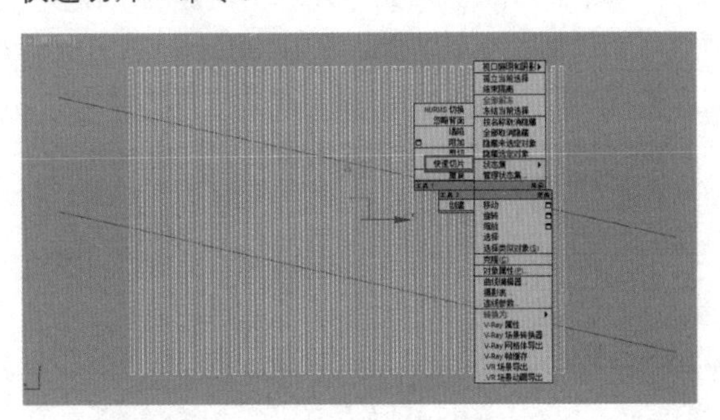

沿着二维物体的线切割长方体。

选择“可编辑多边形”中的面，将切割出来的面全部选中。

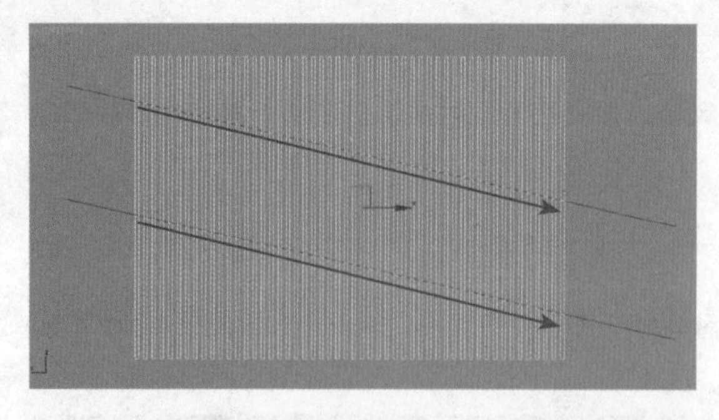
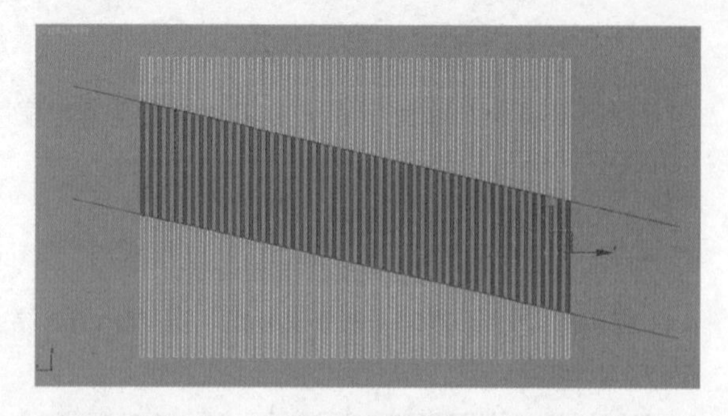

再向外挤出 120mm。选中一个新的材质球，将漫反射调整为全白，反射调整为 40，反射光泽度调整为 0.95，命名为“白色烤漆”，并赋予物体。

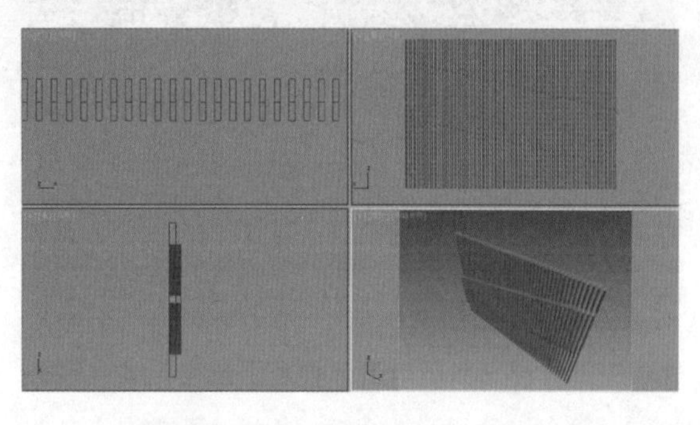
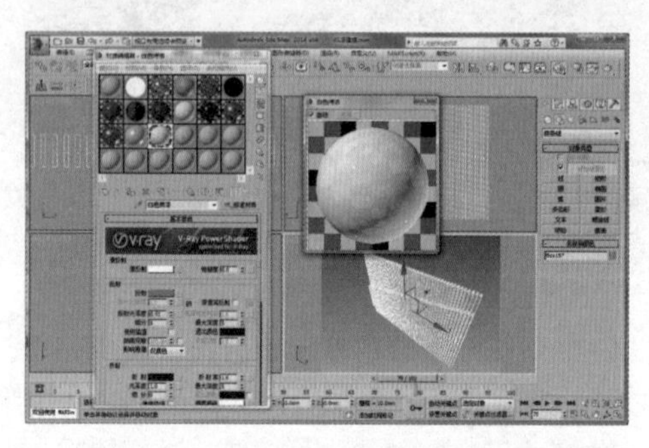

在屏风墙的另外一边的墙面上，绘制一个长 1200mm、宽 10mm、高 3500mm 的长方体，为其赋予“装饰画”贴图。

单击视口的左上角，在弹出的下拉菜单中可以选择视口显示图像的性质。在视口中显示贴图，快捷键为 F3。

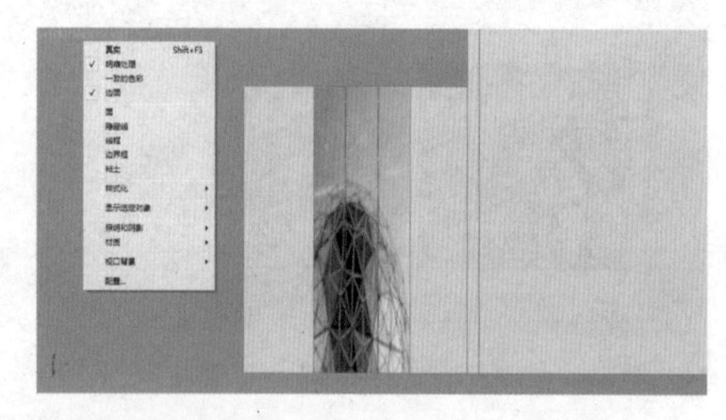

2. 展示牌

将平面图以单独模式显示，在顶视图中找到摆放展示牌的位置。

先绘制一个长方体，长 6000mm、宽 150mm、高 15mm，再使用“编辑多边形”，经过“连接”之后再“挤出”35mm。为其赋予“深色材质”，将漫反射调整为 15。

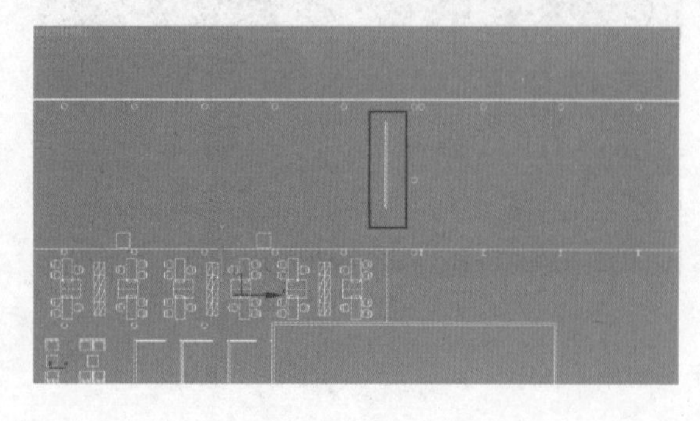
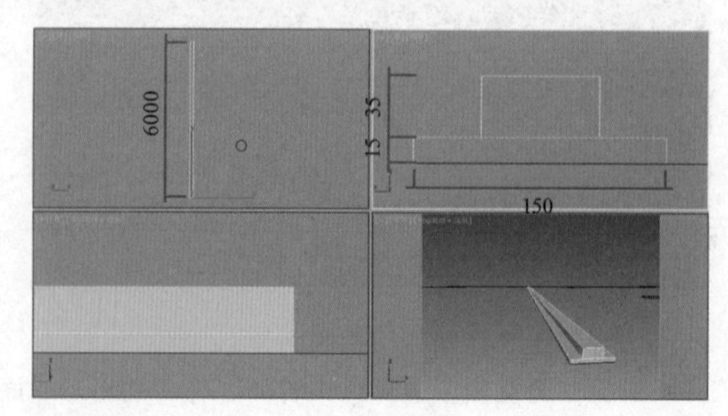

再绘制一个长方体，宽和高同为150mm，与底座同长，并赋予其“白色漆”材质。

最后绘制一个长6000mm、宽40mm、高2000mm的长方体，并赋予其“展示牌”材质。

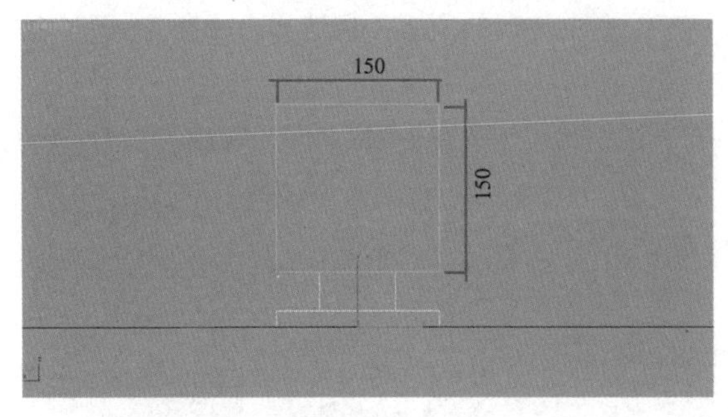

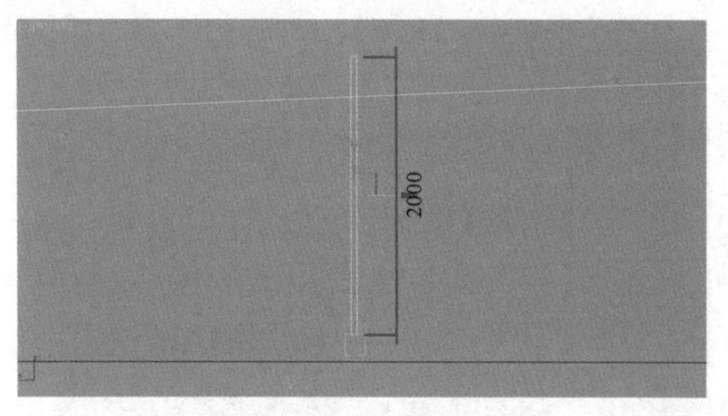

当贴图被赋予到材质球之后，进入漫反射贴图的“坐标”卷展栏中，“角度”用于控制贴图在物体上的角度。

最后将贴图摆正位置，与“UVW贴图”命令相结合，使其布满整个展示牌。

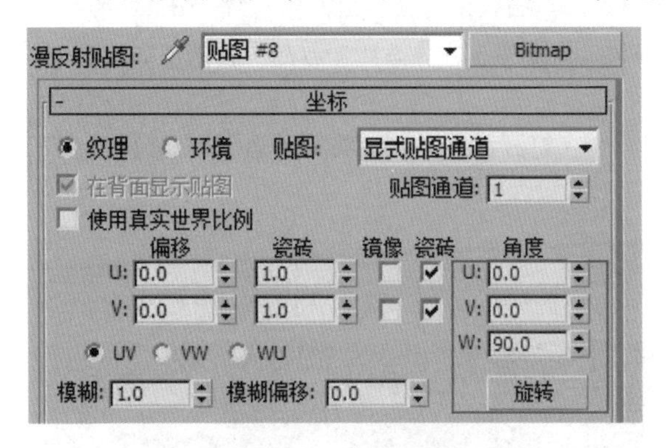

7.5.6 玻璃栏杆（玻璃材质）

首先绘制一个长方体，长1000mm、宽1500mm、高20mm，赋予其玻璃材质，反射与折射都调整为255，勾选“菲涅耳反射”复选框，将烟雾颜色调整到偏淡蓝色的位置（这里可以给之前绘制的玻璃幕墙中间也添加一块玻璃材质的长方体）。

再绘制一个小圆柱形，半径为 20mm，高度为 6mm，高度与端面分段都为 1，边数为 13（因为是小物体，看起来是圆形即可）。分别在玻璃板的正面与反面摆放两个，摆放位置如下左图所示。

用二维物体中的“线”绘制一个直角，然后选择“点”，选中转角的顶点，再选择“圆角”，倒一个圆角出来。

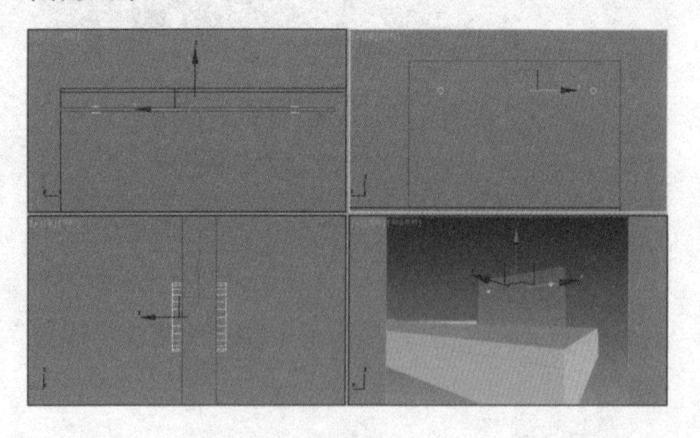

在 Line 的“渲染”卷展栏中，勾选“在渲染中启用”和“在视口中启用”，然后再选择“径向”中的“厚度”，调整为 10mm。再复制一个，一块玻璃上面制作两个扶手托，并赋予“哑光金属”材质。最后成组再复制，命名为“二层楼板玻璃栏杆”。

阵列距离为 1500mm，数量为 51。到最后会多出来一个，打开组，进入“编辑多边形”，选择“点”，然后向 X 轴方向拖至合适的长度。

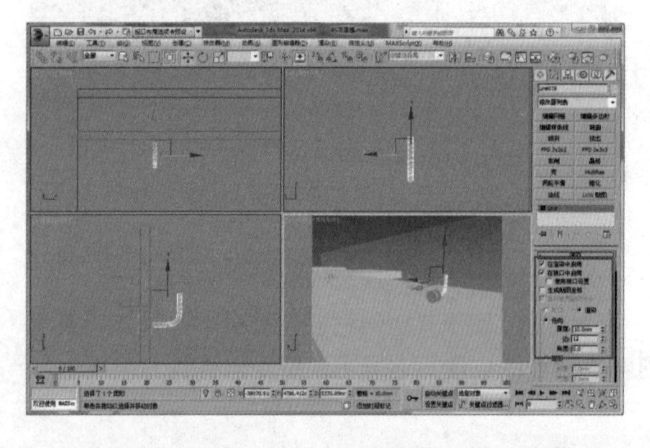

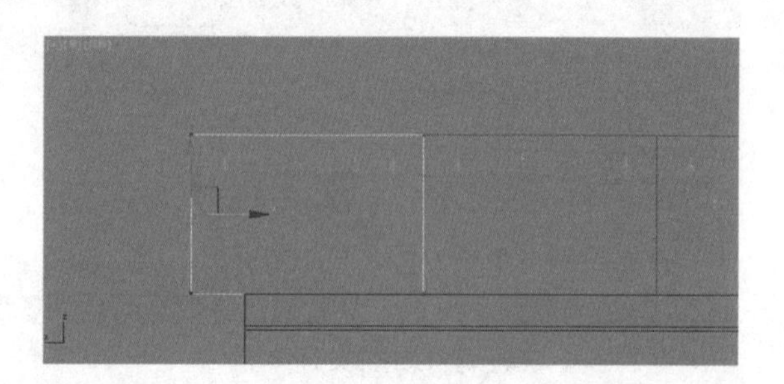

再将扶手托放置到相应的位置，如下左图所示。

再绘制一个圆柱体，半径为 30mm，与楼板长度相同，并赋予“哑光金属”材质，摆放位置如下右图所示，最后成组并命名。

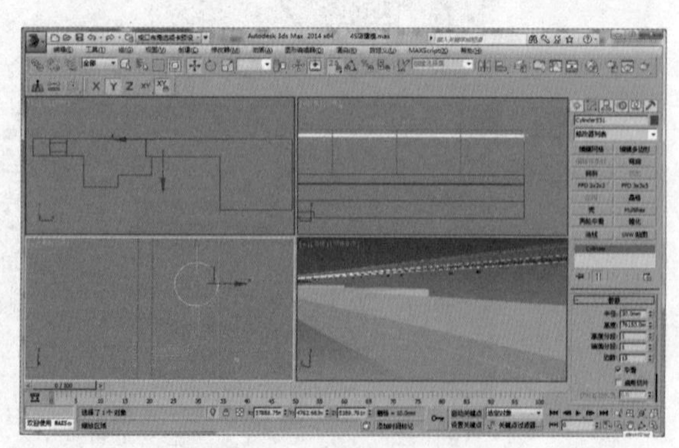

最后建模完成效果如右图所示。

7.6 调取模型、完善场景布置

在 3ds Max 的场景中，为了更加方便快捷，也为了使场景更加丰富，可以在互联网上下载一些精致的模型导入到场景中。下面将讲解如何使用“合并”命令将其他场景中的模型合并到当前场景中，以及一些对模型进行简洁化处理的方式。

7.6.1 调取模型

单击按钮，在弹出的下拉菜单中选择“导入 > 合并”命令。

会弹出“合并文件”对话框，在该对话框中找到需要导入到场景中的“*.max”文件，选择并打开。

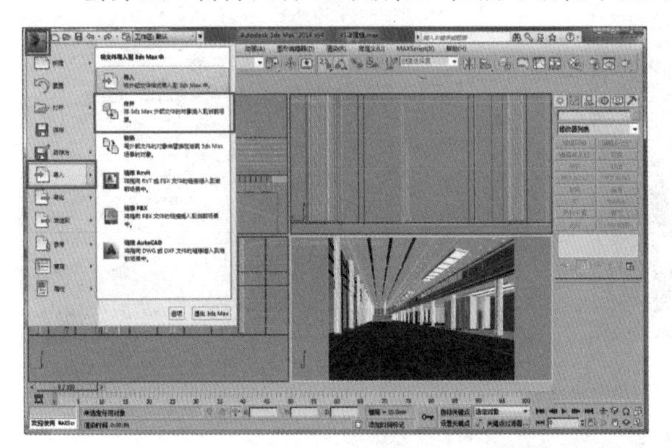

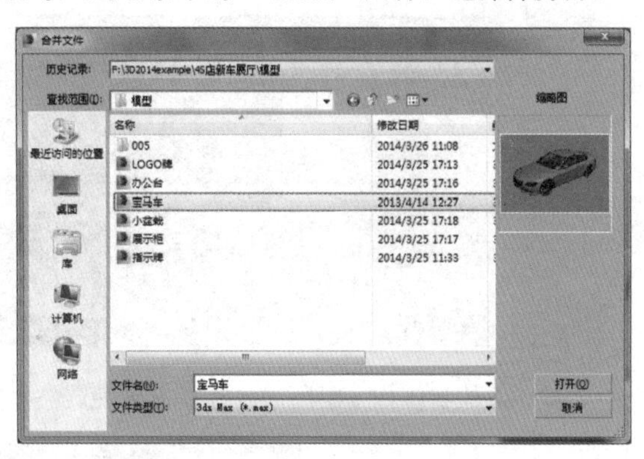

弹出“合并”对话框，然后选择“全部”并单击“确定”按钮。

如果合并的物体与场景中的某个物体名字重复，就会弹出“重复材质名称”对话框，只需在“重命名合并材质”后的文本框中输入新名称即可。

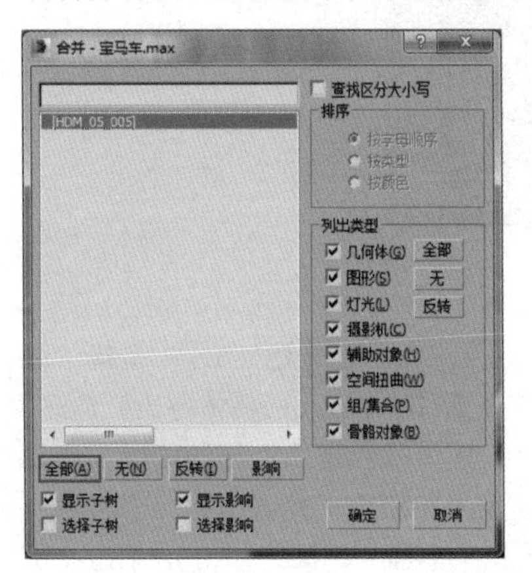

重复材质名称

指定给合并对象的材质名称是场景中材质的重复名称。是否:

重命名合并材质:

使用合并材质

应用于所有重复情况

使用场景材质

自动重命名合并材质

此时物体就已经合并到了场景中，如下图所示。

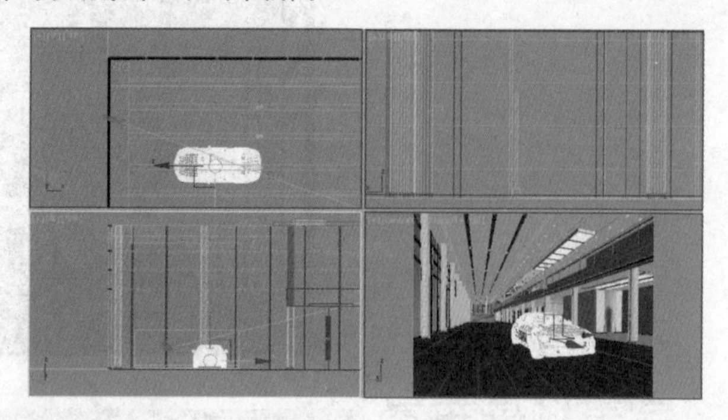

7.6.2 物体减面线框显示

有时调取场景中的物体比较复杂，例如车的模型，面也比较多，会导致场景控制很缓慢，不利于操作，所以就需要减面的线框化显示。首先选中需要被减面的物体，然后单击右键，在快捷菜单中选择“对象属性”命令。

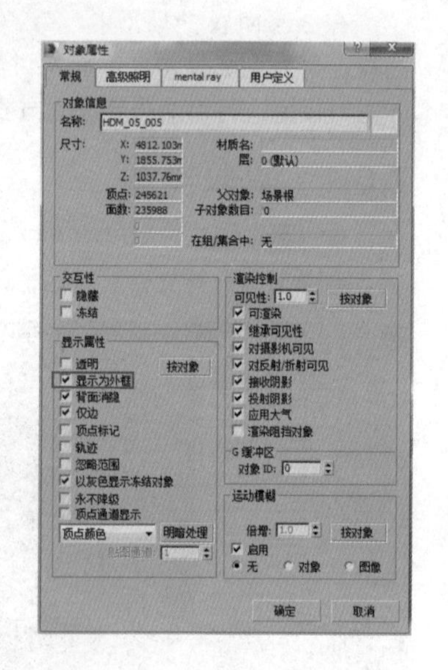

在弹出的“对象属性”对话框中勾选“显示为外框”复选框，单击“确定”按钮。

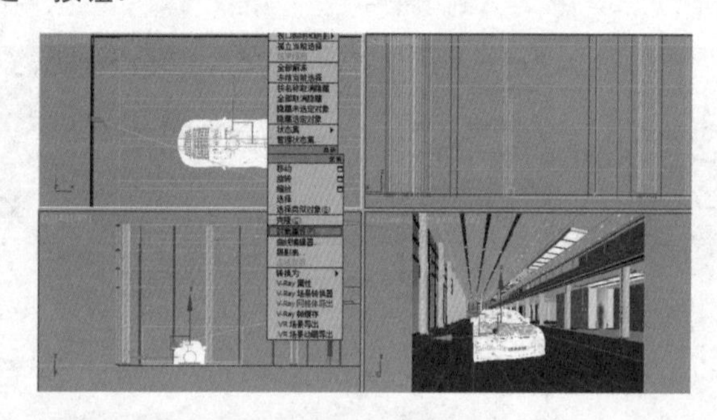

被调入的物体如下图所示，在视口中变成线框显示。

7.6.3 物体网格体导出

物体网格体导出创建代理文件，使物体的面得到高度精简，操作的速度更快。首先选择物体，选择“编辑多边形”并附加在一起。然后选中物体，单击鼠标右键，在快捷菜单中选择“VRay 网格体导出”命令。

在弹出的“VRay 网格体导出”对话框中，“文件夹”后面的路径设置为被代理的文件的路径（建议与所建立的场景文件放在同一个文件夹中，这样材质不容易丢失），选择“将所选对象导出到一个文件”，文件名一般不要更改，然后勾选“自动创建代理”复选框，最后将“预览中的面”更改为1000，单击“确定”按钮。

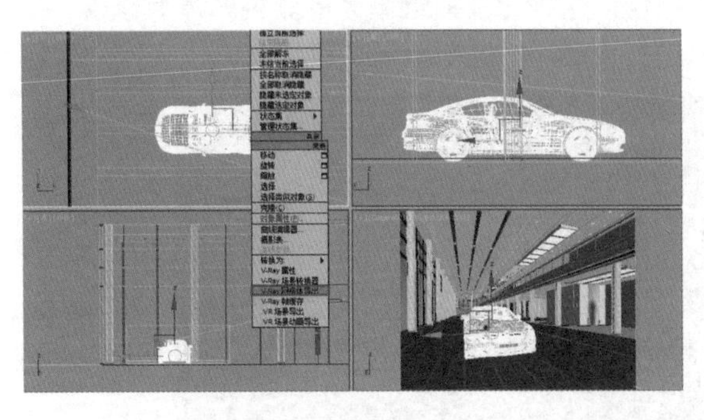

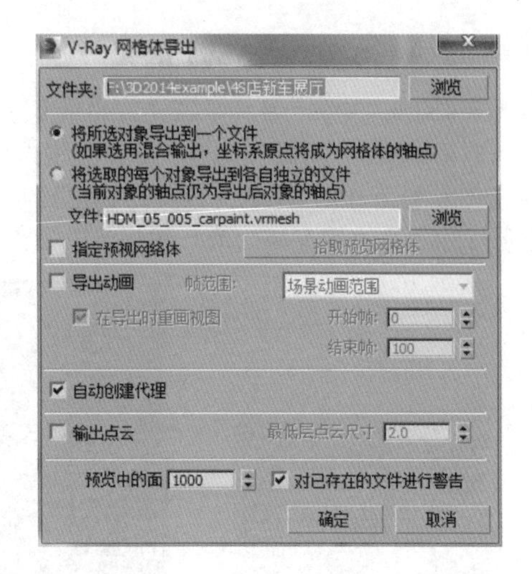

经过代理之后，再选择修改器中“网格代理参数”展卷栏中的“显示”，选择“边界框”。渲染的时候依旧可以渲染出来。

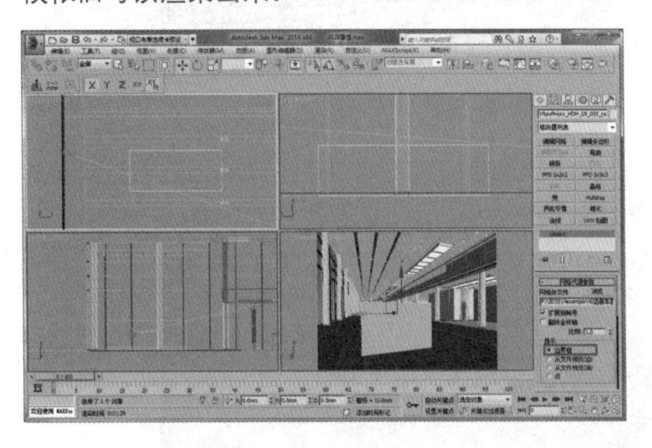

7.6.4 完善场景设置

这里需要注意的是，此场景合并的室内模型比例是作者事先调整好的。作者在制作的过程中已经将模型进行整合，一定要根据当前的场景比例，运用缩放工具对导入模型的比例分别进行调整。

7.7 灯光调节

在整个场景中将会用到 3 种光源，“目标平行光”主要模拟太阳光，“VR_光源”主要把握室内整体色调，“目标灯光”则用于调节室内气氛。下面将详细介绍这 3 种灯光的设置和运用。

7.7.1 目标平行光（太阳光）

选择“标准灯光”中的“目标平行光”，也就是模仿太阳光打在场景内，可以把整个场景都包含在内。

进入修改器，选择“阴影”，勾选“启用”复选框，在下方选择 VRayShadow，然后将“增强，颜色，衰减”中倍增设置为 0.9，颜色更改为比白色更暖的颜色，这样比较接近阳光的颜色。最后修改“平行光的参数”中“聚光区光束”值，根据场景的面积进行设定，一定要比场景面积大。

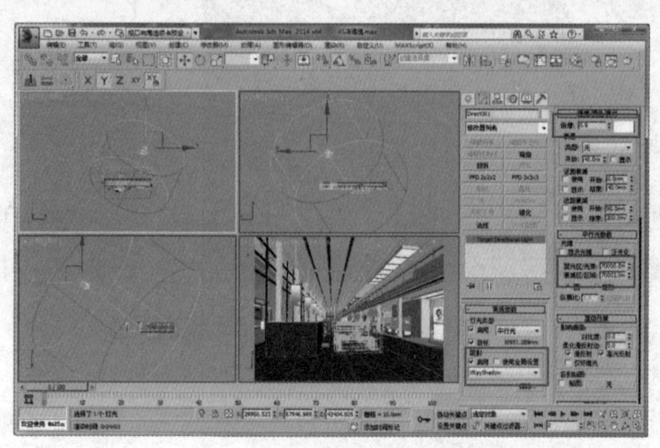

7.7.2 VR-光源

选择 VRay 灯光中的“VR-光源”。这种光源是一个面片的形状，打在整个展示厅的上方靠近楼板的位置。同样在“修改”命令面板中，将“倍增器”更改为 2，在“大小”中调整整个光源面板的大小。

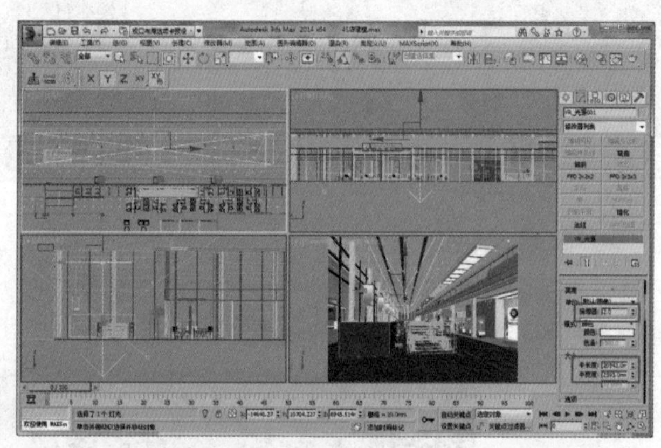

最后在“选项”中勾选“不可见”复选框，取消勾选“影响反射”复选框。

采用相同的设置，分别打在天花吊顶中两边的凹槽内，使用“旋转”命令，摆放在相应的位置，让凹槽亮起来。

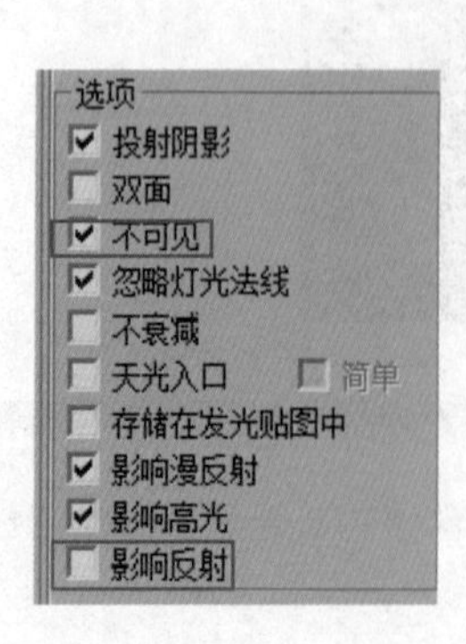

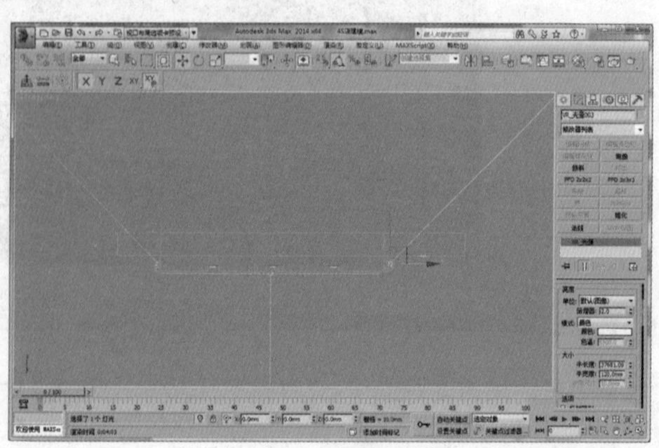

灯槽发光的效果如右图所示。

7.7.3 目标灯光（光域网）

选择光度学灯光中的“目标灯光”。

打在场景中的效果如下图所示，没有添加光域网时是一个球形。

选择目标灯光，进入“修改”命令面板，同样还是“启用”阴影，将“灯光分布”更改为“光度学Web”，在“分布（光度学Web）”中单击“选择光度学文件”按钮，在“打开光域Web文件”对话框中选择“*.ies”光域网文件，单击“打开”按钮。

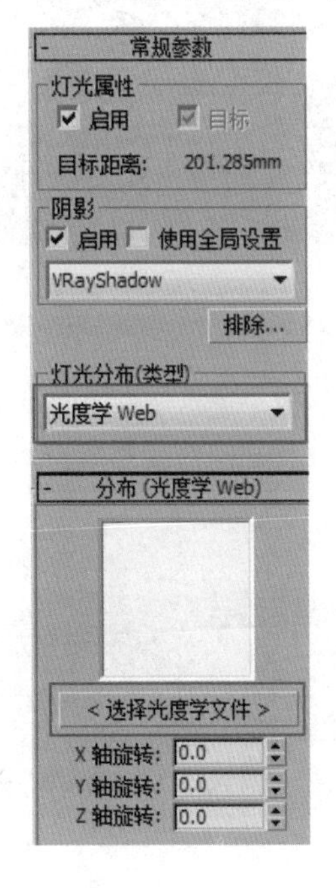

“目标灯光”上附有光域网时，球形将会变形，不同的光域网形状也不相同。

将整个场景中的所有物体都打上目标灯，单独点亮每个物体，让物体的颜色更加鲜艳。

最后整个场景如下所示，当把灯光全部都打好之后，可以按快捷键 Shift+L 隐藏所有灯光，但是灯光效果还是在场景内。

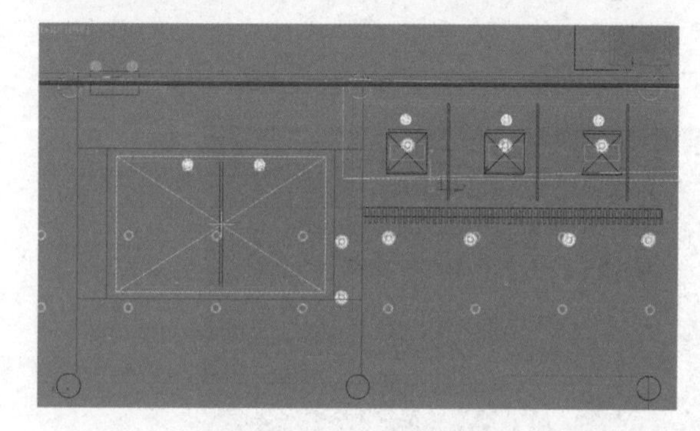

完成之后的效果如右图所示。

7.8 第二次渲染

相比第一次的渲染调整，第二次的渲染调整设置的是渲染正图的参数，通常不需要对场景中的对象进行调整，参数设置得越高，所消耗的渲染时间就越长，画面的质量以及分辨率就越高。此设置也适用于所有场景中的大图参数。

下面介绍一下具体设置。

在渲染设置中选择“公用”，在“输出大小”中选择所需渲染大图的尺寸大小。

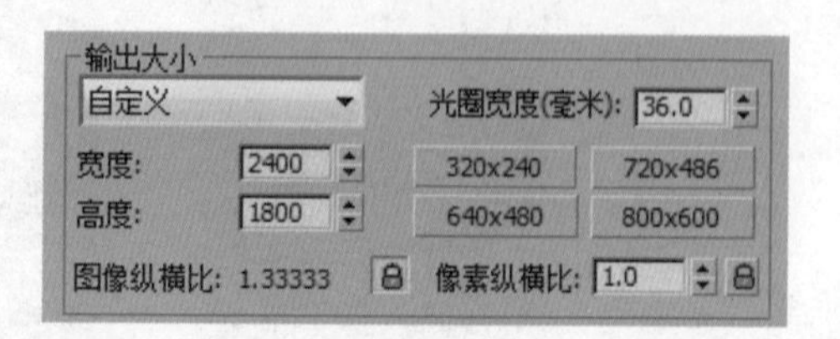

在“VR-基项”中将“图像采样器”中的“类型”更改为“自适应细分”，如果选择“固定”，在“固定采样器”中最高不要超过4。在“抗锯齿过滤器”中勾选“开启”复选框，在下拉列表中选择Catmull-Rom。

V-Ray:: 图像采样器(抗锯齿)
图像采样器
类型: 自适应细分
抗锯齿过滤器
开启 Catmull-Rom 具有显著边缘增强效果的 25 像素过滤器。
大小: 4.0

在“VR-间接照明”中，在“发光贴图”卷展栏中将“当前预置”设置为“高”。

V-Ray:: 发光贴图
内建预置
当前预置: 高
基本参数
最小采样 -3 半球细分: 50 颜色阈值: 0.3
最大采样 0 插值采样值: 20 法线阈值: 0.1
插补帧数: 2 间距阈值: 0.1

在“VR-间接照明”中，在“灯光缓存”卷展栏中，将“细分”设置为1000。

V-Ray:: 灯光缓存
计算参数
细分: 1000 保存直接光
采样大小: 0.02 显示计算状态
测量单位: 屏幕 使用相机路径
自适应跟踪
进程数量: 8 仅使用优化方向

在“DMC采样器”卷展栏中将“噪波阈值”设置为0.001。

V-Ray:: DMC采样器
自适应数量: 0.85 最少采样: 8
噪波阈值: 0.001 全局细分倍增器: 1.0
独立时间 采样器路径: Schlick 采样

7.9 最终完成效果

最终完成的BMW 4S店新车展厅效果图如下。

Chapter 08 封闭式小型影视厅设计

本章概述

在 3ds Max 建模中，并不是所有的物体都要根据 CAD 平面来建模，在没有 CAD 平面的情况下也可以建模。下面介绍封闭的带有娱乐性质的空间——一个小型影视厅的设计，看一下在没有 CAD 作为平面的情况下，如何完成空间建模。

核心知识点

❶ 没有 CAD 导入的建模
❷ 初期照明设置
❸ 灯光设置

8.1 初期建模

打开 3ds Max 软件，设置完成单位之后，在没有 CAD 的情况下开始初期建模。

8.1.1 墙体

由于没有平面作为参照，所以先用二维物体中的“矩形”来绘制平面的草稿。

首先绘制两个矩形，一个长 10500mm、宽 5450mm，另外一个只需要设定长为 1000mm（因为这里是需要留出 1000mm 门洞的距离）。然后选中小矩形，开启点捕捉，对齐到之前所绘矩形右上角的顶点，然后再单击“偏移模式变换输入”按钮，Y 轴向下移动 380mm 的距离。

选择二维物体的“线”，开启点捕捉，沿之前绘制的矩形开始描边。

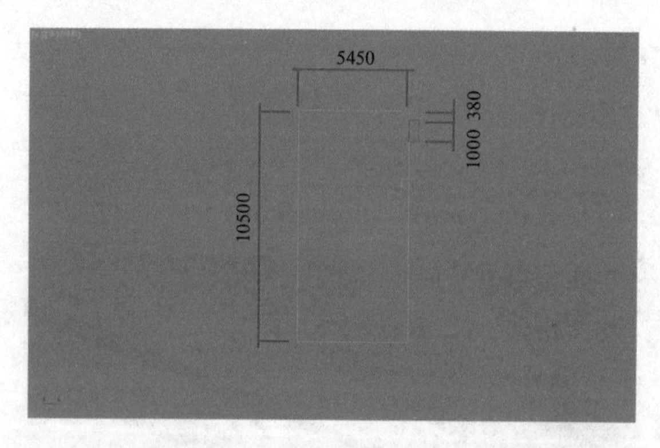

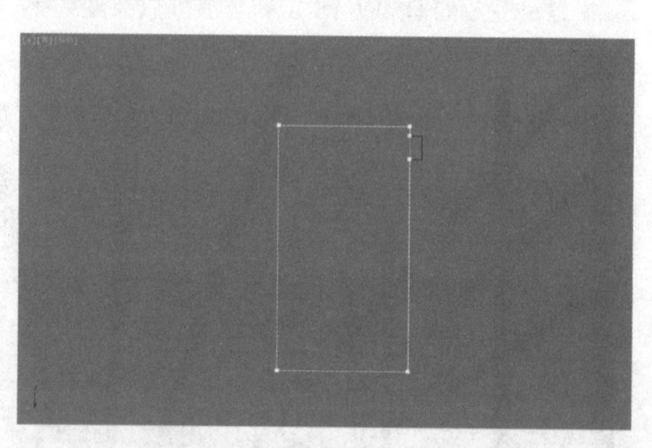

选择 Line 中的“点”命令，同时框选选中 A 点和 B 点，单击“偏移模式变换输入”按钮，X 轴向外移动 210mm，这样是为了给室内空间中留出软包位置。

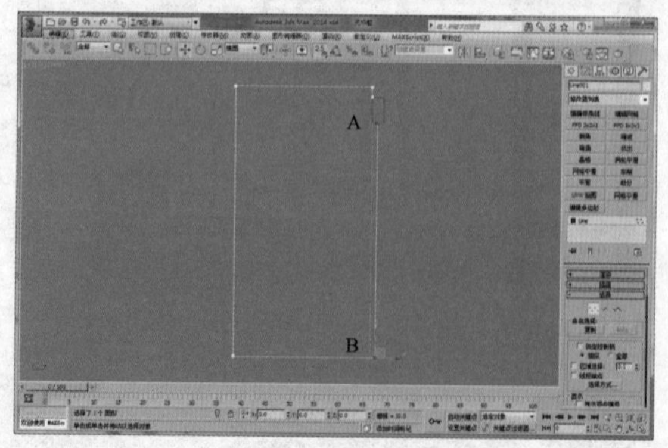

选择“样条线”，再选择“轮廓”并设置为“-150mm”，这样就有了150mm的墙壁厚度。

最后挤出3000mm，将之前作为草稿的两个“矩形”删除。

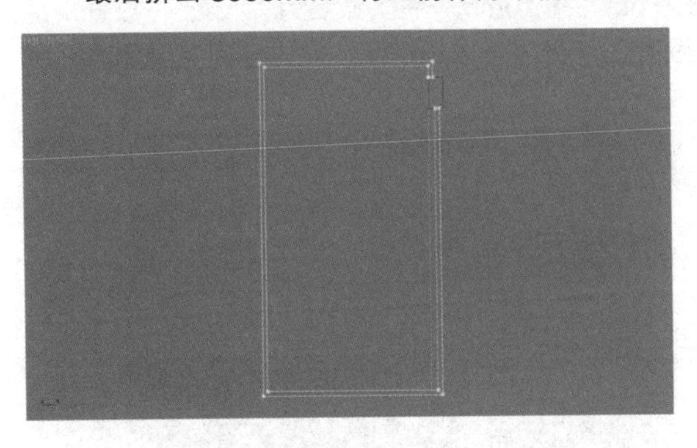

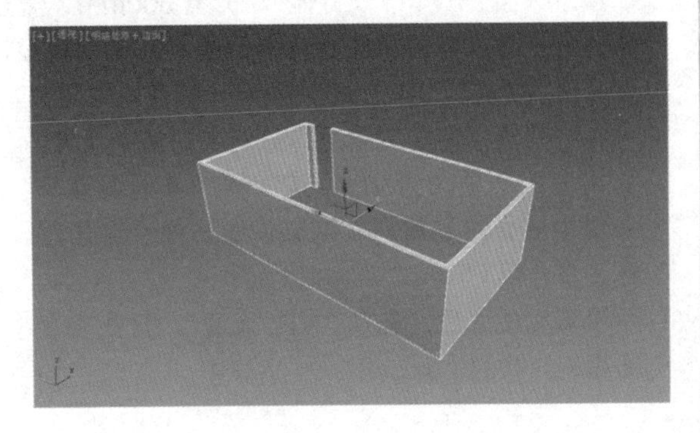

8.1.2 地面台阶

绘制一个“长方体”，长10500mm、宽5660mm、高10mm，将其命名为“地面”，然后以孤立模式显示。

将这个长方体转换为“可编辑多边形”，选择“边”，在向上一个面上选中上下两条边，选择“连接”命令，连接出一条线后，再选择“切角”命令，在“边切角量” 2550.0 中输入2550，一条线被切成两条，并与两边的间距相等。

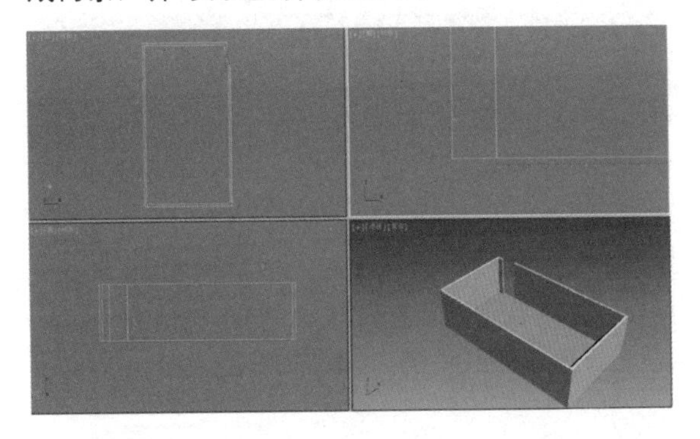

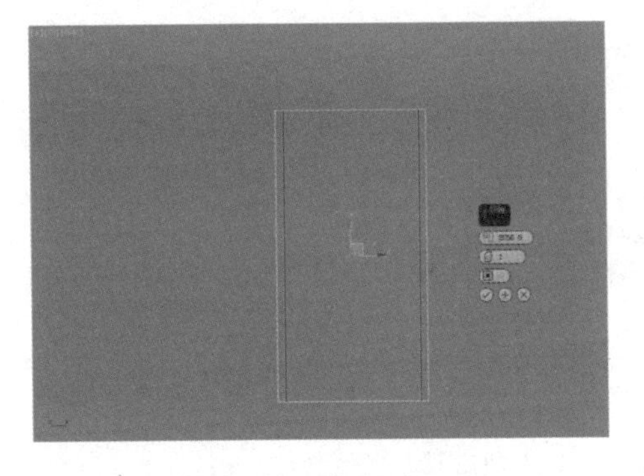

紧接着再次选择“连接”命令，连接4条线，每条线之间的间距如下左图所示。

再选择“多边形”，将A面挤出50mm，将B面挤出100mm，将C面挤出150mm。

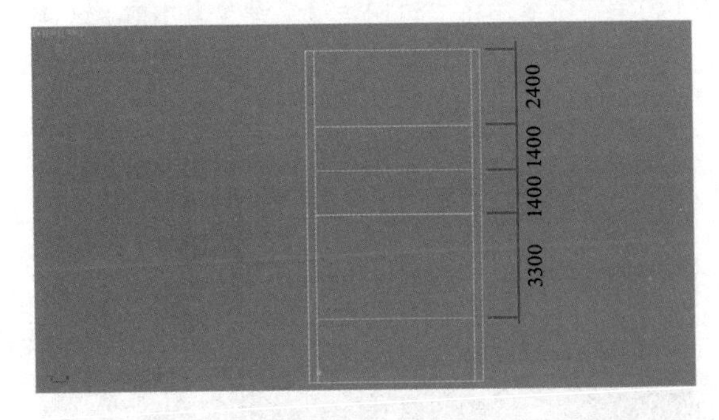

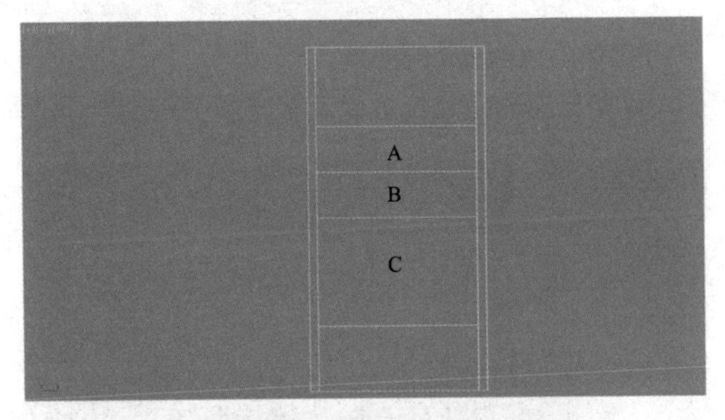

从侧面上来看就得到如右图所示的阶梯效果。

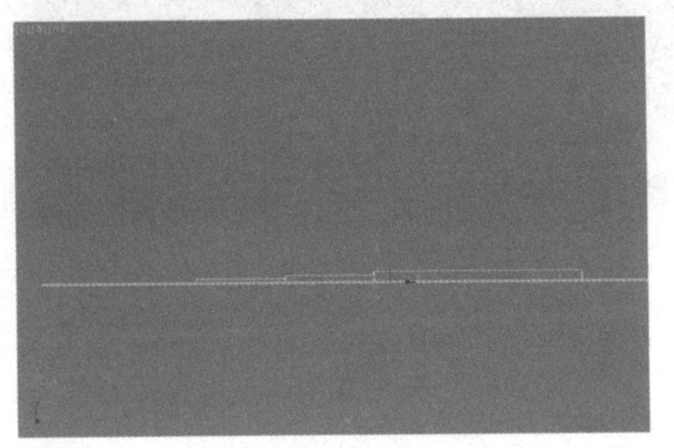

8.1.3 初期照明设置（第一次渲染设置）

接下来绘制一个“长方体”，长10500mm、宽5660mm、高10mm，将其命名为“天花”，放置于整个墙体的上方，将透视图的视角调整为从室内查看，没有任何光线可以透过来，室内空间完全黑暗，所以在这里需要给室内打上灯光照明，将空间内照亮。

在打灯光之前还需要进行第一次的渲染设置，首先将渲染器更改为VRay渲染器，其他设置与上一章中所介绍的第一次渲染设置一致，这里就不做过多介绍。

设置完成之后，选择“VR_光源”，打在整个空间靠近天花的位置。

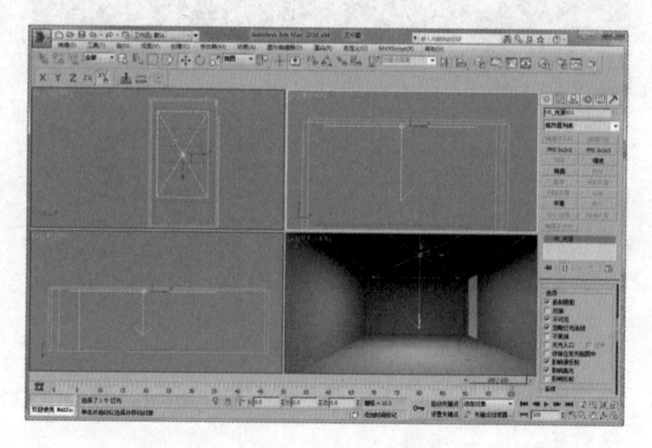

选中“VR_光源”，进入修改器，将“倍增器”更改为0.6，在“选项”选项组中勾选“不可见”复选框，取消勾选“影响反射”复选框。

同样再复制一个，通过旋转，从地面照向天花，将上下两面同时照亮，更有利于空间后期造型。

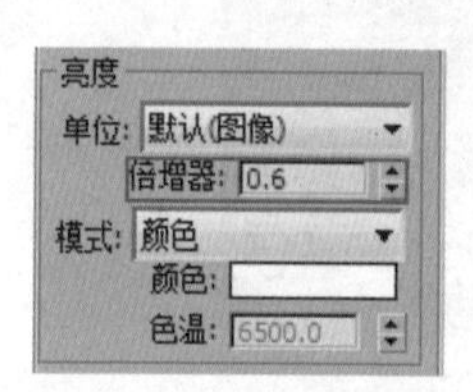

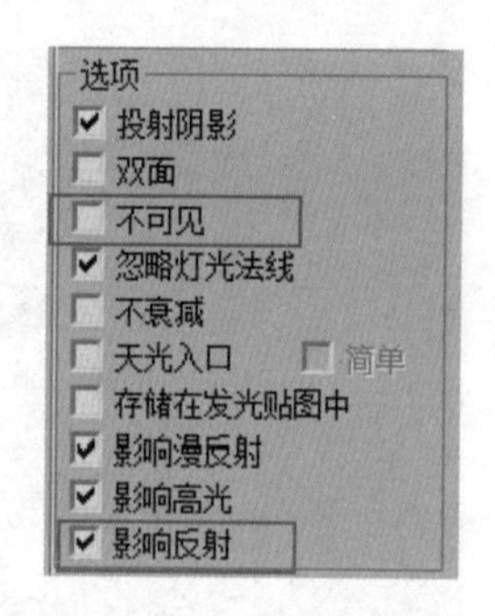

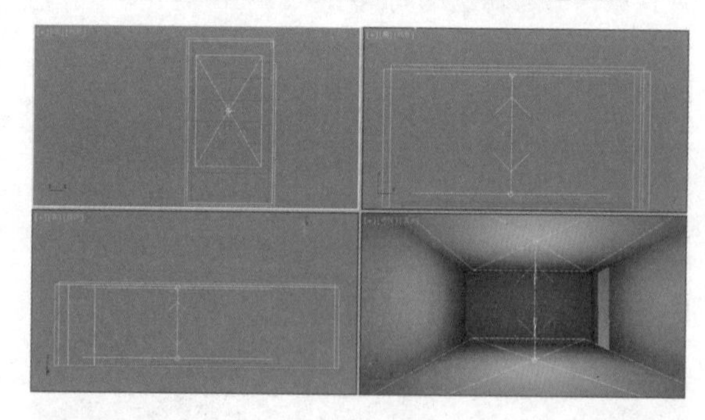

8.1.4 天花造型

选中天花长方体，单独模式显示之后转化为“可编辑多边形”，然后选择“边”，再选中向下一个面的左右两条边，选择“连接”命令连接4条线，再选择“切角”命令，将“边切角量”设置为100，这样中间就有了200mm的分缝。

4条分缝的摆放位置以及距离如下右图所示。

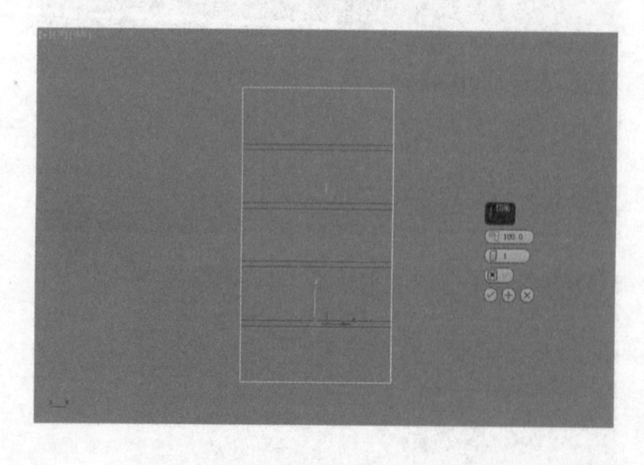

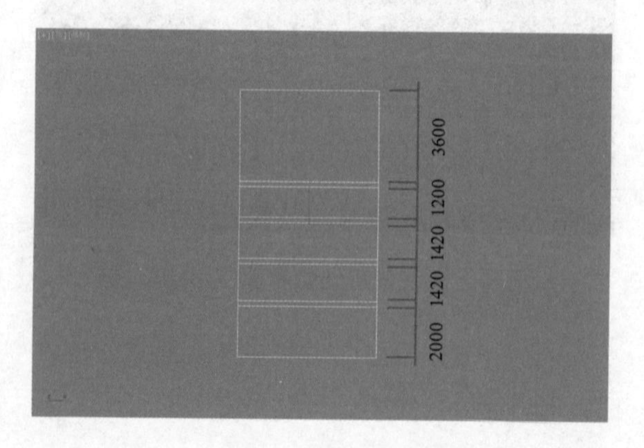

再选中除分缝之外的其他面，向下挤出200mm，完成天花造型。

8.1.5 设置摄影机

为了固定视图，在场景中放置一个目标摄影机，高度为1200mm，摄影机的目标点可以微微向上抬起，以方便看到更多的天花部分，最后进行摄影机校正。

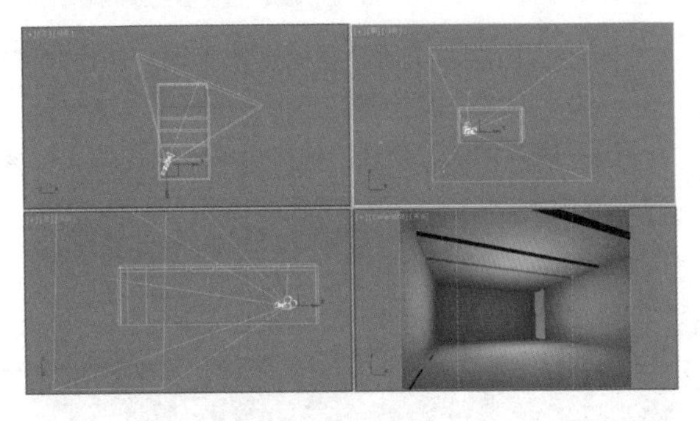

8.2 深入建模

完成前期设置以及制作之后，本节将主要讲解切角长方体、壁灯的制作方法和自发光荧幕，完善整个场景氛围。

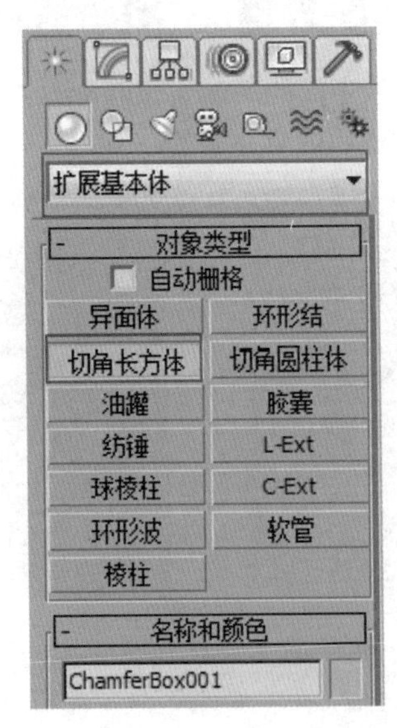

8.2.1 墙体

1. 墙体软包

选择“三维物体”，然后在下拉列表中选择“扩展基本体”，再选择“切角长方体”；

与绘制长方体的方式一样，输入长宽高，但是在这里主要是控制“圆角”与“圆角分段”，将软包圆滑的边线展现出来。将所有需要用到的切角长方体的圆角设置为 15，圆角分段设置为 7。

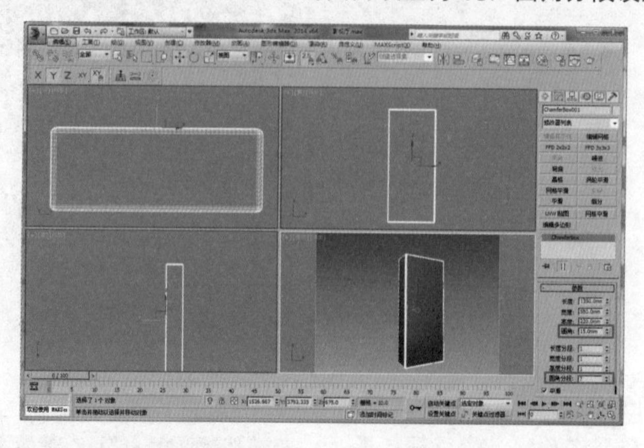

将空间内的 3 个面分别标识为 A 面、B 面和 C 面。

A 面的软包，其长和宽如下右图所示，统一 A、B、C 面，设置所有的软包“厚度”为 220mm，“圆角”为 15，“圆角分段”为 7，其他长度分段都为 1，成组并命名。

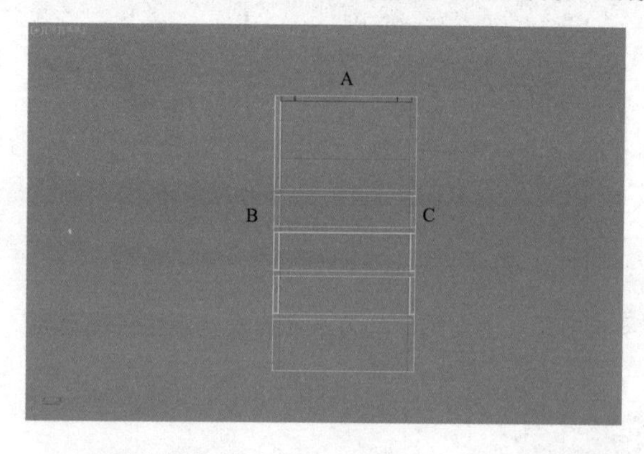

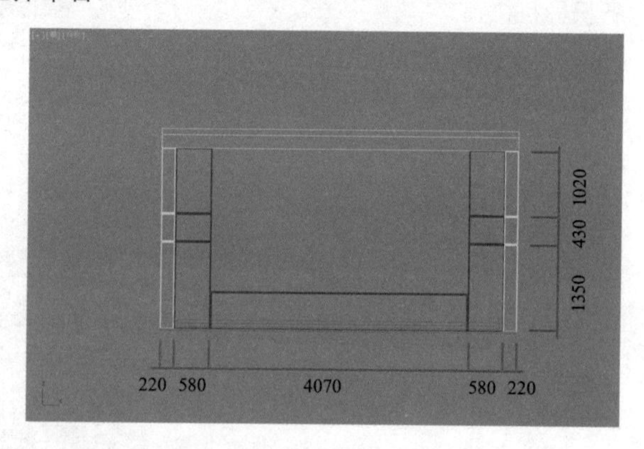

B 面的软包尺寸如下左图所示，每块中间的间隙为 200mm，完成后成组并命名。

C 面的软包尺寸如下右图所示，完成后成组并命名。

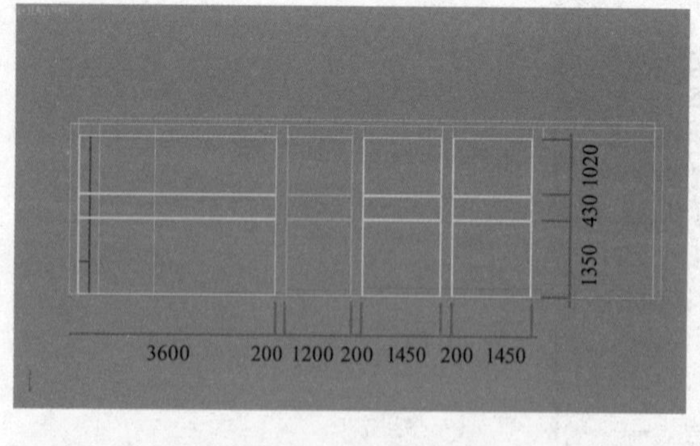

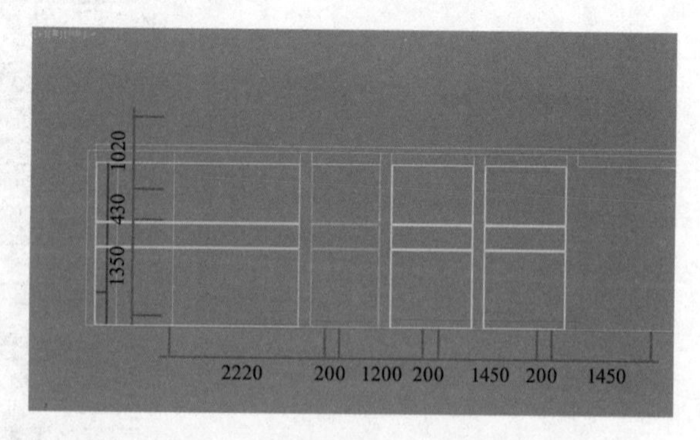

为软包赋予材质，在“漫反射”中赋予名为“软包贴图”的贴图，将“反射”调整为 15，将“反射光泽度”调整为 0.8，赋予到物体上之后，在“修改”命令面板中选择“UVW 贴图”，选择“长方体”，并将长宽高分别调整为 800。

2. 壁灯

壁灯安放的位置为在空间内墙两边留有的 200mm 的缝隙中，绘制一个长方体，长与宽分别为 200mm，高为 430mm。

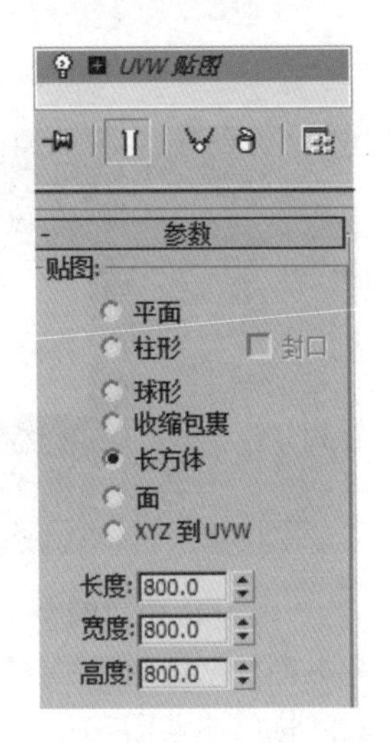

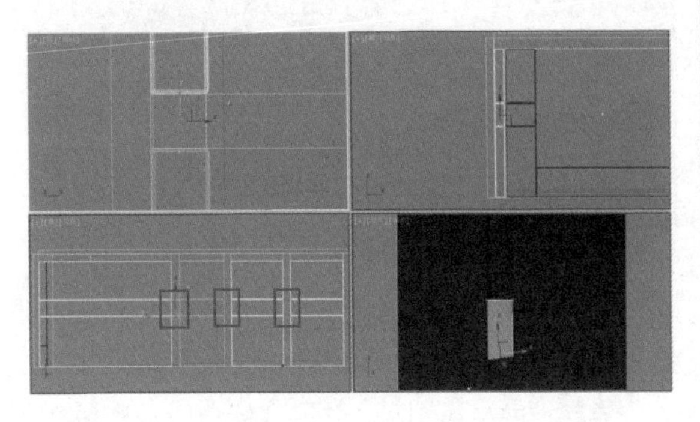

将这个小长方体转换为“可编辑多边形”，选择顶面“插入”10，然后再向下“挤出”10，选择“分离”并命名为“发光面”，赋予其“自发光材质”。同样设置底面，使整个壁灯灯筒的上下都有发光面。

将材质命名为“钛金”，“漫反射”调整为淡黄色，将“反射”调整为35，“高光光泽度”和“反射光泽度”调整为0.9。完成之后成组并命名，复制出6个，分别放在空间内墙壁两边的凹槽内。

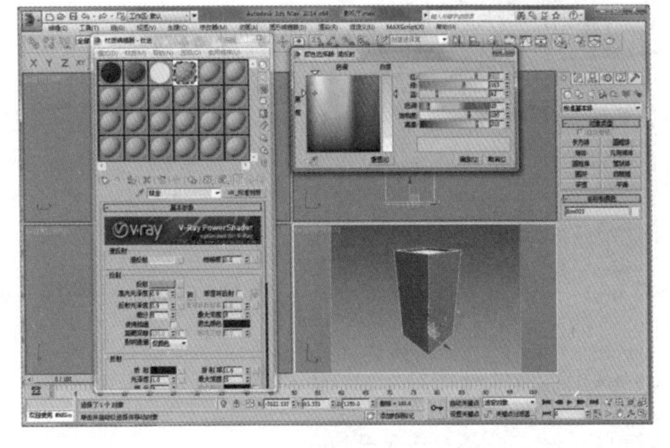

将灯放置完成后的效果如下图所示。

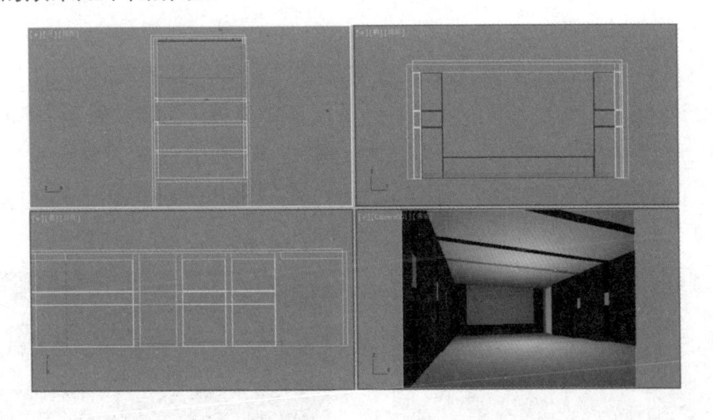

3. 荧幕

选中A面的软包组，以单独模式显示，在这个软包组的中间绘制一个长方体，长为2220mm、宽为4070mm、长为20mm。

将这个长方体转换为“可编辑多边形”，选择顶面“插入”50，然后再向内“挤出”10，最后选择“分离”命令并命名为“荧幕”，赋予“自发光材质”，外框赋予“黑色框”材质，将“漫反射”调整为30即可。

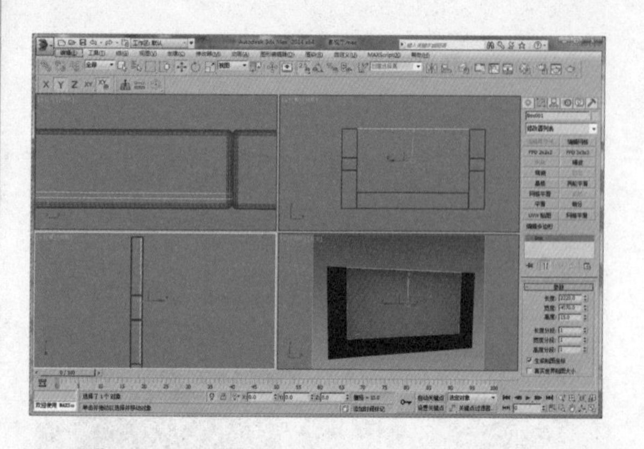

进入材质编辑器，在“自发光”材质中，单击“参数”卷展栏中“颜色”后的“无”按钮，在弹出的对话框中选择“位图”，再选择“荧幕贴图”。此时荧幕贴图就已经赋予在自发光材质球上了。

这里需要注意的是，在之前版本的 3ds Max 中，发光材质的贴图在视口中，只要单击“显示贴图”按钮即可显示；但是在 3ds Max 2014 中，则无法显示，但是渲染之后可以显示。

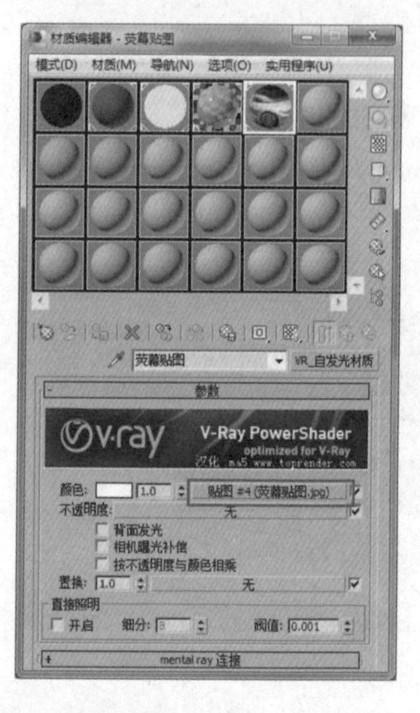

4. 门

将天花、地面和墙体以单独模式显示之后，在留出的门洞处用二维物体中的“线”将门洞描出，在其他视口确定 4 个点在同一条平面上之后，选择“样条线”命令，向内“轮廓”50，然后“挤出”150；

在门框中间绘制一个长为 50mm、宽为 900mm、高为 100mm 的长方体，摆放位置如下左图所示，作为门与门上窗的隔断，然后再绘制一个长为 2750mm、宽为 900mm、高为 50mm 的长方体，作为门板，将其成组并命名。平面效果如下右图所示。

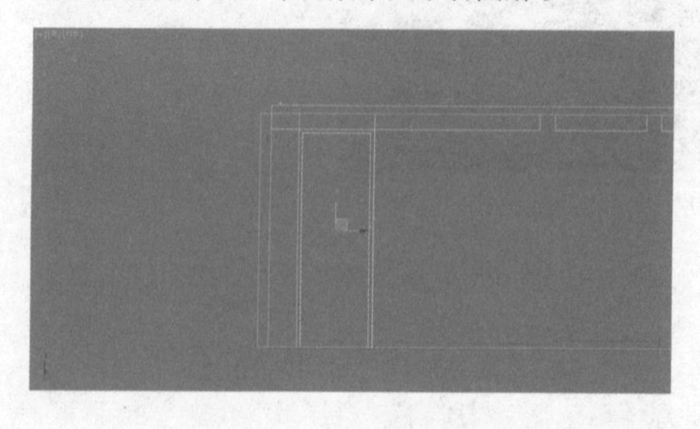

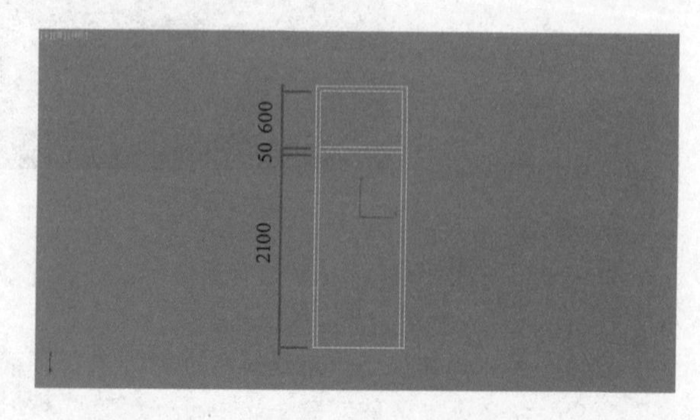

侧面效果如下左图所示。

再绘制一个长 1740mm、宽 50mm、厚度为 50mm 的长方体，将其转换为“可编辑多边形”，通过“连接”和“挤出”命令在向内面的两端绘制两个长 50mm、宽 50mm 的矩形，与门衔接上，作为门把手。具体尺寸如下右图所示。

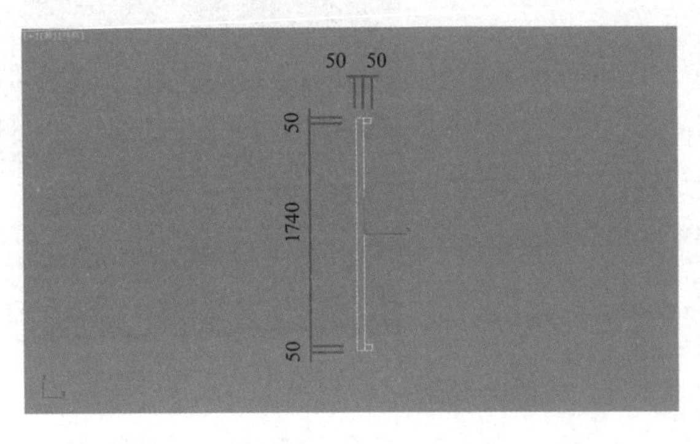

平面摆放位置如下左图所示。

选中“门”，为其赋予“灰色门”材质，将“漫反射”调整为 7，将“反射”调整为 20，再将“反射光泽度”调整为 0.95。

再选中“门把手”，赋予“金属”材质，将“漫反射”调整为 245，将“反射”调整为 195，再将“反射光泽度”调整为 0.9。

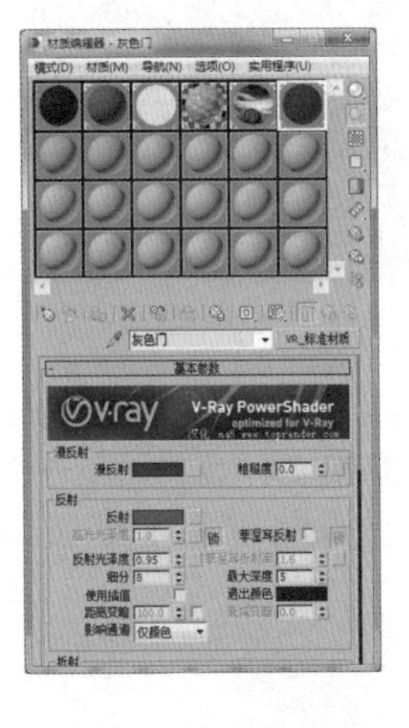

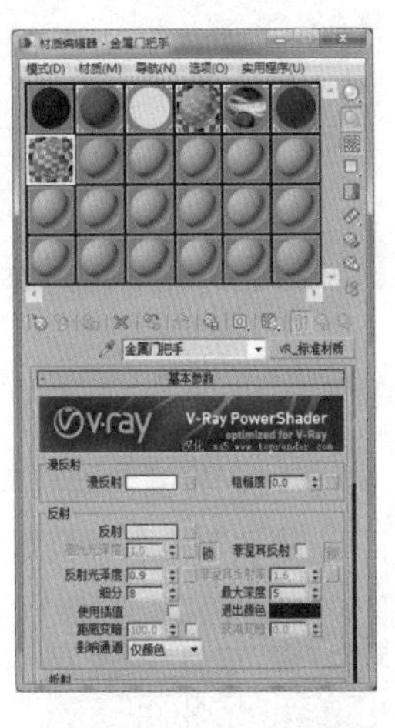

8.2.2 地面

设置地毯材质，在“漫反射”中贴入“黑白地毯”贴图，在“凹凸”中贴入“地毯凹凸”贴图，并将此材质球命名为“地毯”。

选择“地面”并赋予，按 F3 键在视图中显示贴图，然后选择“UVW 贴图”，选择“长方体”，将长宽高分别调整为 1500mm。

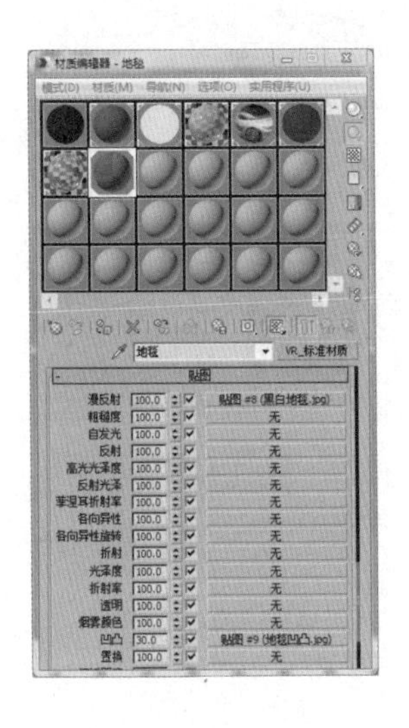

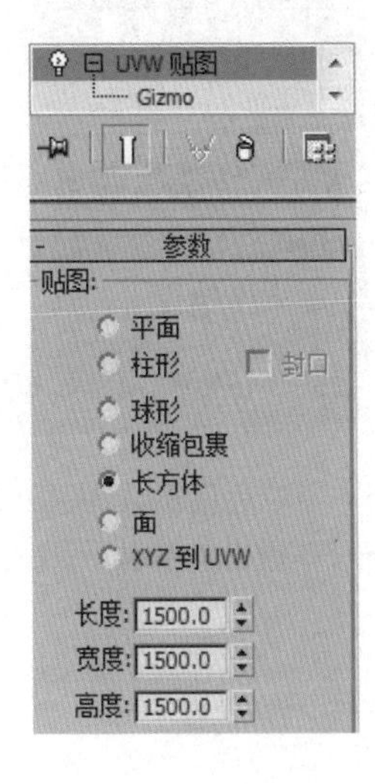

选中“UVW 贴图”下的 Gizmo 命令，将地面贴图移动到合适的位置，如下图所示。

1. 地面金属带

绘制一个长 50mm、宽 5100mm、厚度为 5mm 的长方体，放置在每一个台阶的台面上，如下左图所示。侧视图效果如下右图所示，为其赋予“金属门把手”材质。

2. 地灯

绘制一个圆柱体，半径为 20mm，高度为 1mm，分段为 1，边数为 18，作为地灯。为其赋予“自发光材质”，将颜色调整为浅蓝色。

将其放置在金属带的后方位置，使用阵列，将“X 移动”设置为 100，将“数量”设置为 8，完成阵列。

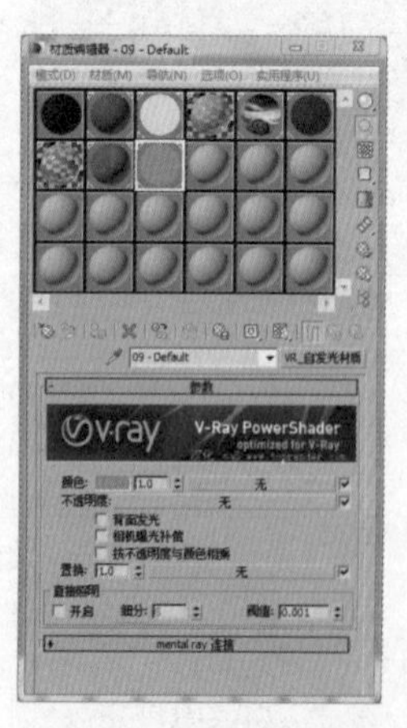

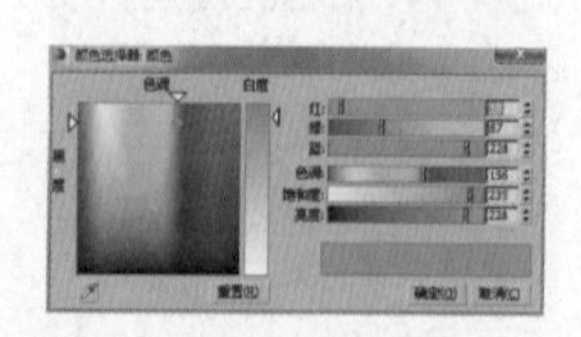

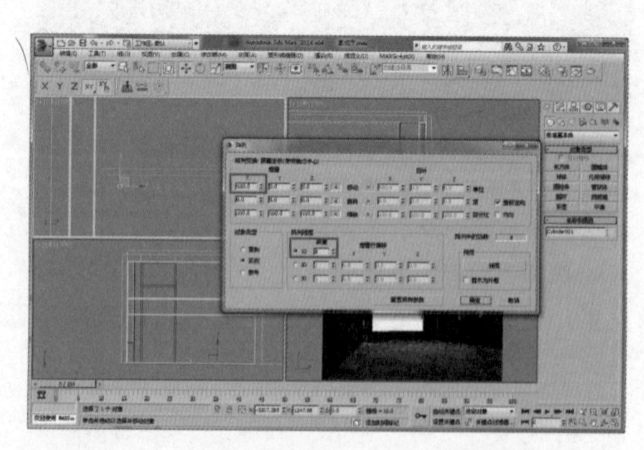

在台阶的左右两侧和每一个台阶上都摆放地灯，如下左图所示。

地面的整体效果如下右图所示。

8.2.3 天花

选中一个材质球，将“漫反射”调整为深棕色，再添加“材质包裹器”，最后附在天花上，并将之前“软包”材质附在外墙上。

1. 吸音毯

将天花以单独模式显示，在200mm的凹槽内，绘制长200mm、宽5660mm、厚度为10mm的长方体，为其赋予地毯材质，平面效果如右图所示。

摆放侧面局部效果如右图所示。

2. 射灯

绘制一个长330mm、宽180mm、厚度为150mm的长方体，作为小射灯的外框，并赋予“黑色框”材质。射灯发光面同样设置为“自发光材质”。成组并命名为“射灯”。

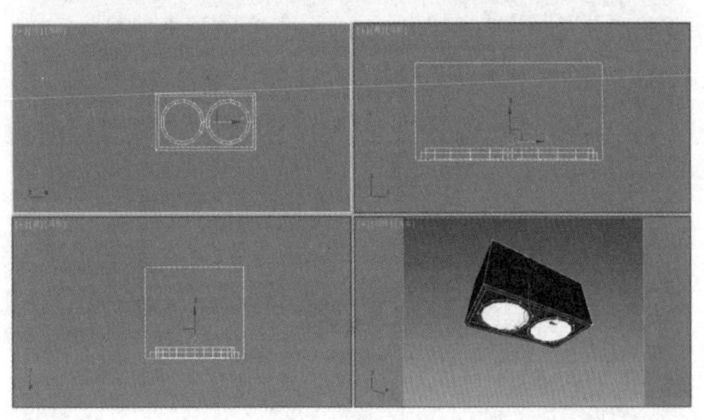

在天花凹槽内复制出9个射灯，摆放位置如下页左图所示。

放置射灯完成后的效果如下右图所示。

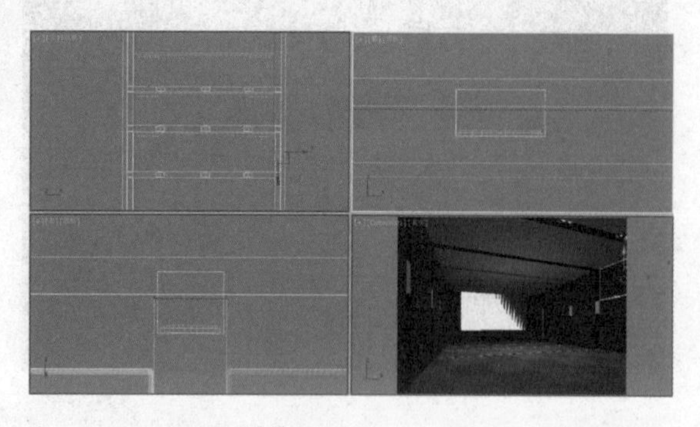

8.2.4 调取模型

将模型通过“合并”放进场景中，顶视图效果如下左图所示。

所有建模完成之后的效果如下右图所示。

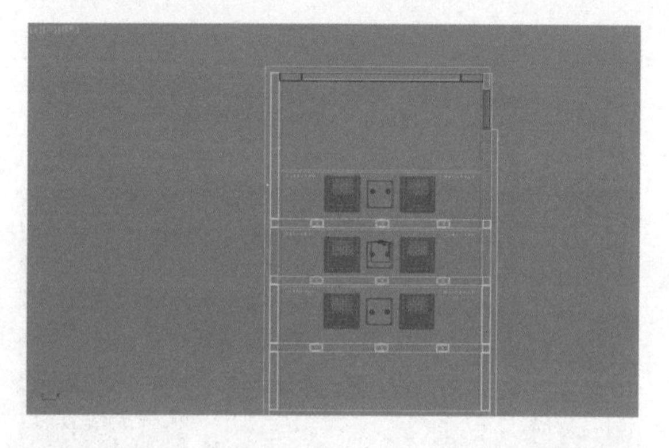

8.3 灯光设置

完成建模以及调取模型之后，接下来就是设置灯光，这对于环境气氛的烘托起着至关重要的作用。首先从大的场景灯光开始进行设置。

8.3.1 VR-光源

首先将之前用于照亮天花、也就是从下向上照的“VR-光源”删除。然后选中剩下的光源，进入修改器，将“倍增器”更改为0.65，将“颜色”更改为偏暖一点的白色。

在荧幕前面再放入一个“VR-光源”，大小在荧幕的范围之内，将“倍增器”更改为1.8，将“颜色”更改为与荧幕相同的淡蓝色，从而更有放映的效果。

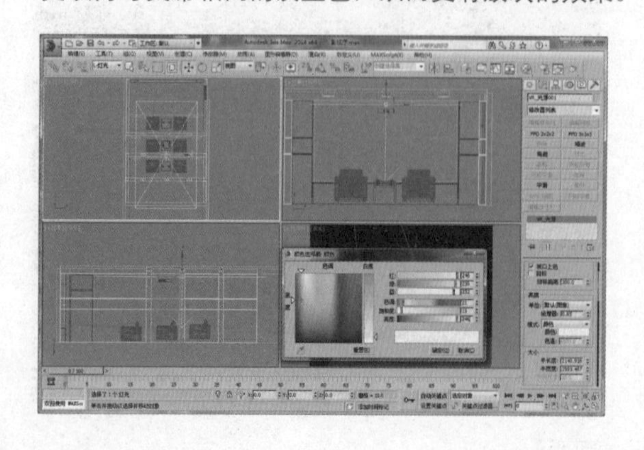

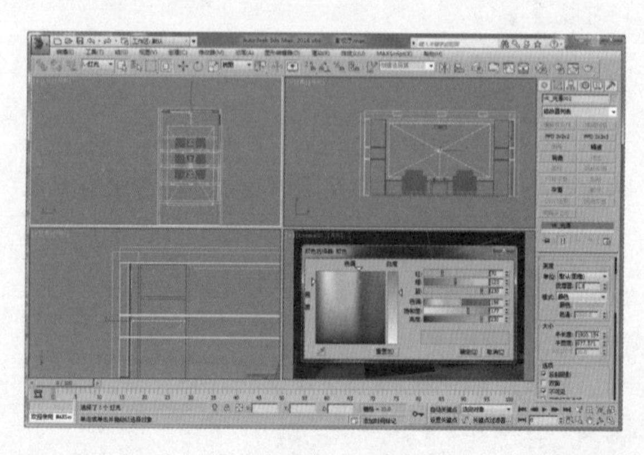

设置两盏VR-光源之后的效果如右图所示。

8.3.2 目标灯光的多种用法

在这一小节中主要讲解“目标灯光”的用法，它不仅可以模拟真实世界中人工照明的发光效果，也可以作为虚拟光源只用于提亮物体，使其在场景中更有质感。

1. 模仿射灯的效果

首先在射灯下方放入一盏“目标灯光”，勾选“启用”复选框，在下拉列表中选择VRayShadow，其次将灯光分布（类型）更改为“光度学Web”，然后将“5.ies”光域网放进去，再将“颜色”更改为偏暖的黄色，最后将“强度”更改为cd，数值调整为120，完成设置。

在每个射灯下面都摆放一个目标光源，效果如下右图所示。

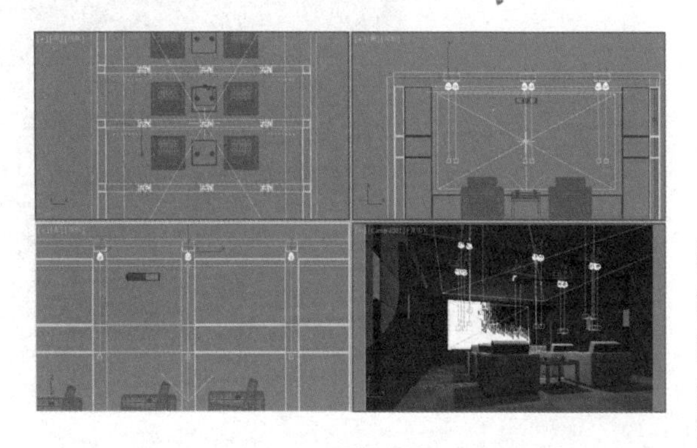

2. 模仿壁灯效果

将“颜色”更改为偏暖并更纯的黄色，将“强度”数值调整为750，完成设置。将射灯放置在壁灯上下两端的位置，靠近发光面。

渲染之后的效果如下右图所示，此时将会发现，开启了阴影，但不是需要被影响的阴影，这里可以单击“阴影”选项下方的“排除”按钮。

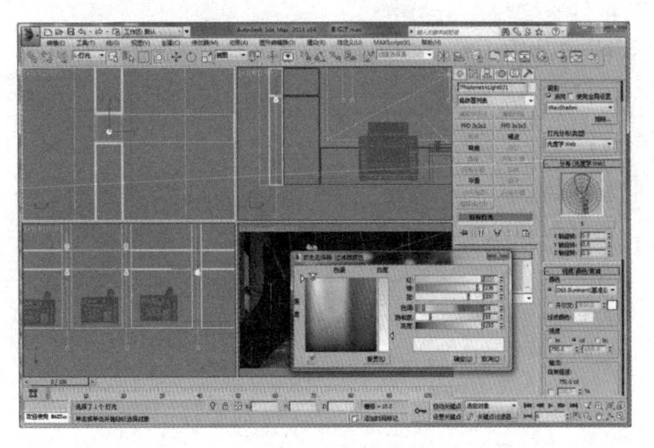

在左侧的选项栏中选中“地面”和“天花”两个物体，再单击中间的向右移动按钮，将“地面”和“天

花”从左边的列表框中移动到右边的列表框中，最后单击“确定”按钮。设置完成的效果如下右图所示。

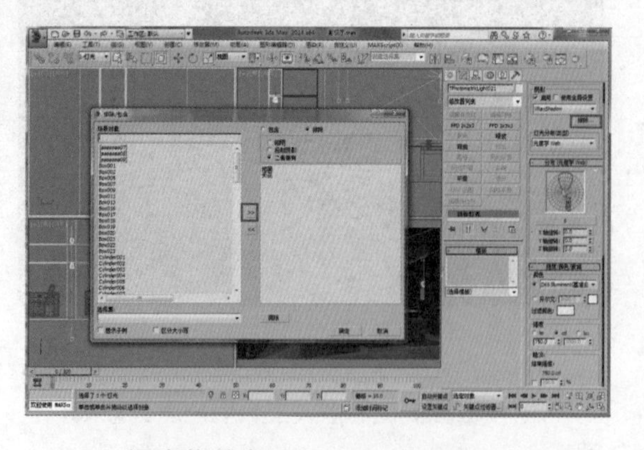

3. 提亮物体色彩

最后在每个物体上再放置一个目标灯光，将“强度”cd 调整为 1000，完成灯光设置。

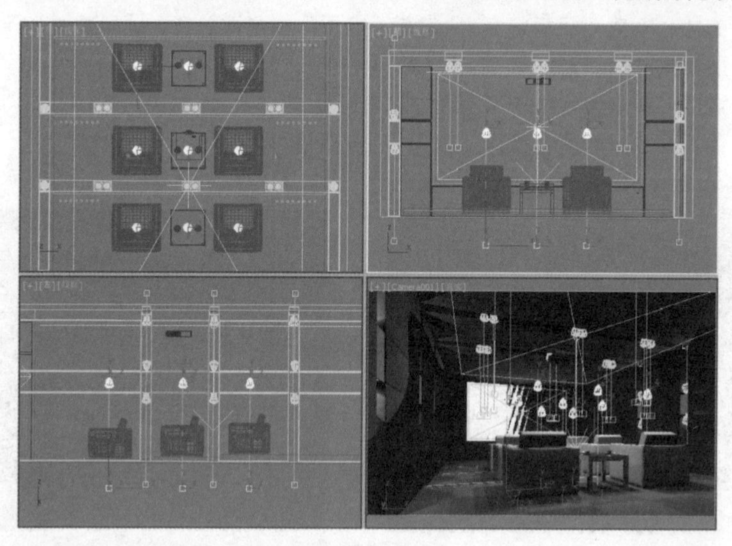

8.4 第二次渲染

第二次渲染的设置大部分与之前 4S 店实例中的第一次渲染设置一致。这里主要是考虑到摄影机视图中的构图问题，在渲染设置的“公用”选项卡下，将“输出大小”选项组中的“图像纵横比”更改为 1.6，再单击后面的“图标锁定比例”按钮，进一步完善构图。

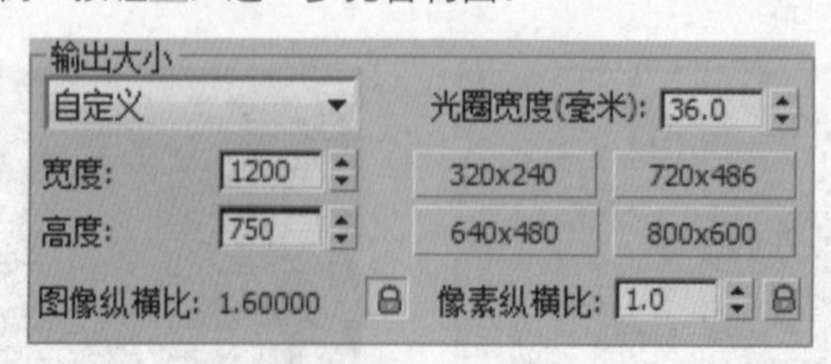

8.5 最终完成效果

设计的封闭式小型影视厅最终效果如下图所示。

Chapter 09 带外景的健身房设计

本章概述

健身房是一个带有娱乐性质的半开放空间，其造型简单大气，模型的制作相对来说比较简单。在这一章中将会着重介绍如何在场景中添加外景，使图面效果更加丰富。

核心知识点

❶ 进一步加强建模技巧
❷ 窗外背景的制作方法

9.1 初期建模

先打开 3ds Max，将单位统一为“毫米”，再将 CAD 平面图导入到顶视图之中，成组并命名后将线框的颜色统一，然后设置原点并冻结。最后选择 VRay 渲染器，进行第一次渲染设置。所有设置完成之后，开始建模。

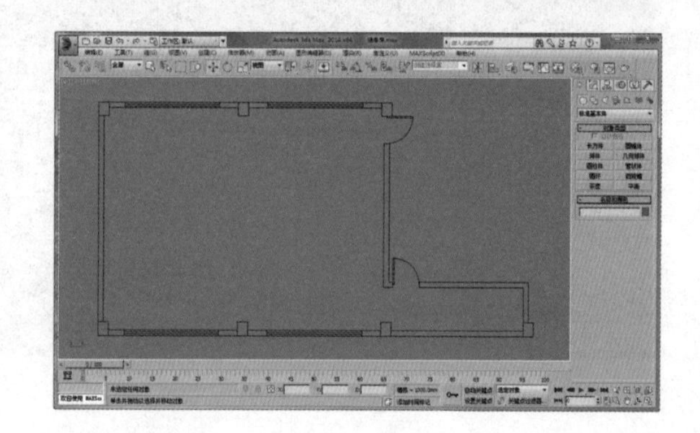

9.1.1 墙体

选择二维图形中的“线”，开启“2.5 维点捕捉”，对照平面图中的墙体进行描边，每一条线都选择闭合。完成之后效果如下左图所示。

选中其中的一条线，选择“样条线”，在“几何体”卷展栏中选择“附加”命令，将这 6 条线都附加成为一个整体，如下右图所示。

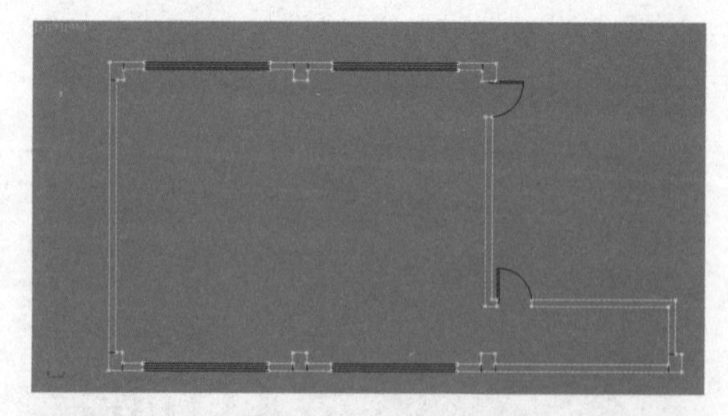

选中之后挤出 4000mm，然后为其赋予“白色乳胶漆”材质，将“漫反射”调整为白色。效果如右图所示。

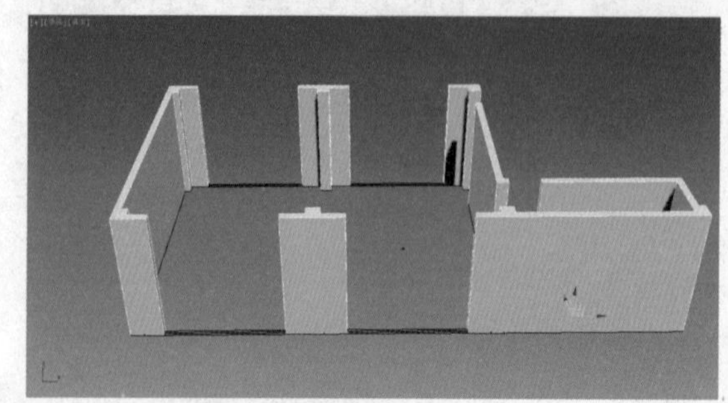

9.1.2 地面

在顶视图中继续使用“二维物体”中的“线”，对照墙体外轮廓描边，如下图所示。挤出10mm，并命名为“地面”。

给地面赋予“地毯”材质，选择“VR-标准材质”，在“贴图”卷展栏中将“地毯.jpg”分别附在“漫反射”和“凹凸”贴图中，如右图所示。

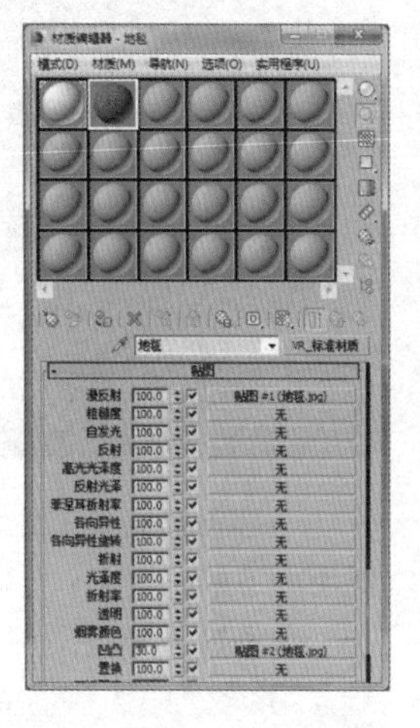

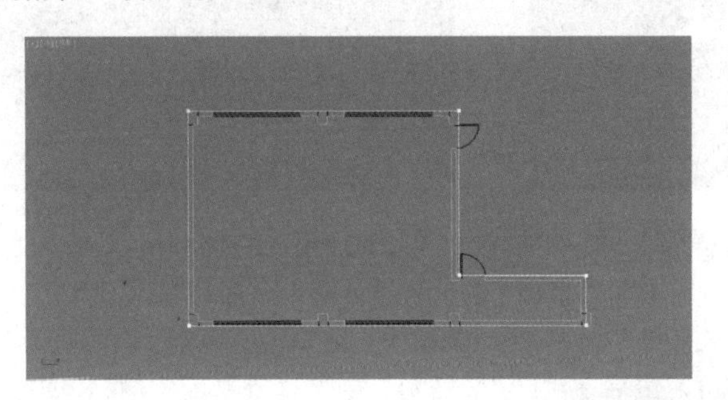

接下来调节贴图坐标，在修改列表中选择“UVW贴图”，“贴图方式”选择“长方体”，长宽高分别调整为800mm，如右图所示。

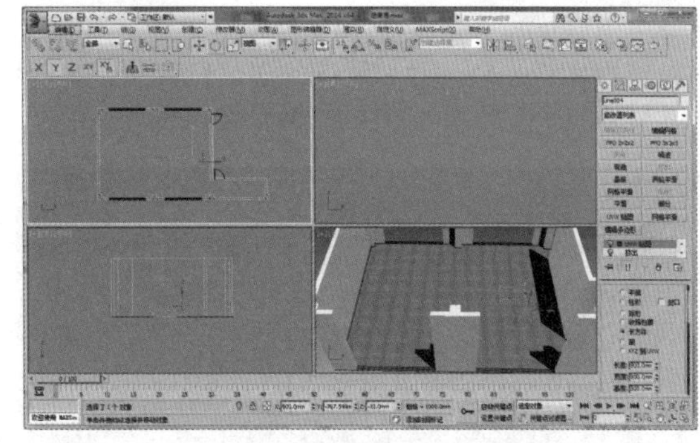

9.1.3 天花

将天花分为两个部分来完成，首先绘制一个长8600mm、宽11100mm、高20mm的长方体，作为健身房的天花，如下左图所示。

将其转换为“可编辑多边形”，在“长方体”向下的一个面上，选择“编辑多边形”子集命令“边”，先选择横向的两条线，连接纵向的3条线，然后在第二次连接的时候，需要将纵向的所有线全部选中为红色之后再单击“连接”，最后得到如右图所示的效果。

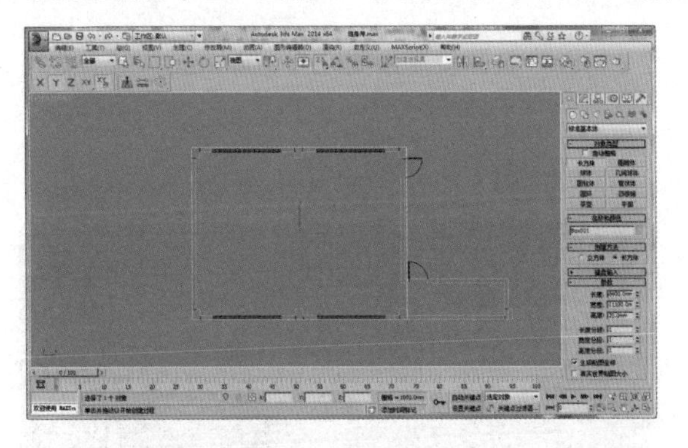

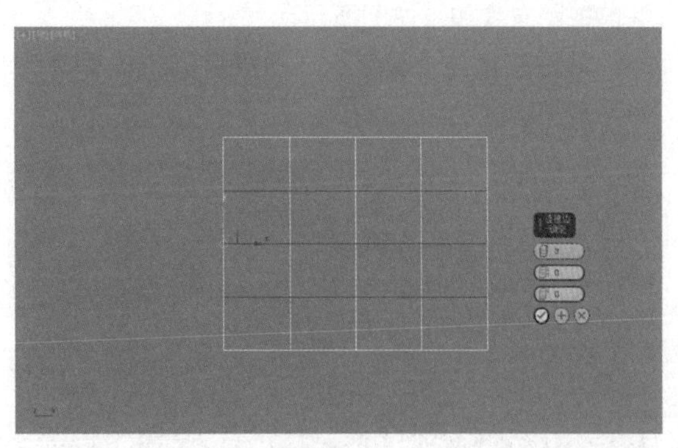

同时框选选中被连接出来的6条线，选择“切角”为10mm，如下左图所示。

再选择“多边形”，选中天花中16个小面，挤出10mm，如下右图所示，这样天花中就有了规整的6条分缝。

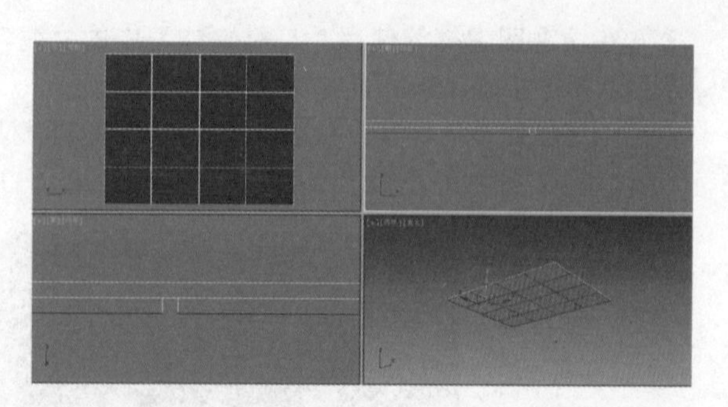

下面设计风口，先绘制一个“长方体”，长 4100mm、宽 200mm、高 10mm，转换为“可编辑多边形”，选中向下的一个面，“插入”10mm，再向内“挤出”5mm，“分离”之后命名。

分别赋予材质，外框赋予“白色乳胶漆”材质，风口处赋予“风口.jpg”贴图，同时赋予“漫反射”与“凹凸”，并将“贴图模糊值”更改为 0.1，最后在“UVW 贴图”中选择“平面”，将长调整为 90mm，宽调整为 180mm。完成之后如下左图所示。

再复制一个，两个风口的摆放位置如下右图所示，最后再绘制一个“长方体”作为走廊的天花，并赋予“白色乳胶漆”材质。

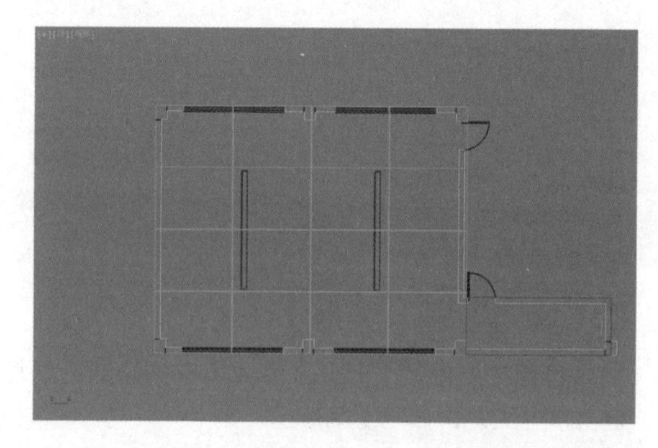

9.1.4 设置场景内照明和摄影机

在场景内部打上“VR- 光源”，将“倍增器”调整为 0.6。分别在大厅和走道中上下各打一个光源，从前视图来看如下左图所示。

最后设置一个摄影机，将摄影机的备用镜头调整为 24mm，摄影机高度更改为 1000mm，最后效果如下右图所示。

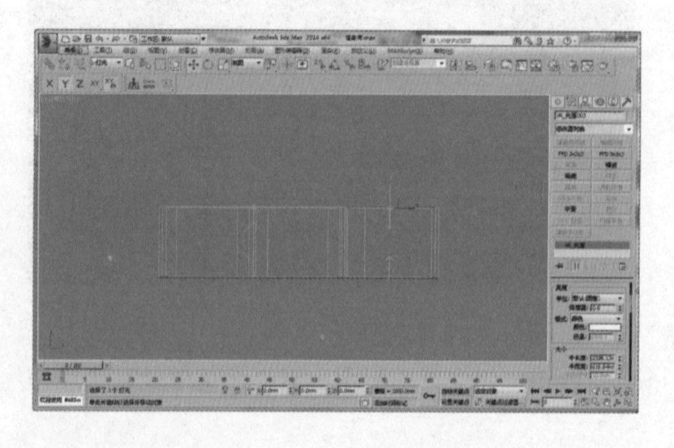

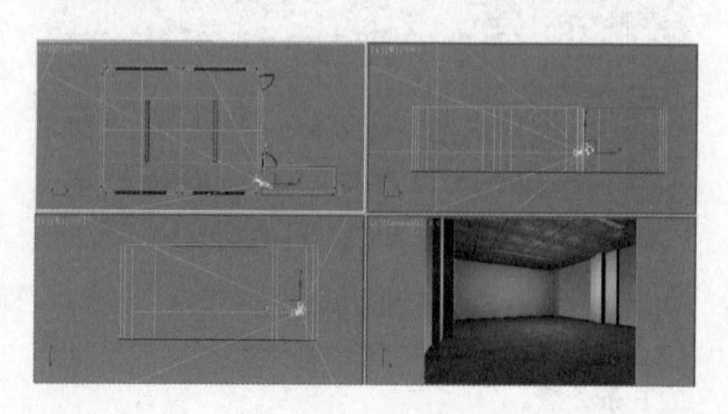

9.1.5 窗与门

在平面图上找到需要绘制窗户的地方，如下左图所示。

将墙以单独模式显示出来，然后在侧视图中找到需要绘制窗户的位置，绘制两个长方体，一个长方体长 3600mm、宽 500mm、高 200mm；另外一个长方体长 3600mm、宽 900mm、高 200mm，摆放位置如下右图所示，同时赋予“白色乳胶漆”材质。

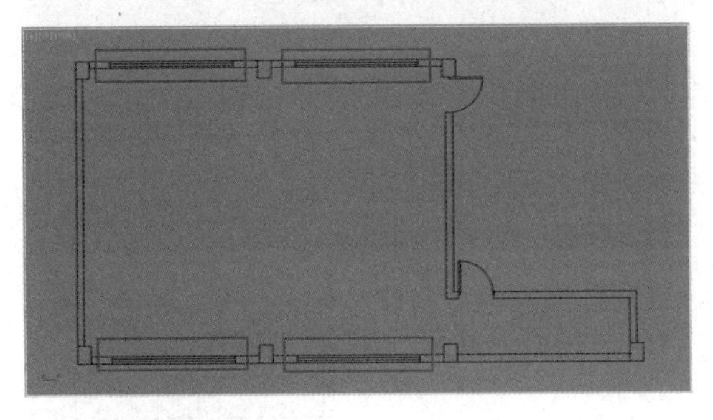

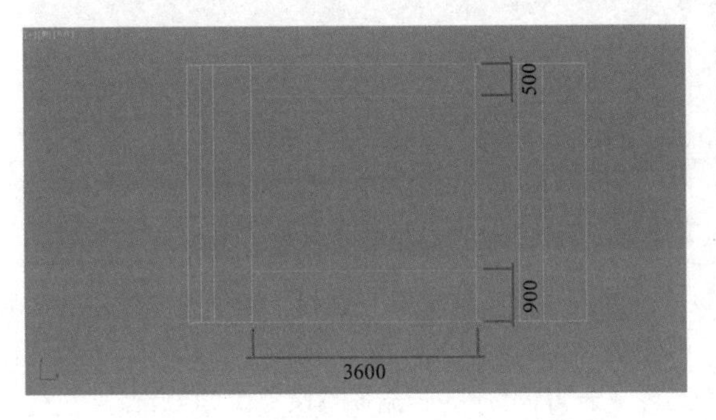

下面制作窗框，在中间镂空的位置，开启“点捕捉”，拉出一个长 3600mm、宽 2700mm 的矩形，转换为“可编辑样条线”，选择“样条线”，选择“轮廓”为 50mm，再挤出 200mm。最后在中间绘制一个长方体，长 2600mm、宽 50mm、高 200mm，开启“中点捕捉”对齐到中心点，完成窗框，如下左图所示。

选中其中的一个窗口，在窗口内部再绘制一个矩形，长为 2600mm、宽为 1725mm，同样选择“轮廓”为 50mm，再挤出 100mm，开启“中点捕捉”，在顶视图中对齐到窗框中心。

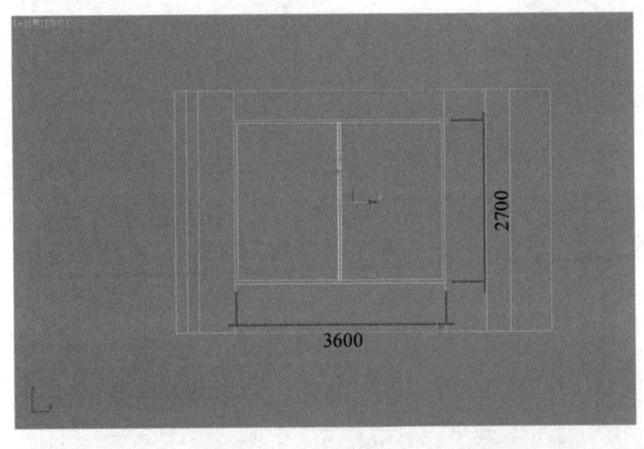

用相同的方法，在上一步绘制出来的窗户内框的内部再绘制一个“矩形”，作为窗户的一半，开启“中点捕捉”便能完成。紧接着选择“轮廓”为 30mm，再挤出 50mm，中心对齐。如下左图所示。

在窗户中间绘制一些格子造型，先绘制出一个“长方体”，长 2440mm、宽 10mm、高 10mm，然后选择“阵列”，X 轴为 80mm，数量为 10，作为窗框造型的纵向。从顶视图看效果如下右图所示。

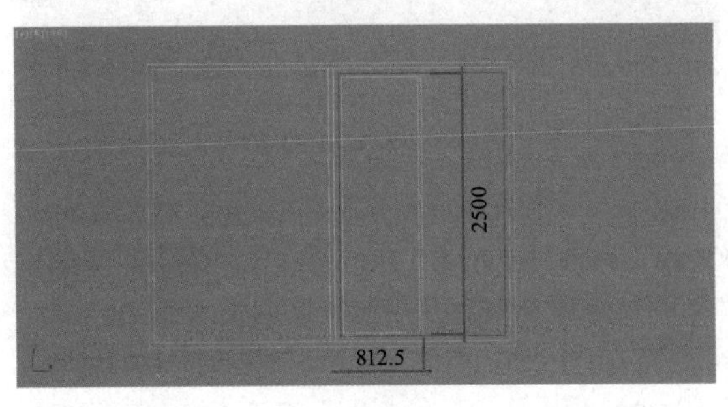

窗框造型中的横向以相同的方法绘制，上半部分的横向选择“阵列”，Y 轴为“-80mm”，数量为 5；下半部分的横向选择“阵列”，Y 轴为 80mm，数量为 5，完成之后成组并命名。

最后整体复制出 3 个，将所有窗框全部成组并命名，效果如下右图所示。

进入“材质编辑器”，选择“黑胡桃木纹.jpg”，附在“漫反射”上，将“反射”调整为 10，“反射光泽度”调整为 0.9，然后附到窗户上，再在“UVW 贴图”中选择“长方体”，将长宽高均设置为 800mm。

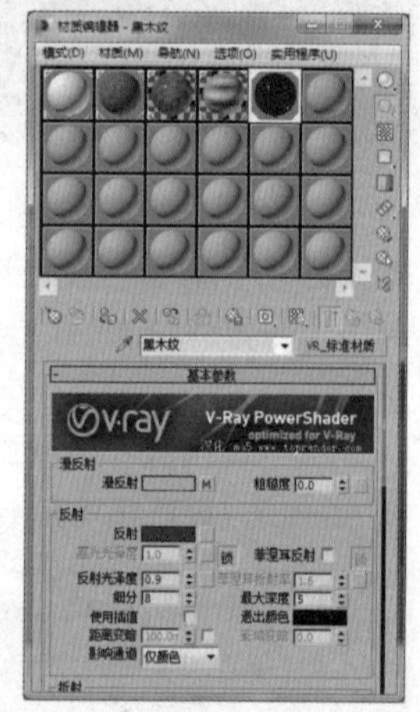

最后框选包括窗户上下两面墙体，复制到其他位置，如下图所示。

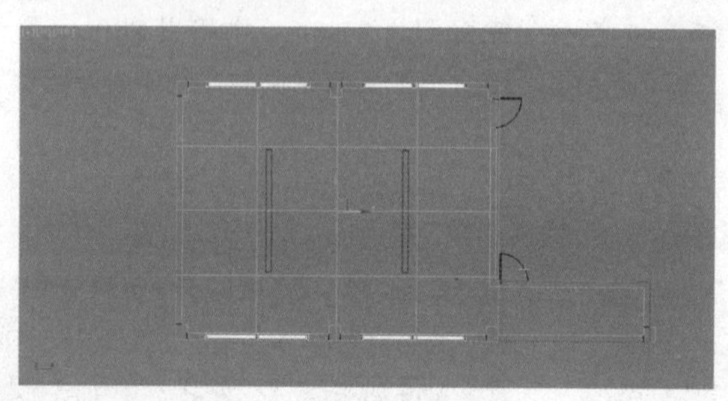

渲染之后的效果如下左图所示。

在摄影机视图中，由于门处于摄影机背面，并且观察不到，所以可以暂时忽略，只用一个长方体代替，长 4000mm、宽 1000mm、高 200mm，并赋予“黑木纹.jpg”贴图材质，再在“UVW 贴图”中选择“长方体”，将长宽高都调整为 800mm。

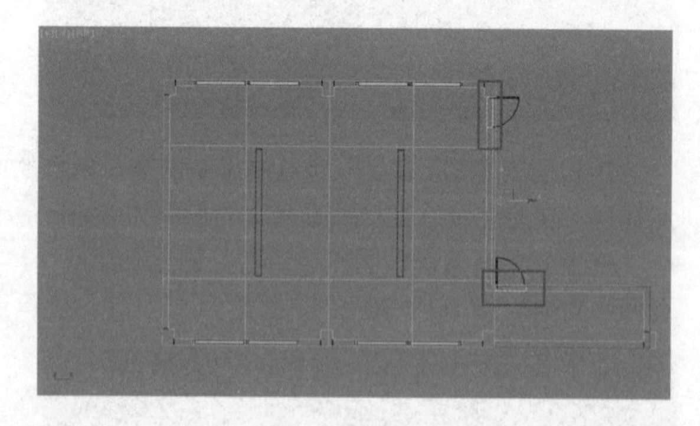

9.1.6 镜子

如下所示，在摆放镜子的位置绘制一个长方体，长 4000mm、宽 7600mm、高 200mm，然后转换为“可编辑多边形”。选中向前的一个面，选择“插入”100mm，再向内“挤出”50mm，作为镜子的外框。

赋予“黑色金属框”材质，“漫反射”调整为 20，“反射”调整为 15，反射光泽度调整为 0.95。

在镜子的框内，先绘制一个“长方体”，长 3800mm、宽 7400mm、高 30mm，转换为“可编辑多边形”。选中向前的一个面，“连接”出 3 条线，再“切角”10mm，最后选中被分割出来的 4 个面，向外“挤出”30mm，最后为其赋予镜面材质。

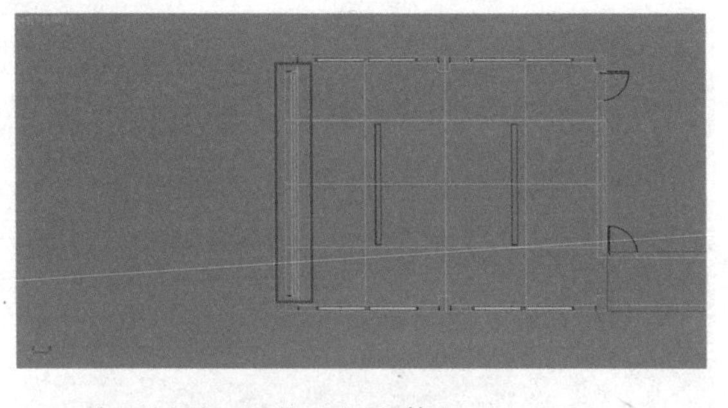

镜面材质只需将反射调整为 255 即可。

最后，镜面效果如下右图所示。

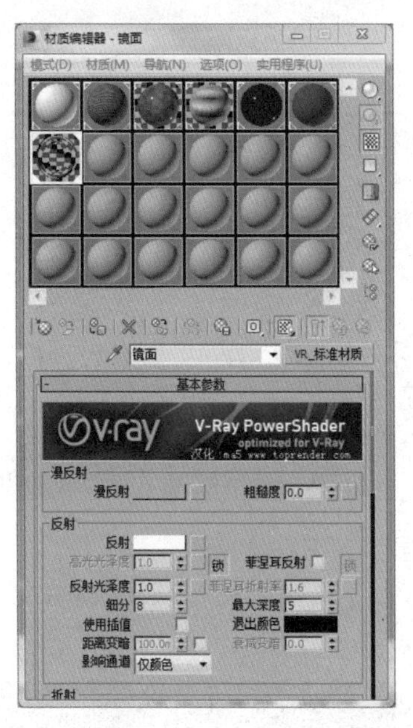

9.1.7 背景墙和背光字

将会在如下左图所示的位置绘制背景墙。

将墙体以单独模式显示，先绘制一个“长方体”，长 4000mm、宽 5300mm、高 2mm，摆放位置如下右图所示。

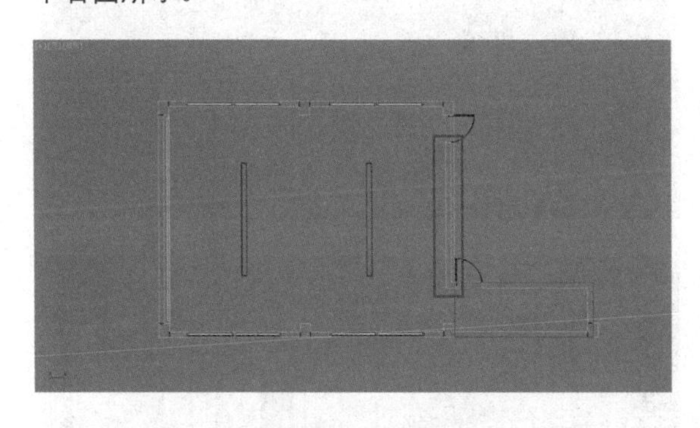

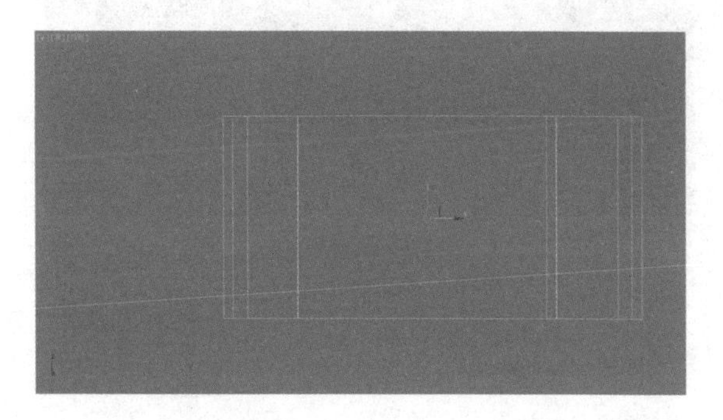

再绘制一个长方体，长 4000mm、宽 40mm、高 100mm，再选择“阵列”，X 轴为 90mm，数量为 59，从顶视图看局部效果如下左图所示。

从前视图看效果如下右图所示，最后成组，并赋予与天花相同的材质，在“UVW 贴图”中选择“长方体”，将长宽高都调整为 800mm。

在二维物体中选择“文本”，具体设置如下所示，在“文本”文本框中输入需要作为标题的文字，并选择合适的字体，然后在前视图中单击一下，即可出现文字，在这里分开输入中文与英文。

摆放位置如下右图所示。

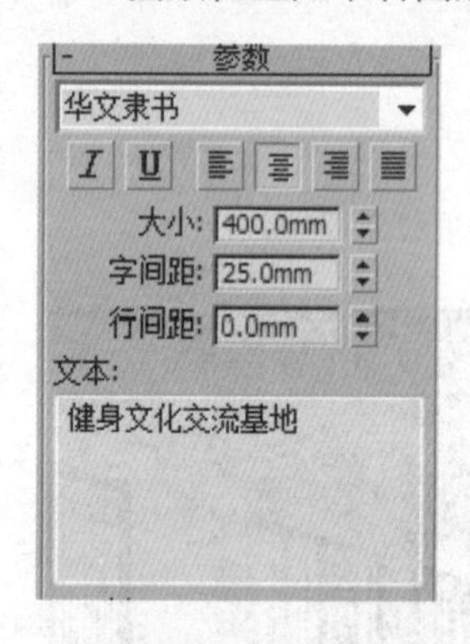

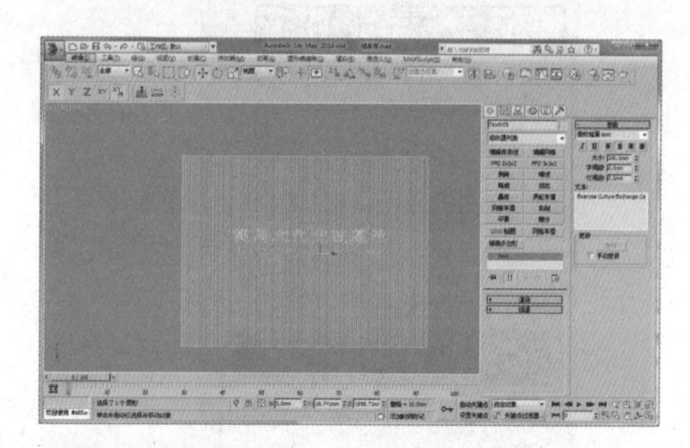

选中二维物体的文本，均“挤出”50mm，再复制出另外一层，如下左图所示。

下面一层全部赋予“发光材质”，上面一层赋予“金属字体”材质，将“反射”调整为180，“反射光泽度”调整为0.9，效果如下右图所示。

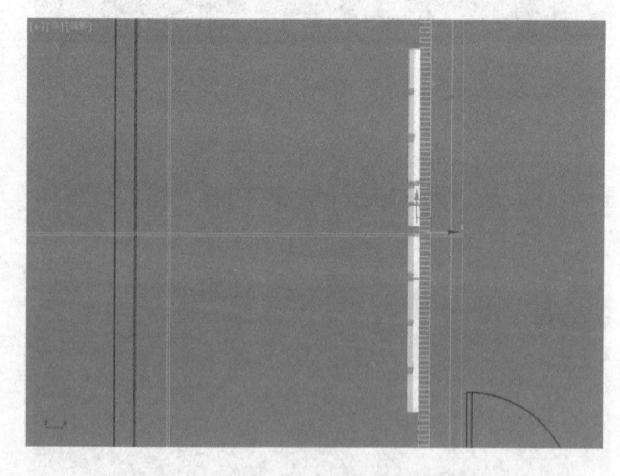

从摄影机视图中看到的整体效果如右图所示。

9.1.8 踢脚线

用二维物体中的“线”描出两边的墙线，然后选择“Line”子集命令“样条线”，“轮廓”为10mm，再“挤出”100mm。

选择“黑胡桃木纹.jpg”赋予踢脚线，最后在“UVW贴图”中选择“长方体”，将长宽高都调整为800mm。效果如下右图所示。

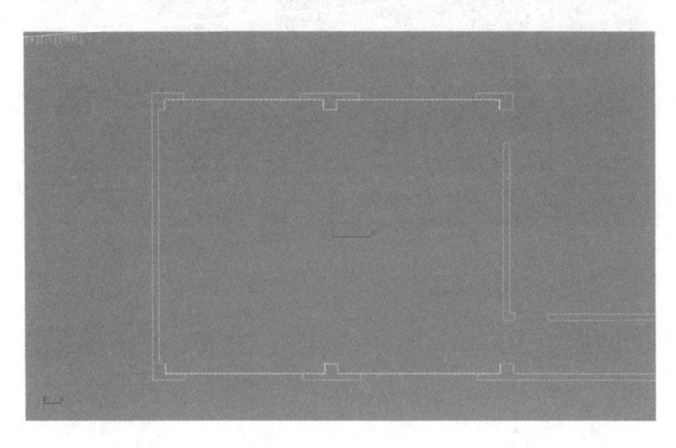

9.1.9 调取模型

通过“合并”将室内模型调入场景内部，对于面比较多的物体，同样采取减面显示处理，平面效果如下左图所示。调取物体之后的效果如下右图所示。

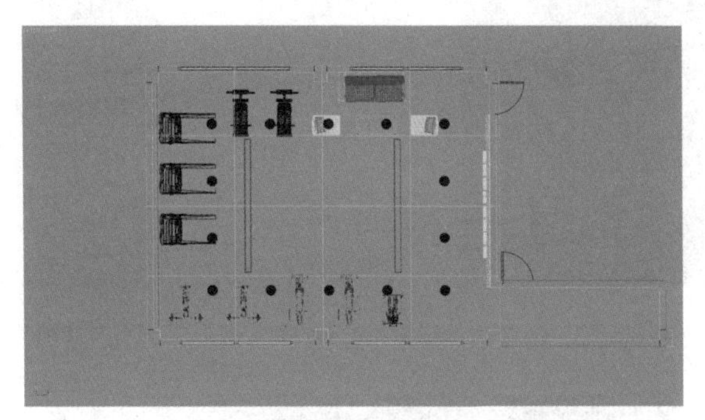

9.2 灯光设置

删掉之前为了建模所打亮天花的“VR_光源”，开始下面三种灯光的设置。

9.2.1 目标平行光

目标平行光模拟太阳光，拉高增大太阳光的角度，将“倍增器”调整为1.0，颜色调整为偏暖的颜色即可，如下左图所示。

目标平行光在室内地面会形成独特的光影效果，如下右图所示。

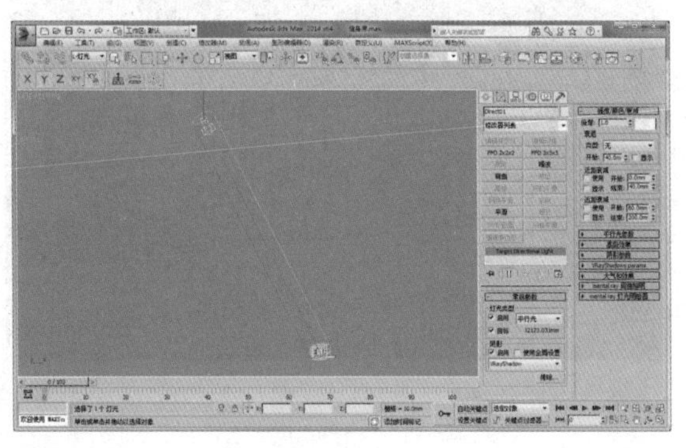

9.2.2 VR-光源

将打亮整个场景的 VR- 光源的“倍增器”调整为 0.5，再将颜色调整为偏暖的颜色，如右图所示。

9.2.3 目标灯光

在场景的中间部分，在调入的吊灯模型下添加“目标灯光”。勾选“启用”，选择 VRayShadow，将灯光分布（类型）更改为“光度学 Web”，然后放入“桶 01.ies”光域网，再将“颜色”更改为偏暖的黄色，最后将“强度”更改为 cd，数值调整为 2200，完成设置。

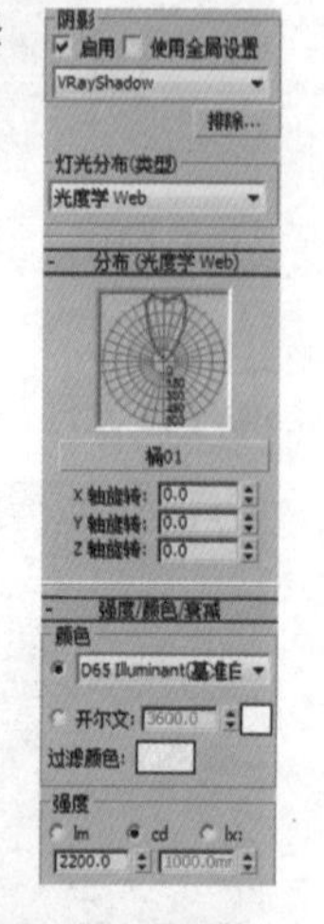

在背景墙上面再打 5 盏“目标灯光”，赋予“冷风小射灯.ies”光域网，最后将“强度”更改为 cd，数值调整为 20000。这里需要注意的是，由于每一个光域网的亮度是不一样的，所以“强度”要随环境效果更改，没有固定值。

所有灯光完成之后的效果如右图所示。

9.3 窗外背景设置

为了使整个场景画面更加丰富，可以在窗户外面模拟一个背景环境。

首先在“二维物体”中选中“弧”，在平面中可以看到窗户的一侧的外面绘制一条大弧线，如下左图所示。再选择“挤出”6000mm，效果如下右图所示。这里需要注意的是，不要把模拟太阳的“目标平行光”的光源线遮住了，否则在场景内地面的投影就会受到影响。如果这个弧形遮住了目标平行光，可先选中“目标平行光”，然后进入其修改面板，选择“阴影”选项下方的“排除”，排除这个弧形即可。

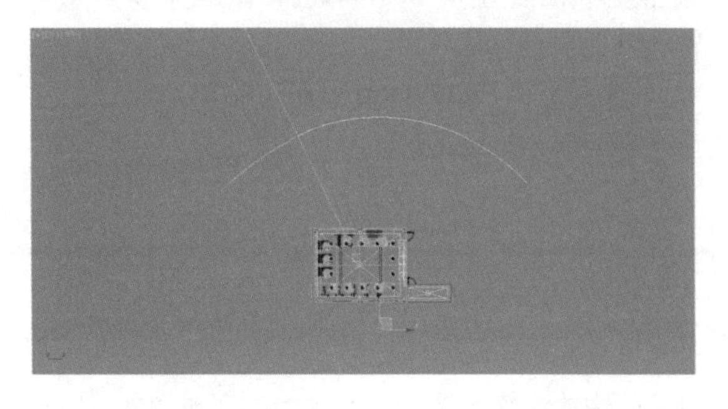

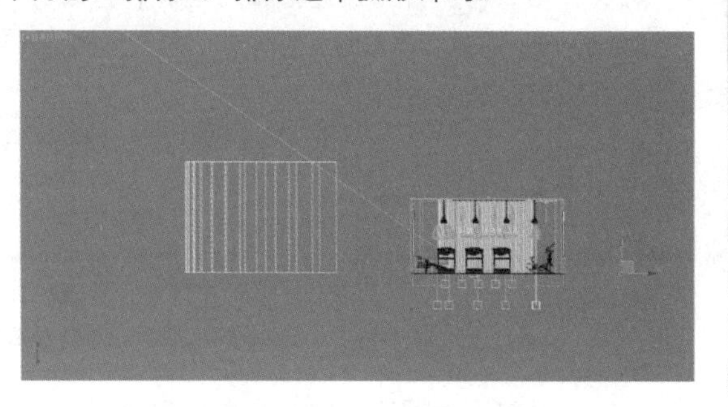

为其赋予发光材质，再赋予“外景.jpg”贴图。表现在“修改器列表”中选择“壳”命令，这是为了做双面或者是厚度时所用。最后选择“UVW 贴图”，选择长方体，将“长度”调整为6000mm，“宽度”调整为4000mm，“高度”调整为6000mm。

效果如下图所示。

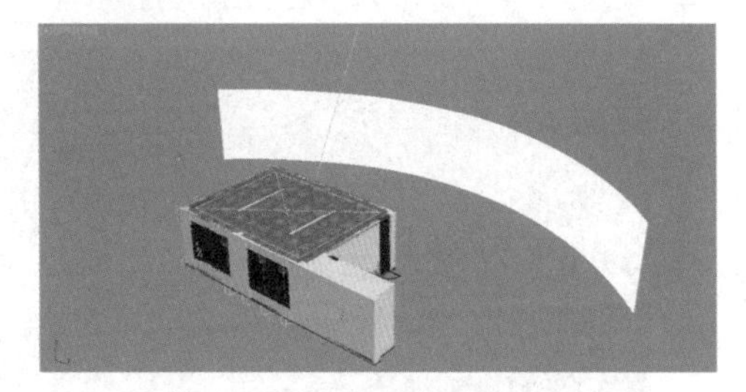

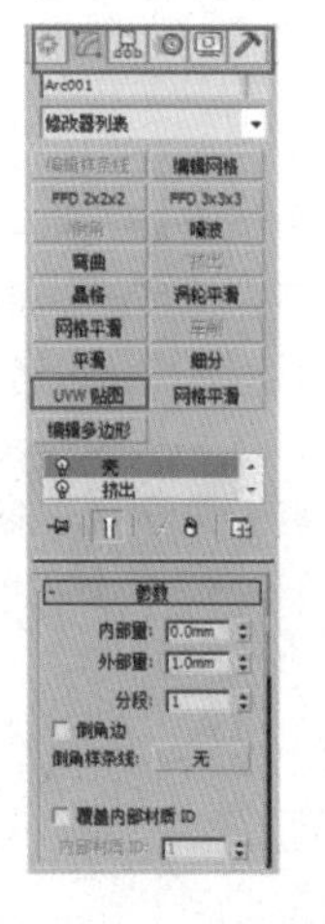

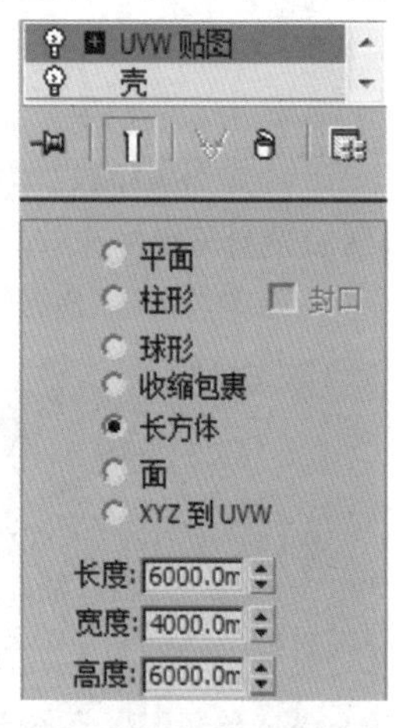

9.4 最终完成效果

最后赋予大图参数，完成渲染，最终效果如下图所示。

Chapter 10 起居室家装设计

本章概述

下面将介绍一个起居室设计，在这一章中我们将会介绍如何使用“通道渲染”插件，以及在Photoshop 中进行简单的后期制作，进一步丰富画面质感与效果。

核心知识点

❶ 进一步加强建模技巧
❷ 混合材质的运用
❸ VR-毛发的创建
❹ 通道渲染和 Photoshop 后期处理

10.1 初期建模

在起居室的初期建模中，将会着重介绍几种室内常见的物体建模方法，以及物体的摆放形式，在材质方面主要介绍“混合材质”的实际运用。

10.1.1 墙体

打开 3ds Max，统一单位之后，将 CAD 平面图导入到顶视图中，成组并命名之后将线框的颜色统一，然后设置原点并冻结，如下左图所示。最后将渲染器设置为第一次渲染设置参数。

选择“线”，描绘墙体边缘，封闭线条之后，选择“顶点”，选中如下右图所示的点。

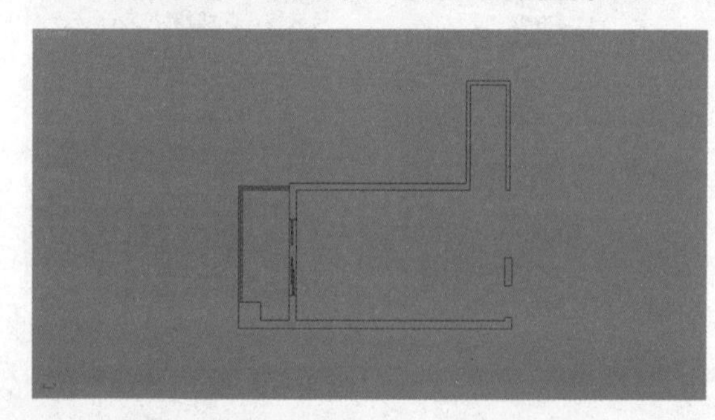

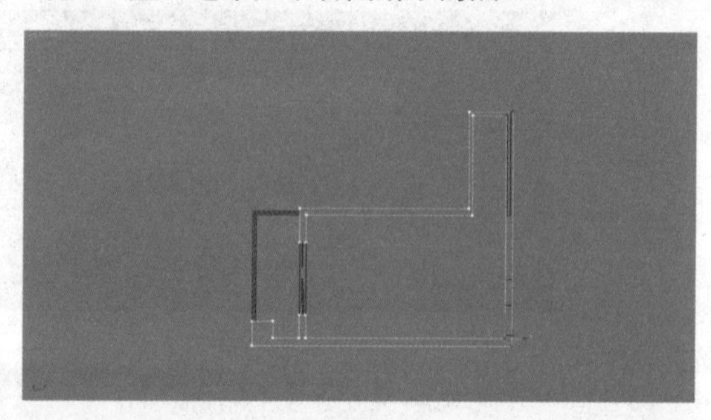

选择“偏移模式变换输入”，X 轴输入 2000mm，将外墙向外移动到 2000mm 的距离，预留摄影机的摆放位置。

最后“挤出”墙体到 2700mm 的高度，让此空间的层高为 2700mm，外墙建立完成，如下右图所示。

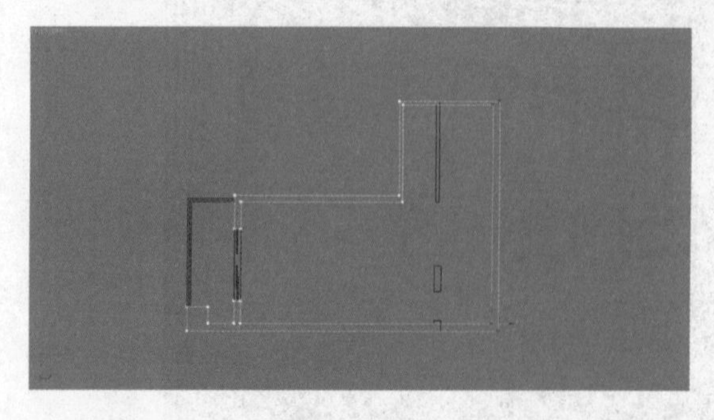

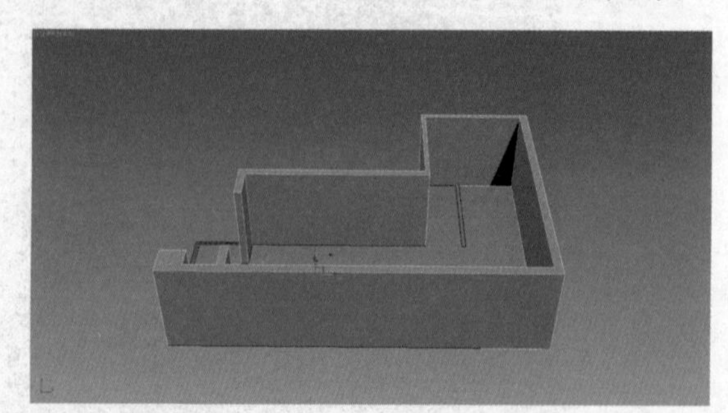

再用“线”描边整个墙体，如下图所示，挤出 10mm，然后再复制 1 个，分别作为天花和地面，最后全部赋予“白色漆”材质。

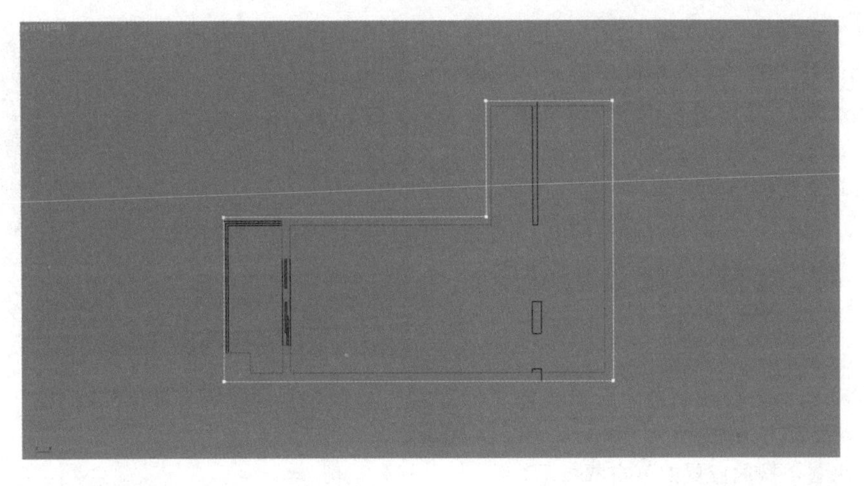

10.1.2 设置室内照明和摄影机

在场景内部放入“VR-光源”，将“倍增器”调整为 0.4。在客厅内部上下各打一个光源，如下左图所示。

开启“环境与效果”对话框，快捷键为 8 键，将“环境”选项卡中的“背景”“下的”“颜色”调整为淡蓝色，简单模拟天空的颜色。

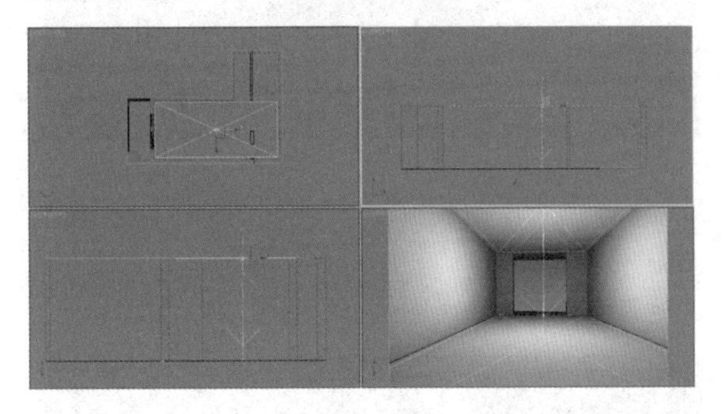

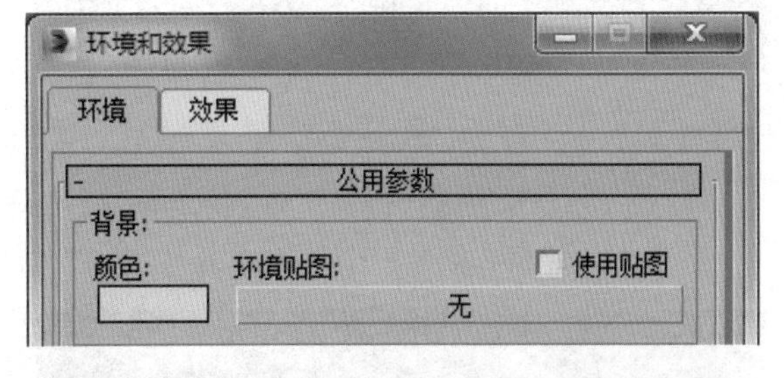

最后设置一个摄影机，在“修改”命令面板中将摄影机的备用镜头调整为 24mm，放置在距离地面 1100mm 的位置，最后摄影机视图效果如右图所示。

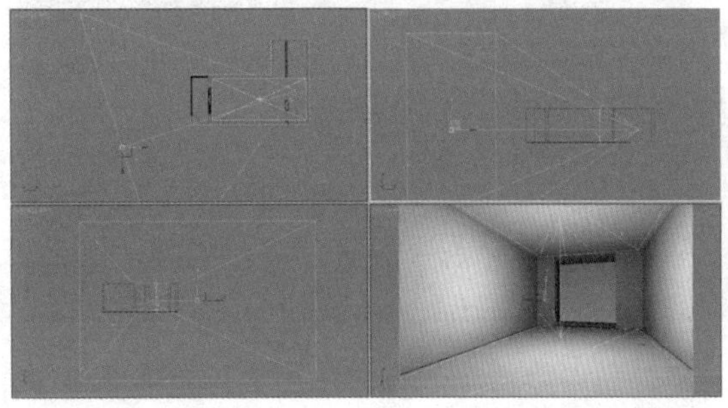

10.1.3 天花吊顶造型

先绘制一个矩形，长 4000mm、宽 200mm，预留出窗帘盒的位置，在顶视图中的效果如右图所示。

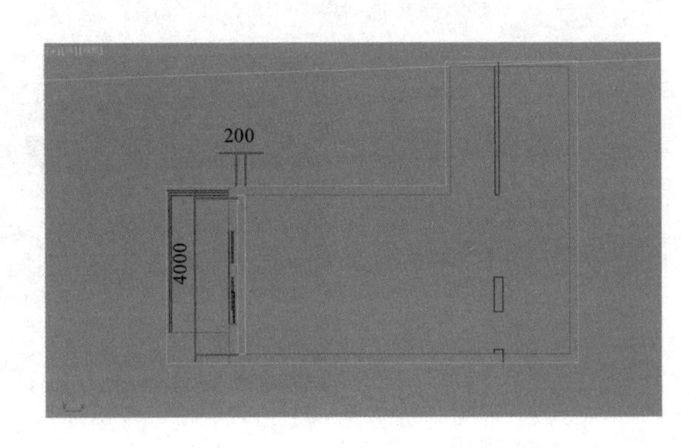

然后选择二维物体中的“线”和“矩形”，绘制如右图所示的两个矩形，选中其中的一个，再选择“编辑样条线”，选择子集命令“样条线”中的“附加”命令，将这两个矩形变为一个整体图形，然后向下挤出220mm。

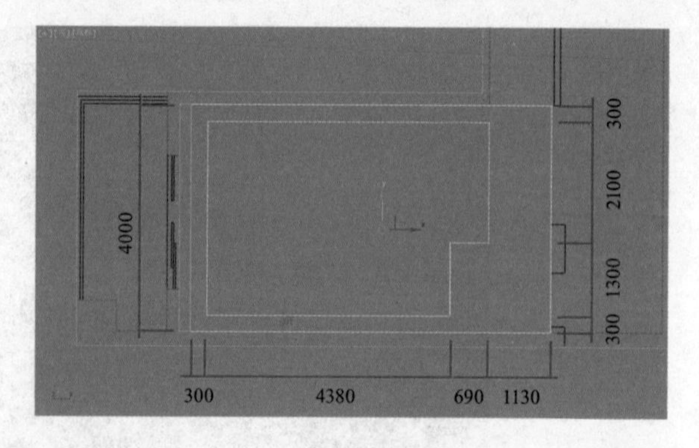

分别在吊顶的两边再绘制两个三维物体“长方体”作为灯槽，一个长为5070mm，另外一个长为4380mm，宽和高都为150mm和80mm，如下左图所示。

从侧视图来看，摆放位置如下右图所示。

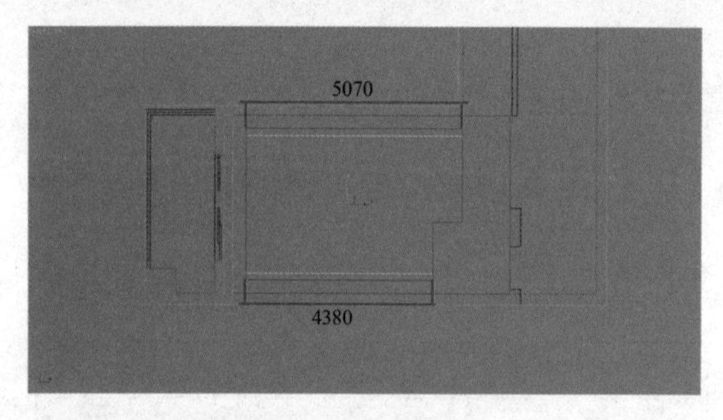

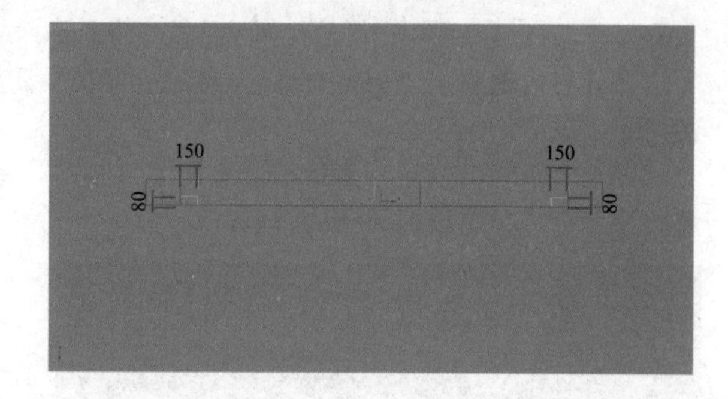

10.1.4 沙发后背景墙

找到沙发后背景墙的位置，如下左图所示。

先选择“矩形”，绘制一个长4880mm、宽2700mm的矩形作为背景墙面积大小的参照，如下右图所示。

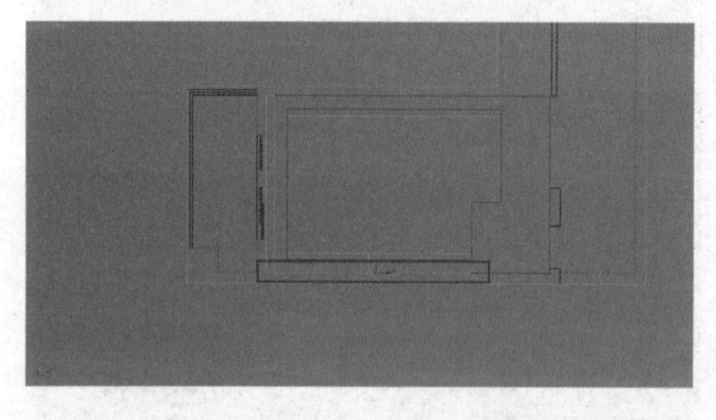

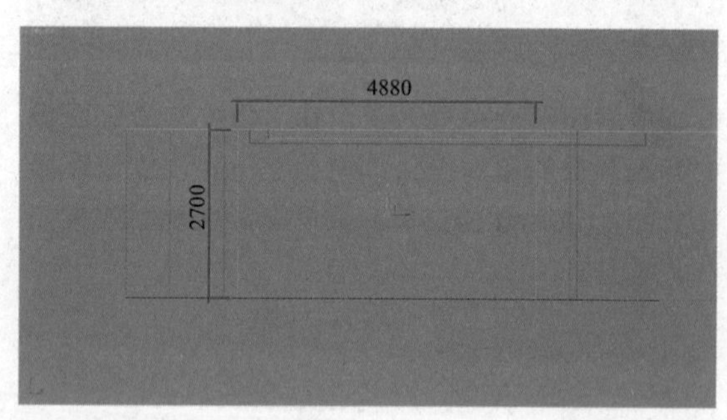

分别创建两个长方体，一个长方体长810mm、宽350mm、高30mm，另外一个“长方体”长810mm，宽120mm、高30mm。分别转换为“可编辑多边形”，选择面向室内的面，然后选择“编辑多边形”的子集命令“多边形”中的“倒角”命令，高度5mm，最后轮廓-5mm如下图所示。

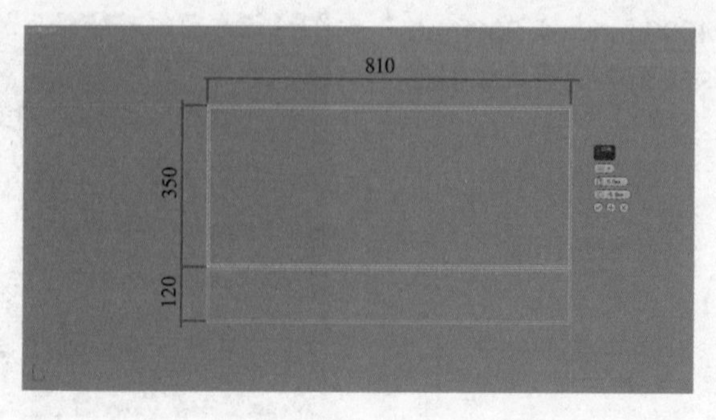

通过复制，布满整个之前作为参照的矩形内部，此时会发现，距事先绘制好作为参照的矩形大小还差一段距离，如下左图所示。

放大之后可以清楚地看到相差的距离，如下右图所示。

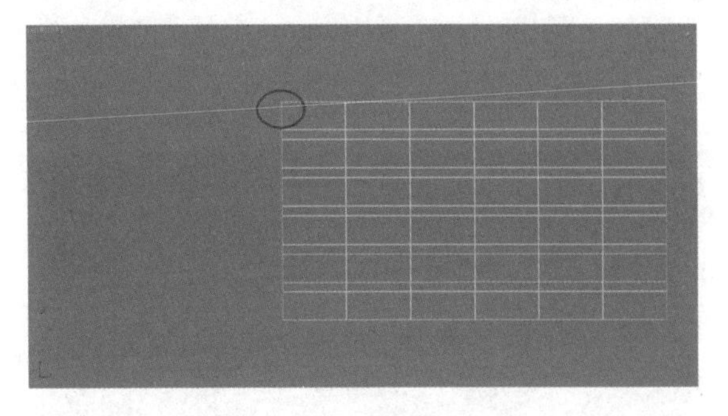

将所有墙面砖全部框选选中，选择“修改器”中的FFD2x2x2命令，选择该命令的子集命令“控制点”。

此时被框选选中的墙面砖四周会出现橙色的边框，并且在顶角处出现了四组小正方形的控制点，框选选中小方形，通过点捕捉，拉伸到参照框的顶点上，如下左图所示。

完成之后，所绘制的墙面砖与之前预留位置的矩形大小相同，如下右图所示。

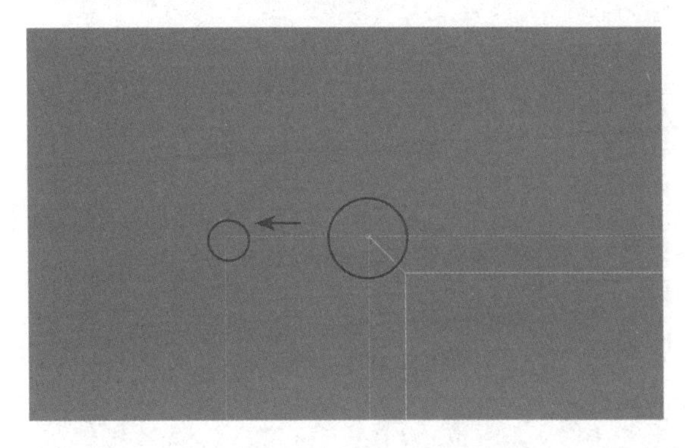

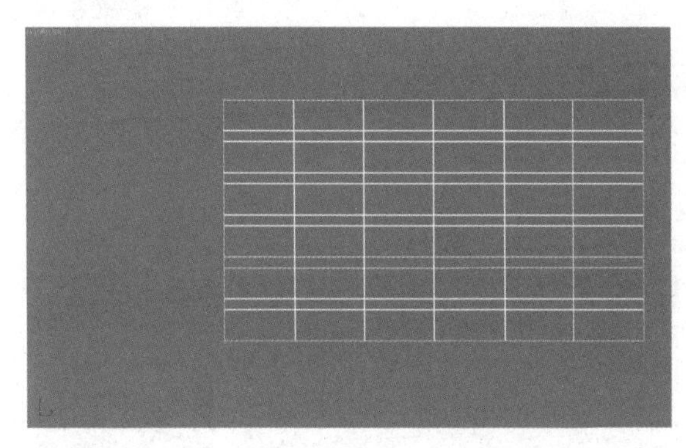

选中框出的4块砖，然后按Delete键删除，如下图所示。最后全部选中后成组并命名。

将“浅色大理石.jpg”图片赋予到材质球，再开启“材质包裹器”（“材质包裹器”控制的是材质的“色溢”），将“接收全局照明”设置为1.2，再赋予到墙面砖上。最后在“修改”命令面板中选择“UVW贴图”，将其设置为“长方体”，长宽高分别设置为800mm。

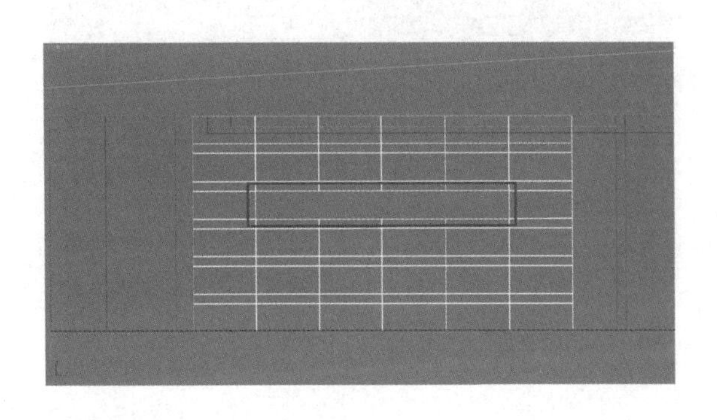

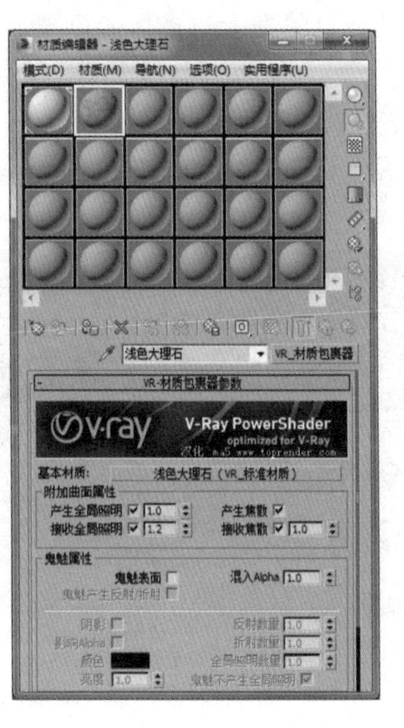

在中间被删除墙面砖中绘制一个长方体，宽度为 1mm，可以在前视图上完成此操作，赋予“黑色烤漆”材质，将“漫反射”调整为 0，将“反射”调整为 50，并赋予到物体上。再绘制一个长方体，与被删除的墙面砖同长度，宽 100mm、高 35mm，并赋予“白色漆”材质。

最后在刚完成的墙面砖旁再绘制一个长方体，长 2700mm、宽 350mm、高 10mm，并赋予“黑色烤漆”材质。

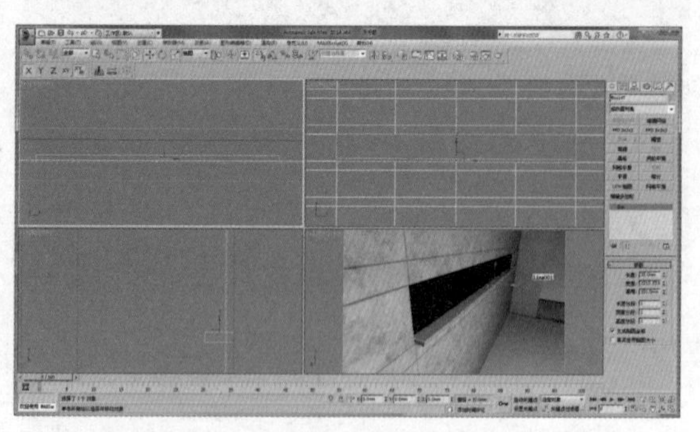

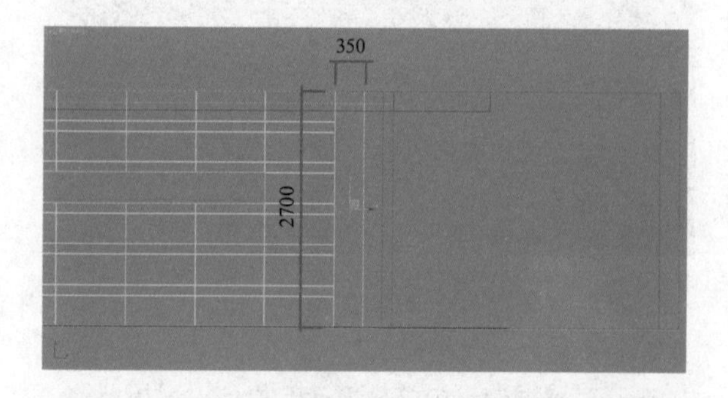

再绘制一个长方体，长 2700mm、宽 350mm、高 30mm，摆放位置如右图所示。

将其转换为“编辑多边形”选择子集命令◁“边”，通过两次“连接”，得到如下图所示的图形。

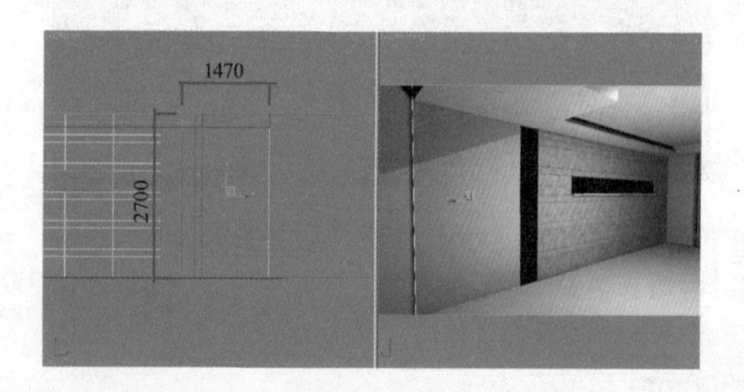

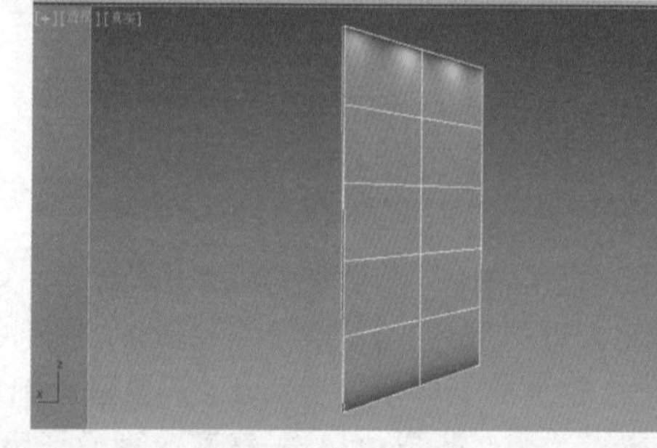

再选择子集命令“多边形”■，分别选中被分割出来的小面，再选择“倒角”命令，高度为 5mm，轮廓为“-5mm”，如下左图所示。再赋予“浅色大理石”材质，将“UVW 贴图”设置为“长方体”，长宽高均设置为 800mm。

最后绘制一个长方体，长 10mm、宽 1470mm、高 80mm，作为踢脚线，摆放位置如下右图所示。

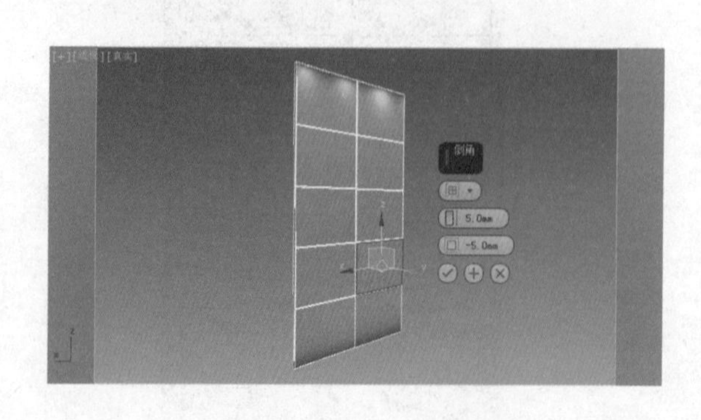

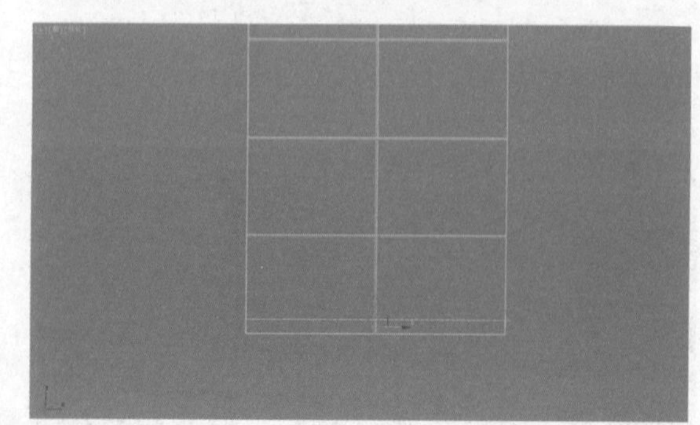

墙面砖完成之后如右图所示。

10.1.5 电视背景墙

找到放置电视背景墙的位置，如下图所示。

画一个“长方体”，长1790mm、宽2480mm、高40mm，如下图所示。

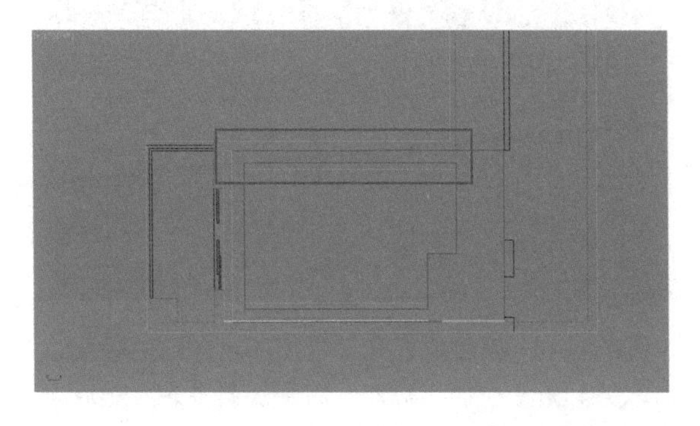

将其转换为“编辑多边形”，选择子集命令中的“边”，再选择“连接”命令，连接一条竖线并将其距边线30mm，再连接3条线，使用“切角”命令，将“边切角量”设置为4mm，得到A、B、C、D四个面，然后将这四个面分别挤出10mm。

将之前被分出为30mm宽的窄边挤出70mm。赋予“浅色木纹.jpg”贴图，将“UVW贴图”设置为“长方体”，长800mm、宽50mm、高2480mm。

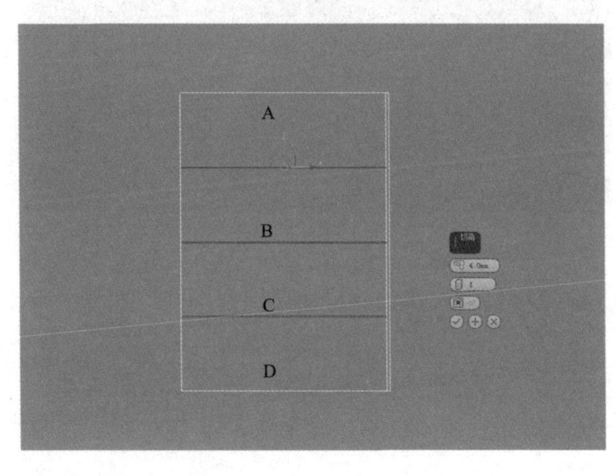

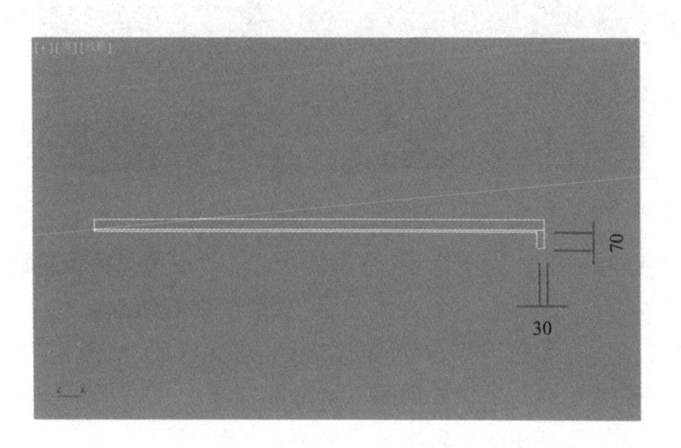

将这一面背景墙通过旋转复制一个，在中间放置一个长方体，长2480mm、宽1990mm、高10mm。

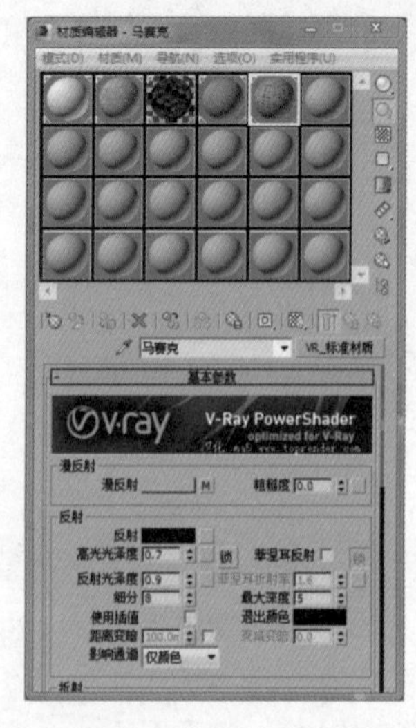

给这一面背景墙赋予“马赛克.jpg”贴图，然后将“高光光泽度”调整为0.7，将“反射光泽度”调整为0.9，最后将“UVW贴图”设置为“长方体”，长宽高均设置为600mm。

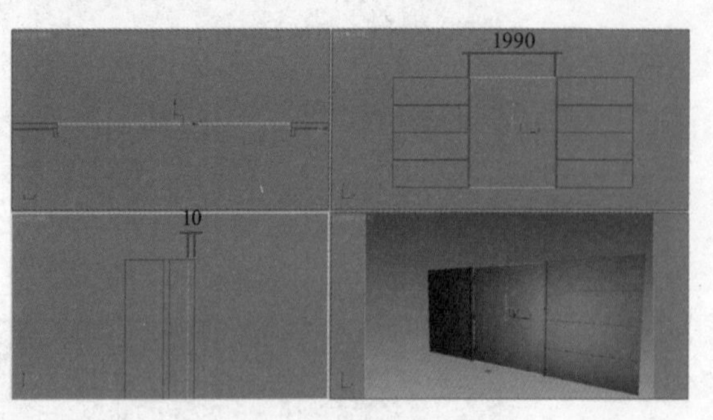

再绘制6个长方体，宽30mm、厚度为10mm，根据如下左图所示尺寸拼出造型。

赋予“白色漆”材质，效果如下右图所示。

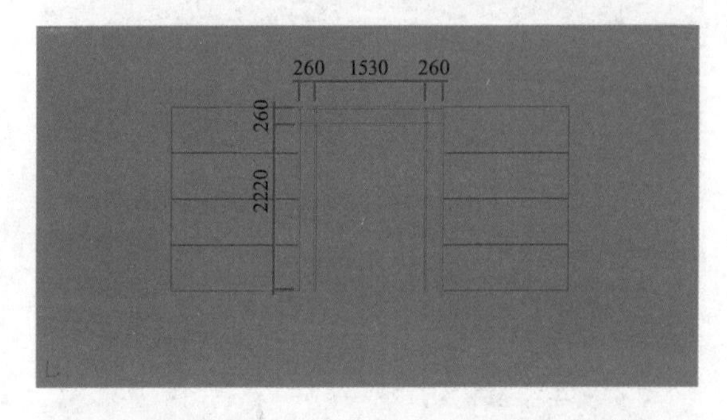

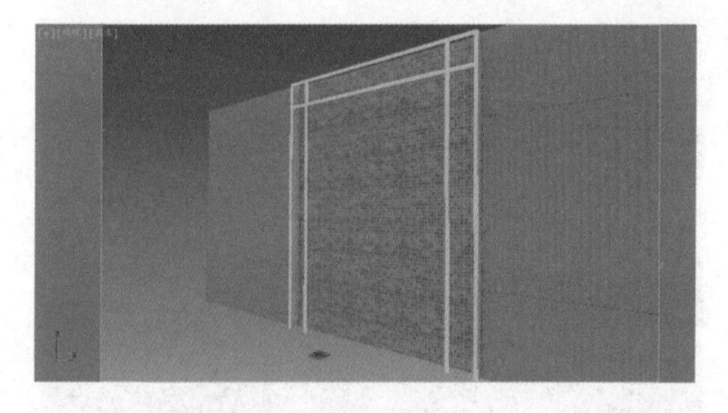

在模型中找到“拼花.max”，利用“合并”命令合并到视图中，摆放位置如下左图所示。这里需要注意的是，拼花的大小或者样式可以在CAD中完成，再通过3ds Max中的“导入”命令加载进来，然后全部选中之后转换为“编辑多边形”挤出即可，这里直接导入的文件是事先预备的素材。

将拼花通过“阵列”布满框架，并赋予“白色漆”材质，最后成组并命名。立面效果如下右图所示。

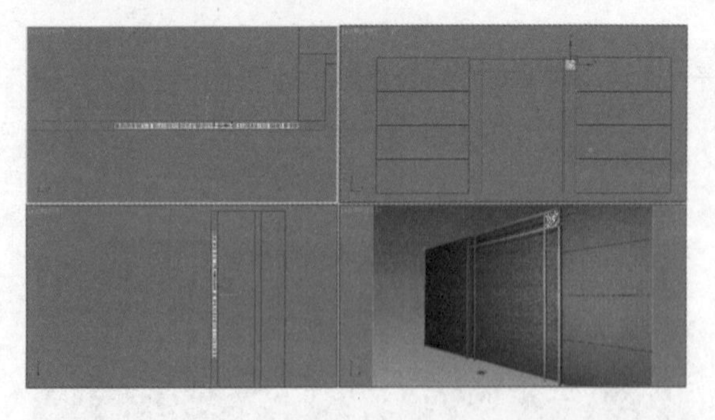

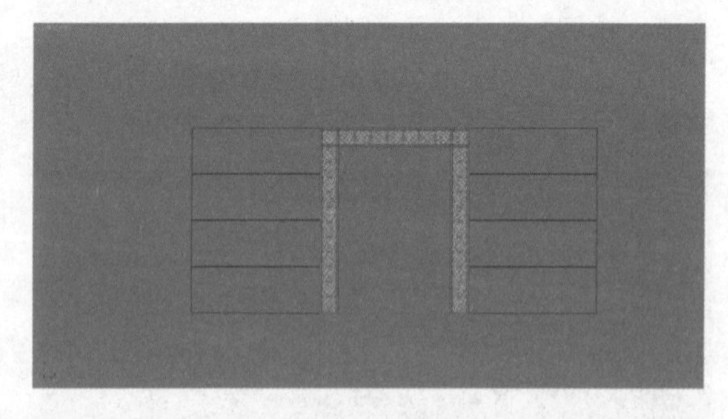

绘制两个“矩形”，一个长1530mm、宽400mm，另外一个长980mm、宽150mm。在侧视图中确认在一个平面上之后，选中其中的一个矩形，然后转换为“编辑样条线”，选择子集命令“样条线”，选择“附加”命令变为一个物体之后，“挤出”420mm。

然后赋予“白色石材.jpg”贴图材质，“反射”设置为10，最后将“UVW贴图”设置为“长方体”，长宽高与这个物体相同。为地面赋予“大理石地面.jpg”贴图材质，将“反射”设置为15。电视柜以及电视背景墙完成之后的效果如下页右图所示。

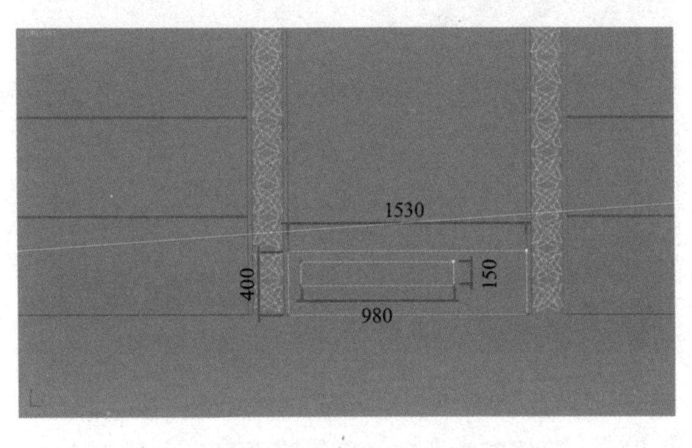

10.1.6 推拉门和阳台栏杆

找到准备放置推拉门的位置，如下左图所示。

首先选择三维物体“长方体”，长 2350mm、宽 220mm、高 220mm，在顶视图中绘制完成之后，切换到侧视图，通过移动与天花对齐，形成一个门洞。

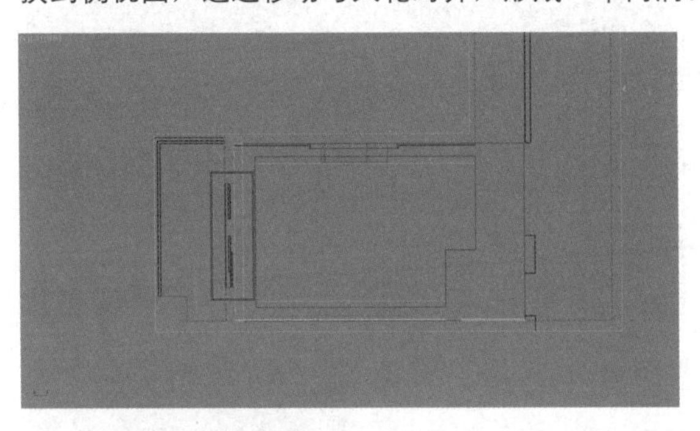

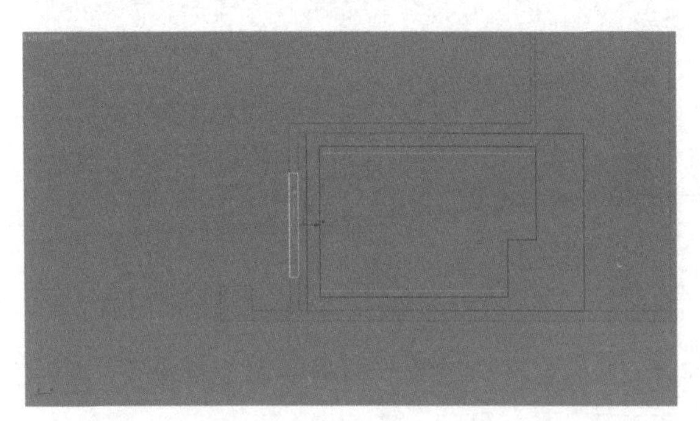

开启“点捕捉”，绘制一个“矩形”，然后转化为“可编辑样条线”，向内设置“轮廓”为 50mm，如下左图所示，再“挤出”220mm，作为门套。

再绘制一个矩形，长 2310mm、宽 750mm，按照同样的方法向内设置“轮廓”为 30mm，“挤出”30mm，再复制出 3 个作为阳台推拉门，摆放位置如下右图所示。

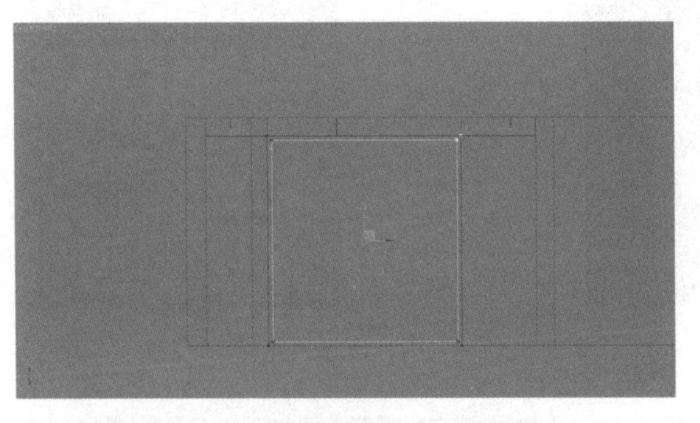

门框完成，顶视图效果如下左图所示。

选择三维物体，创建 4 个“长方体”，长 30mm、宽 90mm、高 900mm，中间间隔为 900mm, 如下右图所示，作为纵向的栏杆。

在顶视图中，用“线”描出扶手的宽度，如下左图所示，然后“挤出”40mm，作为栏杆扶手部分。将所有栏杆选中，赋予“金属”材质，“漫反射”调整为20，“反射”调整为160，“反射光泽度”调整为0.9。

再用“线”参照扶手的长度在扶手中间绘制一条线，设置“轮廓”为10mm，再“挤出”600mm，作为栏杆下玻璃部分，如下右图所示。

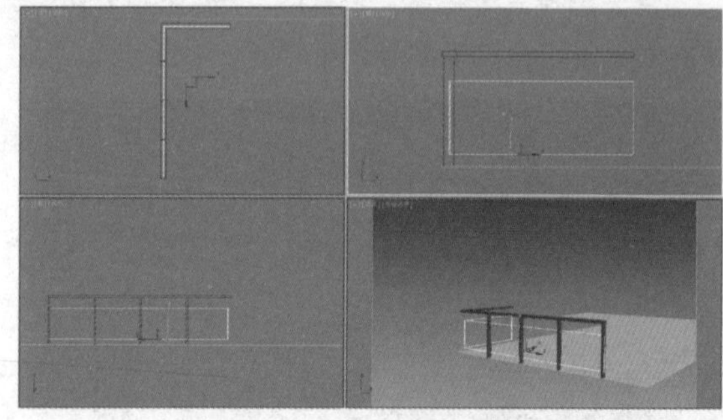

为其赋予“玻璃”材质，将“反射”“折射”调整为最白，勾选“菲涅耳反射”复选框。

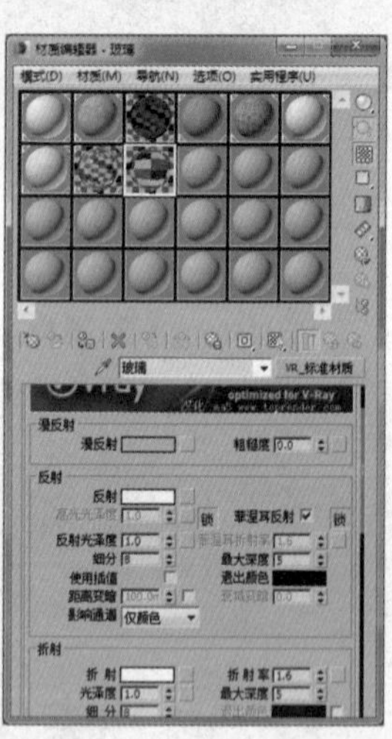

最后完成的效果如下图所示。

10.1.7 鞋柜

下面将在门口处绘制一个鞋柜，将起居室入口处做一个隔断。

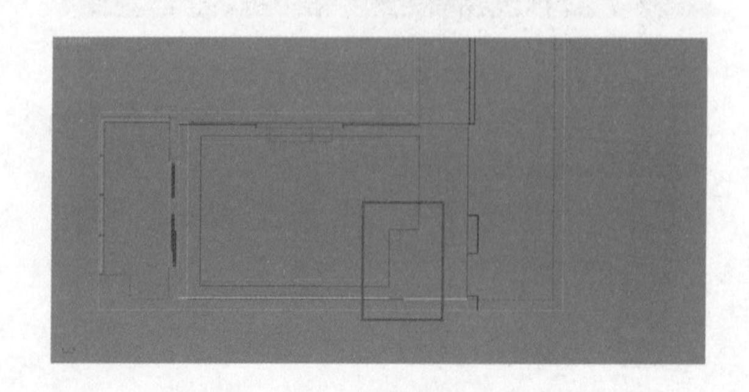

绘制一个长方体，长 1050mm、宽 320mm、高 570mm，然后将其转换为“可编辑多边形”，在向下的一个面上选择“连接”命令，连接出一条线，并“挤出”100mm，如下左图所示。

再绘制一个长方体，长 530mm、宽 960mm、高 15mm，选择面向入口的那一个面，选择“插入”30mm，然后选择“连接”命令，连接出 3 条线，如下右图所示。

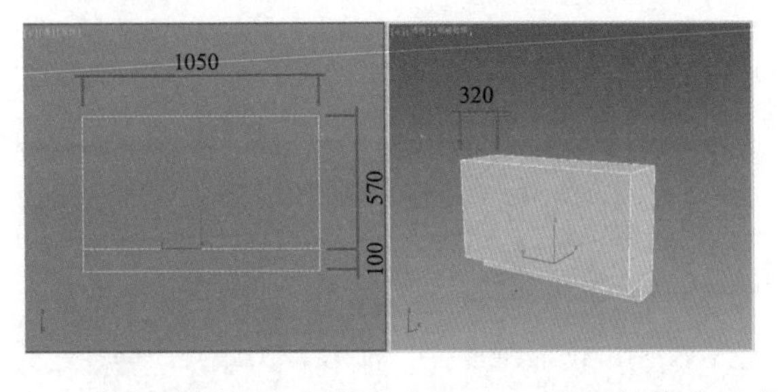

接下来设置“切角”为 3mm，然后转换为“多边形”，向内挤出 10mm。

最后选择面向入口处的 4 个面，选择“分离”命令，并赋予“浅色木纹”材质，最后将“UVW 贴图”设置为“长方体”，长宽高均设置为 800mm。剩下柜门边框的部分赋予“金属”材质。

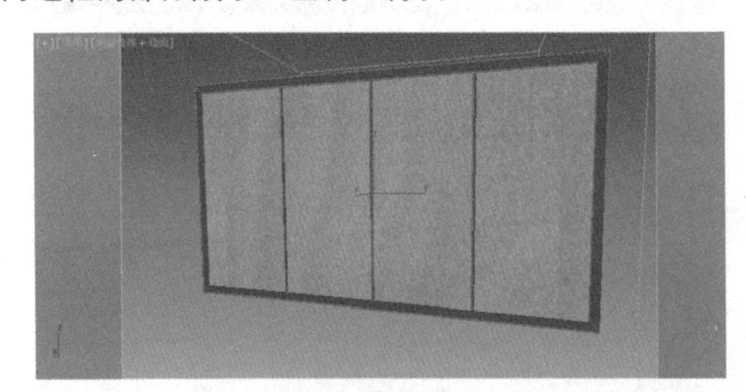

最后为整个柜子其他部分赋予“深色咖网.jpg”贴图，反射调整为 40，“反射光泽度”调整为 0.85，在“修改”命令面板中将“UVW 贴图”设置为“长方体”，长宽高设置为 800mm。

最后绘制一个长方体，长 500mm、宽 320mm、高 100mm 摆放在鞋柜旁，“UVW 贴图”设置为“长方体”，长宽高均设置为 800mm，作为装饰品的摆台。渲染之后的效果如下图所示。

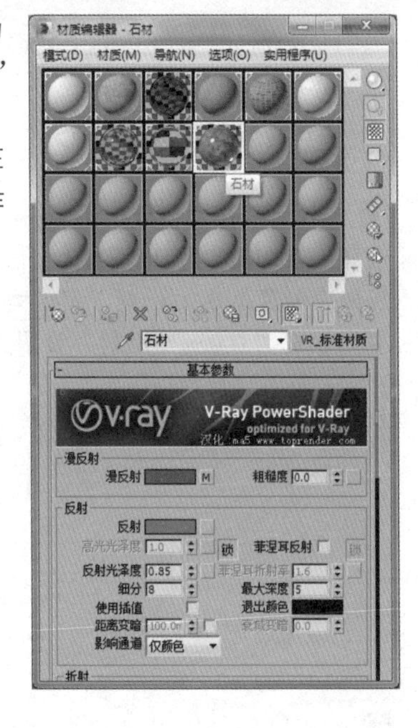

10.1.8 隔断玻璃

用“二维物体”绘制一个长 1200mm、宽 320mm 的矩形，然后转换为“可编辑样条线”，选择子集命令中的“边”，选择“轮廓”为 40mm，并“挤出”40mm。上下再分别添加两个“长方体”，长 1050mm、宽 80mm、高 40mm，摆放位置如下左图所示。

为绘制好的外框赋予“金属”材质，再绘制一个高为 20mm 的长方体，放置在框内，如下右图所示，并为其赋予“混合材质”。

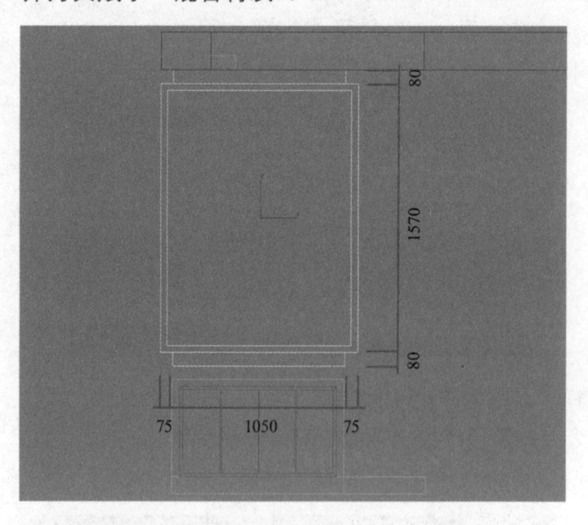

下面来混合材质。

01 在“材质 / 贴图浏览器”中选择“混合”材质。

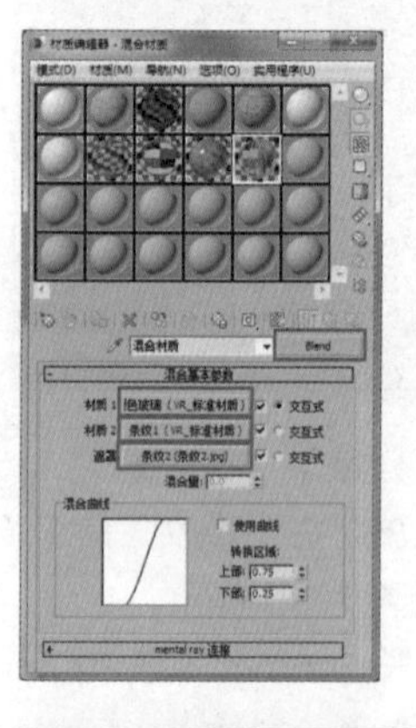

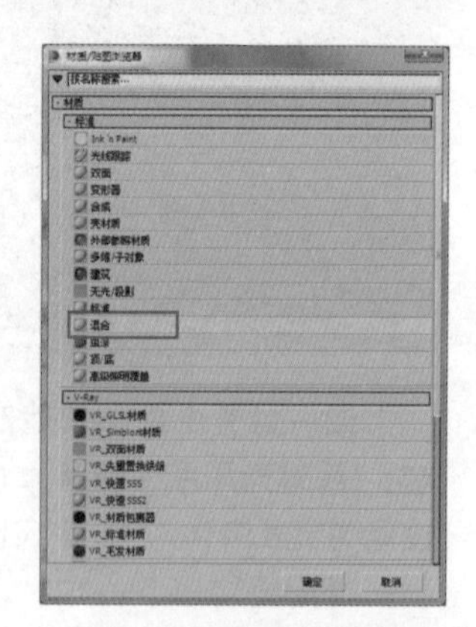

02 在“混合基本参数”中单击“材质 1”后面的按钮，在“材质 1”中设置为“暖色玻璃”，将“漫反射”设置为 0，“反射”设置为 255，“反射光泽度”设置为 0.98，“折射”设置为偏暖的淡黄色，开启“菲涅耳反射”。

03 在“材质 2”中贴入“条纹 1.jpg”贴图。

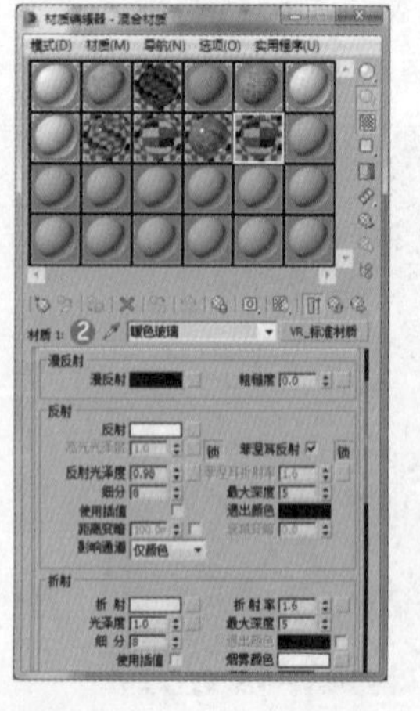

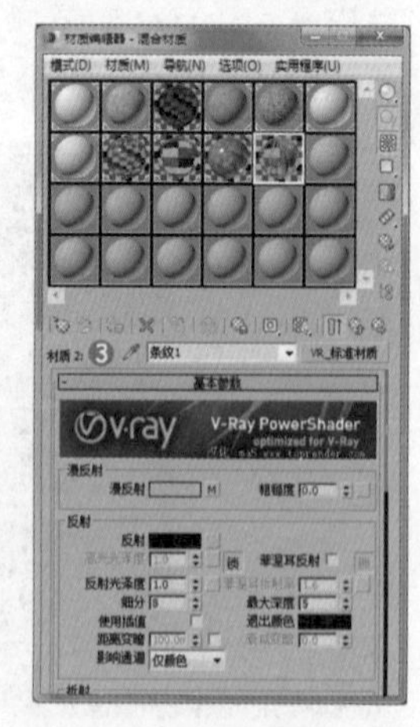

04 在“遮罩”中贴入“条纹 2.jpg”贴图，完成材质设置。

将调整好的材质球赋予到物体上，将“UVW 贴图”设置为“长方体”，长 2200mm、宽 350mm、高 20mm。

隔断玻璃被赋予“混合材质”之后，渲染出来的效果如下右图所示。

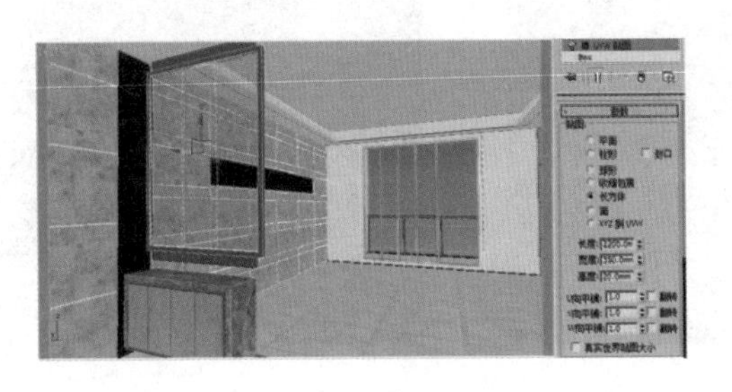

10.1.9 地面拼花铺装

在住宅入户的位置，地面铺装中设计有拼花效果，使玄关处看起来更饱满，摆放位置如下左图所示。

搭配使用“二维物体”中的“线”和“矩形”，绘制出拼花，具体尺寸如下右图所示，挤出 1mm，并赋予“石材.jpg”贴图材质，将“反射”设置为 10，最后将“UVW 贴图”设置为“长方体”，长宽高均设置为 800mm。

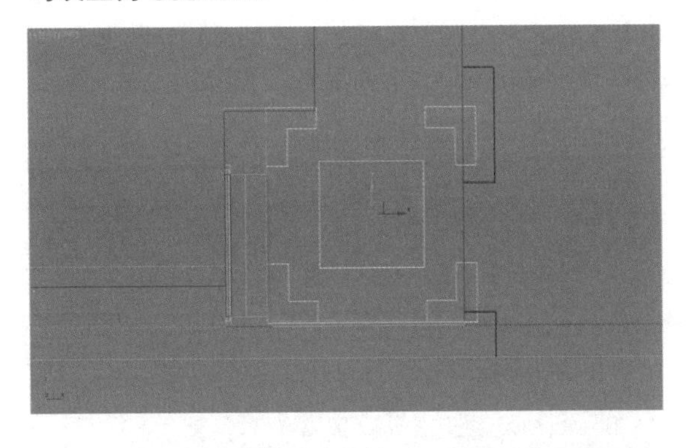
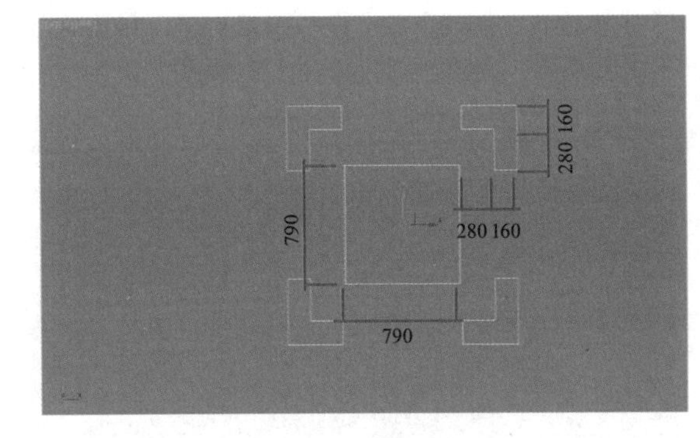

10.1.10 射灯

参照之前介绍过的筒灯画法，将筒灯的位置安放在如下左图所示的位置。

效果如下右图所示。

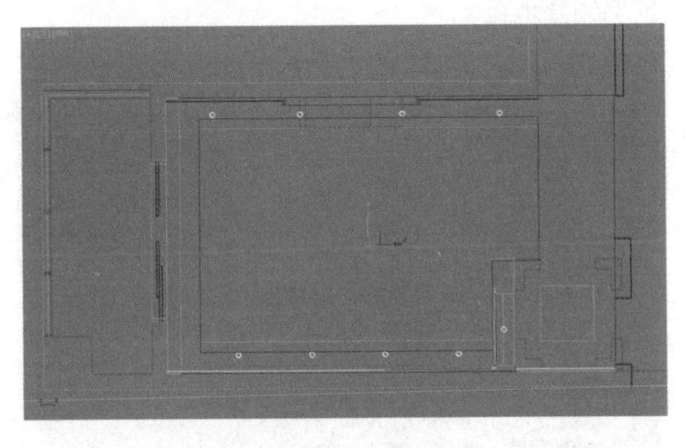

10.2 调取模型

完成墙体建模之后，将室内家具模型调入其中，模型的大小与摆放位置都要有所考究。

调入模型之后的效果如下右图所示。

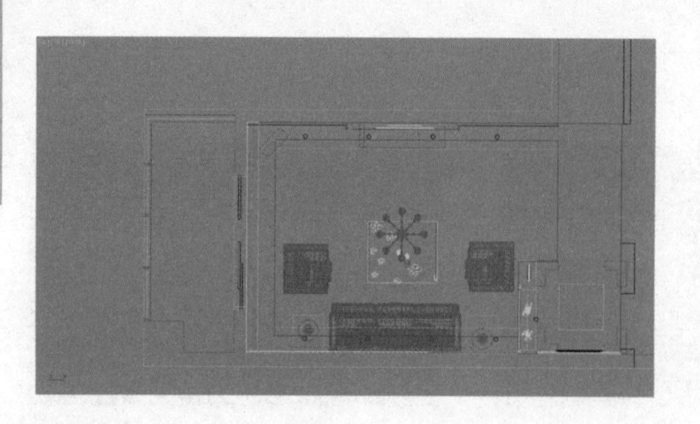

10.3 高级建模（用“VR-毛发”创建地毯）

现在家庭中常会在茶几下方摆放一块地毯，使整个客厅看起来更加舒适。在这里将介绍一种建模地毯的方法。

首先在“三维物体”中选择子集命令“面”，长和宽可以根据实际情况而定，摆放在茶几下方即可，在“长、宽分段”中长和宽分别调整为40，如下左图所示。

然后在“创建”命令面板中选择“三维物体”，在其下拉列表中选择VRay层级中的“VR-毛发”，如下右图所示，“长度”为70mm，“厚度”为1mm，“重力”为“-3mm”，“弯曲度”为1mm。

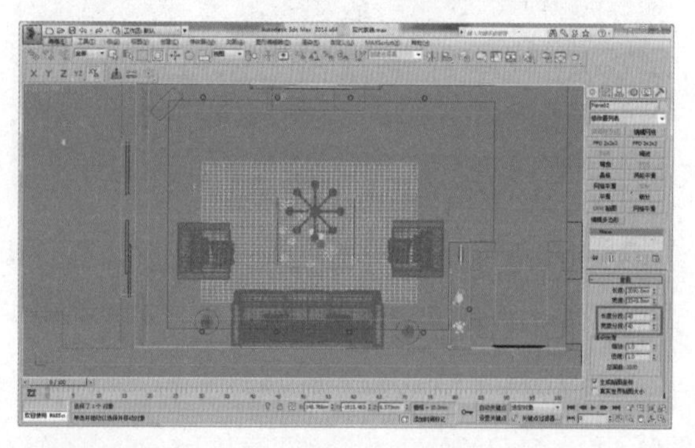

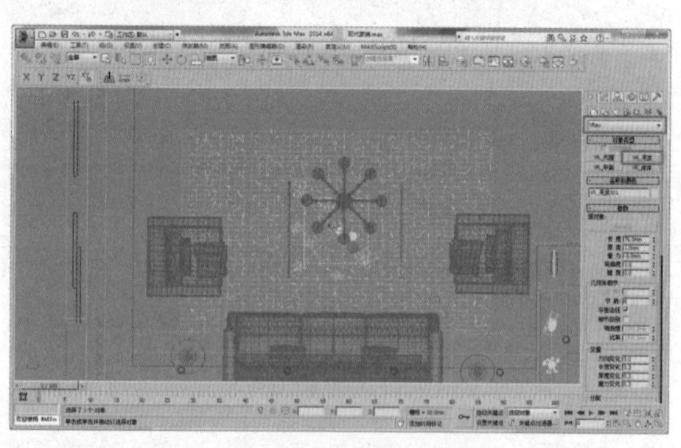

新选择一个材质球，将“漫反射”调整为暖色，分别赋予“平面”和“VR-毛发”上。

渲染之后的效果如下右图所示，完成利用“VR-毛发”创建地毯。

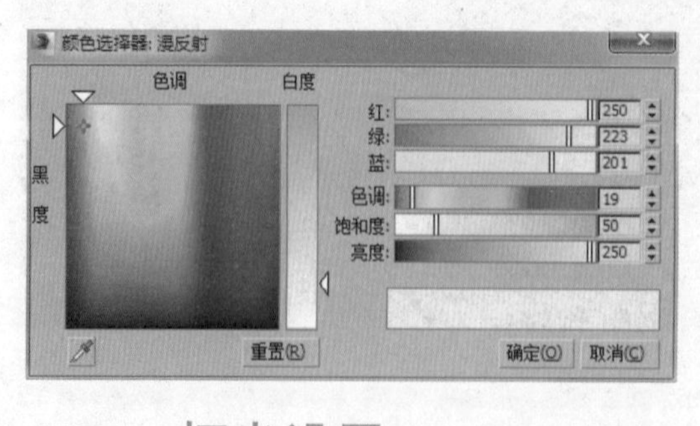

10.4 灯光设置

在家装中，“VR-光源”可以控制整个场景中的整体色调，而“目标光源”主要用于气氛的烘托，下面将分别详细介绍。

10.4.1 VR-光源

先在房间顶端打两个“VR-光源”，如下左图所示，将房间整体照亮，“倍增器”调整为1，再将“颜色”调整为偏暖的黄色。

在天花的凹槽内向上打两盏，作为吊顶灯带，“倍增器”调整为1.5，再将“颜色”同样调整为偏暖的黄色。

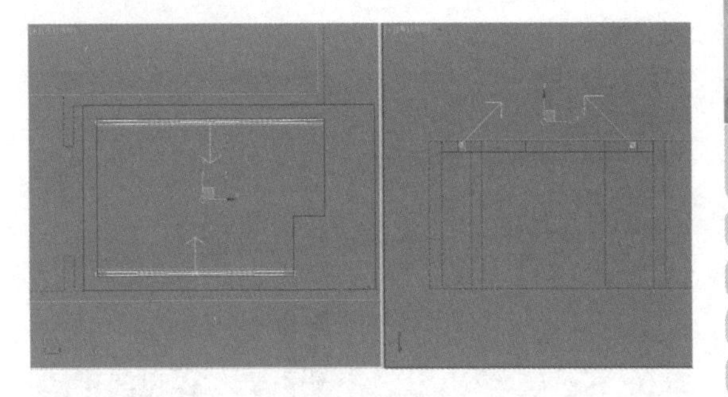

在电视背景拼花前面，放入3个“VR-光源”，用于增强拼花的艺术效果，“倍增器”调整为1，再将“颜色”调整为偏淡黄色。

提亮鞋柜下方，“倍增器”调整为1，再将“颜色”调整为偏冷的浅蓝色。

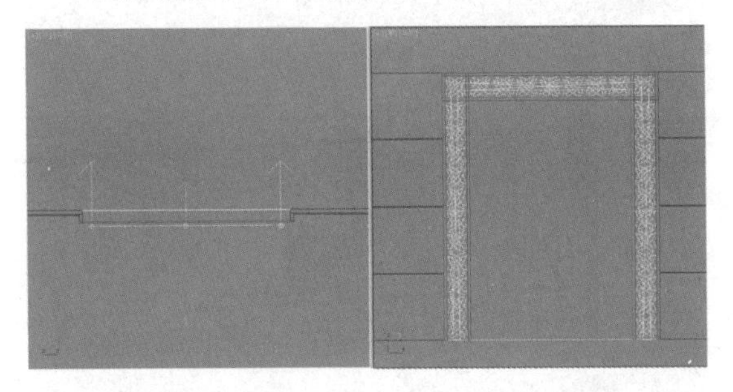

在室外打一盏“VR-光源”，将“类型”更改为“球体”，作为室外模拟的光源颜色，“倍增器”更改为“30”，“颜色”调整为偏暖的黄色。

摆放位置如下图所示。

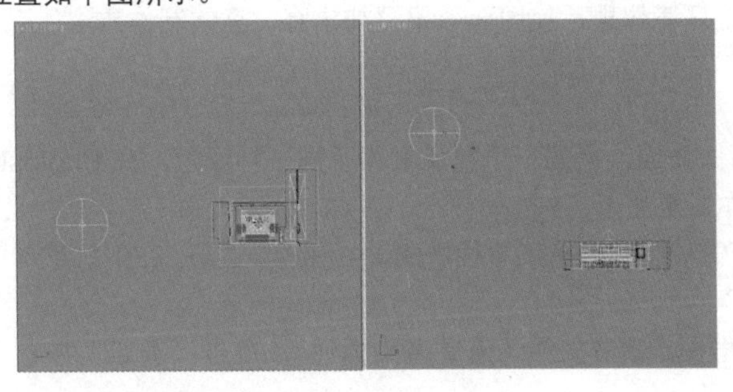

最后还是使用“类型”为“球体”的“VR-光源”，放在灯具中，模拟灯泡的亮度，“倍增器”调整为4，如下左图所示。

最后完成效果如下右图所示。

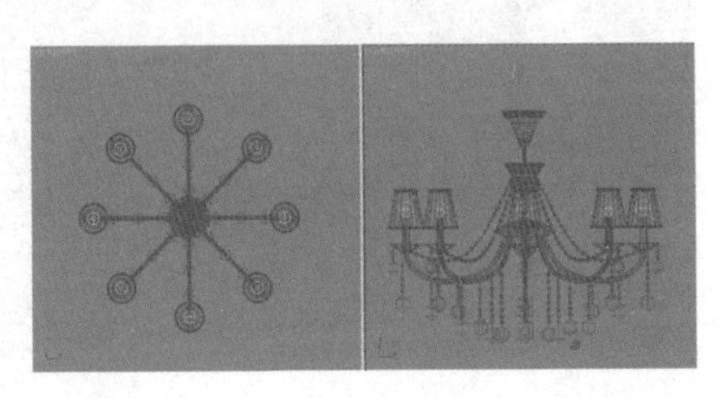

10.4.2 目标光源

选择“光度学”中的“目标灯光”，并为其赋予“5.ies”光域网。放在筒灯下的目标灯光“强度”选择 cd，数值调整到 600，室内其他陈设上的目标灯光“强度”cd 则调整为 400，大致的摆放效果如下左图所示。

最后在“渲染设置”中设置图片的尺寸，在“输出大小”中将“宽度”设置为 1200，“高度”设置为 750。

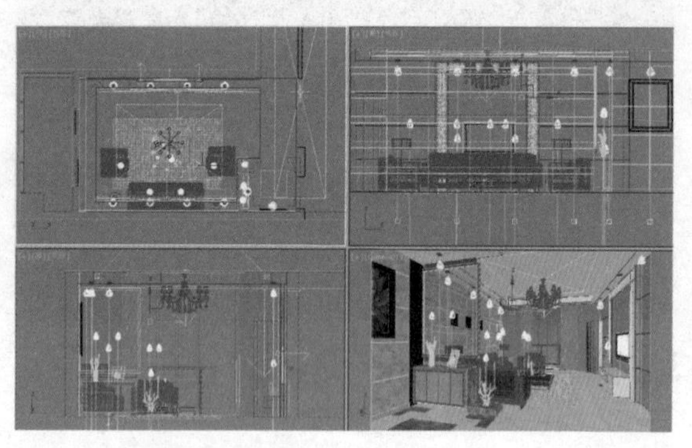

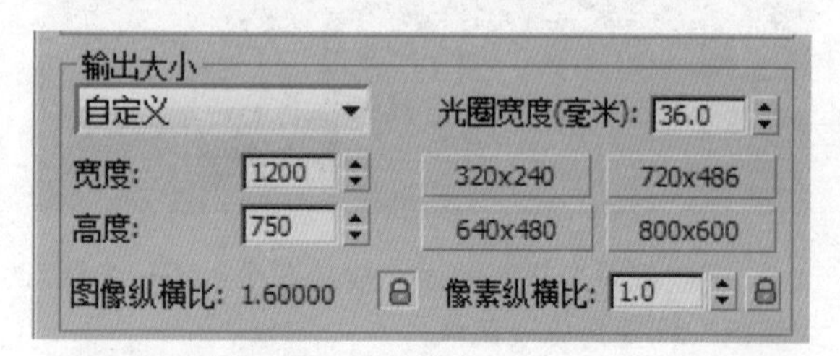

渲染之后的效果如右图所示，最后保存为“.tga”格式文件。

10.5 后期处理

通过后期处理可以在阳台外添加外景环境效果，使图面效果更加丰富。具体制作方法如下。

10.5.1 通道渲染

“通道渲染”插件是为了方便后期图像处理，将同一个材质变为了同一种颜色，在 Photoshop 中可以更方便地选中选区，进行调整。具体操作方法如下。

完成所有文件的制作之后，先保存下来，然后选择菜单栏中的 MAXScript(X) 选项，在下拉菜单中选择“运行脚本”。

在弹出的“选择编辑器文件”对话框中选择文件（通道渲染插件），单击“确定”按钮之后，摄影机视口就会出现如下右图所示的效果。

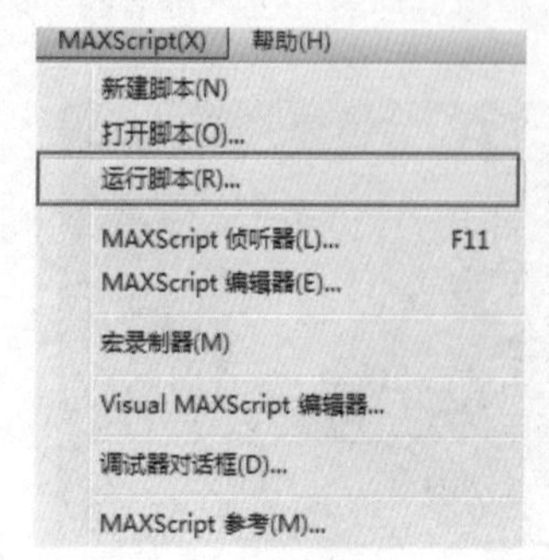

在渲染设置中，将渲染器更改为“默认扫描线渲染器”。

因为此时渲染器更改为默认，因此地毯用到的“VR_毛发”显示不出来，所以此时我们先将“VR_毛发”暂时删除。通道渲染完成之后，选择“撤销”一步，“VR_毛发”又将出现。

在“渲染设置”中控制“输出大小”，“宽”为1200，“高”为750，与之前渲染出来的完整图片统一大小，最后单击“渲染”按钮，渲染出来的效果如下右图所示，最后也保存为“.tga”格式的文件。

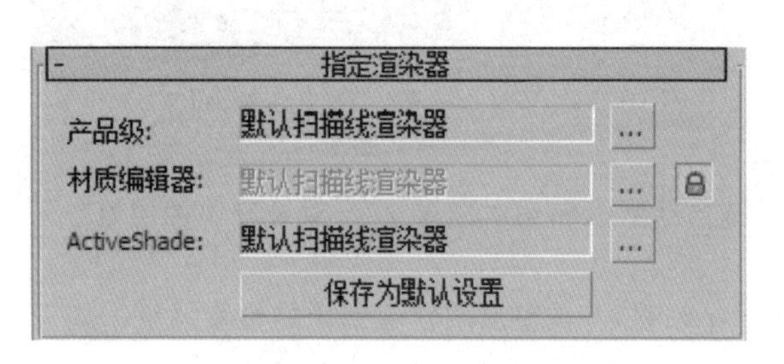

10.5.2 Photoshop 后期处理

将两张图同时放入Photoshop中，分别解锁图层，在图层面板中双击，弹出“新建图层”对话框，然后单击“确定”按钮。

最后图层面板中将会变为，此时图层中小锁标记消失，代表已解锁。

将两张图片拖曳对齐放在同一个文件中，尽量保持通道图在上，效果图在下。成为不同的图层之后，通道渲染出来的图像命名为“图层1”，带有材质的完整图片命名为“图层0”，选择魔棒工具（快捷键为W键）选中除栏杆和收拉门框之外的外部空间，会出现虚线，如下右图所示。这里需要注意的是，选中魔棒工具之后，在选项栏中会出现选项，可以或加选或减选所选区域，快捷键分别是Shift和Alt。

将“图层1”前面的开关暂时关闭，只显示“图层0”，之前选中区域的虚线依旧存在，然后单击Delete键删除窗外蓝色背景。

删除之后的效果如下右图所示。

另外准备一张风景图作为窗外背景，通过在 Photoshop 中降低其对比度以及通过对“曲线”的调整，提高图片亮度。修改前后效果如下图所示。

用与之前相同的方法将风景图放入效果图中，系统自动默认名为“图层 2”，放置在“图层 0”下方，这里图层的顺序直接影响显示的顺序。

选中“图层 2”，利用移动工具移动图片（快捷键为 V 键），调整从阳台看到树的位置关系，如下右图所示。

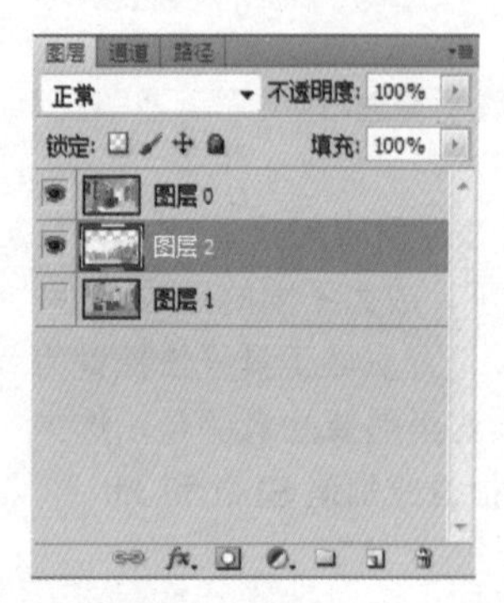

在图层面板中单击按钮，新建一个图层并将其命名为“图层 3”，然后再将“图层 1”直接拖曳到“图层 3”上方。

在通道图中选中阳台玻璃的部分，如下右图所示。

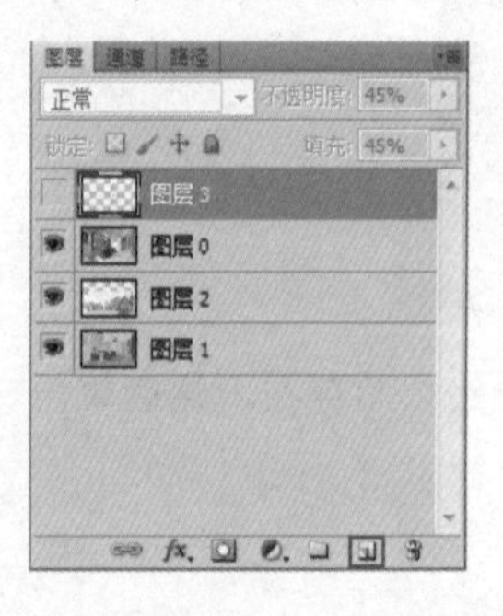

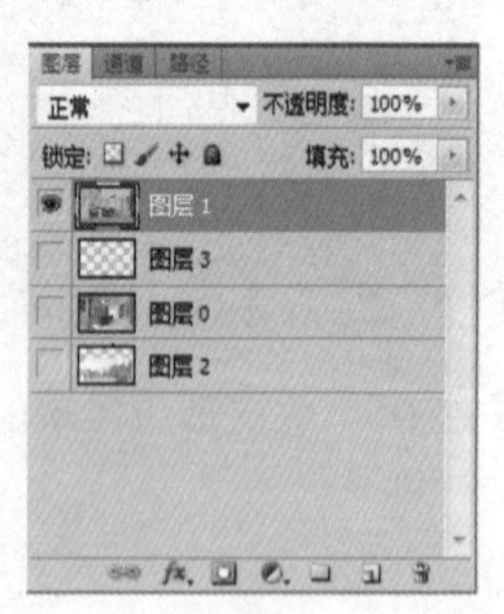

再将通道图关闭，拖曳到下方，选中“图层 3”，玻璃位置有所显示，如右图所示。

首先将拾色器的前一个色块更改为淡灰蓝色，然后选择油漆桶工具，单击虚线选中区域。

填充之后的效果如下右图所示。

将“图层 3”的“填充”设置为 45%。

栏杆玻璃完成，最后选中“图层 0”，再利用“曲线”将整个房间的明度提高一些，一张完整的室内效果图就完成了。

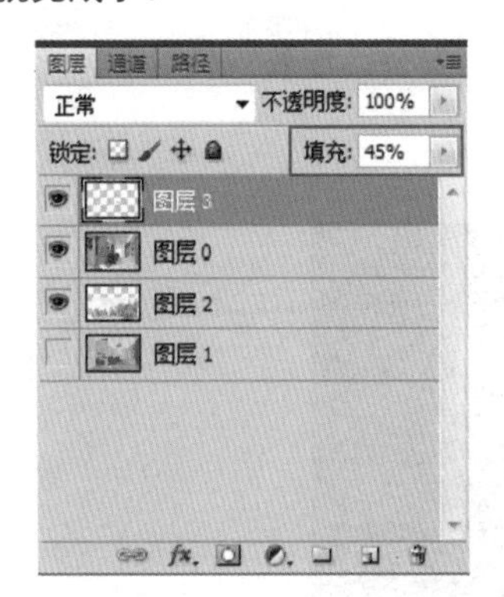

10.6 最终完成效果

起居室家装设计最终完成效果如下图所示。

Chapter 11 洗浴会所设计

本章概述

本章详细了描述了一个公共空间洗浴会所设计，将会介绍如何根据图片建模，这样可以更方便地创建出异形的造型，增加画面的设计感，另外还介绍了在同一个模型中有两个摄影机的情况下如何进行批量渲染。

核心知识点

❶ 根据图片建模
❷ 特殊材质的创建
❸ 批量渲染设置

11.1 初期建模

在起居室的初期建模中，将会着重介绍几种室内常见物体的建模方法，以及物体的摆放形式，在材质方面主要介绍“混合材质”的实际运用。

整理完成的CAD图如右图所示，标识了一些功能分区。

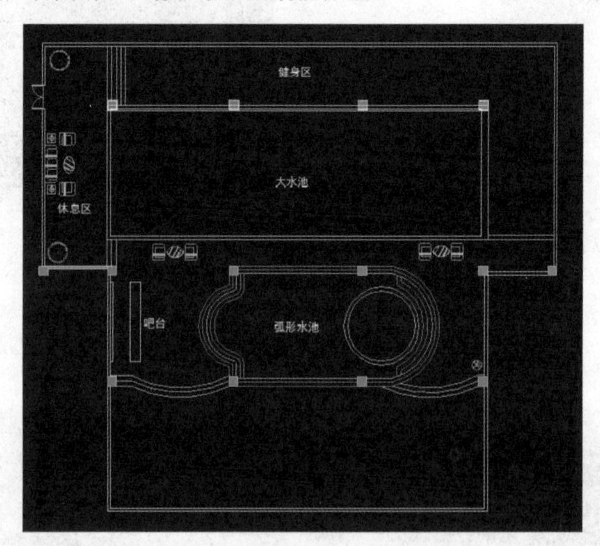

11.1.1 墙体和地面

打开3ds Max，统一单位之后，将CAD平面图导入到视图中，与之前几个例子一样，成组命名之后将线框的颜色统一，然后设置原点并冻结，如下左图所示。最后将渲染器设置为第一次渲染设置参数。

与之前绘制墙体的方法一样，用“二维物体”中的“线”描墙体线，留出门的位置，再设置“轮廓”为200mm，最后挤出外墙高5700mm，再赋予其“米黄大理石”贴图，如下右图所示。

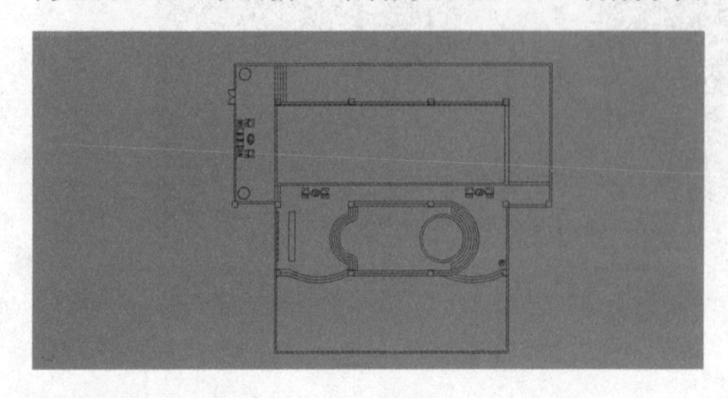

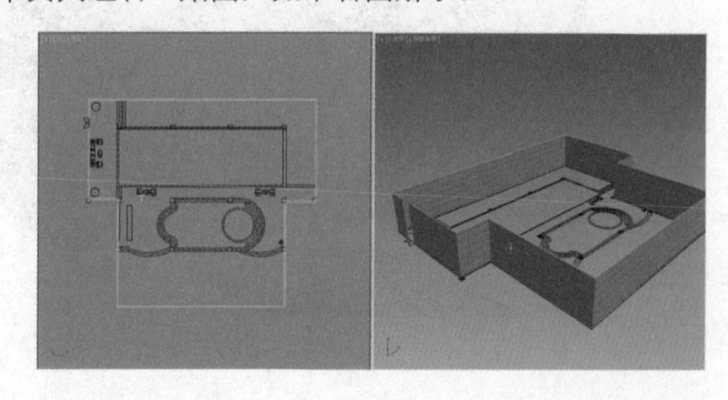

再用“线”描出墙内地面，闭合线段之后“挤出”10mm，并赋予“地面砖”贴图，“反射”设置为40，“高光光泽度”设置为0.7，“反射光泽度”设置为0.8。在“UVW贴图”中选择“长方体”，长宽高均为800mm。

效果如下图所示。

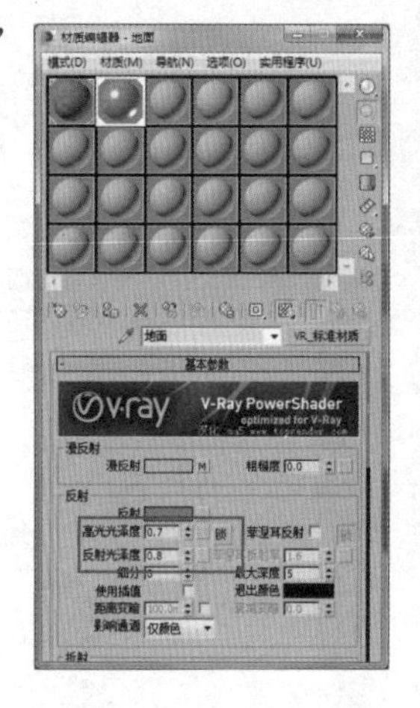

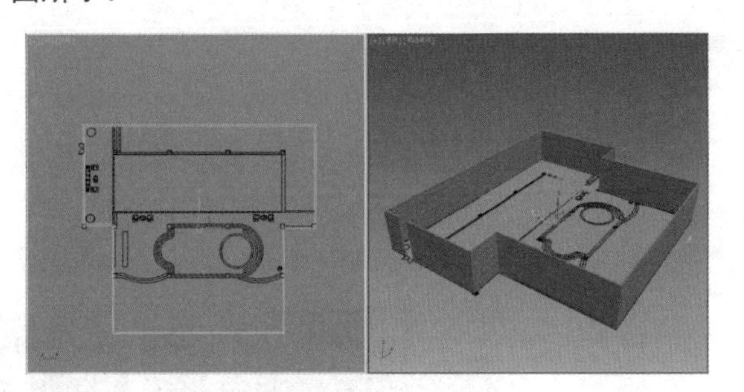

11.1.2 马赛克拼花柱子

在室内中可以看到柱子的地方，选择“三维物体”中的“圆柱形”，“半径”为500mm，“高度”为5700mm，“分段”为1，“边数”为18，需要摆放的位置如下图所示。

选择一个混合材质，如右图所示。

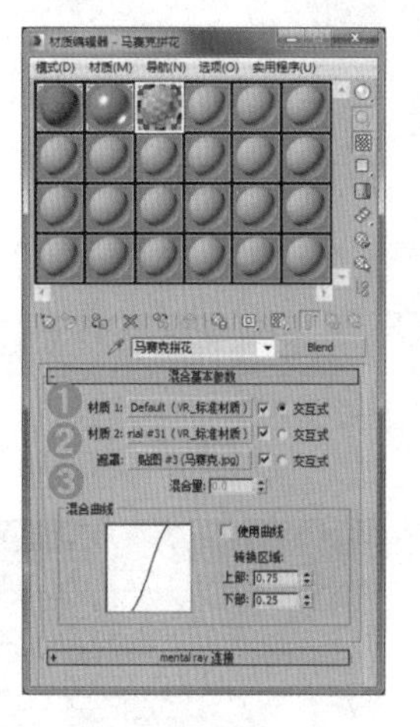

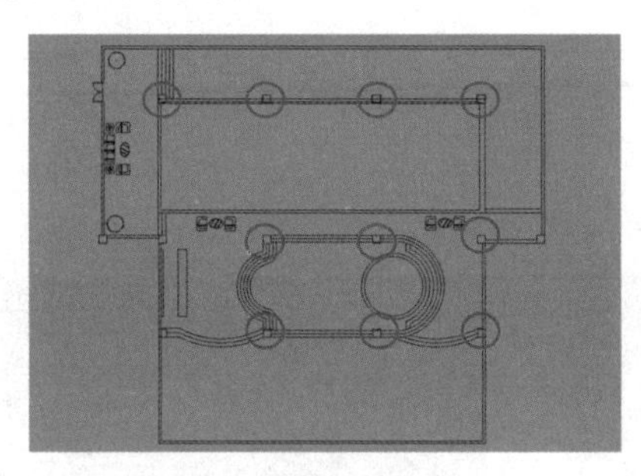

“材质1”设置为“标准材质”，漫反射为灰色，“反射”设置为240；“材质2”设置为“标准材质”，漫反射为白色，“反射”设置为30。

最后在“遮罩”中，将“马赛克.jpg”图赋予上去，将“坐标”中的“模糊”更改为1.0，在“位图参数”的“裁剪、放置”中勾选“应用”，然后选择“查看图像”。

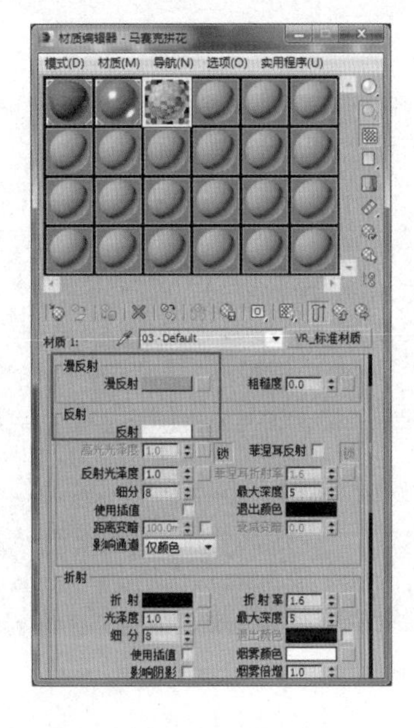

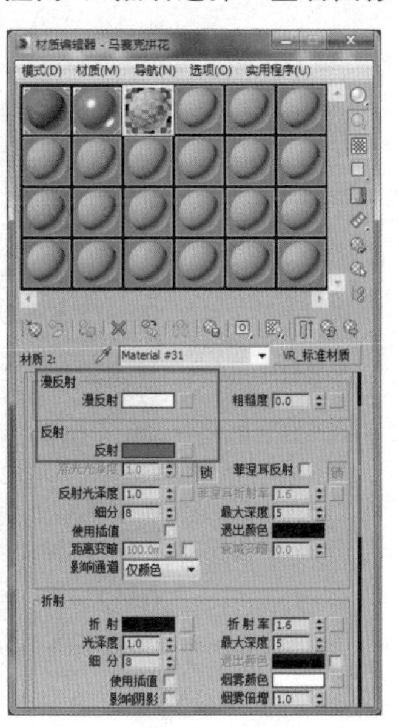

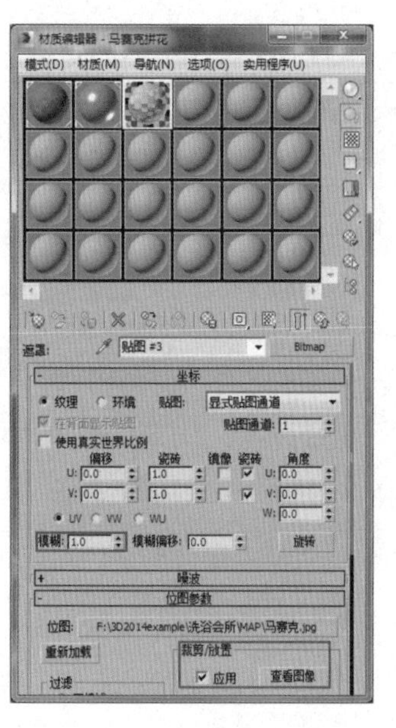

选择“查看图像”之后，会弹出所放置的贴图视口，四周有红色边框，红色边框选中的图形就是会在物体上显示出来的图形。将红色边框四周的小正方形移动到如下左图所示的位置。

最后赋予在柱子上之后的效果如下右图所示。

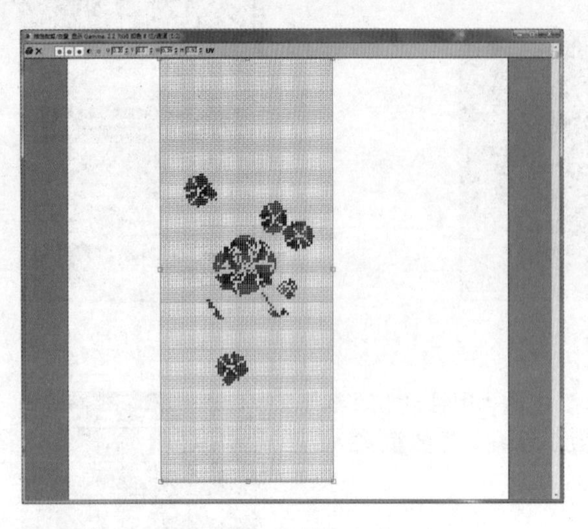

11.1.3 设置两个摄影机

创建两个目标摄影机，位置如下左图所示，在“备用镜头”中选择 24mm，摄影机上抬的高度为 1200mm。

分别设置 Camera1 与 Camera2。

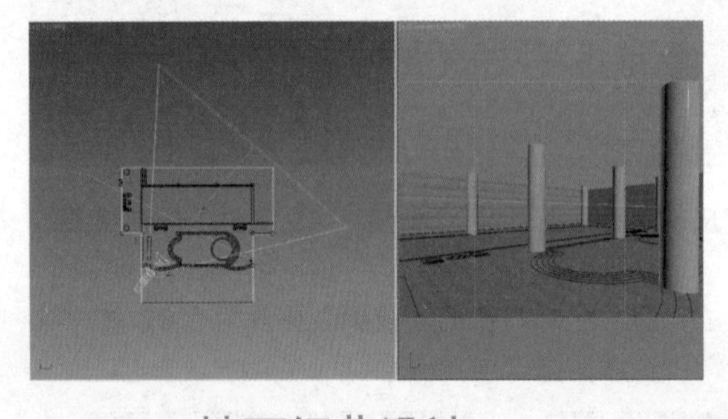

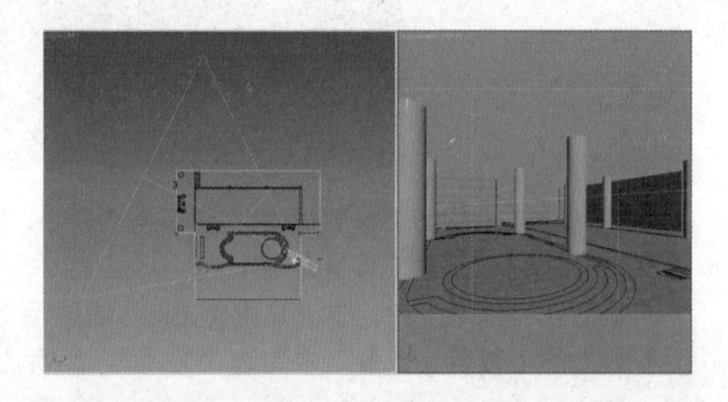

11.1.4 地面细节设计

会所的内部平面标高如右图所示。

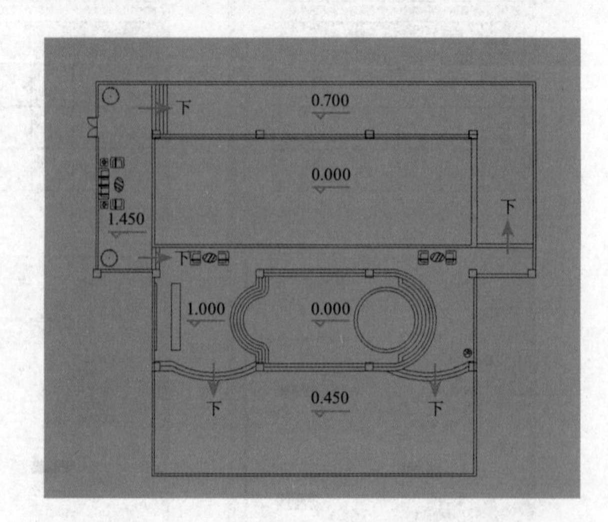

用“线”描出如下部分，“挤出”1000mm。这里需要注意的是，在“挤出”之前，要在侧视图中确定每一个点都在同一个平面上，如果不在同一个平面上，选择“Line”的子集命令“顶点”，选中之后通过移动，将其设置为同处于一个平面上，再执行“挤出”命令。“挤出”完成之后的效果如下左图所示。

使用相同的方法，描出“弧形水池”的水池边沿，“挤出”1020mm，如下右图所示。

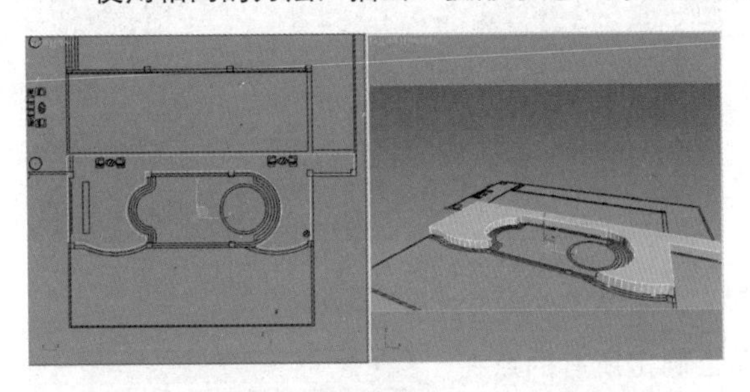

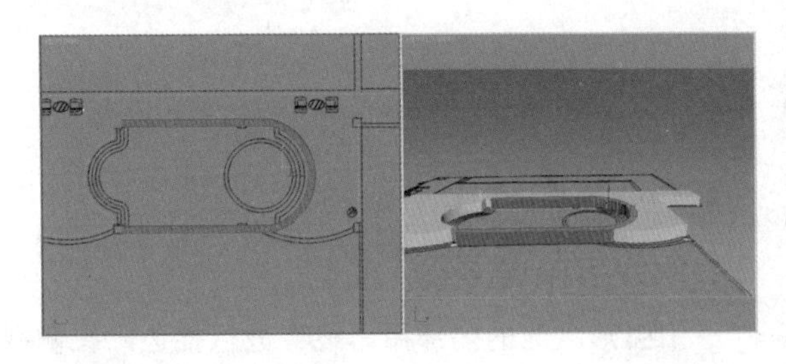

用“二维物体”中的“弧”描水池外弧的另外一条边缘线，如下右图所示。

选择“编辑样条线”的子集命令“样条线”，选择“轮廓”为500mm。

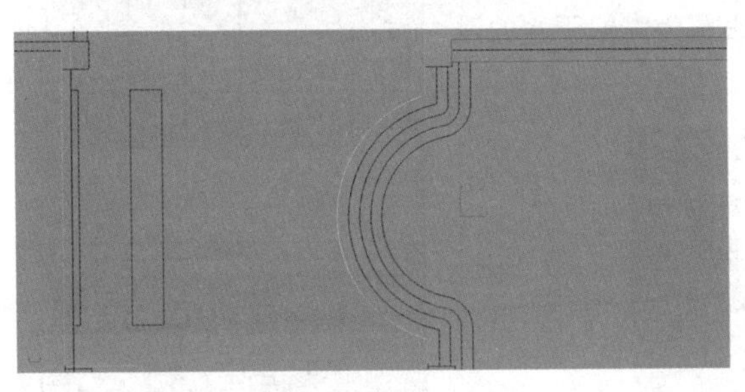

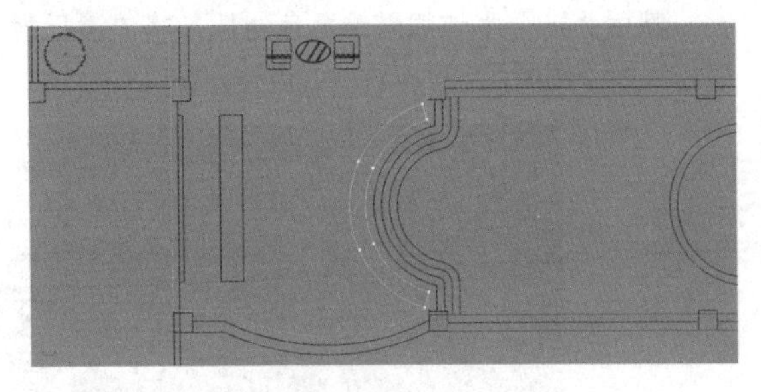

再选择点，将两边的点拖动到如下左图所示的位置，最后“挤出”20mm。

用“线”描出一层楼梯并“挤出”50mm，如下右图所示。

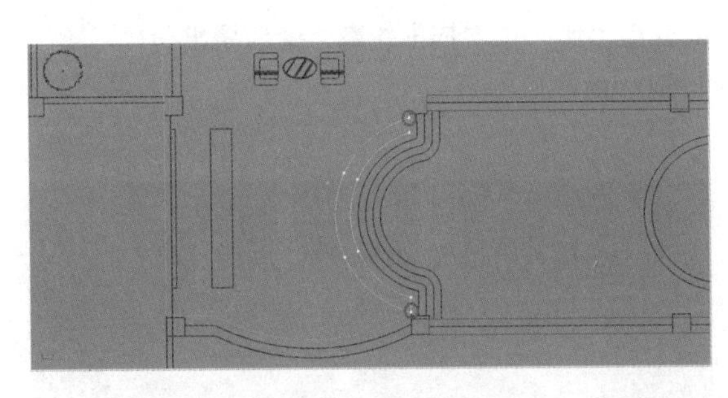

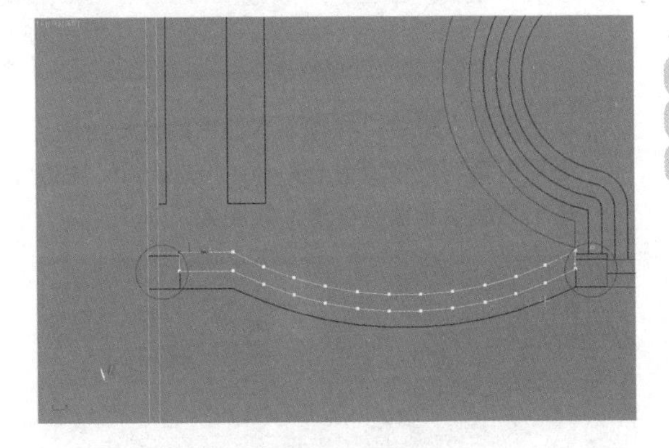

再描出第二级踏步，如下左图所示。同样“挤出”50mm，两层之间的间距为150mm。

还是用“线”描出弧形水池下的大块面积，如下右图所示，然后“挤出”到450mm。

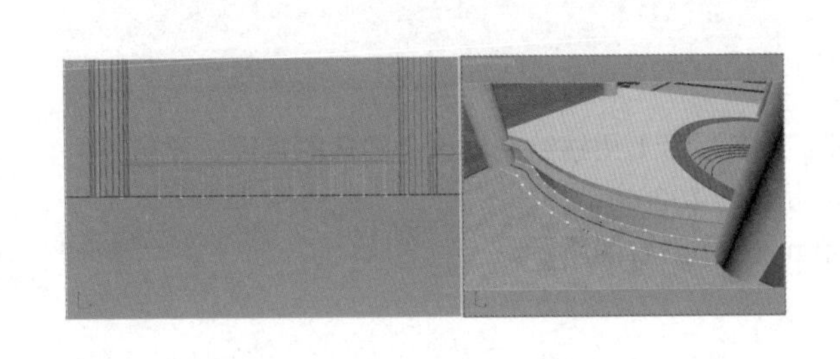

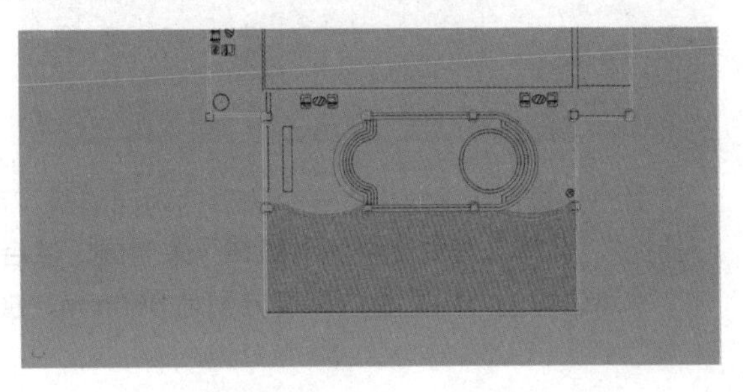

最后赋予“地面.jpg”贴图材质，弧形水池周边的台阶效果如右图所示。

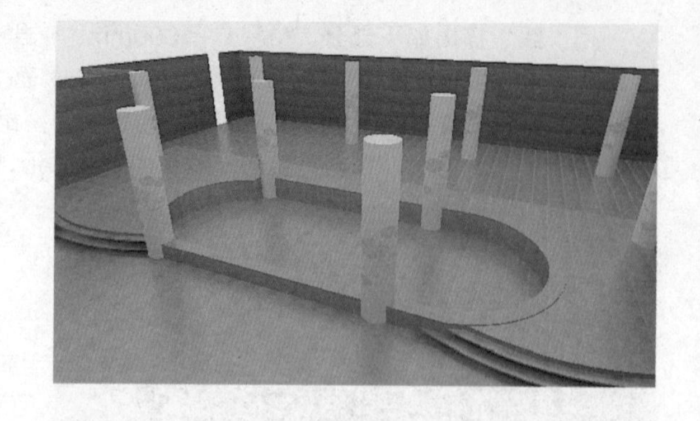

11.1.5 水池内部设计

沿弧形水池的内部用“线”进行描边，在侧视图上确定所有的点在同一个平面上之后，选择“样条线”，然后设置“轮廓”为 2mm，“挤出”900mm，命名为“水位线”。

然后为这个水位线赋予蓝色材质，将“漫反射”设置为类似于水的浅颜色，如下图所示。

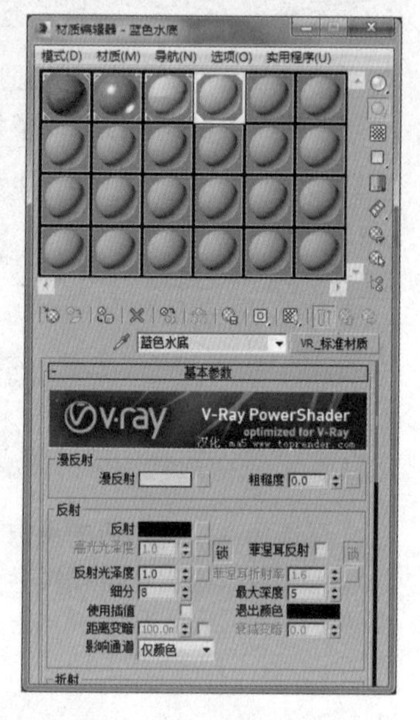

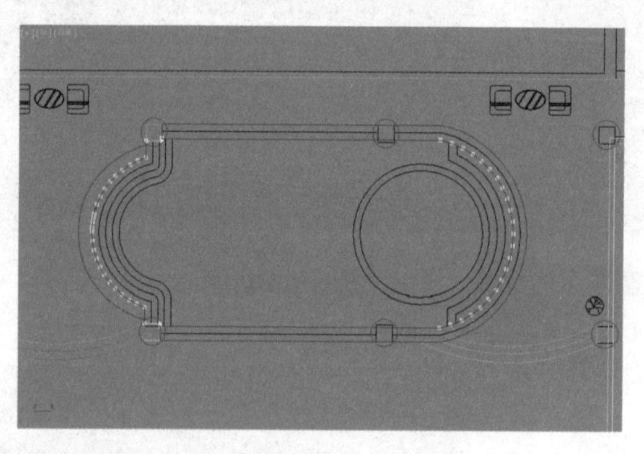

从平面图上来看，将进入水池中的台阶绘制出来，同样用“线”依次描出轮廓，然后挤出。

高度由高到低依次为 850mm、600mm、450mm 和 200mm。

挤出之后赋予蓝色材质，效果如下右图所示。

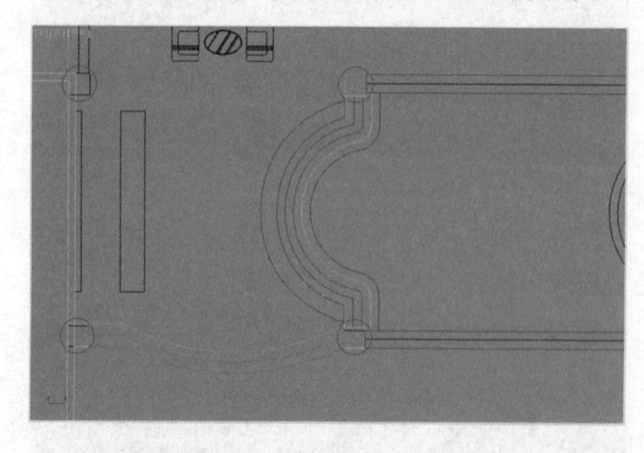

另外一边，在水池中有一个圆形的内部隔断，可以先在平面上用线绘制出这个圆环的直径，开启“中心捕捉”，选择二维物体中的“圆环”来完成，然后“挤出”400mm。

水池边缘的两级阶梯的高度分别是 850mm、600mm，如下右图所示。

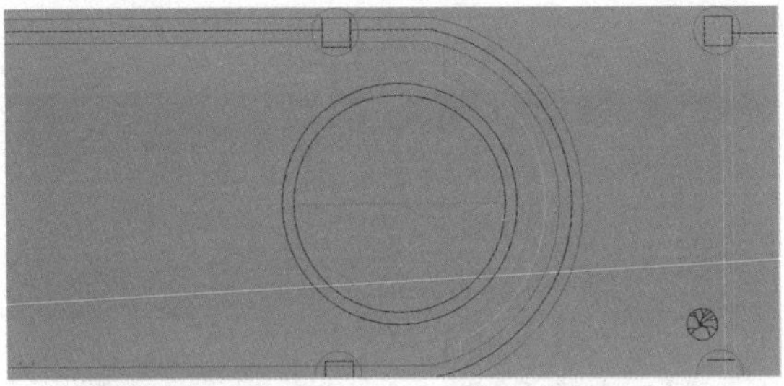

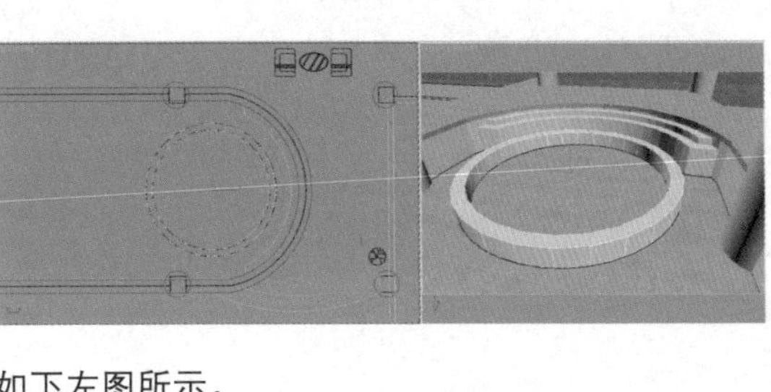

最后在水池中间绘制一个与水池一般大小的矩形，如下左图所示。

厚度设置为 2mm，赋予“水底瓷砖.jpg”贴图材质，在“UVW 贴图”中选择“长方体”，长宽高均设置为 600mm，完成弧形水池，效果如下右图所示。

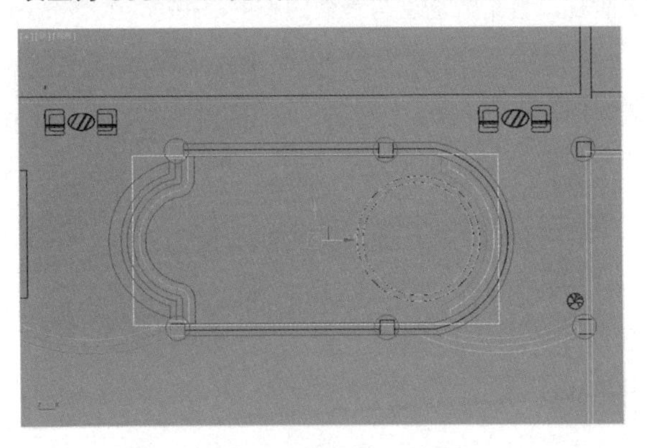

对于另外一边的方形水池，用“矩形”绘制出内框，转换为“编辑样条线”，然后选择子集命令“样条线”，再选择“轮廓”为 300mm，之后“挤出”1800mm。

为水池的外框赋予“地板.jpg”贴图材质，用相同的方法绘制“水位线”并赋予“水底瓷砖.jpg”贴图材质。

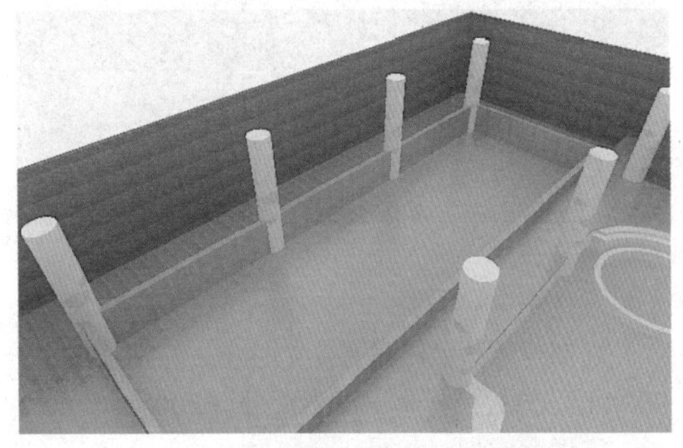

两个水池完成后的大致效果如右图所示。

11.1.6 地面层高设计

用“矩形”绘制出休息区，“挤出”1450mm。

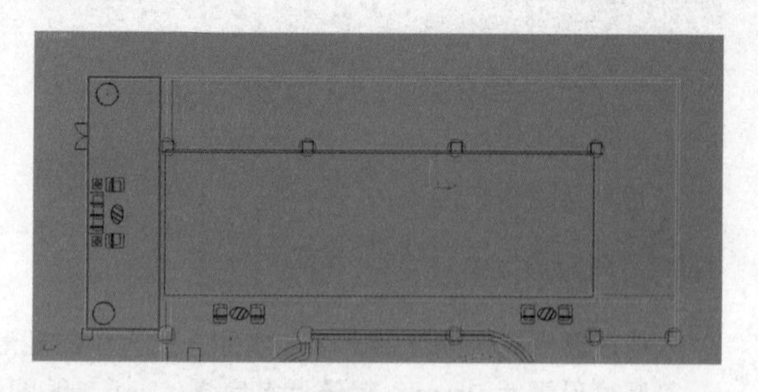

在图中 A 部分绘制出两级台阶，一级台阶的高度为 150mm，台阶的踏面为 300mm，如下左图所示；在图中 B 部分同理绘制出 4 级阶梯；C 部分绘制出 1 级阶梯，台阶的高度与踏面的长度都相同。

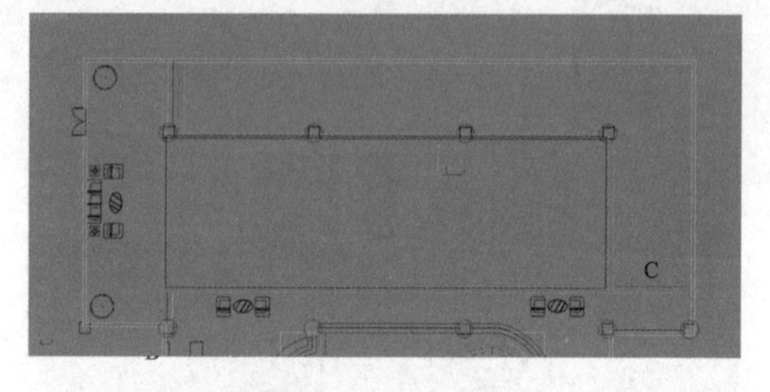

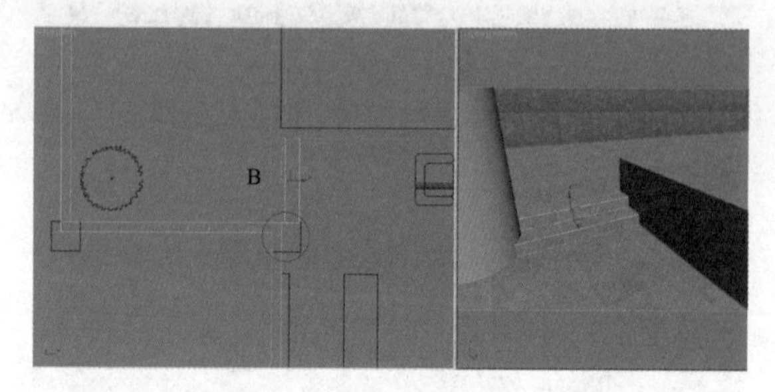

在以下红色框选部分，用线描出，然后“挤出”700mm。

完成地面所有台阶之后的效果如下右图所示。

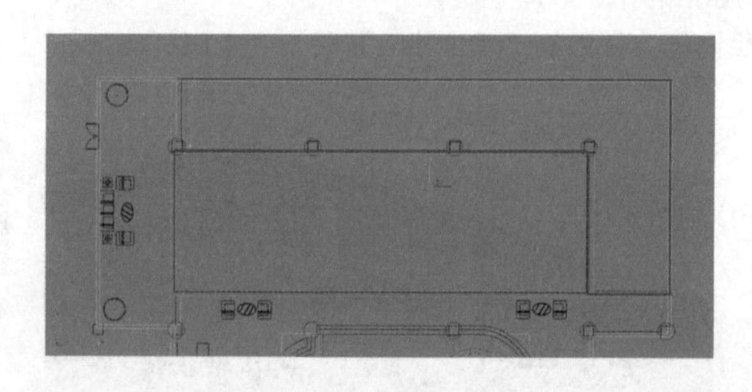

11.1.7 天花设计

在弧形水池的四周有 4 个柱子，在顶视图中分别在每个柱子上方用“二维物体”绘制“圆”，半径为 900mm，再绘制一个“矩形”，长 6700mm、宽 14200mm。

在确定它们都在同一个平面上之后，选择“编辑样条线”，选择子集命令“样条线”，将刚才绘制出的 5 个二维物体选择“附加”在一起成为一个整体，如下右图所示。

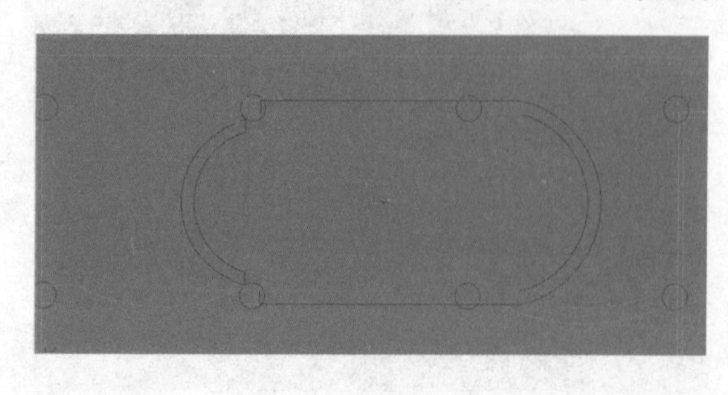

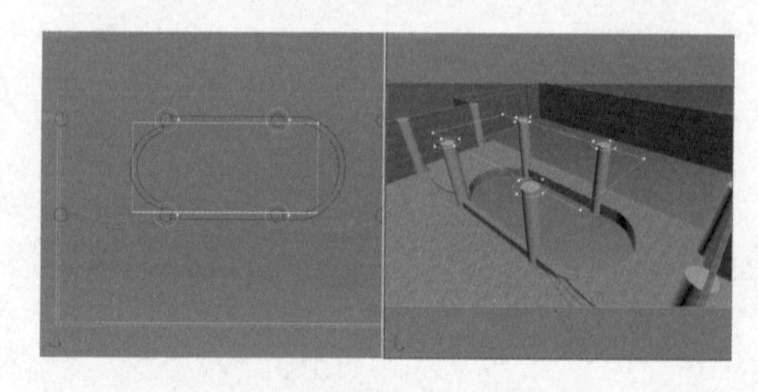

然后选择“样条线”中的“剪切”命令，剪掉其余部分，如下左图所示。

在这里需要注意的是，在“剪切”完成之后，确定每个点都连接在一起，如果没有，可以选择“焊接”将断开的点合并。

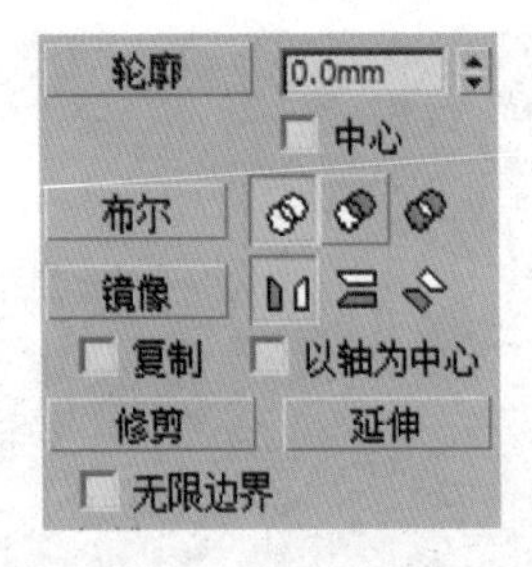

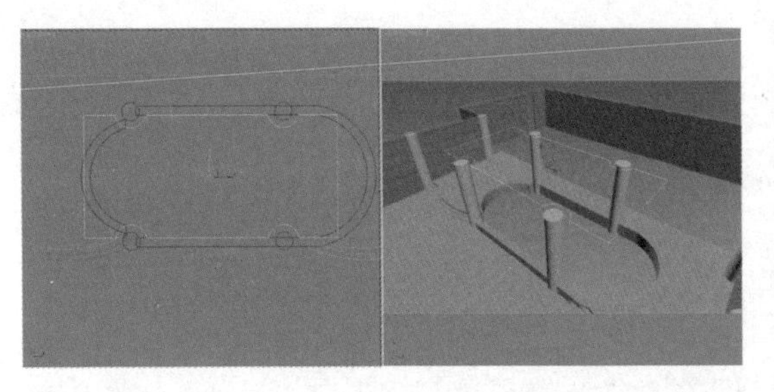

选择小半圆与矩形相交的6个点，如下左图所示。

在子集命令中选择“顶点”之后，再选择“圆角”为80mm，其中的局部效果如下右图所示。

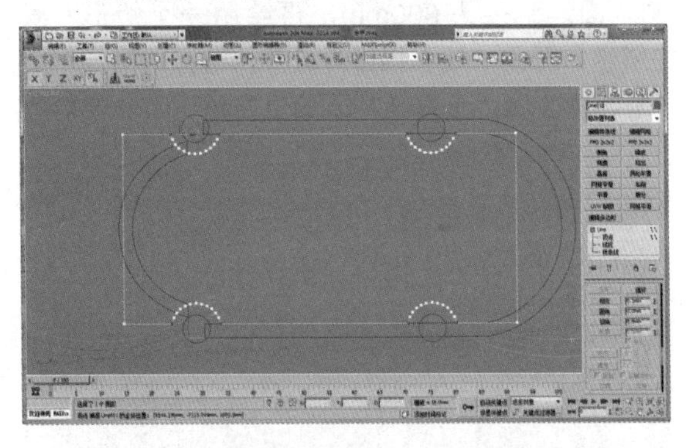

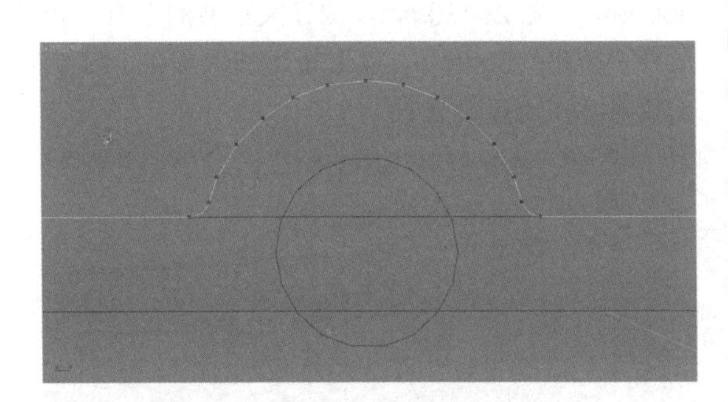

再选择矩形周围的4个顶角，如下左图所示，再倒“圆角”为80mm。

用“线”描出如下右图所示的外框，与大水池的边缘平齐并延伸，最后将两个线框“附加”在一起，再“挤出”100mm，摆放的高度为5200mm。

再用相同的方法绘制圆，半径为700mm，绘制一个矩形，长6900mm、宽14400mm。

附加为一个物体之后剪切其余部分。

最后再在外面绘制一个框，将两个图形“附加”在一起，“挤出”400mm，如下右图所示。

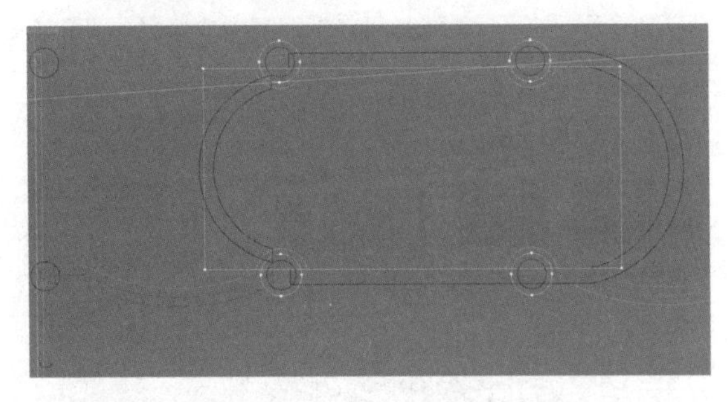

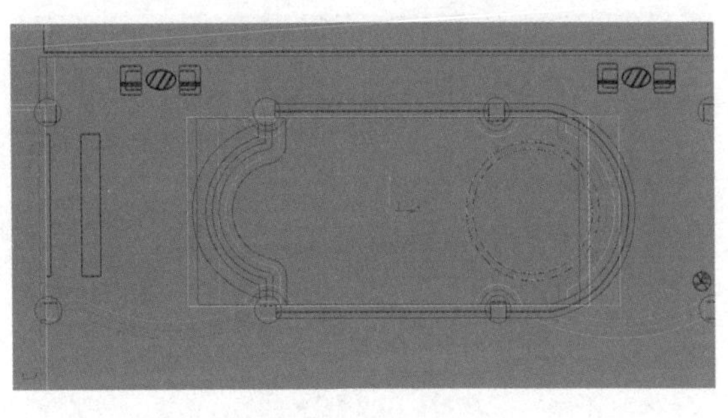

两个天花造型上下叠加摆放，在上面绘制一个可以覆盖整个空出位置的矩形，赋予“灰色漆”材质，将“漫反射”调整为深灰色，“反光光泽度”调整为 0.95。

弧形水池上方的天花效果如下右图所示。

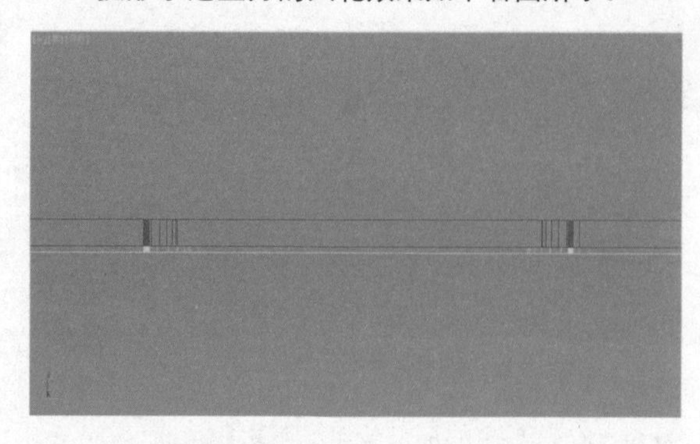

在顶视图上有柱子的位置采用“中心对齐”绘制。圆，半径为 600mm，再绘制一个矩形，长 8600mm、宽 25450mm，放在大水池的上方，如下左图所示。再用“线”描出外轮廓，选择“附加”之后再“挤出”500mm，此时挤出的天花上，柱子的上方是凹进去的，正好为柱子的上方留下了一圈灯槽的位置，如下右图所示。

最后绘制一个矩形，高为 2mm，赋予“灰色漆”材质，放在 4 个柱子口上面，用于遮光。再用“矩形”描边，向外设置“轮廓”为 20mm，然后“挤出”1500mm，赋予“墙面”材质。

从空间外向内看的效果如下右图所示。

使用“VR-灯光”，“倍增器”设置为 2，数量为 4，摆放位置如下左图所示。

整个室内大致效果如下右图所示。

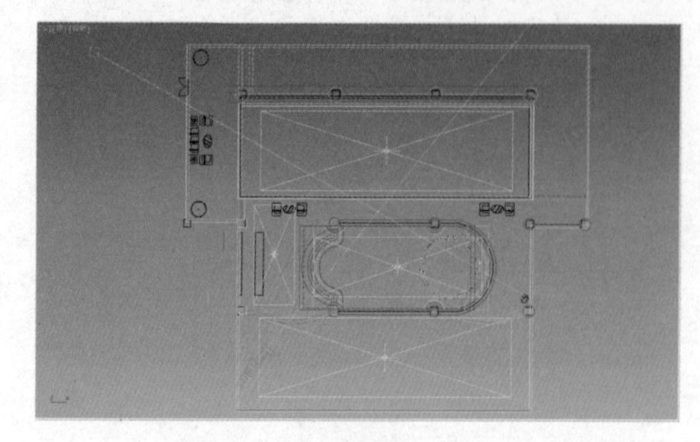

11.1.8 室内陈设设计

1. 酒柜

找到准备绘制酒柜的位置，在两边先绘制两个方形柱子，长为600mm、宽为800mm、高为5700mm，效果如下左图所示。

在两个柱子中间矩形部分预备放酒柜，如下右图所示。

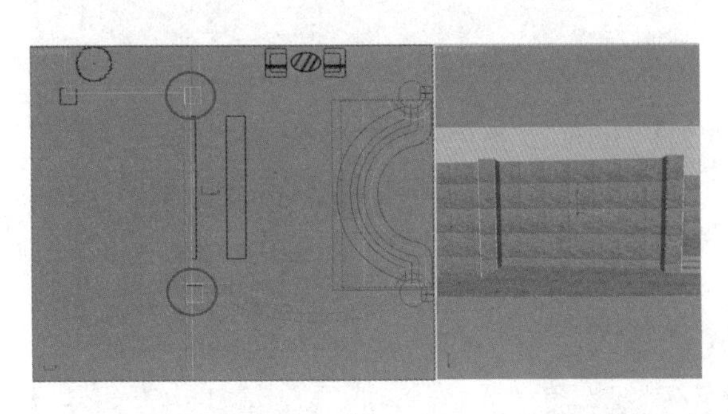

先绘制一个矩形，长600mm、宽750mm，如下左图所示。

再用“线”绘制出一个截面，两边的长度在70mm左右，如下右图所示。

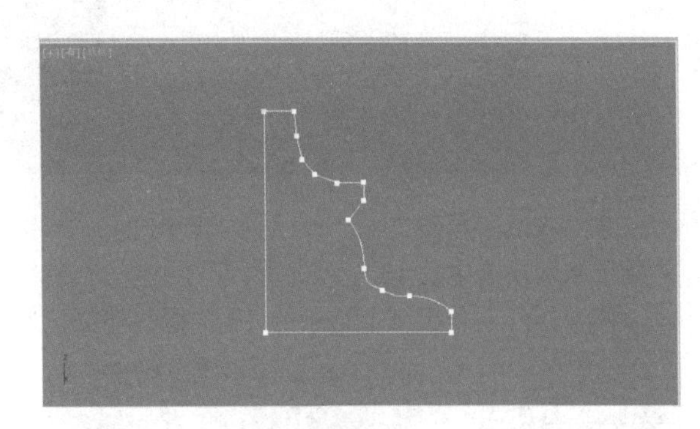

选择“放样”命令选择截面，再选择“拾取路径”，得到如下左图所示的图形。

赋予“深色木纹.jpg”贴图材质，在“UVW贴图”中选择“长方体”，长宽高均设置为800mm。通过复制得到如下右图所示的图形。

再绘制一个大一些的矩形，长1990mm、宽1500mm，同样也“放样”出外框。

选择中间的15个外框，将会进一步设计造型。

绘制一个矩形，与内框大小一样，用“轮廓”向外扩 10mm，然后“挤出”400mm，作为酒柜摆酒台，如下左图所示。

然后为其赋予“黄色石材”，并在“贴图”中将“自发光”调整为 60，后面同样也赋予“黄色石材.jpg”贴图。

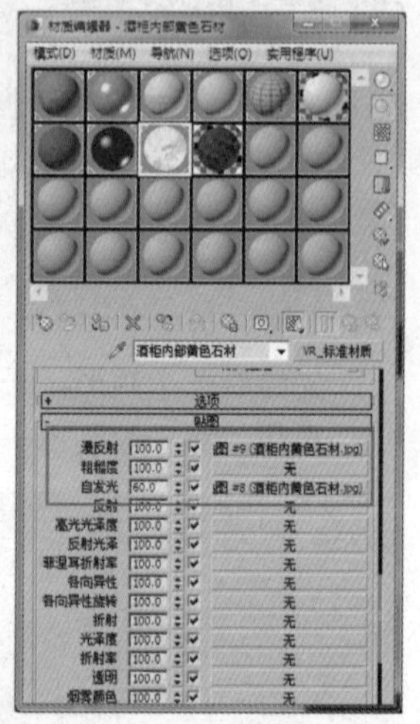

最后在后面再绘制一个厚度为 10mm 的长方体作为封口，并赋予“深棕色烤漆”材质，如下左图所示，并赋予到刚才选中的 15 个框后面。

用“矩形”框出刚才选中的 15 个框的外框，如下右图所示。

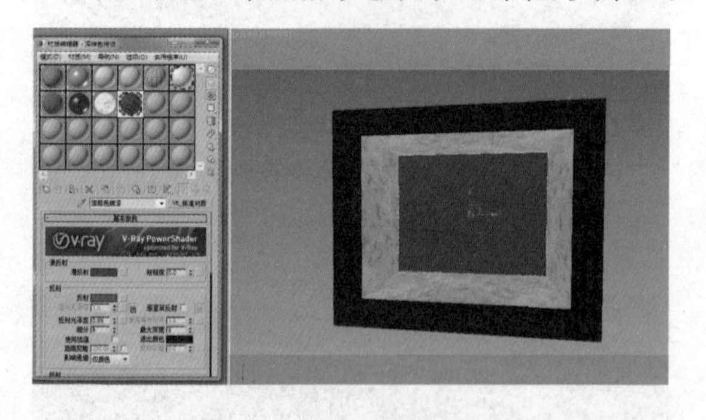

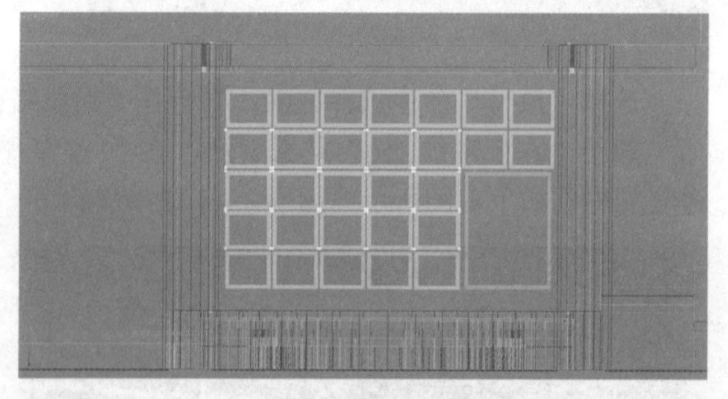

再加上整体的外框，全部“附加”到一起，如右图所示，最后“挤出”10mm。

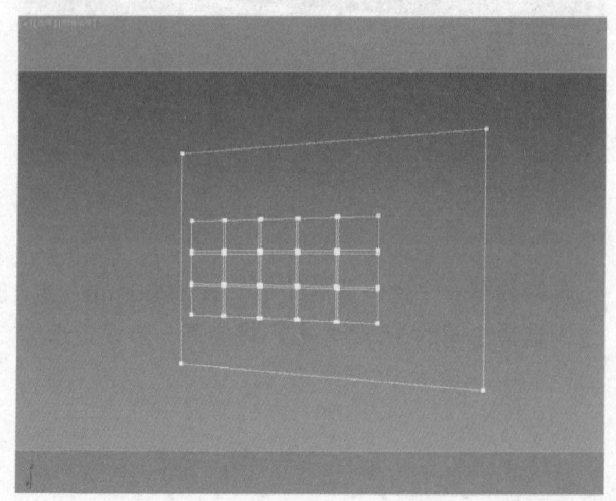

再添加高为 100mm、厚为 10mm 的踢脚线。

完成之后赋予“深色木纹”材质，酒柜完成之后的效果如下右图所示。

2. 吧台

在平面图位置先绘制一个长方体，长 5100mm、宽 700mm、高 310mm，作为吧台底座，如下左图所示。

再绘制一个矩形，转换为“编辑样条线”，然后设置“轮廓”为 50mm，再“挤出”1000mm，从吧台底座以上向下移动 310mm。

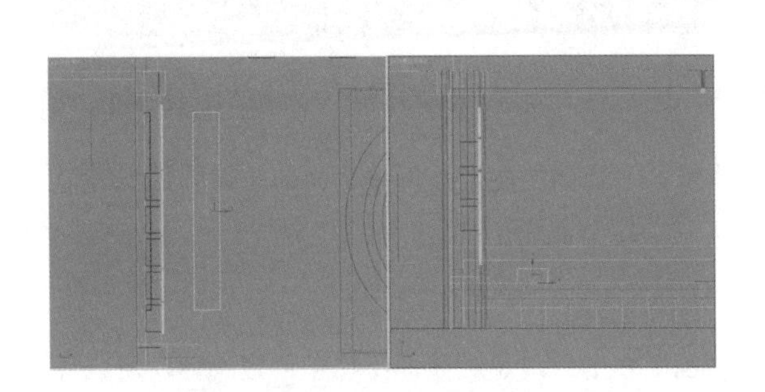

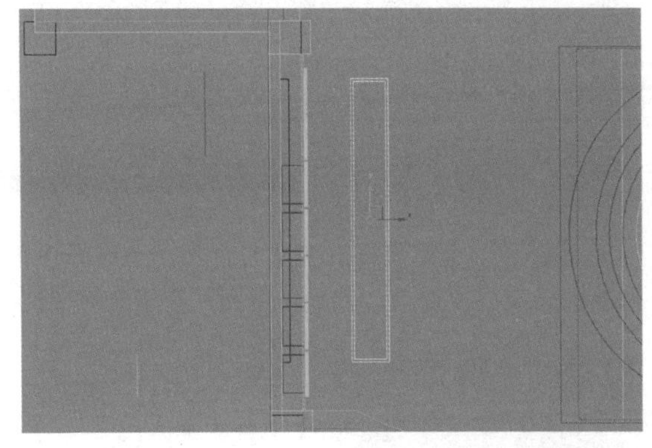

为其赋予“磨砂玻璃”材质，将“折射”设置为 120mm，“光泽度”设置为 0.8。吧台磨砂效果如下图所示。

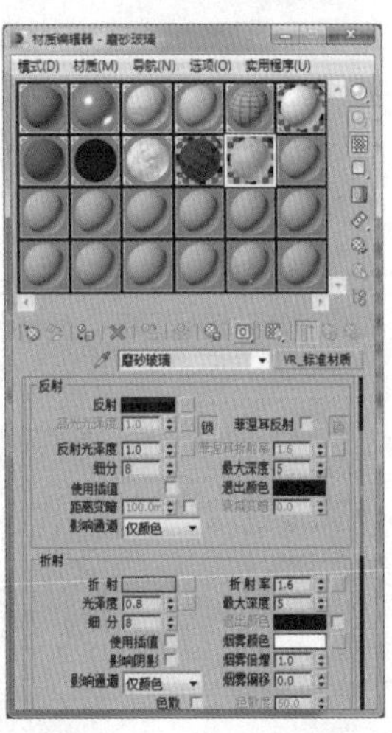

连续创建 3 个长方体作为台面。首先用一个高度 15mm 的长方体作为磨砂玻璃的封口，并赋予“棕色烤漆”材质。

然后再绘制一个长方体，长 5000mm、宽 600mm、高 1400mm，也赋予“棕色烤漆”材质，摆放位置如下右图所示。

最后绘制一个长方体，长 5200mm、宽 800mm、高 40mm，赋予“白色烤漆”材质。

框选选中所有组成吧台的长方体，成组并命名，完成之后效果如下右图所示。

11.2 深入建模

建模不一定都是很规整的几何形，也有很多时候是一些不规则的图形，例如下面即将要介绍的荷叶形状的天花吊顶造型，就是依据图片建模来完成的。

11.2.1 根据图片建模

如果在原本的 3ds Max 文件内插入图片，可能因为视图中的线过于密集而不便于创建物体，所以我们可以重新再开启一个 3ds 文件来进行建模，然后再通过“合并”命令合并到原文件。选择菜单栏中的“视图 > 视口背景 > 配置视口背景”命令。

弹出一个“视口配置”对话框，在“背景”选项卡中，首先选择“使用文件”，单击“文件”按钮，找到需要放入视口中的图片，然后选择将贴图只贴到一个视口内，还是贴到所有的视口内，最后根据实际情况，在这里选择“应用于‘活动布局’选项卡中的所有视图”。

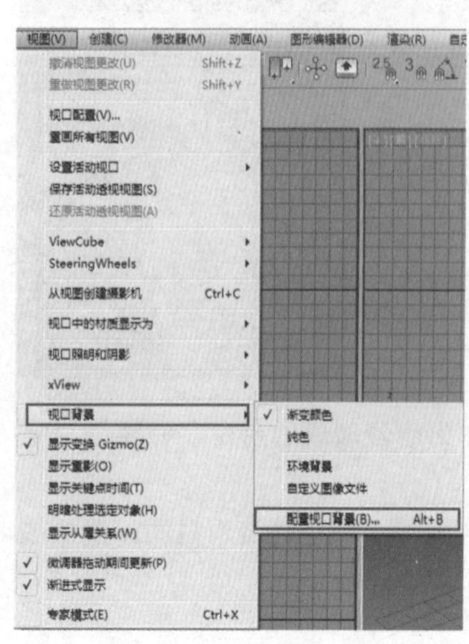

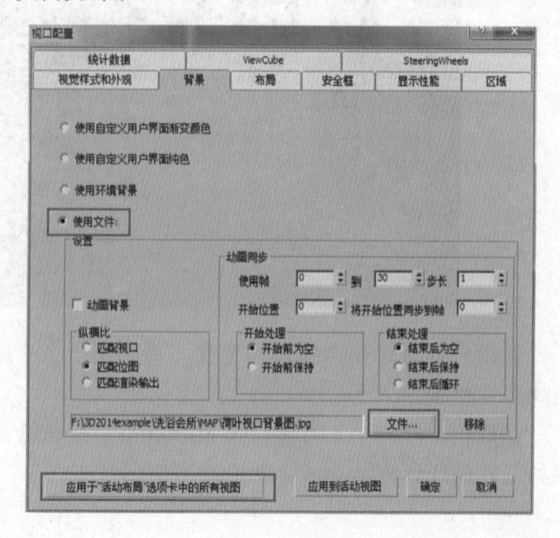

完成的效果如下左图所示。

选择其中的一个视口，用线来描边，如下右图所示。

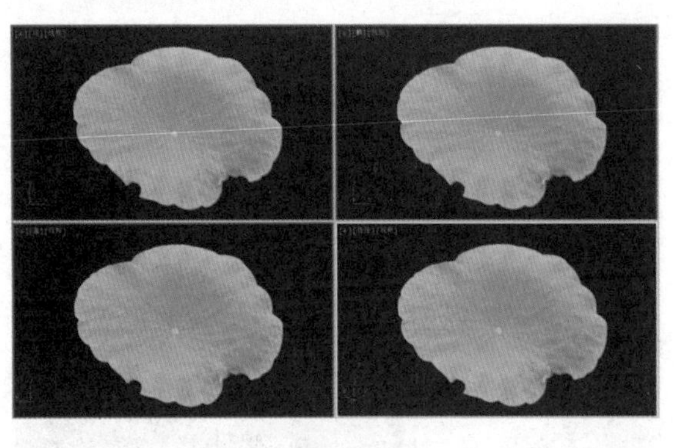

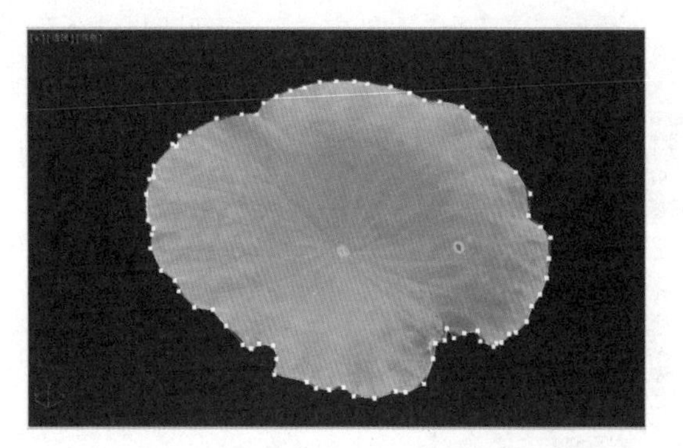

闭合线之后，在侧视图中确定每个点都在同一个平面上，最后“挤出”10mm，如下左图所示。

对上下两条边的边沿线进行“切角”处理，“边切角量”设置为5.0mm，“连接边分段”为3，使这片荷叶的边沿部分更加圆滑，如下右图所示。

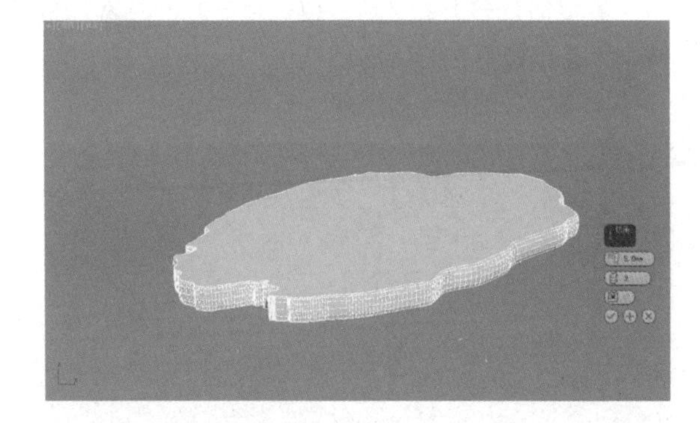

再选择“快速切片”工具，在顶视图中随意选择两点相连接，连接的线就是横切线，如下左图所示连接A点到B点。

重复此动作，完成荷叶片的“切片”操作，如下右图所示。

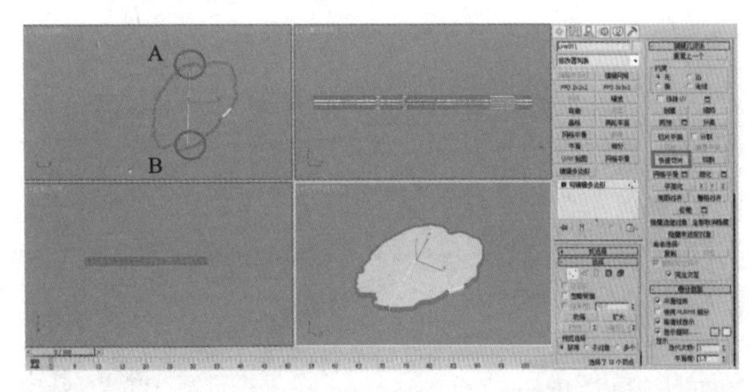

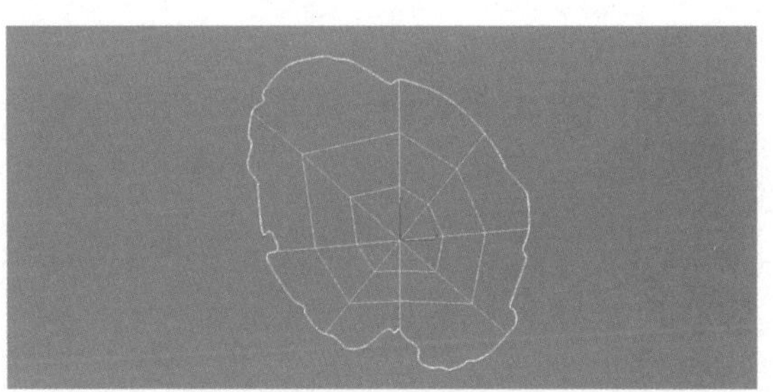

选择“点”命令，关掉捕捉，选中中间的所有点，一层一层向上拉，线拉出一个锥形，如下左图所示。最后将中间的一个点向下拉，完成一个向下的荷叶造型，如下右图所示。保存文件之后，再合并到之前的场景中。

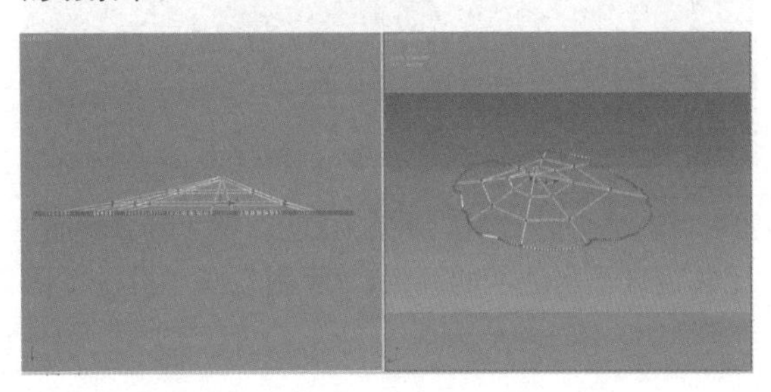

选择一个新的材质球，命名为“荷叶吊顶”，在“漫反射”中贴入“公共水区吊顶.jpg”，反射调整为20，“高光光泽度”调整为0.8，“反射光泽度”调整为0.95。

最后在“凹凸”贴图中贴入“荷叶凹凸.jpg”，完成效果如下右图所示。

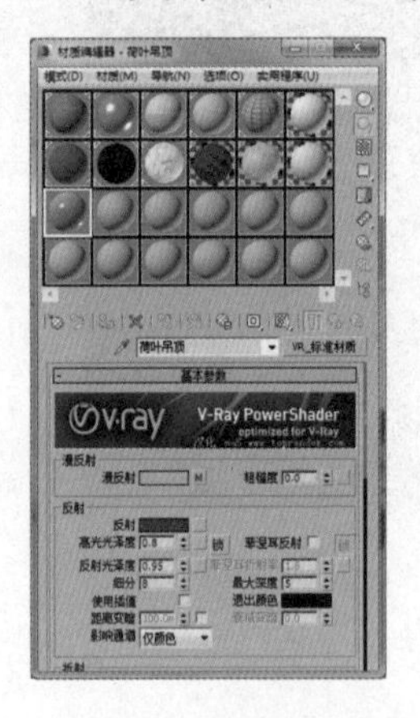

将材质赋予上去之后，以这片荷叶为基准，进行“缩放”或者“旋转”，上下错落让其不规则地布满整个天花，如下左图所示。

完成之后的整体效果如下右图所示。

11.2.2 水纹与噪波材质

用“线”描水位线的边，如下左图所示。

然后“挤出”10mm，放到水池内部，如下右图所示。

选择一个新的材质球，先赋予一个“VR_材质包裹器”，“产生全局照明”调整为0.8。在“基本材质”中赋予“VR_标准材质”，“漫反射”调整为浅蓝绿色，比较接近于水池水的颜色，“反射”和“折射”调整为全白。

在贴图中选中“凹凸贴图”，“倍增器”调整为10，在后面贴入“噪波”材质。

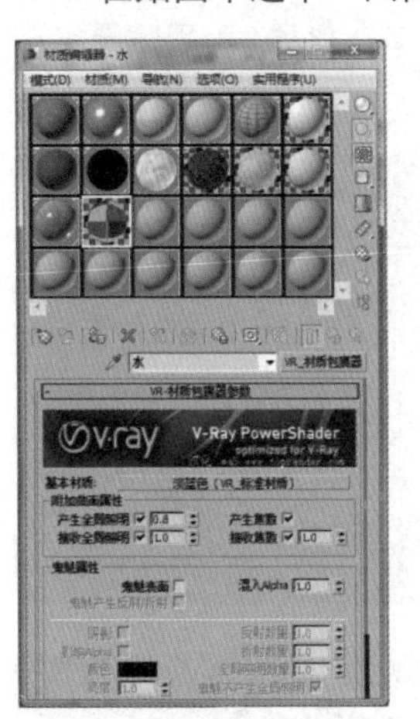

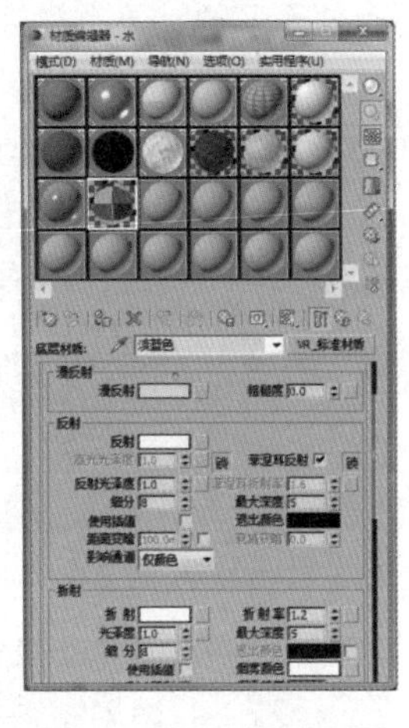

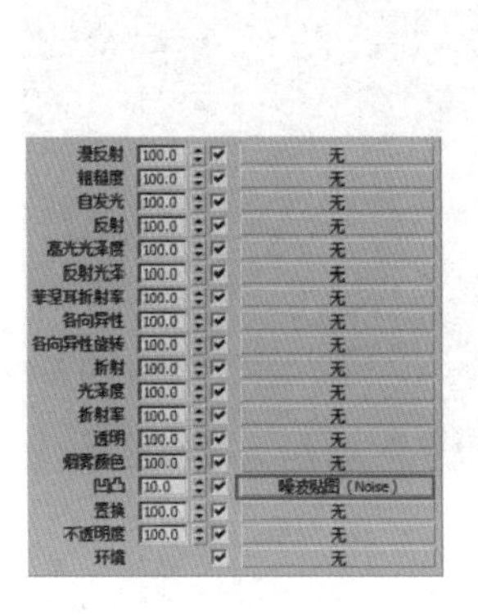

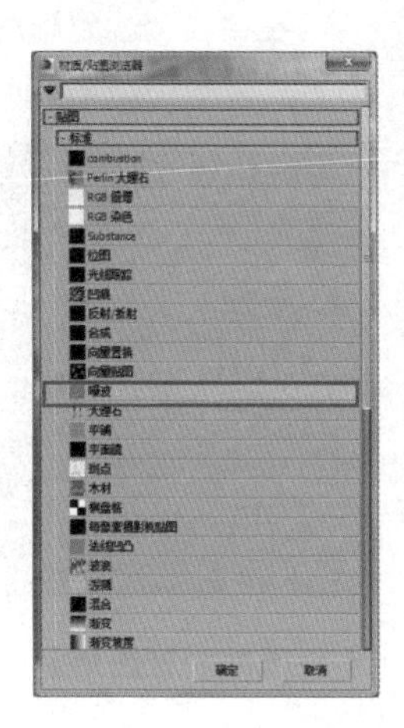

进入“噪波”材质设置，将“模糊”调整为1，将“大小”调整为200，这个数值越大，水波纹越大，“高”调整为0.7，颜色从天蓝色转变为淡蓝色。

赋予到刚才绘制的水面上，渲染之后水波纹的效果如下右图所示。

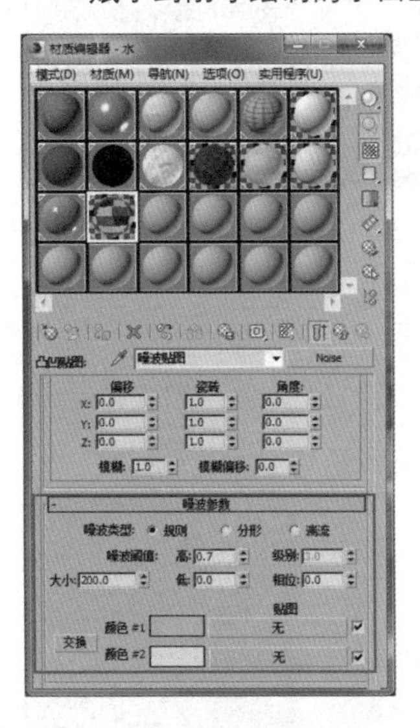

11.2.3 装饰墙与门

在平面图上找到装饰墙的位置。

绘制一个长方体，长200mm、宽800mm、高50mm，赋予“白色漆”材质，调入蜡烛模型，然后再用“VR-光源”斜45°角朝墙面照射，如下右图所示。

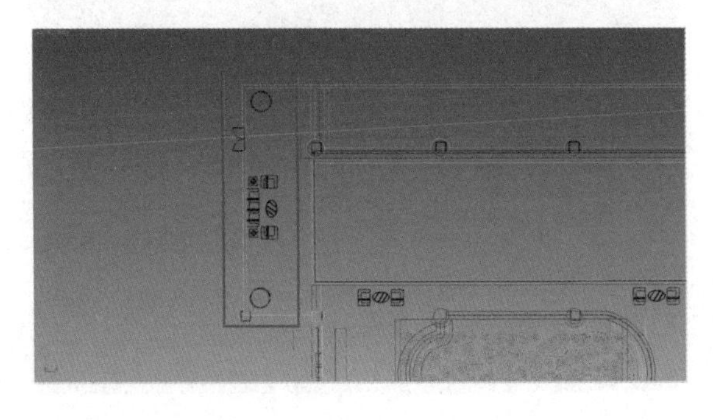

摆放位置为上下两排，可以用整列来完成，如下左图所示。

在平面上找到门的位置，绘制一个门，高度为3300mm，金属框赋予“灰色金属”材质，门面赋予“深色木纹.jpg”贴图材质，门上面再用一个长方体封口，赋予与墙面一样的材质。

效果如右图所示。

11.2.4 马赛克拼花墙

在大水池的一边墙面上绘制一个长方体，如下图所示，并赋予与柱子相同的“马赛克拼花”材质。

在“UVW贴图”中选择“长方体”，然后将“长”调整为5200mm，“宽”调整为6000mm，“高”调整为5000mm。这里需要注意的是，需要平铺的贴图长宽高要根据实际物体的尺寸来设定。

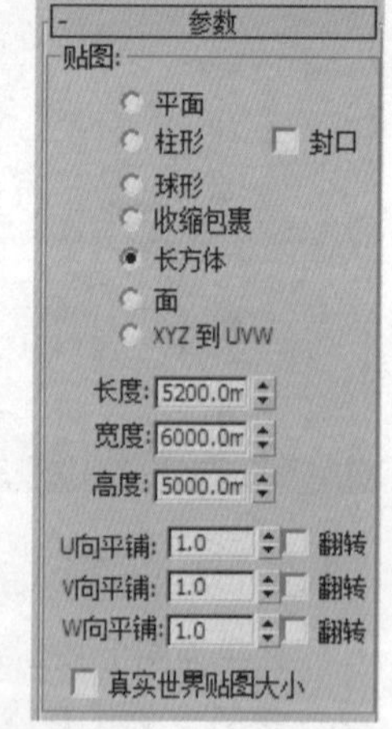

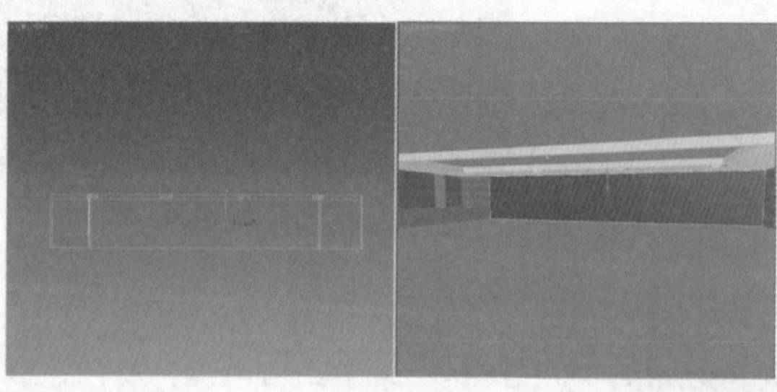

墙面效果如右图所示。

11.2.5 水池边分缝

水池边的分缝是比较考究的，按照施工工程来看，瓷砖的排列是圆弧状依次排列。

首先，将水池边沿部分独立出来，然后单击“使唯一”按钮，将边沿部分独立出来。

再新建一个材质球，与“地面”赋予相同的材质参数，然后将地面贴图放在 Photoshop 中，将四周白边裁剪掉之后再赋予。

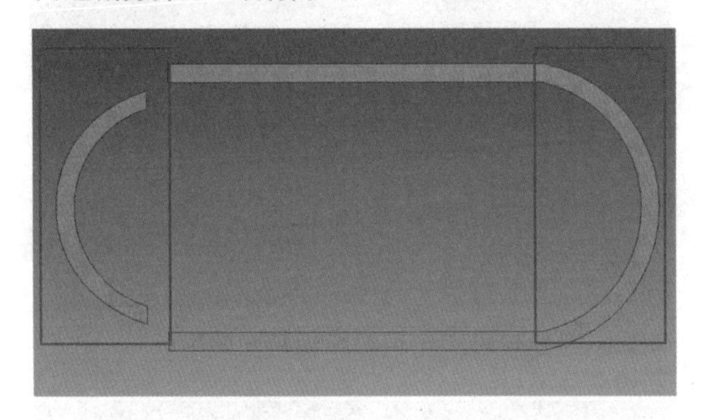

开启“捕捉”，选择“线”，分别连接两条弧线，最后选择“附加”命令将每一个小线段都附加到一起，最后设置“轮廓”为 3mm，“挤出”1mm，赋予“白色漆”材质，附在这个弧线边沿的表层，如下左图所示。

完成之后的局部效果如下右图所示。

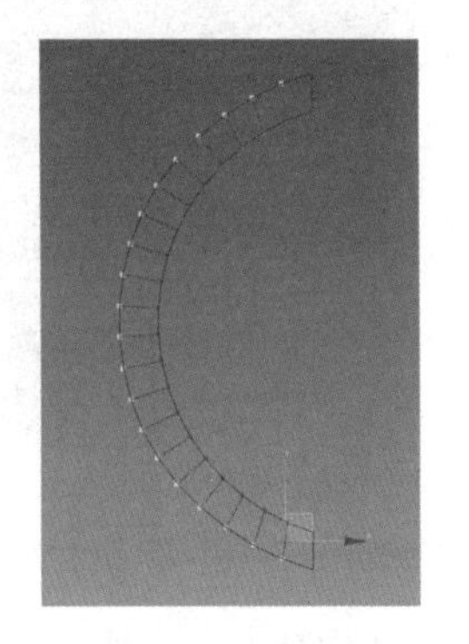

11.3 调取模型

根据平面布局将模型放入场景中，如沙发、健身器材、双人座、进入水池的手扶栏杆、台灯、壁灯、酒柜中的酒瓶，以及天花板上面的射灯，如下图所示。

这里需要注意的是，不同区域，平台的高度也不相同，在摆放模型物体时注意每个物体都要放在地面上。

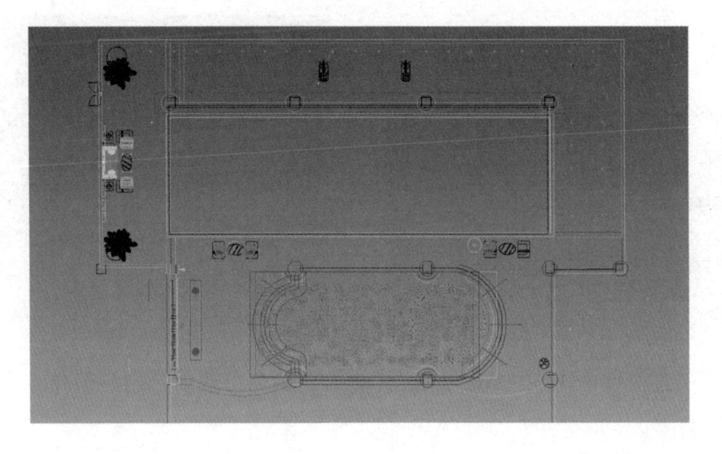

调入一个天花的吊坠模型，面板为不锈钢材质，如下左图所示。

再通过“复制”“旋转”以及“移动”命令，使这个吊坠摆放的位置高低错落、松紧有致，如下右图所示。

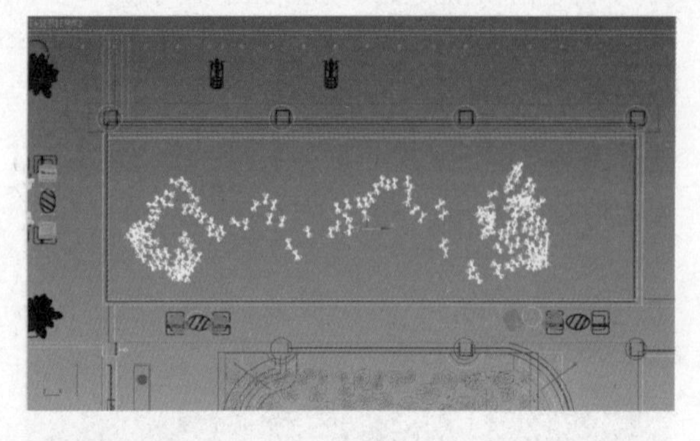

摄影机 1 的效果如下左图所示。摄影机 2 的效果如下右图所示。

11.4 灯光设置

在这样的大场景中，要注意光源的远近效果，设置不同的照射强度，让画面的远近关系变得更加有层次感和节奏感。

11.4.1 VR-光源

大水池旁边的 4 个柱子如下左图所示。

在吊顶与柱子之间的缝隙内部放入 6 个小“VR-光源”，“倍增器”调整为 2.5。

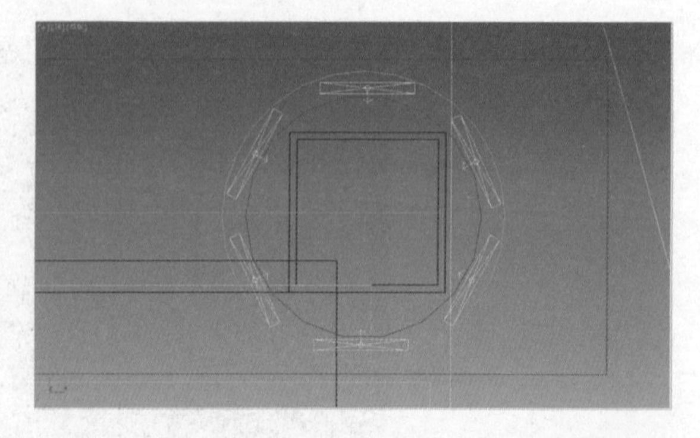

在弧形水池上方的灯带槽中添加“VR-光源”，45°斜角向外照射，刚好照亮凹槽内部，如下图所示。

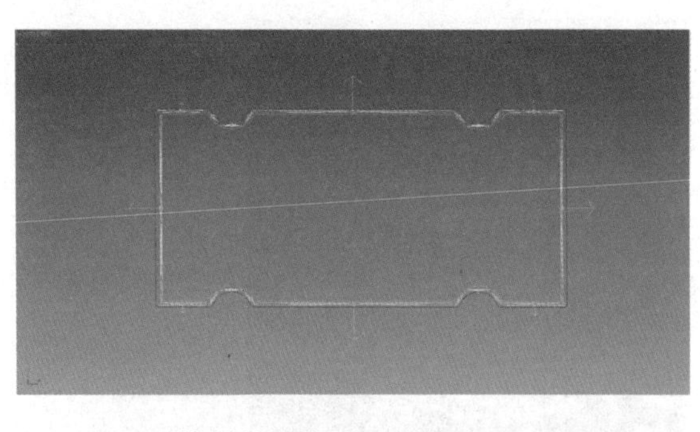

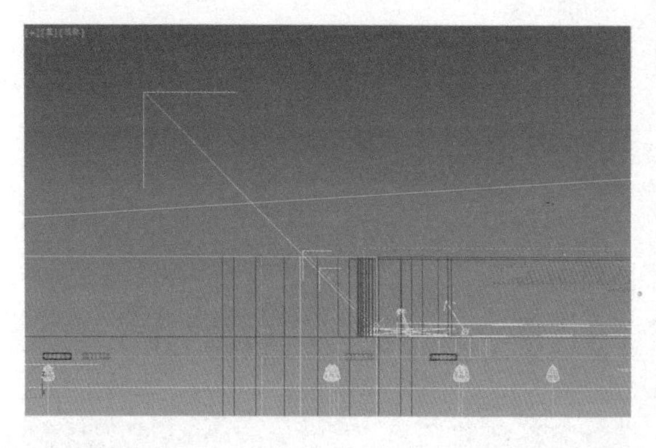

在弧形楼梯的下方也同样放入“VR-光源”，“倍增器”调整为4.0。

放在楼梯板下面，如下左图所示。

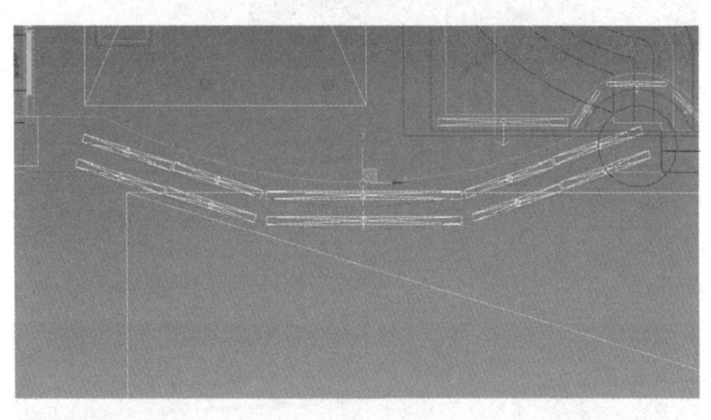

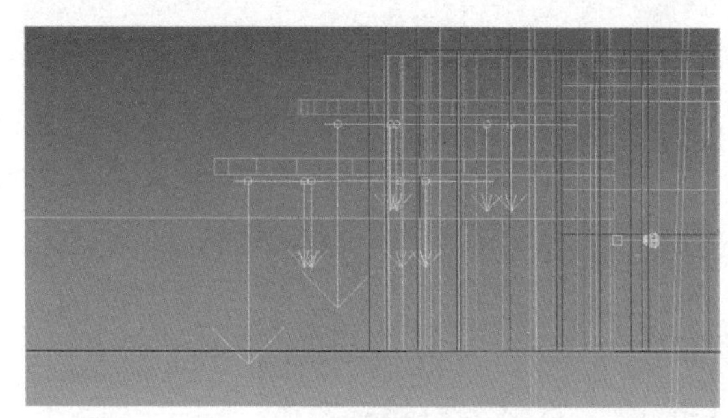

最后在每个空间上面都打上“VR-光源”，“倍增器”调整为2.0。

在弧形天花吊顶下面打两个“VR-光源”，一个向上，“倍增器”设置为1.5，颜色偏暖，另外一个向下，“倍增器”设置为3.0，颜色偏淡蓝色，摆放位置靠近荷花吊顶，如下右图所示。

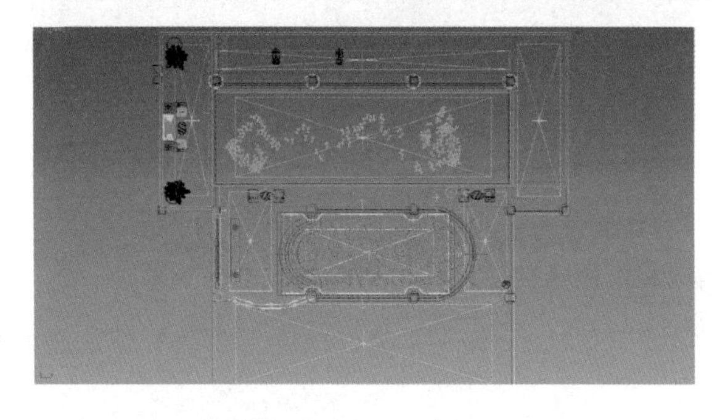

11.4.2 标准光源

选择“标准光源”，赋予“5.ies”光域网，cd调整为500，放在每个柱子的周围，如右图所示。

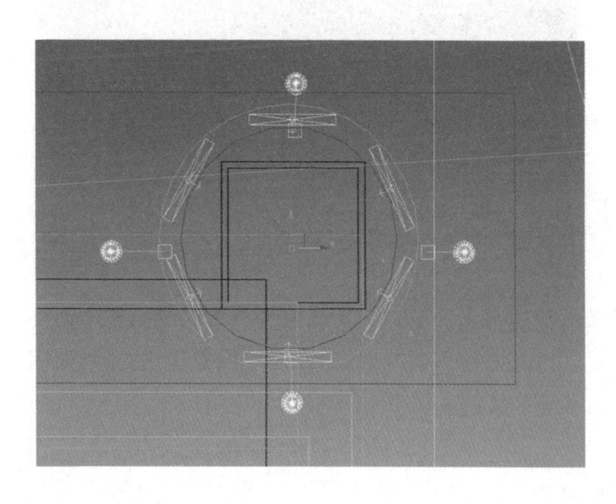

弧形水池周围的 4 个柱子周围效果如下图所示。

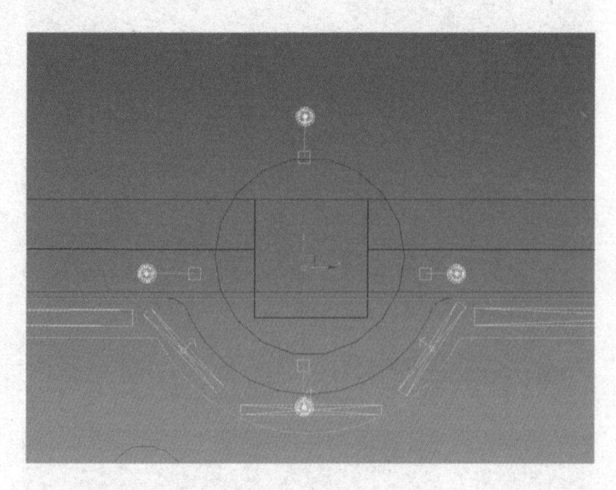

将酒柜上方的这 4 个“标准光源”的 cd 强度调整为 6000。

将墙上的壁灯目标点放在光源点的上面，cd 强度调整为 400。

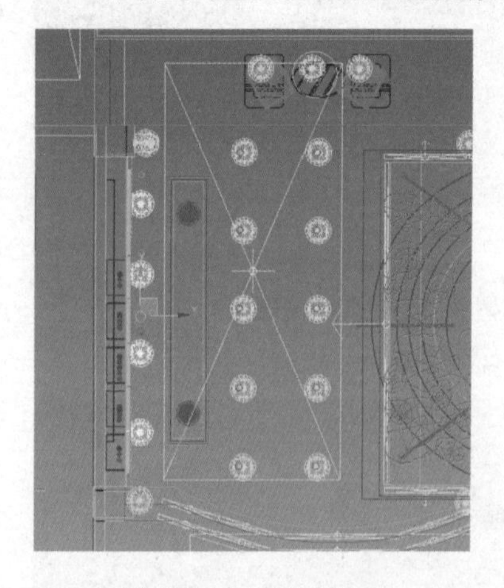

局部效果如下左图所示。

在空地上面的射灯只需要看到在地面上的光斑，所以将摆放的高度放低，cd 强度调整为 400。

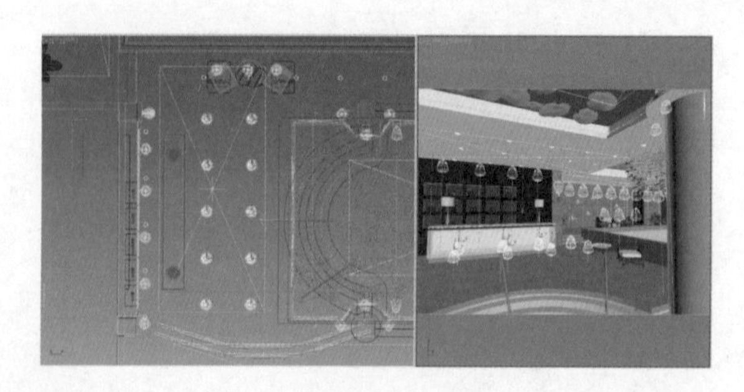

弧形水池另外一边的射灯也是如此，如下左图所示。

在靠墙两边的射灯 cd 强度调整为 1500，如下右图所示。

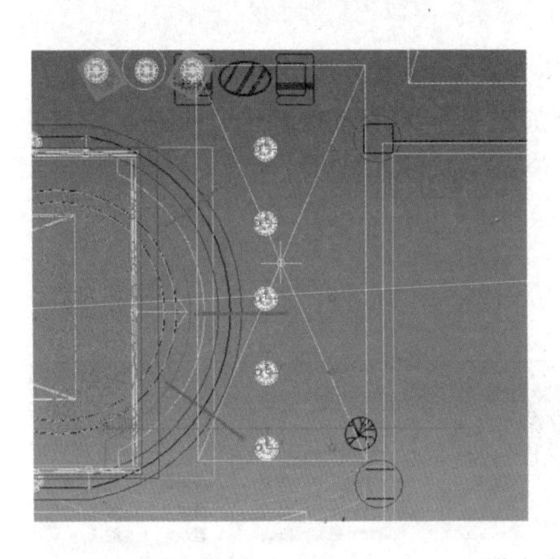

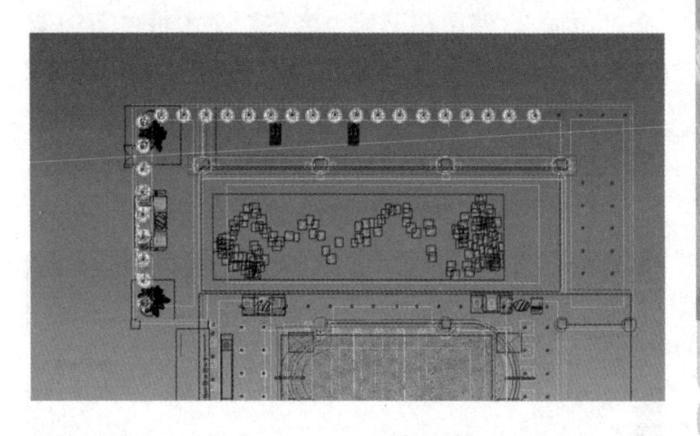

最后在水池内部，水面以下横向放置 10 盏光源，照亮水面以下的部分。cd 强度调整为 1600，如下左图所示。

最后完成所有的灯光设置，完成效果图的制作，如下右图所示。

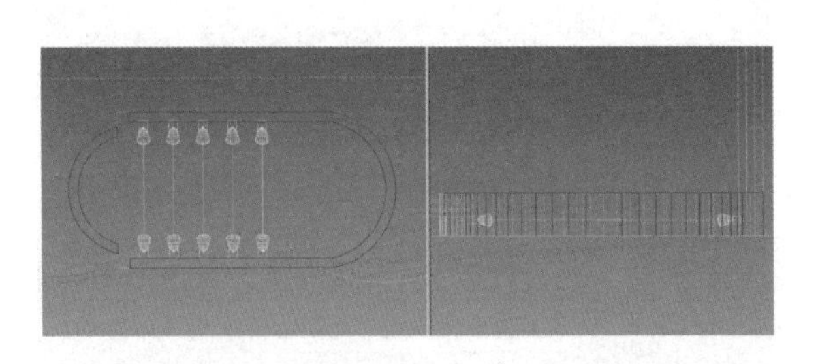

11.5 批量渲染设置

在同一个场景中有两个摄影机，一个渲染完成之后要手动再调整渲染另外一个，中间等待的时间会比较长，如果能两张连续渲染将会方便不少，所以下面介绍一个新的命令“批量渲染”，设置完成之后，可以连续渲染同一个场景中两张或者两张以上的效果图。

01 打开“渲染设置”，渲染大图参数都设置完成之后，在“公用”下的“渲染输出”中勾选“保存文件”，单击“文件”按钮，设置保存文件的路径及名称，格式为“.tga”。

02 在菜单栏中选择“渲染 > 批处理渲染”命令。

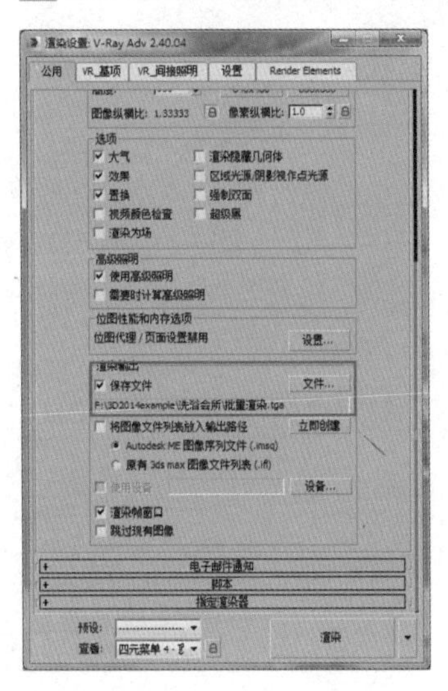

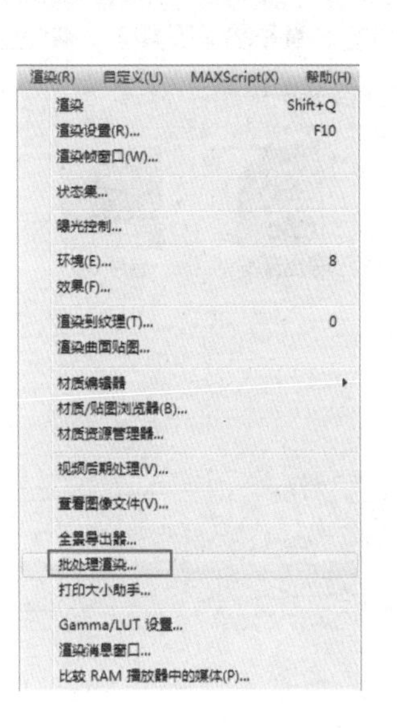

03 此时弹出一个“批处理渲染”对话框，首先选择“添加”，然后在下面“名称”文本框中可以更改文件名，也可以直接默认此文件名，“输出路径”也就是之前在“渲染设置”中设置的路径，最后在“摄影机”下拉列表中选择场景中的摄影机，在这里先选择 Camera001。

04 重复上述步骤，再单击“添加”按钮，将第二个摄影机添加进去，最后直接单击“批处理渲染”右下角的“渲染”按钮。

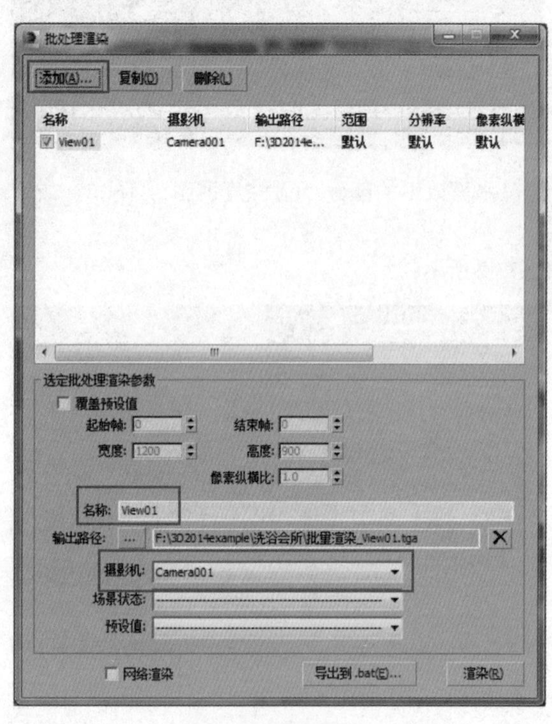

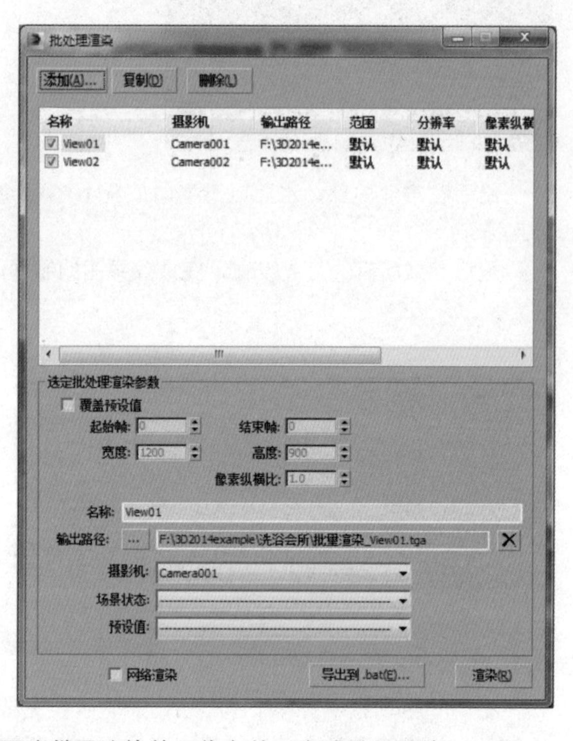

05 渲染完成之后，在保存的文件路径中可以同时看到两张批量渲染的图像文件，完成批量渲染。

11.6 最终完成效果

摄影机 1 效果如下图所示。

摄影机 2 效果如下图所示。

Chapter 12 中庭大堂设计

本章概述

中庭大堂通常是指位于建筑内部的“室外空间”，是建筑设计中营造的一种与外部空间既隔离又融合的特有形式。本案例将介绍一个中庭大堂的室内效果图表现，由于场景空间范围较大，所以模型相对来说比较复杂，另外将介绍如何将复杂的材质与模型进行归档处理，以方便保存。

核心知识点

1. 强化建模能力
2. 文件归档处理

12.1 初期建模

打开 3ds Max 软件之后，首先完成单位统一设置，然后将 CAD 平面图导入到视图中，成组并命名之后将线框的颜色统一，然后设置原点并冻结，最后将渲染器设置为初次渲染参数，之后便可开始建模，如右图所示为将要进行设计的中庭大堂平面图。

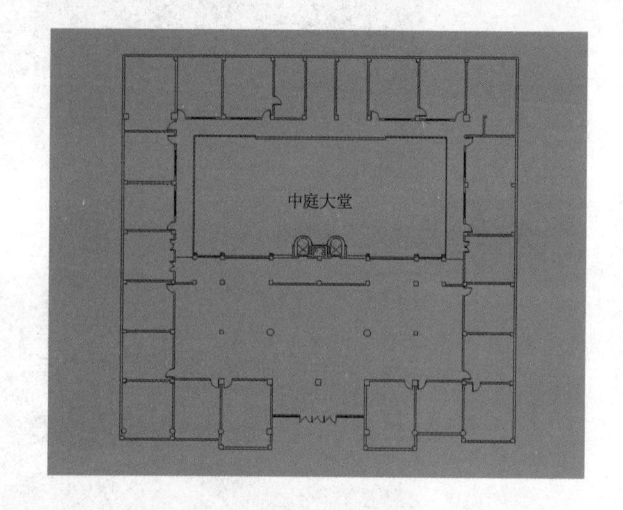

从图中可以看出，需要出效果图的区域在中心大堂部分，所以在绘制墙体的过程中，四周的一些小房间隔断在摄影机视图以外的可以忽略不计。

12.1.1 柱子底座和墙体

下面从柱子开始进行制作，柱子底座可以先绘制一个长方体，长 950mm、宽 800mm、高 1310mm，然后将其转化为“编辑多边形”，选择子集命令“样条线”，在柱子底座表面上向内完成分缝 15mm。

在这里需要注意的是，选择“面”向外或者向内“挤出”时，应选择“挤出”命令中的“局部法线”。

整理之后的 CAD 图如下左图所示，标识了一些功能分区。

为其赋予“浅色花岗岩.jpg”贴图，将“UVW 贴图”设置为“长方体”，长宽高均设置为 1000mm，单个完成柱子底座效果。

所有需要底座的部分，其余尺寸大小如下右图所示，其中分缝与单个柱体的分缝间隔一样，其中每个柱子之间的间隙均设置为 2100mm。

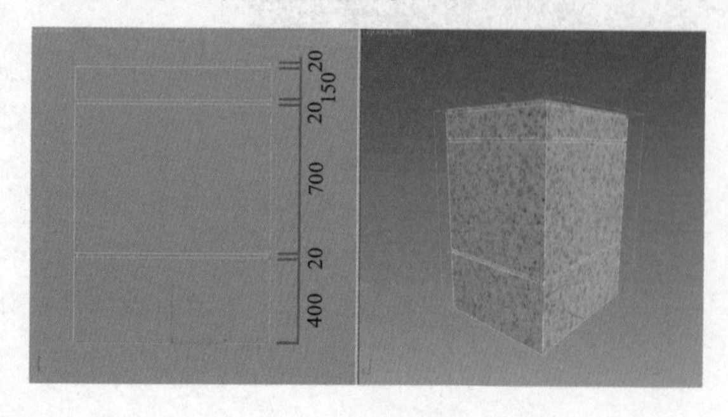

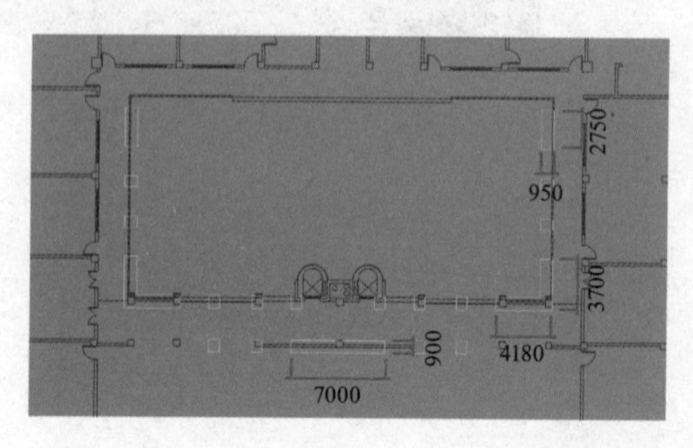

将所有的柱子底座建立起来之后的效果如下左图所示。

整个中庭内墙面的厚度为 950mm，这里需要注意细节刻画，在每个高 12160mm 的墙面门洞的边沿线都有切角面，转换为“编辑多边形”之后选择子集命令“样条线”，框选所有的门洞线，选择“倒角”，将“边切角量”设置为 60mm，中间镂空的部分可以用“布尔”命令剪切出来，赋予“白色饰面砖无缝.jpg”材质。

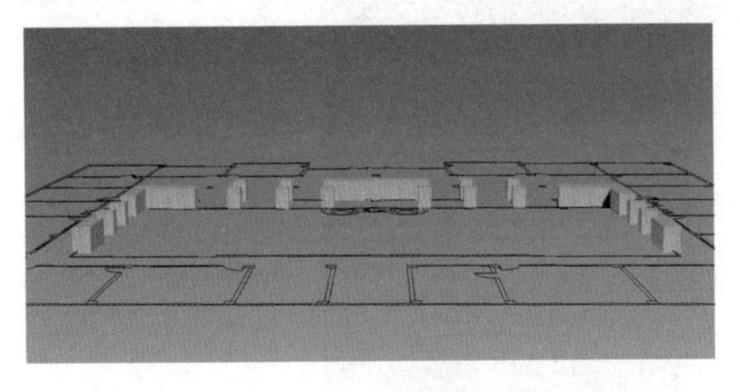

中间菱形装饰可以直接用矩形编辑之后“挤出”即可，然后赋予“金色饰面”材质，“漫反射”调整为淡黄色，“高光光泽度”设置为 0.85。

用同样的方法完成四面表墙，效果如右图所示。

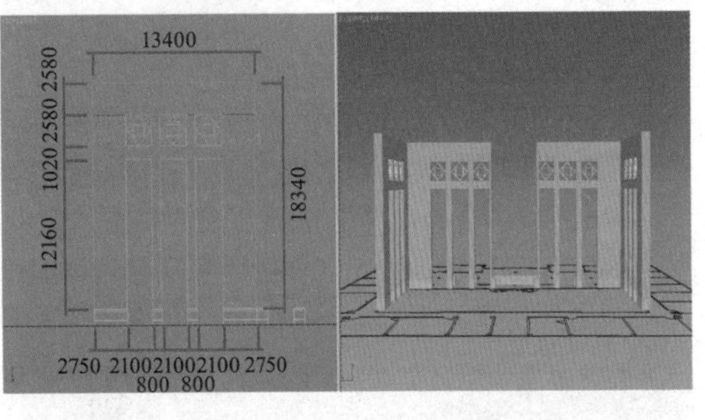

在墙体的底部，用一个高 680mm 的三棱柱包边，如下右图所示。

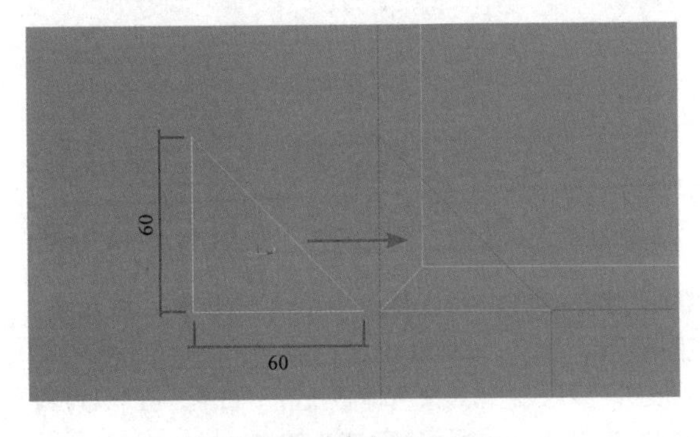

12.1.2 外墙和楼板层面

接下来用“线”命令在平面图中勾画出外墙，在摄影机视图中显示不出外墙，其在这里的作用只是起到围合空间的作用。为了在后期添加室内灯光效果时让这个大空间看起来更加有层次感，所以让电梯间相对的一个面的外墙再向外扩展一些，在此摄影机视图中，可以使空间显得更大，也方便于后期更改角度再设计造型，如右图所示。

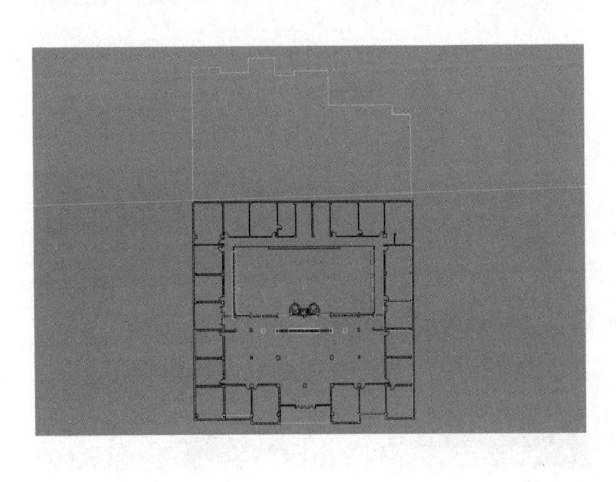

直接“挤出”高度为19500mm，如下左图所示。

楼板层面的大小与外围墙面大小一样，可以直接用“线”描出，然后“挤出”楼板厚度为870mm，这里需要注意的是，在一层与二层之间的楼板需要留出一个中空部分，在下右图中A区域表示，第二层楼板及以上都不用留出；然后将中庭区域每层楼板均留出中空部分，在下右图中B区域表示。

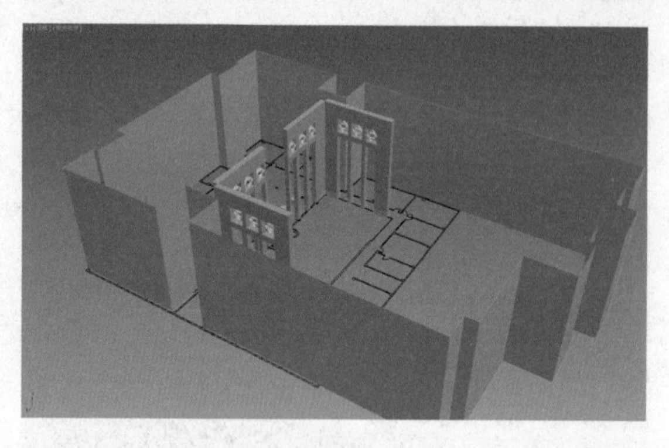

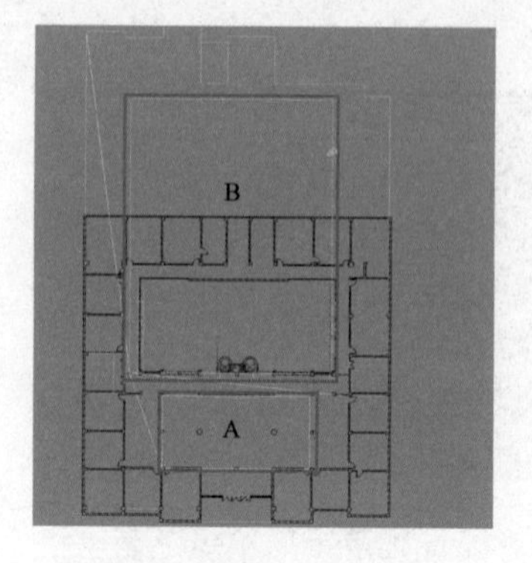

留出空白的手法可以选择使用“布尔”命令。用“布尔运算”制作之后的弊端是会有一些其他线条，不影响后期附材质以及渲染；还有一种方法可以避免，即分别选择用“线”绘制出来，然后“附加”，再“挤出”即可。）

楼板厚870mm，两层楼板之间的高度（也就是层高）设置为2730mm，4个楼板隔出5层空间，顶层空间的高度为5100mm，最后为每层楼板均赋予“白色饰面砖无缝.jpg”材质。

顶层天花厚度为2380mm，赋予“灰色”材质，如下右图所示。

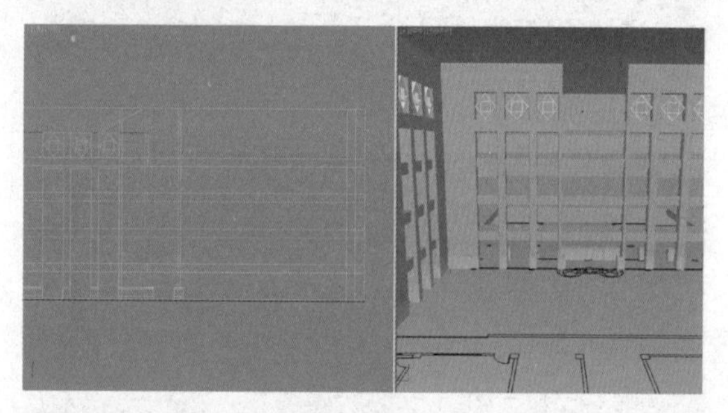

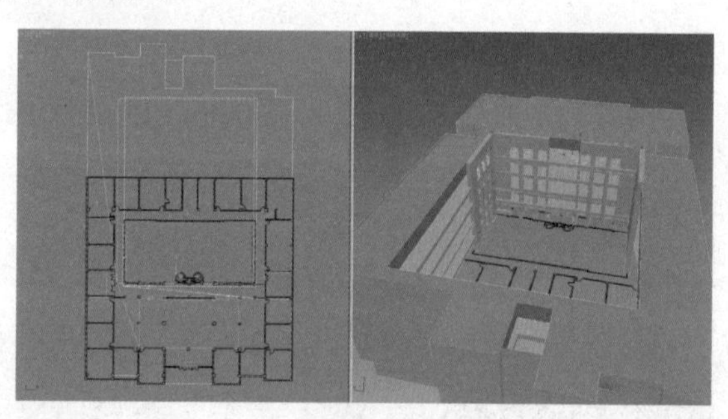

最后依旧用“线”来描边，在天花板上留出大堂的正上方空位，好让整个中庭大堂透进自然光线，将其余地方封住，赋予“灰色”材质，完成之后如下左图所示。

将其复制一个到地面，作为除中庭以外其他部分的地板，然后赋予“深色地板.jpg”贴图，在“UVW贴图”中选择“长方体”，将“长”设置为1000mm，“宽”设置为1200mm，“高”设置为1000mm。

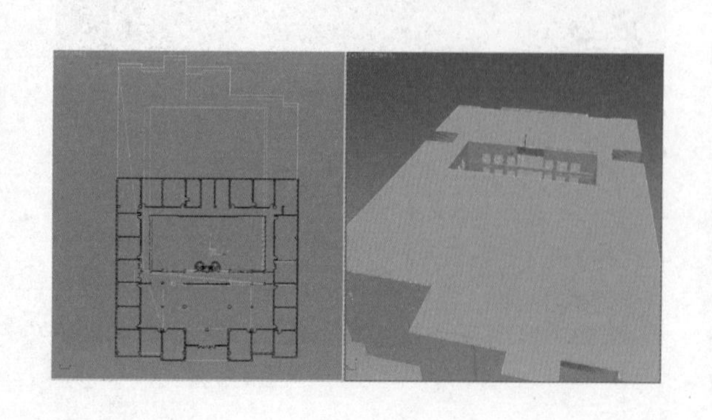

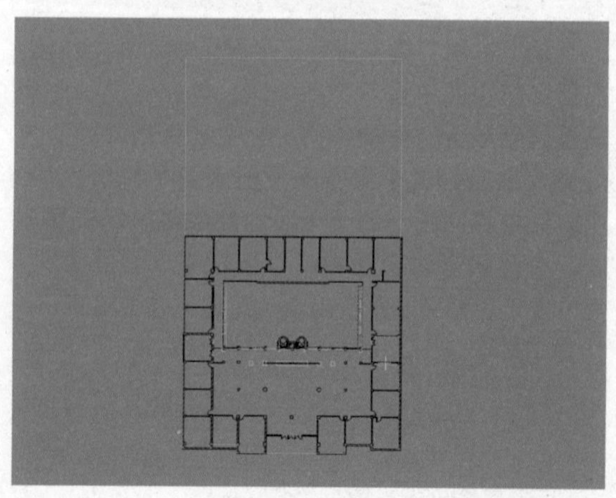

12.1.3 中庭地面装饰

在中庭地面将会设计几个室内小水景，丰富中庭地面。先按照如下尺寸绘制出图形，然后“挤出”到 800mm，为内部赋予“深色花岗岩.jpg”贴图材质，最外面一层挤出 500mm，赋予“白色饰面砖.jpg”贴图材质。

再用“线”描出一个内框，作为室内水景的水面。

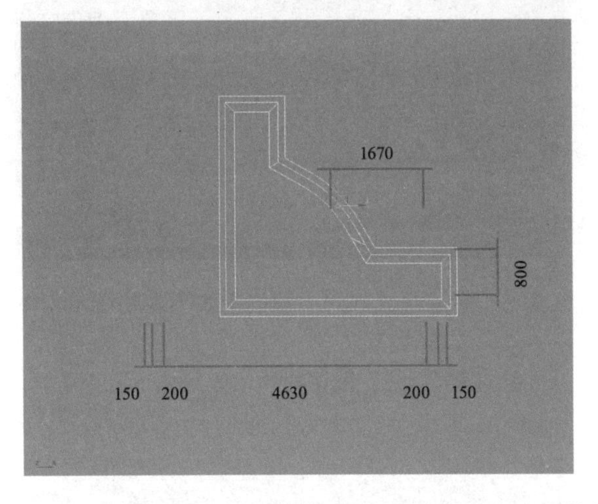

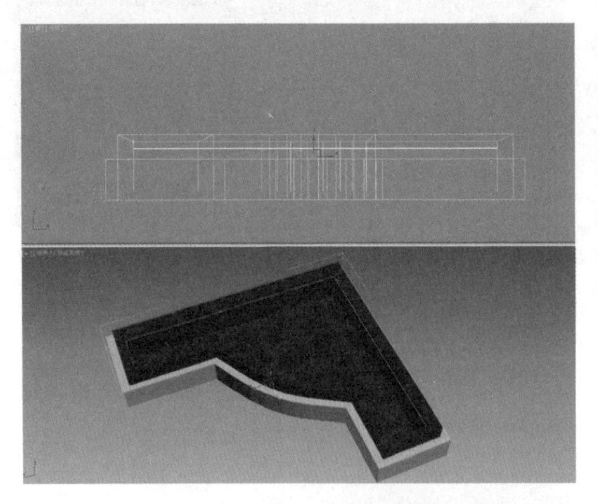

选中刚才作为水面的“线”，直接转换为“可编辑多边形”，使其形成一个面，最后为其赋予静面水的材质，开启“菲涅耳反射”，将“反射”和“折射”调整到最大值，效果如下图所示。最后将其成组并复制，再进行旋转，然后放置到中庭大堂的 4 个角落。

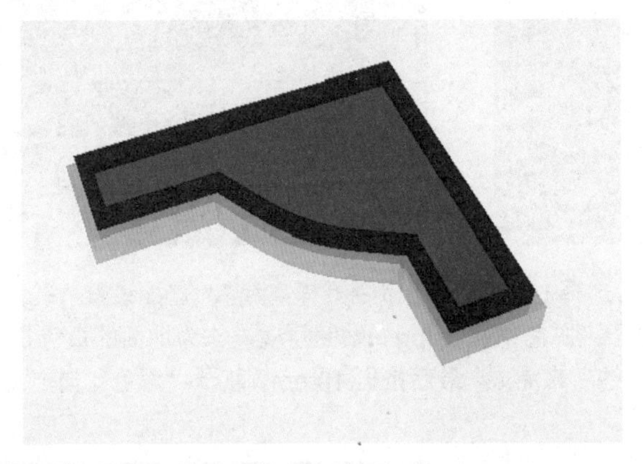

用“线”绘制出一个以下图形，作为电梯间外面的水景部分，并“挤出”700mm。赋予“深色花岗岩.jpg”贴图材质。

效果如下右图所示。

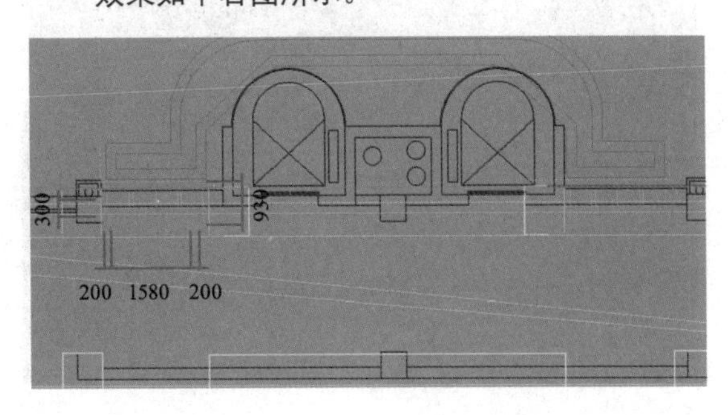

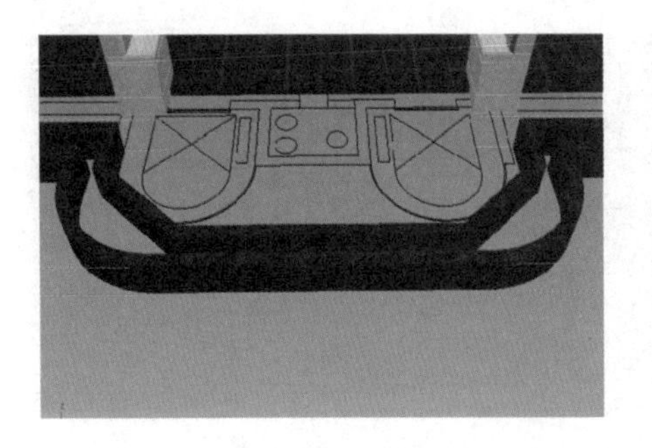

再绘制一个地面，比外边宽出150mm，挤出10mm，赋予“白色饰面砖.jpg”贴图材质，效果如下图所示。

完成之后的顶视图效果如右图所示。

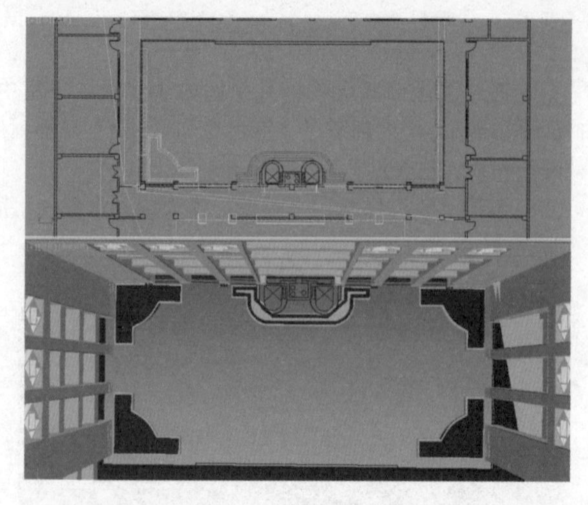

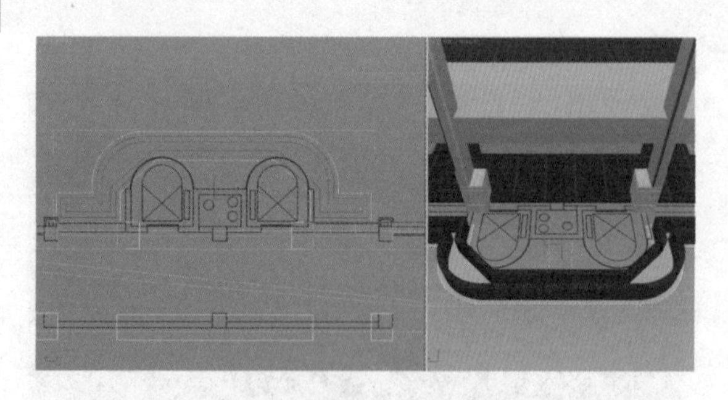

绘制两个“圆柱体”，均高10mm，将“边数”更改为8，叠加摆放，大小和位置如下左图所示，作为地面八边形拼花设计。

中间赋予“绿色地面砖.jpg”贴图材质，外边赋予“白色饰面砖.jpg”贴图材质，效果如下右图所示，完成地面拼花设计。

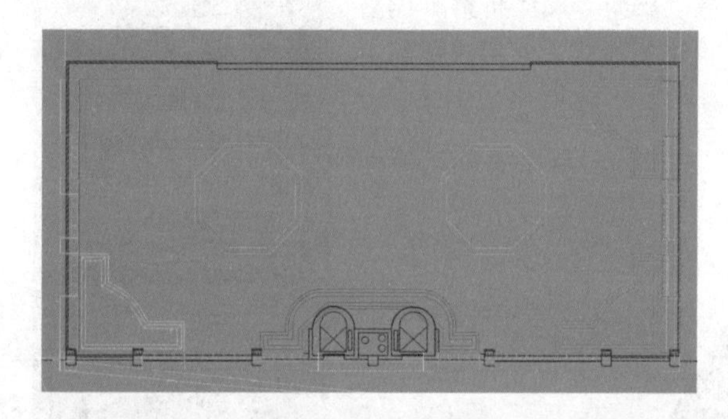

用“线”描边，如下图所示，然后选择Line的子集命令“样条线”，直接设置“轮廓”为300mm，如下左图所示，再“挤出”10mm，赋予“白色饰面砖.jpg”贴图材质，作为地面的白色拼接线。

剩下中间空白的部分同样也是用“线”来完成，最后挤出10mm，赋予“深色花岗岩.jpg”贴图材质，地面效果完成之后的效果如下右图所示。

12.1.4 初步设置灯光及摄影机

因为白天的光线较强，场景对环境光源的依赖较强，所以在设置环境光源时要尽量使外部光线变得强一些。首先，将环境光设置为浅蓝色，快捷键为数字 8。

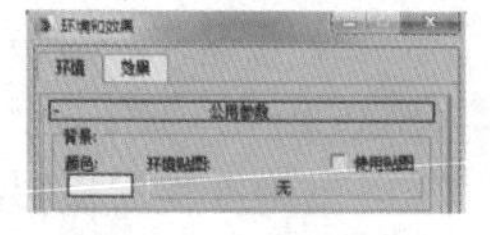

然后选择“标准”光源中的“目标平行光”，开启 VRayShadow 阴影设置，将“倍增”设置为 1.2，“聚光区”与“衰减区”均设置为 50000mm，摆放位置如下左图所示。

目标摄影机的摆放位置如下右图所示，抬高到 1200mm 的位置，目标点微微向上台，可看见更多的顶面部分。

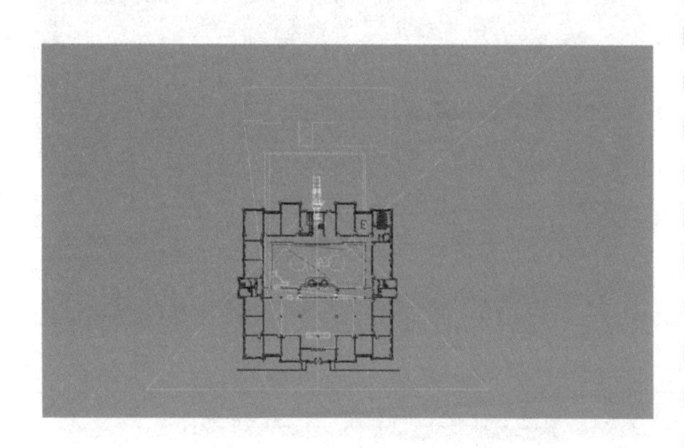

12.1.5 中庭框架天花

中庭的上方用框架结构制作，使“目标平行光”所模拟出来的太阳光通过这些框架洒到中庭内部的墙壁上，让整个空间效果看起来更加生动。

首先来绘制天花上的较大的工字钢，长 900mm，宽 300mm，间距 3500mm，如下左图所示。

除工字钢以外，旁边的横梁长宽均为 80mm，间距为 820mm，截面如下右图所示。

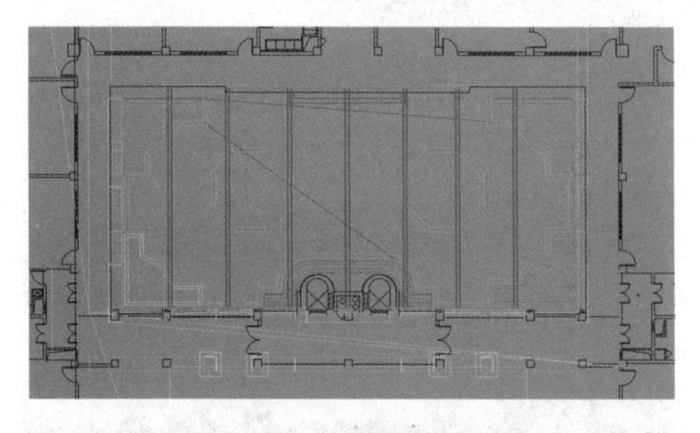

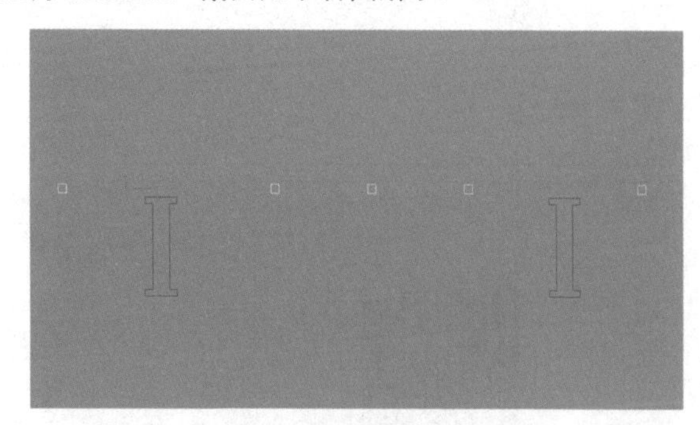

按照相同的方法，使横梁与横梁之间纵横交错，如下左图所示。从摄影机视图来看，效果如下右图所示。

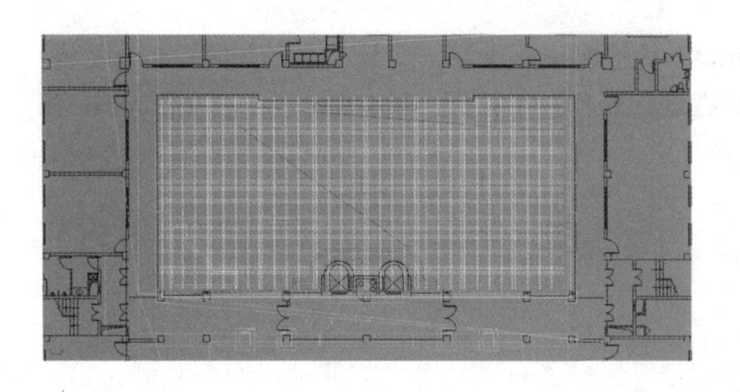

12.1.6 中庭内部装饰

在电梯井的背后，找到之前制作一层与二层之间楼板所留出的镂空部分，首先建立4个长方体，高18000mm，如下左图所示。

其中在面向摄影机的两面墙上制作饰面墙，尺寸如下右图所示，其中第一层中的6000mm×5680mm的拼花部分，用长和宽均为60mm的长方体拼接而成，赋予“深色木纹.jpg”材质，在其后面是“茶色玻璃”材质，并有分缝。最外面一层同样还是“白色饰面砖”材质。

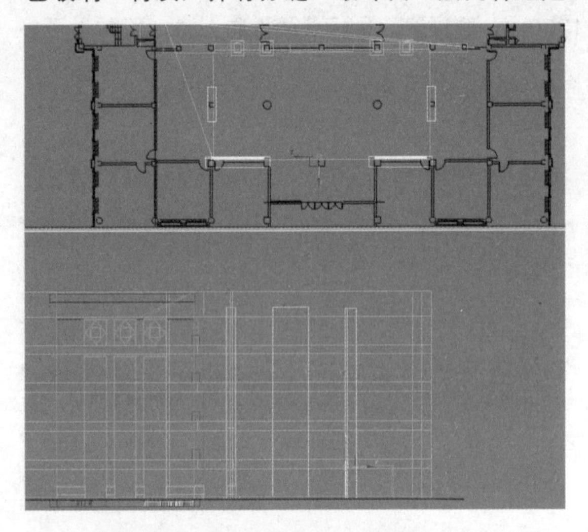

完成之后单独渲染出的效果如下左图所示。

在场景中的效果如下右图所示。

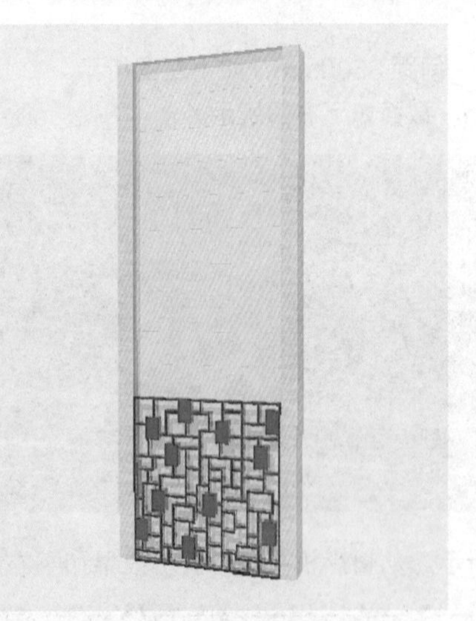

12.1.7 装饰及栏杆

用“线”绘制出一条波浪线，总长度为2100mm，先绘制出锯齿线，选择“点”之后，单击右键，选择“平滑”命令，挤出的高度为1020mm，然后在底部制作一个面板，长2100mm、宽600mm、高30mm，如下左图所示。

赋予“深色胡桃木纹.jpg”材质，如下右图所示。

将其放置在每一个露在外面的楼板面外，然后用“圆柱形”绘制出栏杆，也可以用“线”绘制后，勾选“渲染”中的选项，更改“径口厚度”。完成之后的效果如右图所示。

12.1.8 层面内部天花吊顶

为了环境气氛，吊顶中必定会有射灯。在这样的大场景中，三盏并排组合而成的射灯并不少见，接下来设置射灯组，外框长为 80mm，宽为 200mm，完成之后成组，如下左图所示。

首先制作电梯井后面每层的天花吊顶，整个大空间的吊顶如下右图所示，赋予“白色漆”材质，射灯组之间的间距为 2400mm。

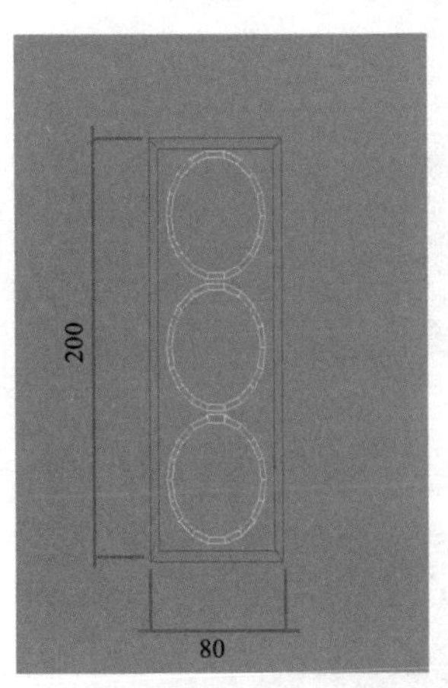

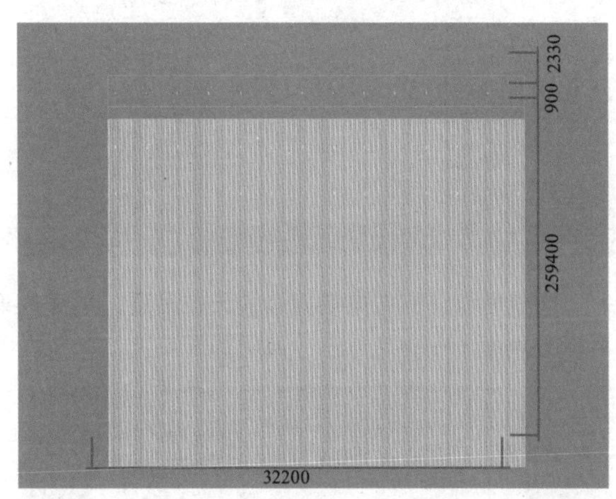

吊顶的白色前半部分如下左图所示。

在吊顶后制作条形木纹吊顶，用长方体绘制出宽 40mm、高 120mm，其长度可以自定，间距为 80mm，最后成组，赋予“深色木纹.jpg”材质，将射灯组藏在里面，如下右图所示。

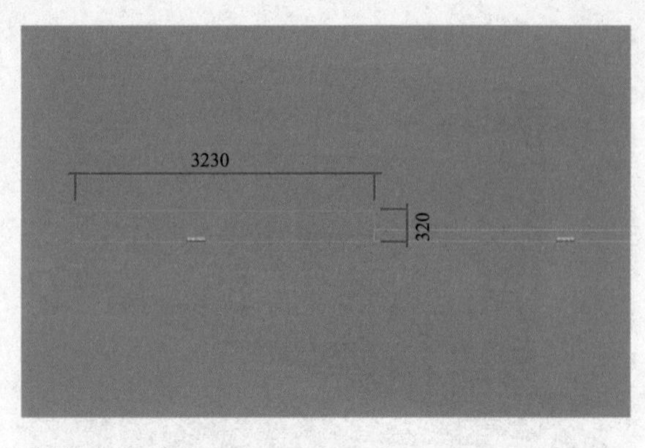

从侧面看吊顶的效果如下左图所示。

最后将制作好的天花吊顶附在三、四、五层顶面上，如下右图所示。

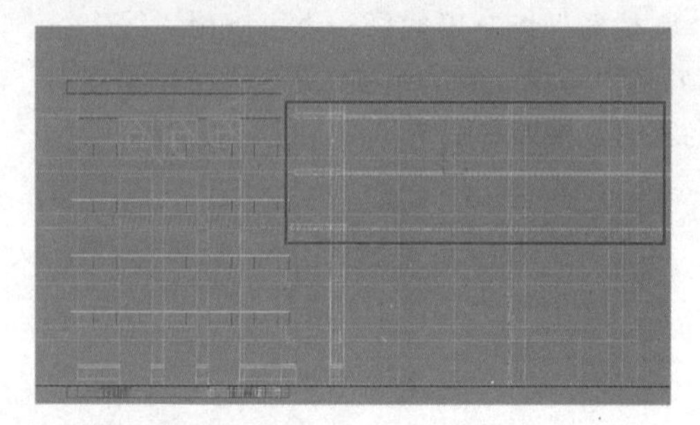

从平面上来看的效果如下左图所示。

电梯井两边的天花吊顶尺寸如下右图所示。

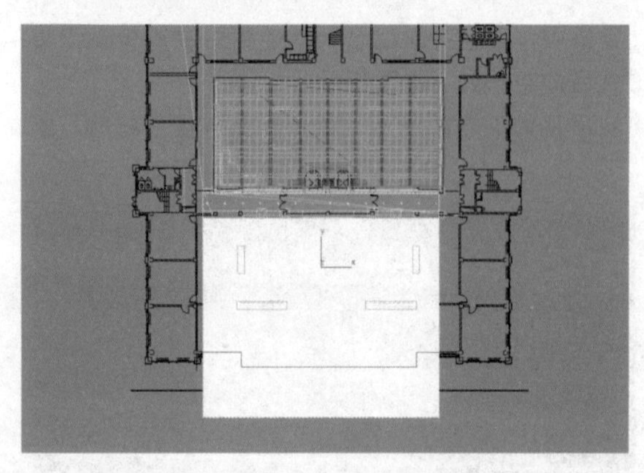

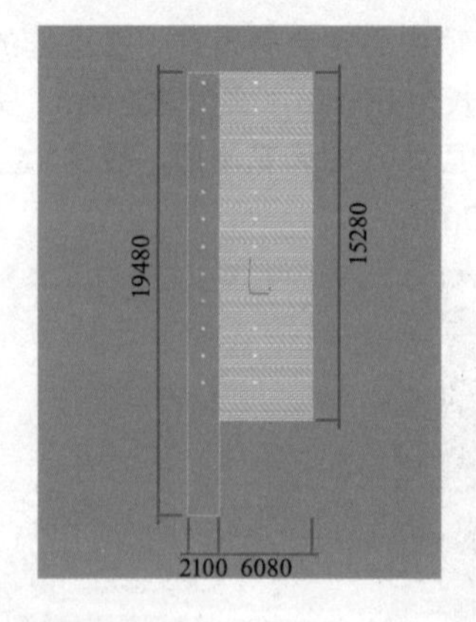

通过复制，完成电梯两边的天花吊顶，平面效果如下左图所示。

分别赋予一、二、三、四层的天花上，如下右图所示。

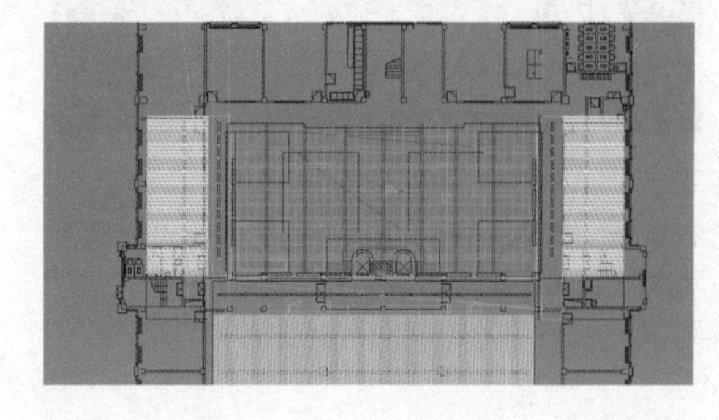

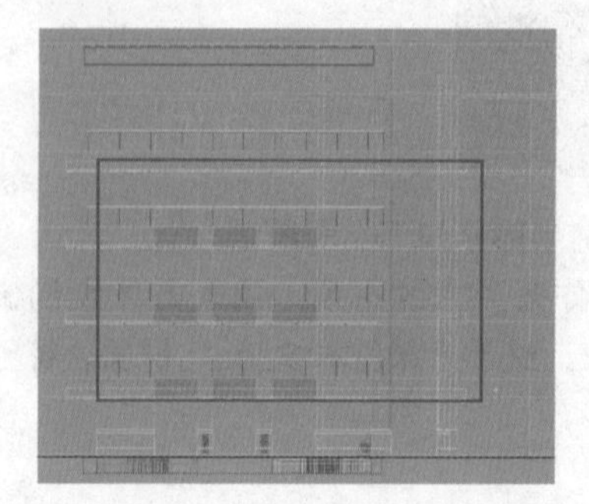

12.2 灯光设置——VR-光源

此场景预备设置为有阳光高照的场景，场景中拥有分别来自室内和室外两种光源来源，室外的阳光包括环境光和太阳光源，室内光源包括台灯、走廊灯和射灯等，此场景中室外光源为主光源，室内光源为辅助光源。在前面初步灯光设置中，已经介绍过室外灯光的绘制方法，这里不做过多介绍。

室内光线相比与室外光线将会起到衬托的作用，所以选择“VR-光源”，将“倍增器”设置为3，放到二层中间镂空的部分，如下左图所示。

将场景设置为第一次渲染参数后渲染，效果如下右图所示。

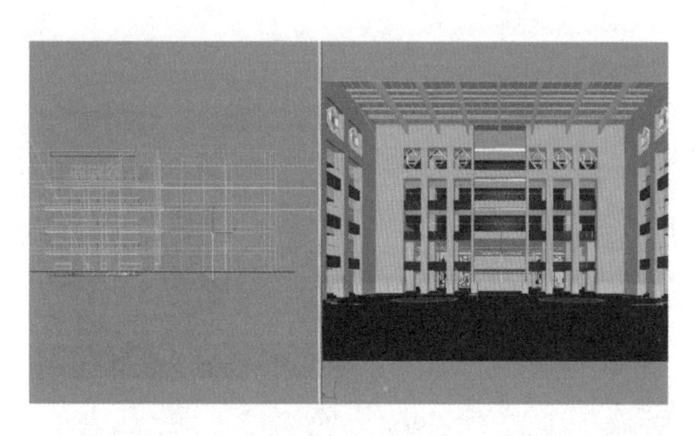

然后在每一层有射灯吊顶的部分下面都打上“VR-光源”，其目的是为了让每一层楼的走道部分都亮起来，平面区域如下左图所示。

从立面上来看效果如下右图所示。

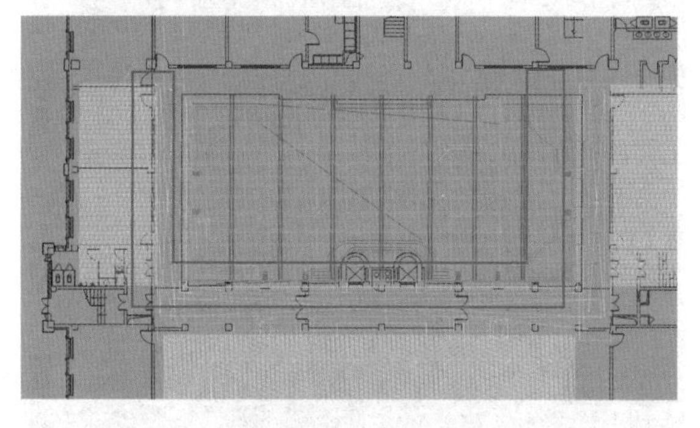

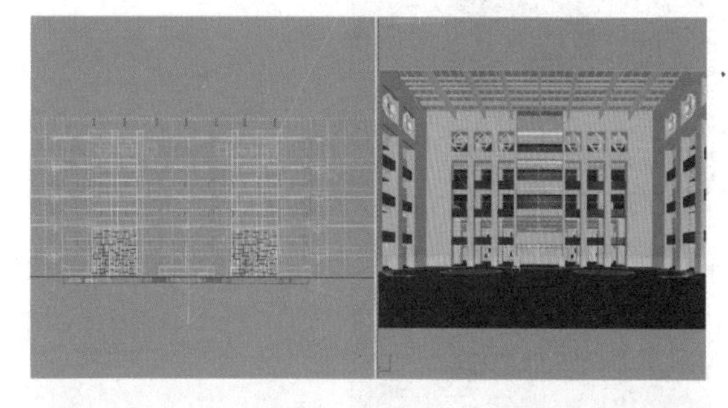

这样每一个楼层与楼层之间都有了灯光的映衬，显得更加有层次感。渲染之后的效果如右图所示。

12.3 深入建模

下面将着重介绍一下电梯井的设计，以及灯光和其他渲染设置方法。渲染隐藏物体，可以在小图渲染的过程中及时调整体效果，在场景的制作过程中也不会因为场景内的物体太多而影响操作。在大场景的制作过程中，一定要注意画面物体的干净整洁，避免一些多余的面的存在，影响后期渲染。

12.3.1 电梯井设计

绘制三个矩形，转换为“编辑样条线”，选择“样条线”，“附加”在一起之后“挤出”20mm，赋予“黑色”材质，作为电梯运行空间的内侧，尺寸大小如下左图所示。

在电梯间的上方再创建一个长方体，长6760mm、宽950mm、高2200mm，作为电梯的内部装置系统箱，赋予与墙面一样的材质，效果如下右图所示。

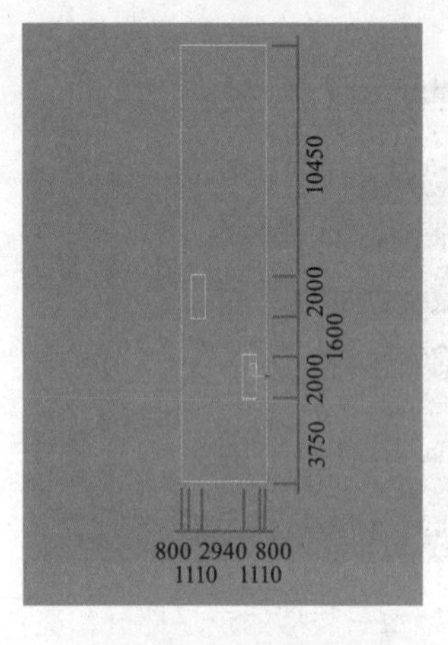

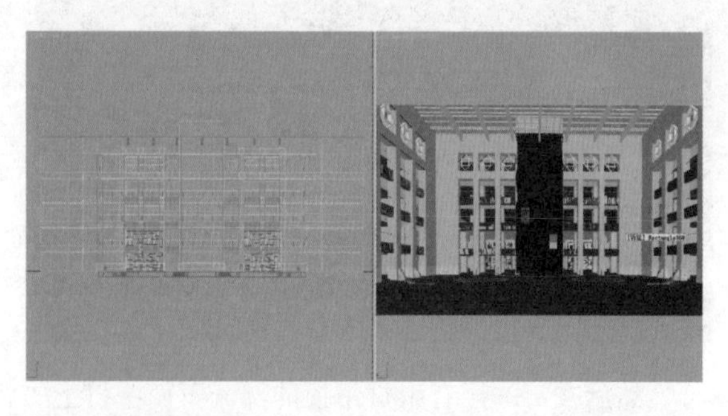

然后将观光电梯的模型合并到视图里相应的位置，如下右图所示。

从顶视图上面来看电梯间，需要在电梯间的外围制作一个玻璃隔断，将电梯包围起来。

整个隔断的总长为100mm，由圆柱形和长方体组成，长方体的厚度为8mm，如下右图所示。

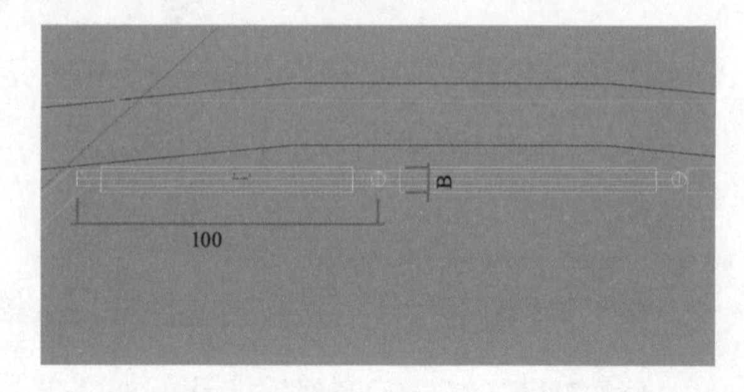

长方体的尺寸如下左图所示，建好一个之后利用“阵列”命令，采用工字拼接完成。

完成之后的效果如下右图所示。

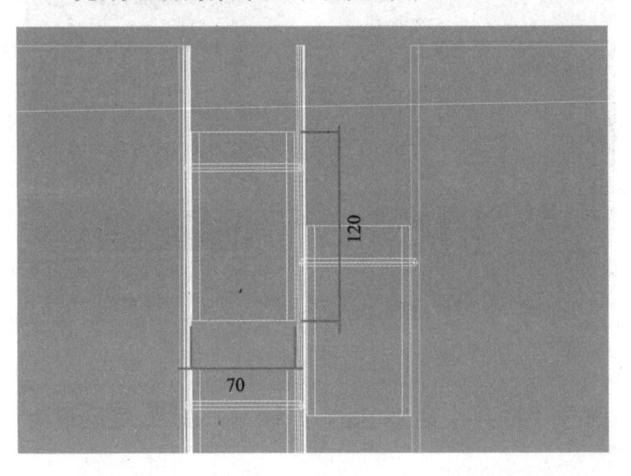

最后成组并命名，然后赋予“暖色玻璃”材质，设置反射，并设置反射光泽度为 0.85。

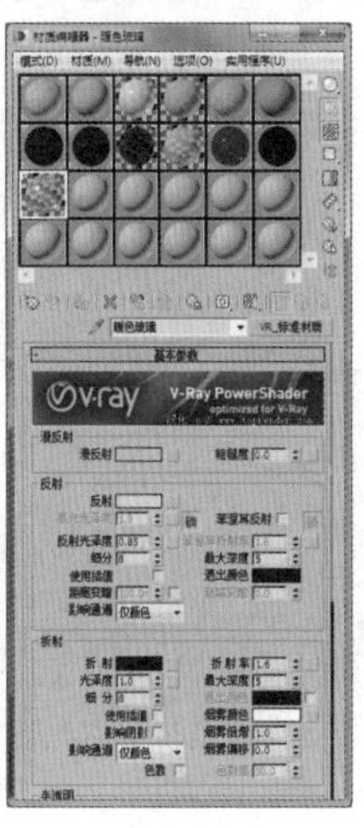

渲染之后的效果如下图所示。

12.3.2 壁灯

绘制一个弧形，然后设置“轮廓”，之后放到大堂可以看到的八根柱子上，摆放位置在二层和三层之间，顶视图上弧形的壁灯如下左图所示。

在弧形中上下分别放两盏“目标光源”，光域网设置为 20.ies，cd 强度设置为 2000，如下右图所示。

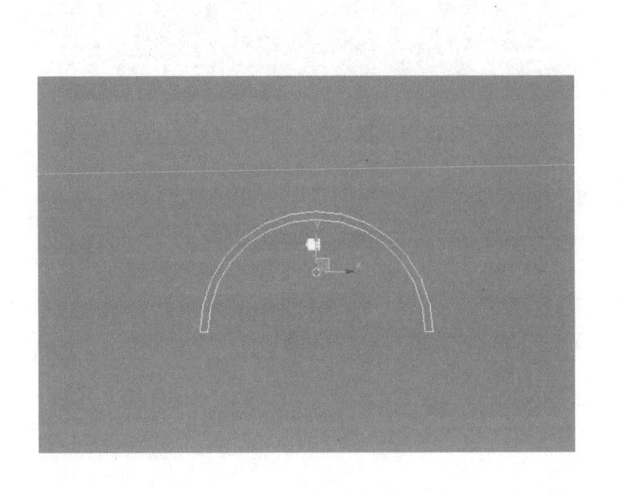

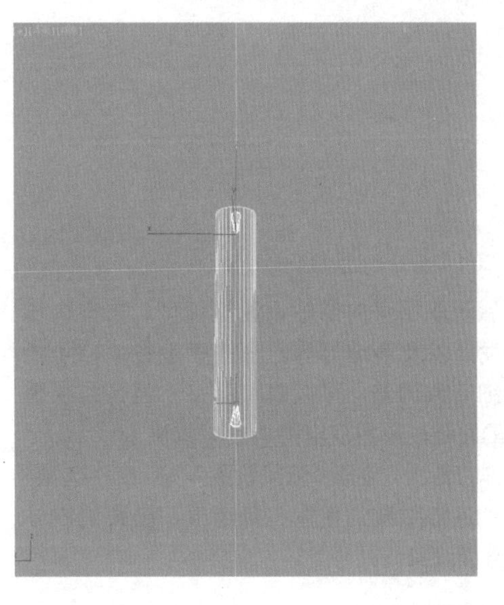

最后赋予“青铜.jpg”贴图，壁灯的效果如右图所示。

12.3.3 墙面灯

在下图标识的位置，从下向上放置“目标光源”，赋予“冷风小射灯.ies”光域网，cd强度设置为34000，这样是为了进一步突出墙面的效果。

灯光摆放的局部效果如下左图所示，灯光的目标点在光源点的上方，渲染出来的效果如下右图所示。

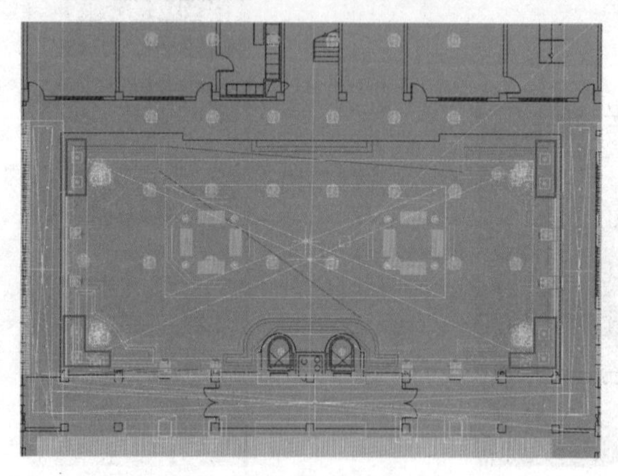

12.3.4 照亮地面的灯

整个大厅，靠近地面的部分的“目标光源”，光域网更改为“桶灯01.ies”，cd强度设置为7000，整列布置如右图所示。

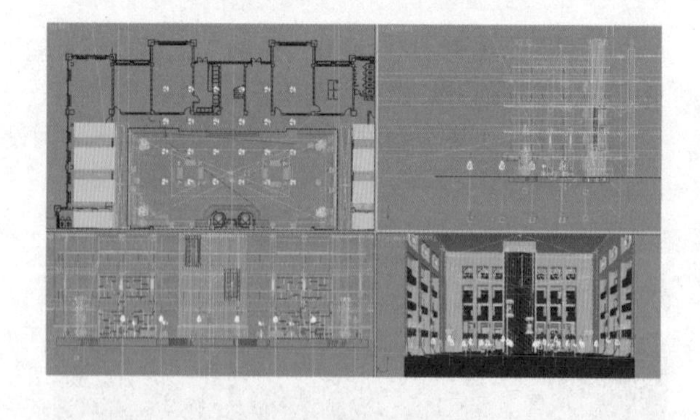

12.3.5 渲染隐藏物体

最后调取场景内部陈设设施模型，如室内植物、沙发，以及落地灯等，有些模型很大，可能会影响细节微调整，可以隐藏起来，但是如果需要渲染的时候，不用取消隐藏也可以渲染。

操作方法为，选择“渲染设置”，在“选项”中勾选“渲染隐藏几何体”复选框，隐藏的物体就可以直接渲染。

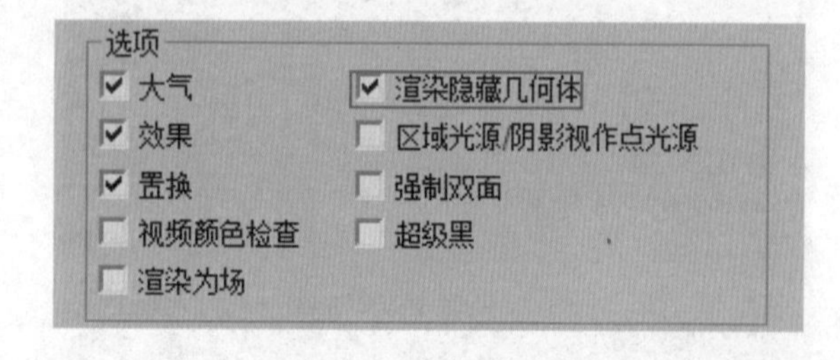

最后完成效果如右图所示。

12.4 多角度渲染

一个中庭大堂是四面围合的建筑，之前详细介绍了观光电梯一面的整体建模，下面将来介绍剩下部分的建模，这样可以在一个场景中另外进行多角度渲染，当然这还是要根据用户自己的电脑配置来选择，如果电脑运行不了，也可以分别保存为不同的文件，然后分文件来更改渲染角度。

12.4.1 与电梯相对的墙面

将之前所制作的文件打开，这时我们所需要的角度是从电梯间看向与电梯间相对的墙上，所以将反面看不到的多余面的物体隐藏起来或者删除，再打一个摄影机，设置视口中的构图，方便在对面开始建模。

其余部分都与整体保持一致，例如顶上的菱形拼花、天花吊顶、栏杆等。在中间的部分建立两个长方体，一个长为 17000mm，宽为 7000mm，厚度为 950mm，为其赋予与墙面一样的材质，如下右图所示。

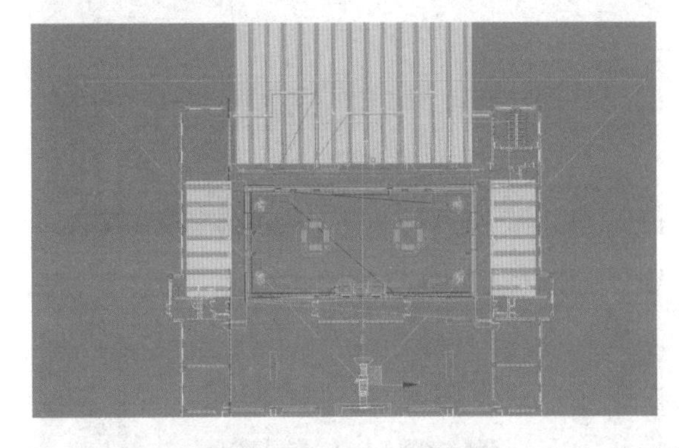

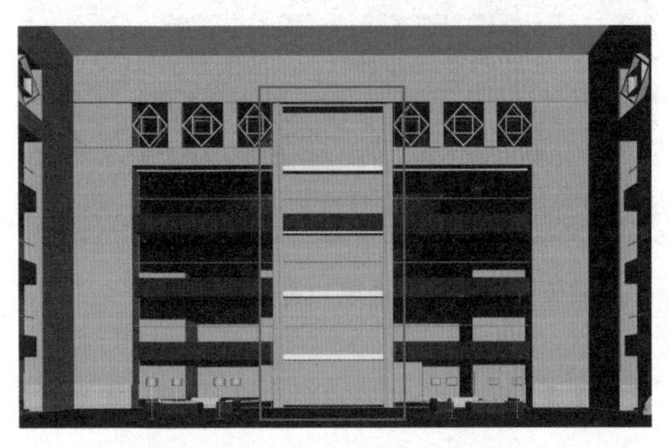

在刚刚建立的长方体的前面再建立第二个长方体，长为 16800mm、宽 6200mm、厚度为 20mm，赋予其“浮雕.jpg”材质，在“漫反射”“反射”“凹凸”中都分别贴入“浮雕.jpg”贴图，效果如下左图所示。

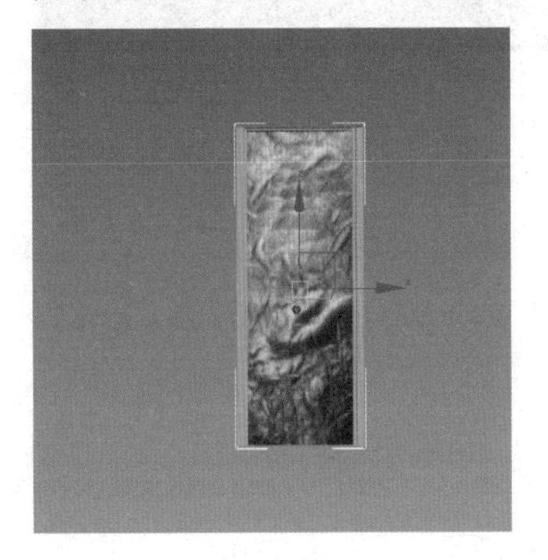

贴图			
漫反射	100.0	☑	Map #127 (浮雕.jpg)
粗糙度	100.0	☑	无
自发光	100.0	☑	无
反射	100.0	☑	Map #128 (浮雕f.jpg)
高光光泽度	100.0	☑	无
反射光泽	100.0	☑	无
菲涅耳折射率	100.0	☑	无
各向异性	100.0	☑	无
各向异性旋转	100.0	☑	无
折射	100.0	☑	无
光泽度	100.0	☑	无
折射率	100.0	☑	无
透明	100.0	☑	无
烟雾颜色	100.0	☑	无
凹凸	30.0	☑	Map #129 (浮雕aotu.jpg)
置换	100.0	☑	无
不透明度	100.0	☑	无
环境		☑	无

在大厅的一楼部分，再绘制一面墙和两个大门作为饰面，位置如下左图所示。

绘制一个长为 31600mm，宽为 200mm，高为 2760mm 的长方体，如下右图所示。

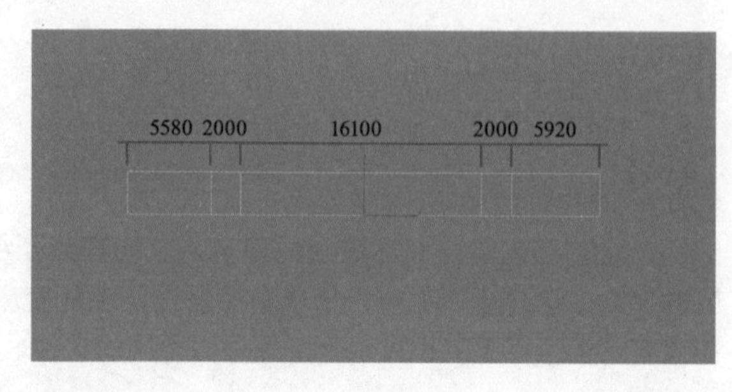

将其转化为“可编辑多边形”，在门的部分再“挤出”500mm，留出两个门的位置，如下左图所示。

最后放入“目标灯光”作为射灯，活跃场景气氛，如下右图所示。

渲染大图之后的效果如右图所示。

12.4.2 中庭两侧面效果

分别在中庭大堂的两侧找到最合适的角度，放入摄影机。

1. 摄影机在电梯间右面

效果如下图所示。

2. 摄影机在电梯间左面

效果如下图所示。

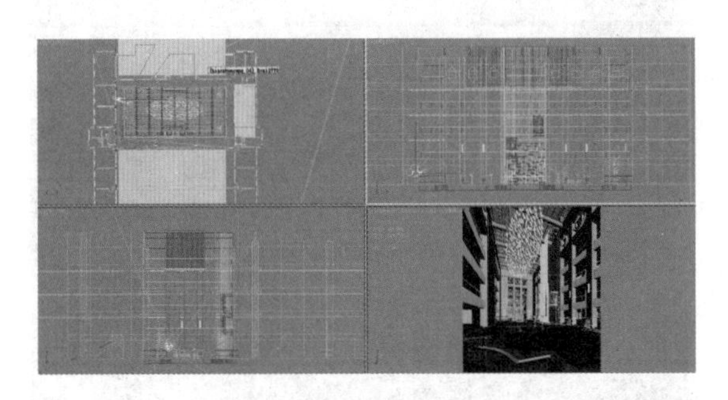

12.5 文件归档

由于场景中调用了很多模型、光域网以及各种材质贴图，在将文件移动到其他位置或者需要拷贝的时候，如果漏掉某一个材质将会是一件很麻烦的事情。“文件归档”命令完美地解决了这个问题，它能够将场景中所用到的所有材质贴图都集合到一个文件包裹中。

具体操作如下，选择“另存为 > 归档”命令，在弹出的“文件归档”对话框中选择归档文件保存的位置以及文件名，最后自动生成文件包，如下图所示。

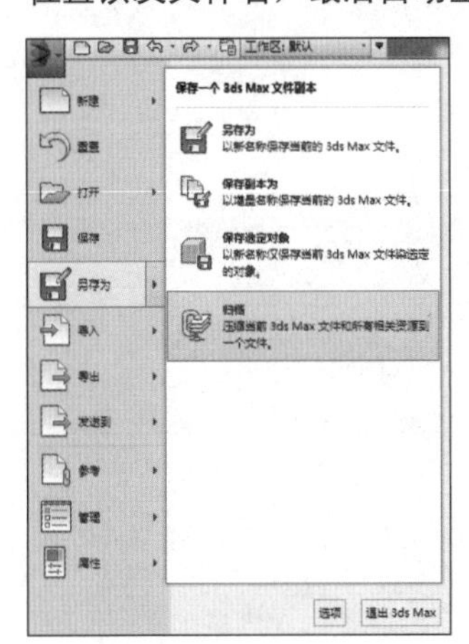

MAP	2014/5/27 19:34	文件夹	
新建文件夹	2014/5/24 15:14	文件夹	
Arch41_011_obj_89.vrmesh	2012/11/8 21:05	VRMESH 文件	17,446 KB
大堂后	2014/5/31 16:22	3dsMax scene file	41,468 KB
大堂右	2012/12/17 19:20	3dsMax scene file	35,080 KB
大堂左	2012/12/19 9:35	3dsMax scene file	34,708 KB
中庭大堂	2014/5/27 20:17	3dsMax scene file	32,728 KB
中庭大堂	2014/5/24 17:30	WinRAR ZIP 压缩...	26,478 KB
中庭大堂平面图.bak	2014/5/17 12:42	BAK 文件	1,409 KB
中庭大堂平面图	2014/5/17 12:42	AutoCAD 图形	1,409 KB

12.6 最终完成效果

这样当完成了一整个中庭大堂之后，通过 4 个摄影机从不同的角度得到了 4 张效果图，分别如下所示。

电梯间正面效果图如下左图所示。

电梯间对面效果图如下右图所示。

电梯间右边效果图如下左图所示。

电梯间左边效果图如下右图所示。

PART

03

室外建筑篇

重点指引

本章综合了书中前面章节介绍的 3ds Max 软件和 VRay 软件的相关知识，主要介绍建筑模型的创建与渲染。读者通过对本章节的学习，能够对室外建筑效果图的制作有进一步的了解，结合其他辅助软件，加强了对命令的使用能力以及特殊技巧的应用能力。

重点框架

室外材质的创建，渲染器的设置，样条线的使用，多边形建模，利用 CAD 和 Photoshop 等辅助软件完成效果图的制作。

应用案例

某地铁站商业圈设计

某写字楼群设计

Chapter 13 某地铁站商业圈设计

本章概述

室外效果图的创建过程与室内效果图大致相同，包括创建模型、设置光源、赋予材质和渲染出图这四个重要的步骤。本案例主要介绍的是某地铁站商业圈设计，重点在于周边环境的建模以及外部光源的设置。

核心知识点

❶ CAD 建筑建模
❷ 多维/子材质的创建
❸ 标准灯光的运用

13.1 创建三维空间模型

在本案例模型创建的过程中，多处都需要使用到“编辑样条线”和“编辑多边形”命令，还要用到“挤出”修改器，下面从导入 CAD 图纸开始进行介绍。

13.1.1 导入 CAD 平面图

当拿到一整套小型建筑的 CAD 图纸之后，会有复杂的平面图和立面图，为了在 3ds Max 的图纸上看图更加方便快捷，将先对 CAD 平面布置图进行调整。因为在效果图中只需要看到建筑的外立面，所以在 CAD 中将建筑内部的墙线都删除，只保留外墙以及在摄影机镜头中能看到的部分，然后将其导入到 3ds Max 中。

1. 导入平面图

建筑在通常的情况下都会分为东南西北四个面，在这里我们将这栋建筑分为 ABCD 四个面，如右图所示，红色箭头代表着将要放置摄影机镜头的方向。

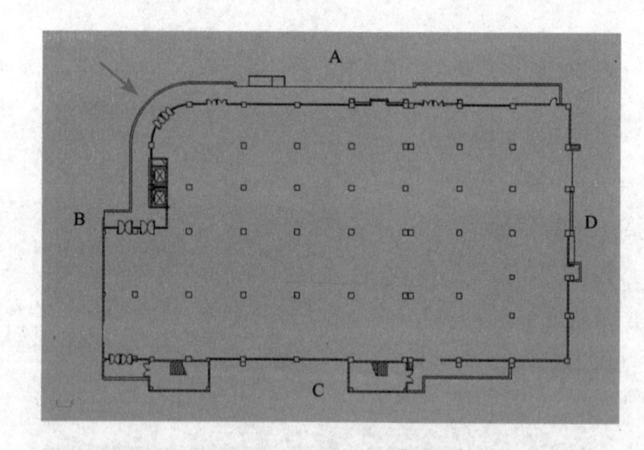

在这里需要注意的是，有时候我们会发现在 CAD 中能显示完整的图形，当导入到 3ds Max 之后变成了混乱的线条，对捕捉命令的使用造成了一定的困扰。当遇到这样的问题时，先回到 CAD 图纸中检查一下是否有物体合并成块，最简洁的方法是在导入之前，先框选所有的可见图层，然后将其分解，快捷键为 X 键。

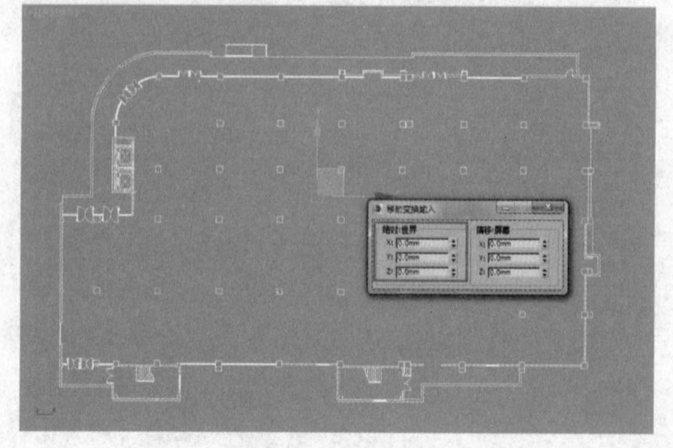

当图形被导入到 3ds Max 中之后，全部框选统一为黑色线框，然后成组并命名，右击“选择并移动”按钮后弹出“移动变换输入”对话框，

在“绝对：世界”选项组中将 X、Y、Z 轴全部设置为 0.0mm，这样平面图就位于图纸正中心的位置，最后单击鼠标右键，选择“冻结当前选择”命令。

2. 导入 A 立面图

紧接着导入第二张 CAD 文件中的 A 立面图，如下左图所示，然后使用相同的处理方法，将其全部框选选中之后，变换为统一的黑色，然后将其框选成组并命名为“A 立面图”。

此时需要将立面图与平面图的点一一对应，才能建起这一栋建筑，单击“角度捕捉切换”按钮，单击鼠标右键之后弹出“栅格与捕捉设置”对话框，切换到“选项”选项卡，将“通用”中的“角度”设置为“180 度”，如下右图所示。

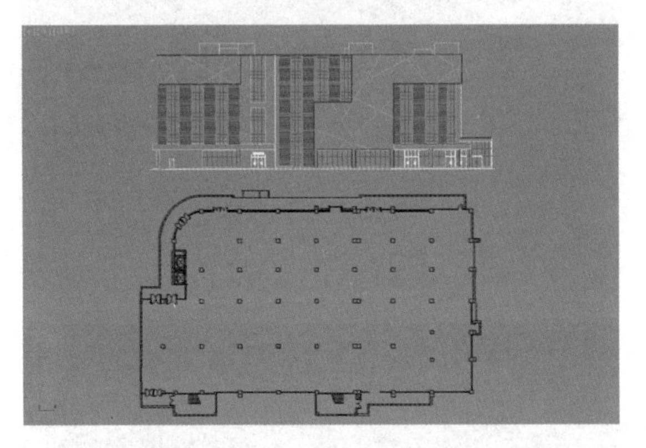

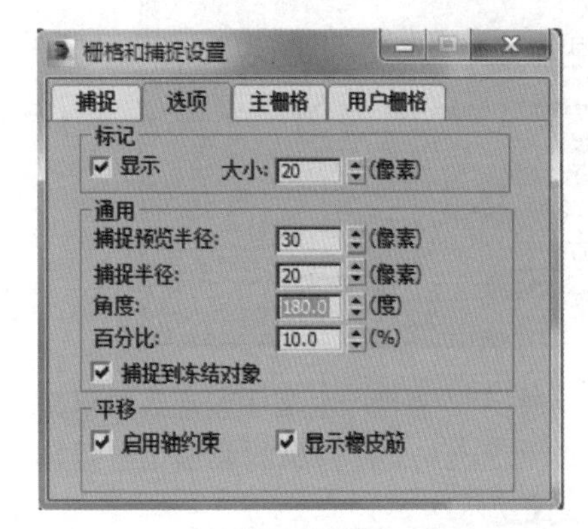

回到顶视图中，这时选中 A 立面图，沿着 Y 轴旋转，由于刚才的设定可以直接旋转 180°。然后选择“点捕捉”，将 A 立面图与平面图中相对应的点一一对应。

3. 导入 B 立面图

用相同的方法将 B 立面图导入，如下右图所示。

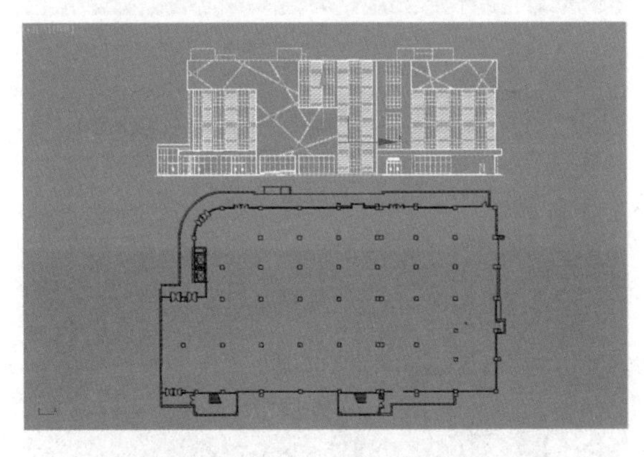

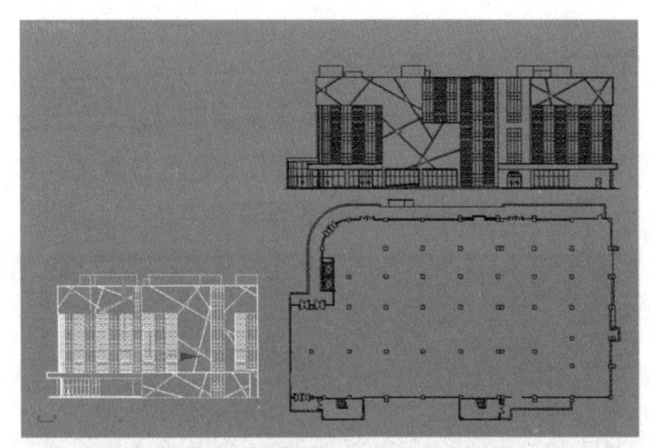

然后通过“旋转”命令将 B 立面图旋转到与平面图相对应的位置，如右图所示。

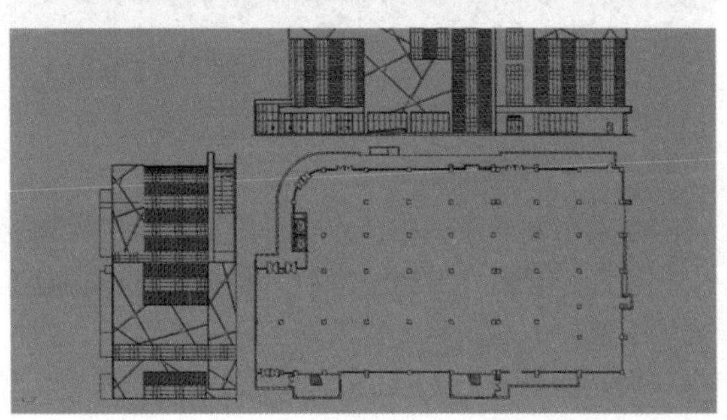

4. 图形整理

当三张 CAD 图纸全部都导入到 3ds Max 文件中后，需要将这些立面图立起来，单击“角度捕捉切换”按钮，单击鼠标右键，弹出“栅格与捕捉设置”对话框，选择“选项”选项卡，将“通用”中的“角度”，设置为“90 度”，如下左图所示。

设置完成之后，选中立面图，在透视视图中沿着 Y 轴旋转，将其立起来，如下右图所示。

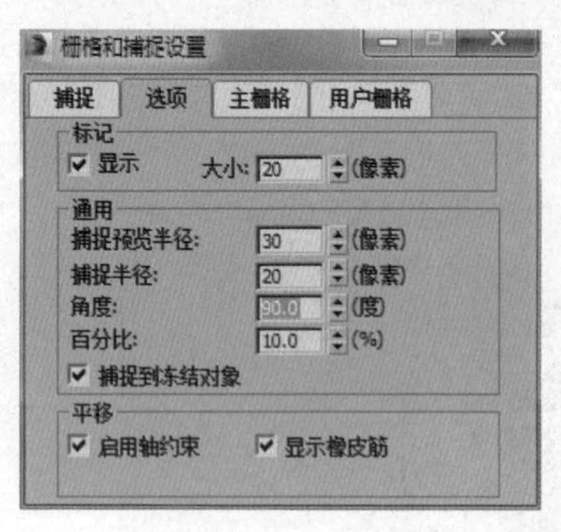

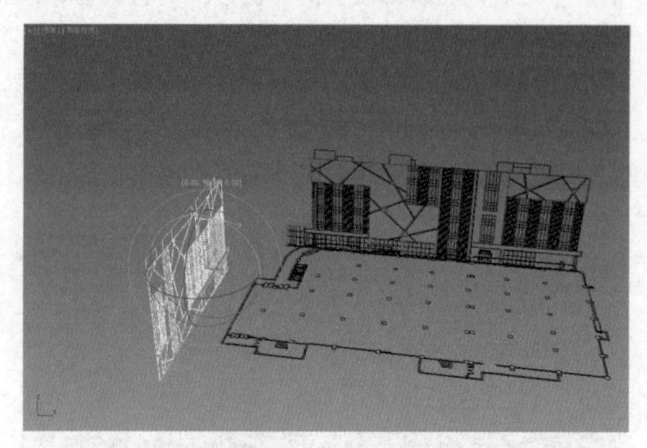

选择“点捕捉”，将两个立面图的底边与平面图放在同一个平面上，此时建筑的雏形也已经显现出来，如右图所示。

13.1.2 墙体建模

下面将开始建模，选择有墙面的位置，用二维物体中的“线”直接描边，然后“挤出”1000mm，在顶视图中将其移动到与平面图相对应的位置上，如下左图所示。

用这种方法将全部有造型的墙体都建立起来，如下右图所示。

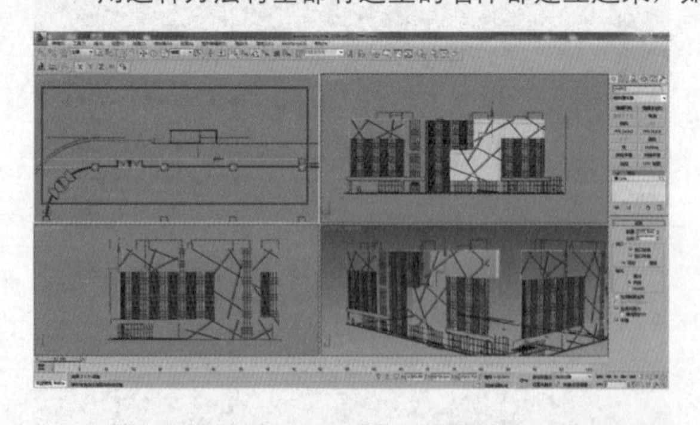

然后为其赋予“铝塑板”材质贴图，“凹凸贴图”也赋予同样的贴图；“反射”设置为 30，“高光光泽度”设置为 0.6，“反射光泽度”设置为 0.8。被赋予材质之后，将“UVW 贴图”设置为“长方体”，长宽高均设置为 1000mm，如下左图所示。

在商业圈正门入口处上方绘制一个防雨台，设置厚度为 3500mm、挤出的高度为 1750mm，如下右图所示。

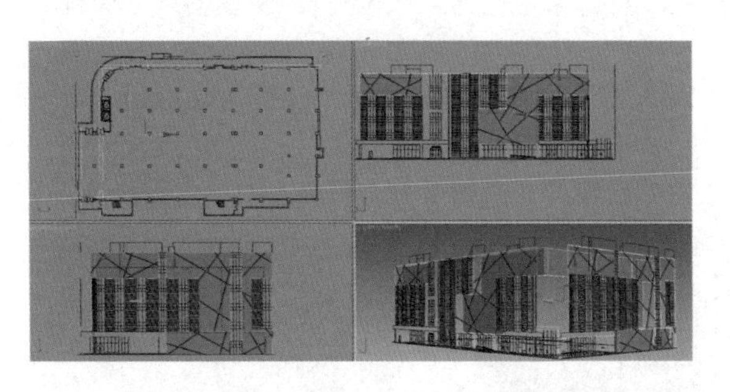

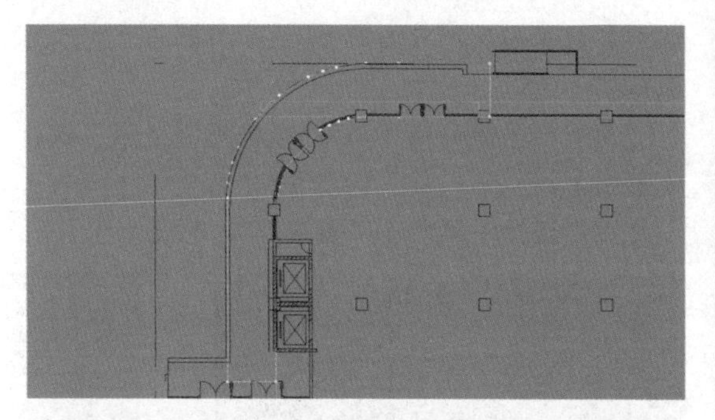

摆放在一层与二层楼之间的对象，CAD 图纸上有显示位置，如右图所示。

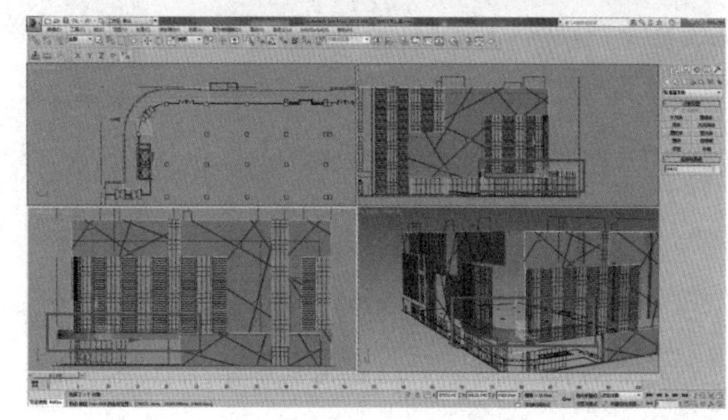

13.1.3 门窗建模

接下来开始建筑外窗的建模，同样还是在图纸上找到窗框的部分，先用二维物体中的“线”或者是“矩形”绘制出窗框，如下左图所示。

大门入口处的弧形面在建好窗框之后，可通过旋转来完成。

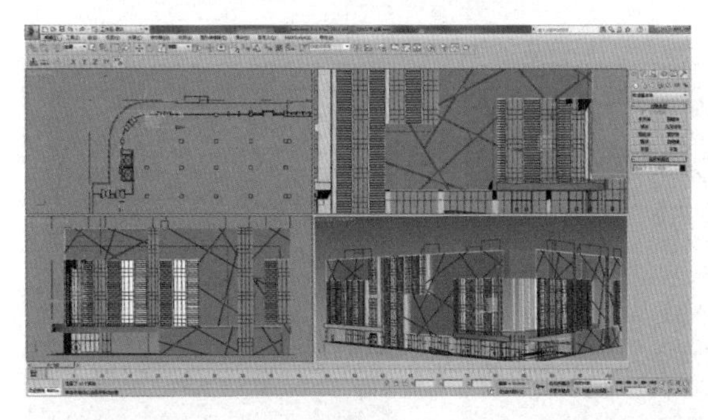

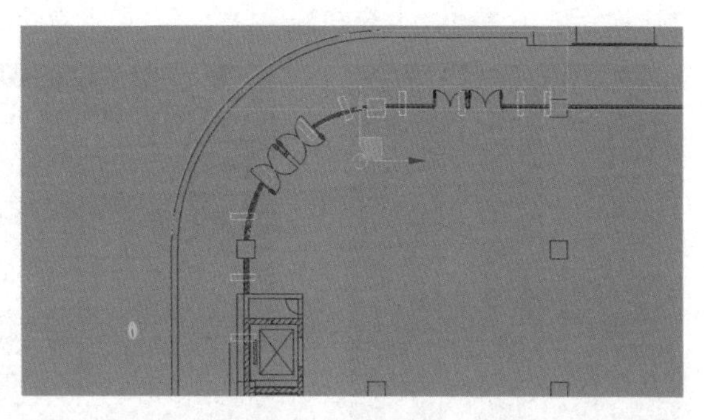

最后都赋予“白色铝塑板”材质，完成之后的效果如下左图所示，为使图片效果更加直观，编者将 CAD 立面图做了隐藏处理，读者可以根据情况而定。红框处可以留出两块白板作为后期广告牌的摆放处。

接下来制作窗框，在这里只详细讲解其中一个窗框的设计方法。首先选择其中的两个窗框，在中间绘制一个平面，长度分段设置为 10，宽度分段设置为 2，如下右图所示。

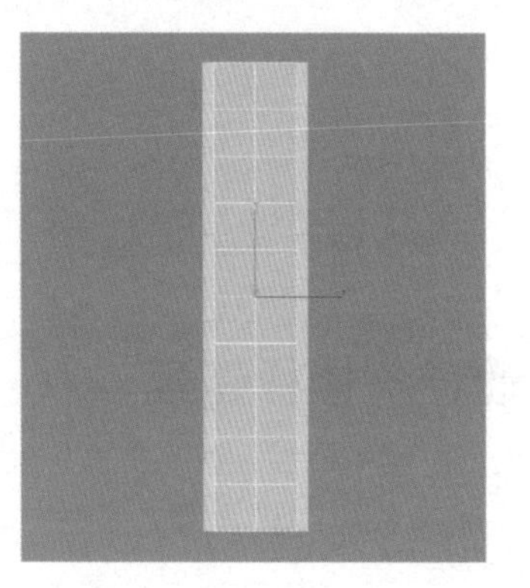

将其转换为“可编辑多边形”，单击“顶点”按钮，将每格窗框的距离拉到与CAD图纸上窗框的间距相一致，如下左图所示。

再选择子集命令“边”，全部框选之后，选择“切角”命令，将“边切角量”设置为20mm，如下中图所示。

然后选择子集命令“多边形”，将每一个有窗户的地方删除掉，只留下整个框架，如下右图所示。

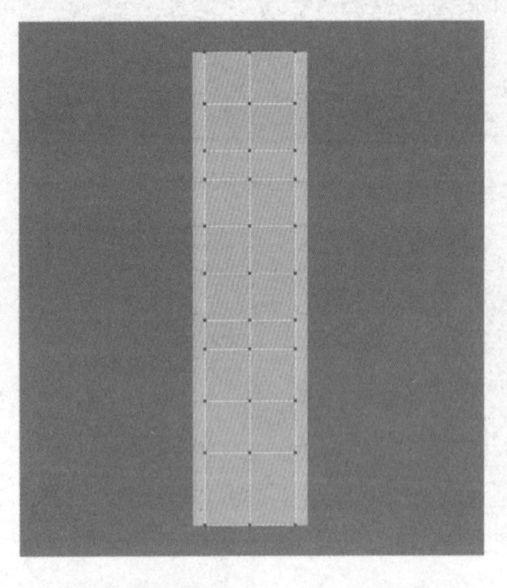

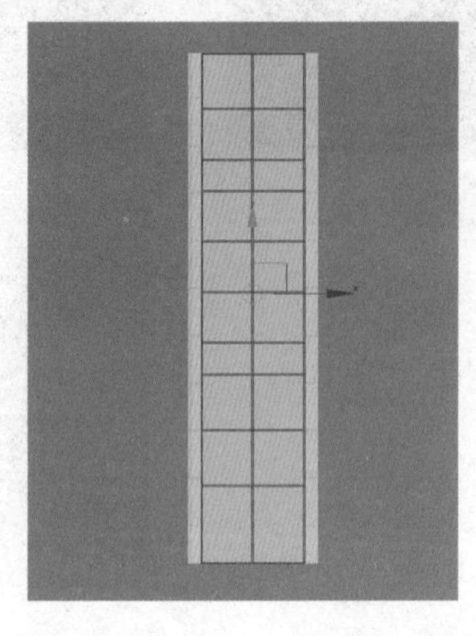

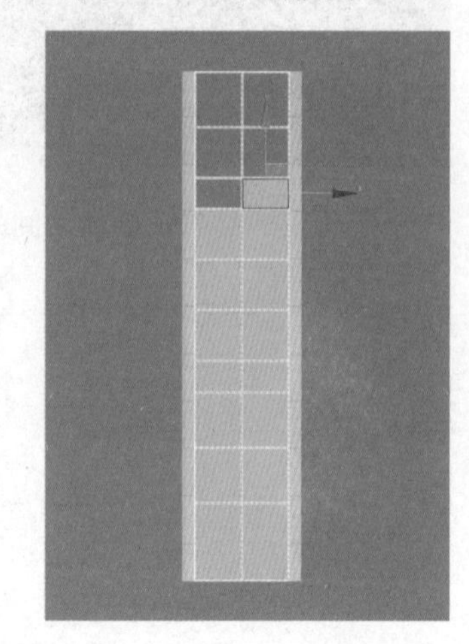

再框选中窗框，然后选择“挤出”命令，挤出40mm，完成窗框的建模，如下左图所示。最后为其赋予“深灰色”材质，将“漫反射”设置为深灰即可。

在窗框的前面，用“圆柱体”阵列出一整排装饰栏杆，如下中图所示。

最后绘制一个“矩形”，大小与窗框相同，然后“挤出”20mm，摆放在窗框的后面，为其赋予“玻璃”材质。至此，整个室外窗户的建模完成，如下右图所示。

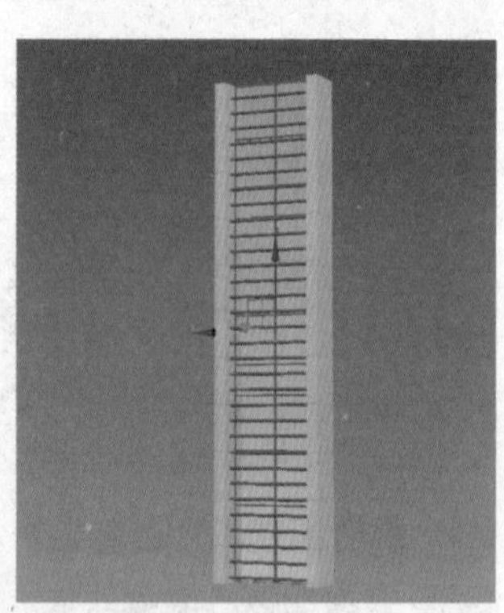

用上面介绍的这种方法完成所有窗户的建模，如右图所示。

13.1.4 盲人通道与楼板建模

根据平面图，描出一楼的地面，再“挤出”300mm，然后在弧形正门处有一级楼梯，楼梯的高度为150mm，为其赋予“麻灰地面.jpg”材质，设置“反射”为30，如下左图所示。

1. 盲人通道（线框贴图）建模

同样还是根据平面图，绘制一个长方体，设置高度为300mm，如下右图所示。

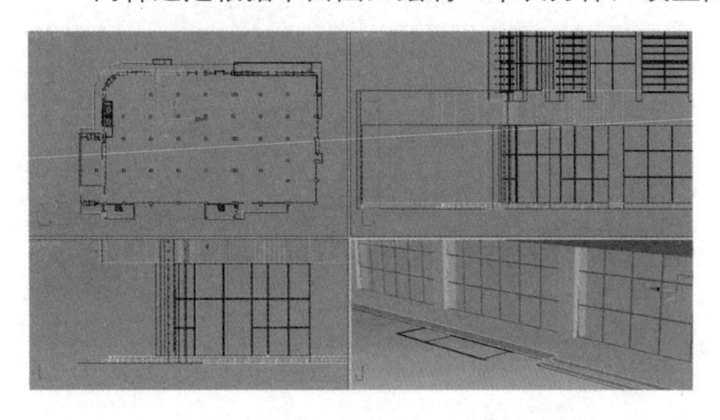

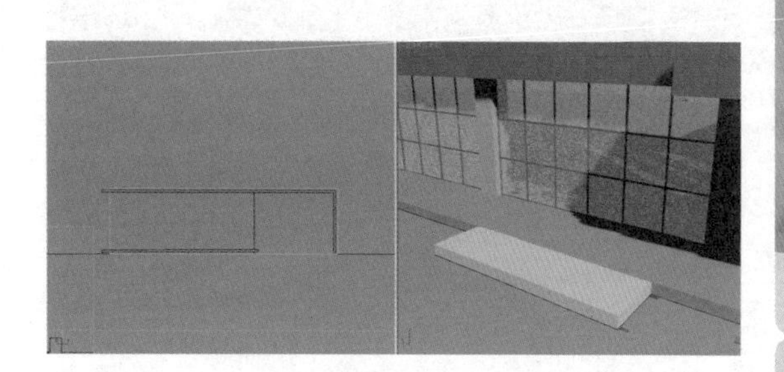

将这个长方体转换为“可编辑多边形”，选择“边”子集命令，通过“连接”命令连接出一条线，然后拉到与平面图相对应的位置，如下左图所示。

再选择“可编辑多边形”的“顶点”子集命令，选中其中一边的两个点，开启“点捕捉”模式，通过“捕捉”完成盲人坡道，如下右图所示。

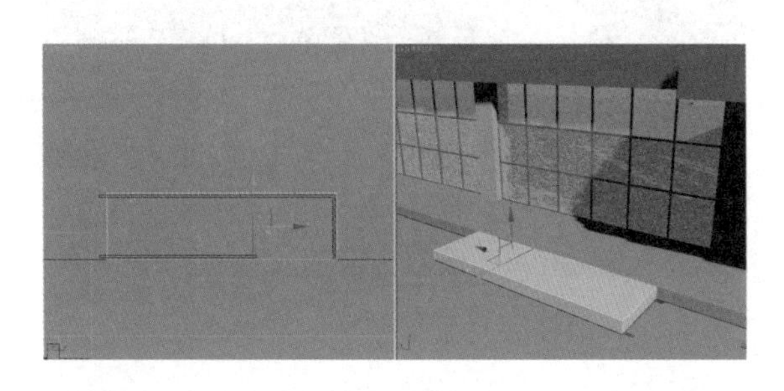

最后为其赋予“线框贴图”，具体步骤如下。首先选中一个材质球，将其转换为“VR-标准材质”，然后单击“漫反射”后的■按钮，进入“材质/贴图浏览器”，再选择“VR-线框贴图”，如下左图所示。

此时再将“线框贴图”的颜色更改为黑色，也就是黑色线框，材质球将会变为如下右图所示形态。

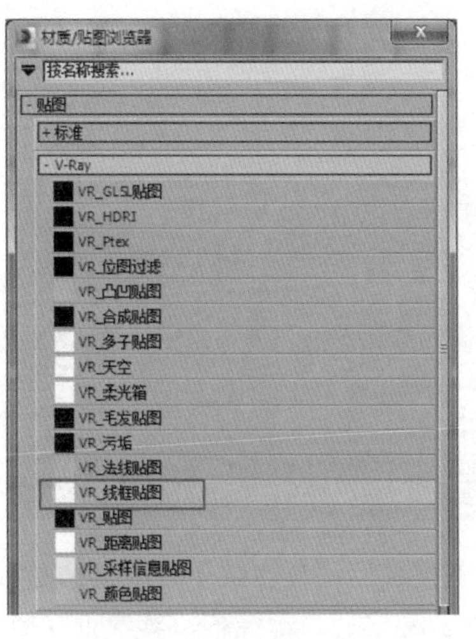

被赋予“线框贴图”之后的盲人坡道如下左图所示，在渲染的过程中虽然是灰色的，但是能显示其形状，显得更有体积感。

在B立面图中，找到电梯间的位置，创建一个高度为4350mm的长方体，同样也为其赋予“线框贴图”材质，如下右图所示。

2. 楼板建模

下面进行楼板建模，根据平面图绘制出楼板面，每层楼板的厚度为1700mm，用“挤出”命令完成。因为建筑A立面与B立面相交的二楼的位置是弧形，所以在三层和四层楼板相应的位置，可以做“切角”处理，如下左图所示。

将B立面图上，一楼凸出来作为入口门厅的顶，用长方体表示出来，厚度为1750mm，赋予“灰色铝塑板.jpg”贴图材质，摆放位置如下右图所示。

13.1.5 建筑环境建模

完成以上步骤之后，整栋建筑的基础建模部分已经大致完成，接下来需要完善一些细节并完成室外环境的空间建模。

1. 完善建筑内部建模

首先根据平面图，将整栋建筑的柱子建立起来，在建立的过程中，可以对楼板进行隐藏处理，柱子的高度为24000mm，如下左图所示。

在B立面凸出的门厅处，建立4个小门柱，效果如下右图所示。

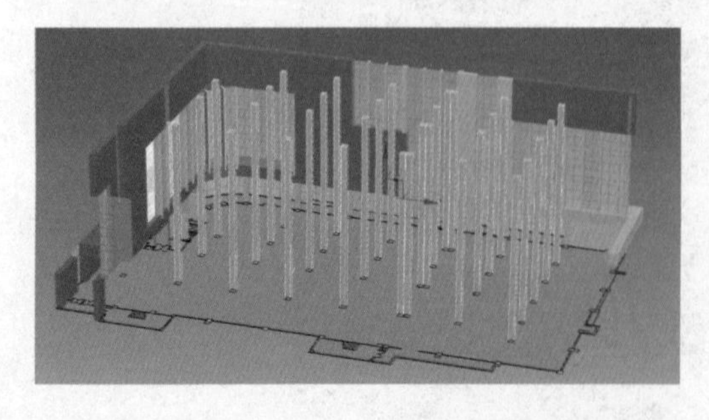

在场景内部再建立几个高度为4050mm的长方体，并使其相互交错摆放，同样也赋予“线框贴图”材质，这样做是为了在摄影机镜头中，透过一楼玻璃能隐约看到这个商业建筑的内部结构，其次可以挡住从建筑后面透过来的光线，如下左图所示。

从建筑的正面透视视图上来看的效果如下右图所示。

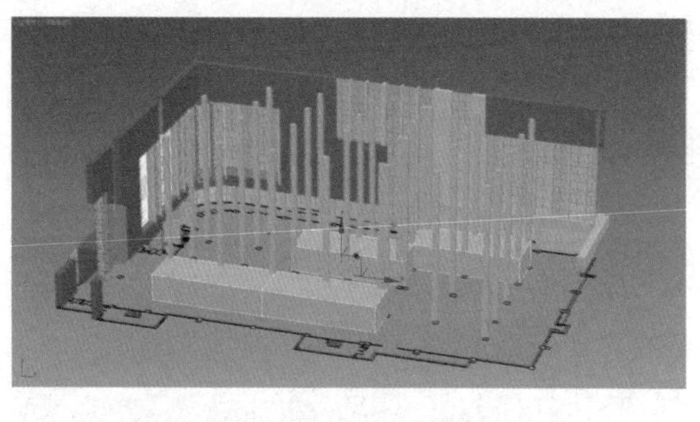

2. 建筑外部装饰

将两个CAD立面图和需要设计外部造型的外墙墙面以单独模式显示，如下左图所示。

用二维物体中的“线”描出墙面造型的边，在一条线段完成描绘之后闭合，如下右图所示。

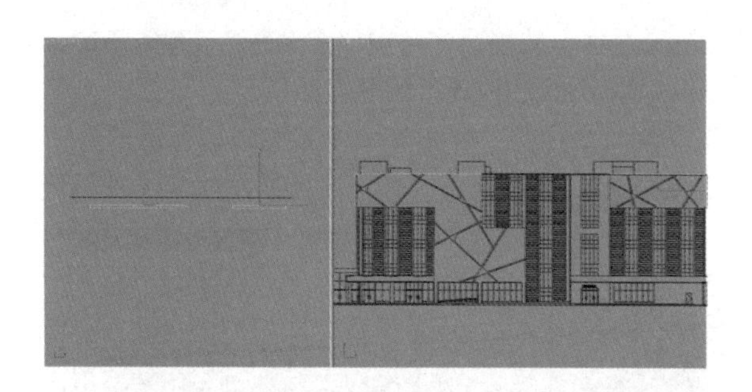

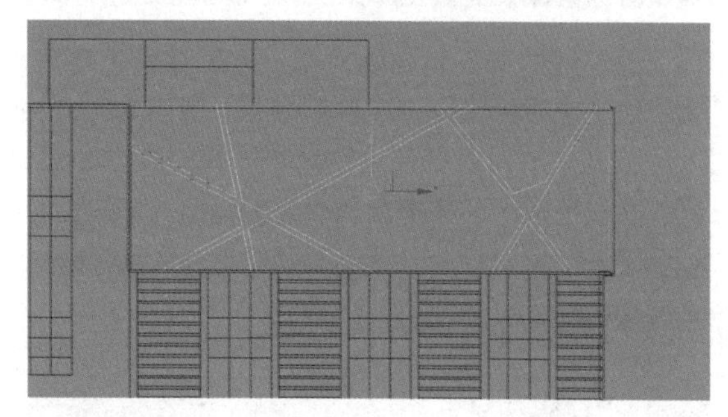

然后选择“挤出”10mm，并赋予“自发光”材质，如下左图所示。

完成所有的墙面造型之后，整个建筑外立面建模基本完成，效果如下右图所示。

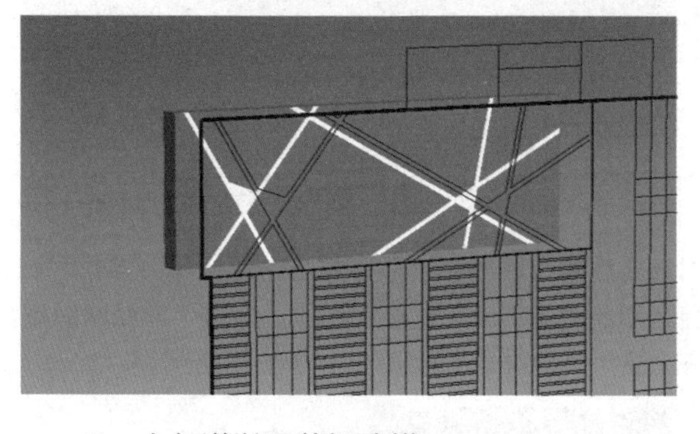

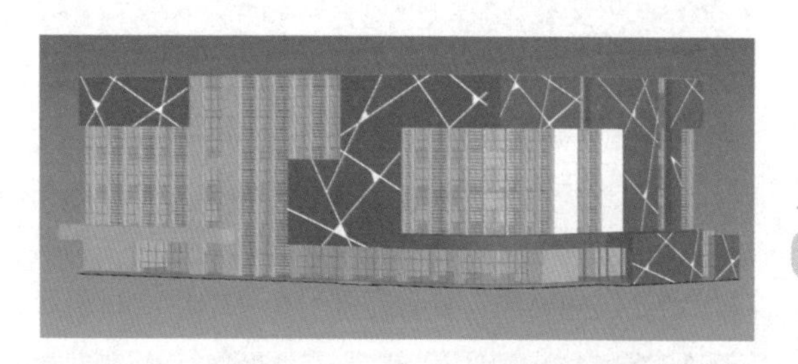

3. 人行道以及花坛建模

选择建筑的一楼地面，然后以单独模式显示，还是用“线”绘制出一个平面，留出9000mm宽的人行道位置，并“挤出”150mm，为其赋予“人行道铺装.jpg”贴图，如下左图所示。

接下来绘制人行道上的方形花坛，尺寸如下右图所示。

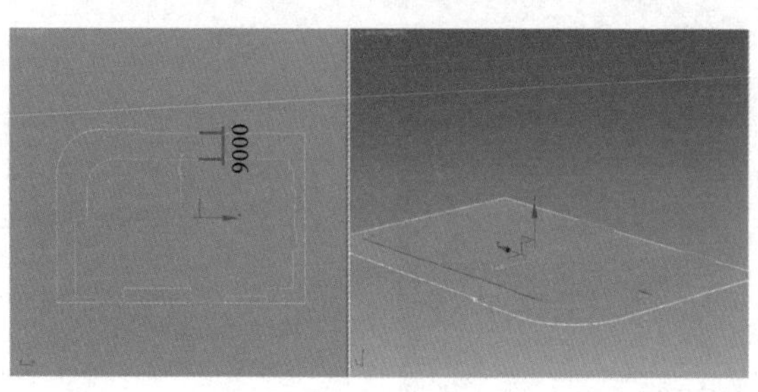

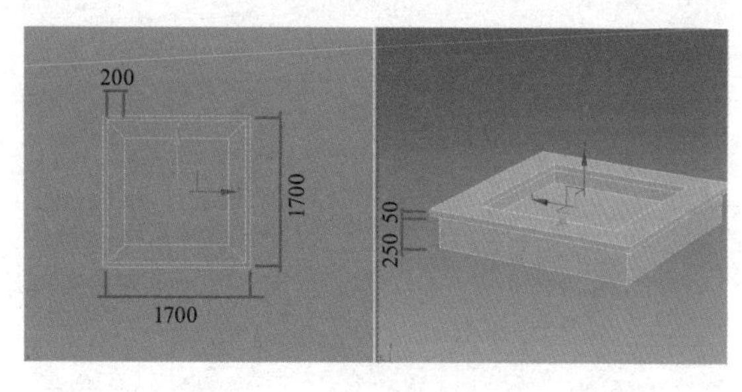

通过阵列完成路边一排花坛，每个花坛之间的间距为7100mm，为其赋予“线框贴图”材质即可，如下左图所示。

4. 车行道与斑马线（“多维/子对象”材质）建模

先绘制一个平面作为商业圈建筑周围的路面，如下右图所示。

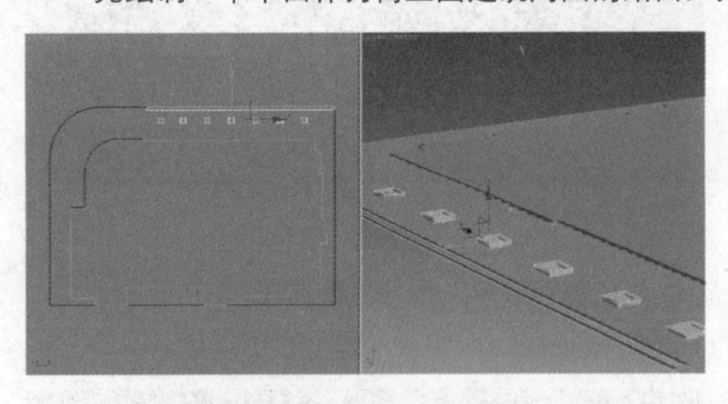

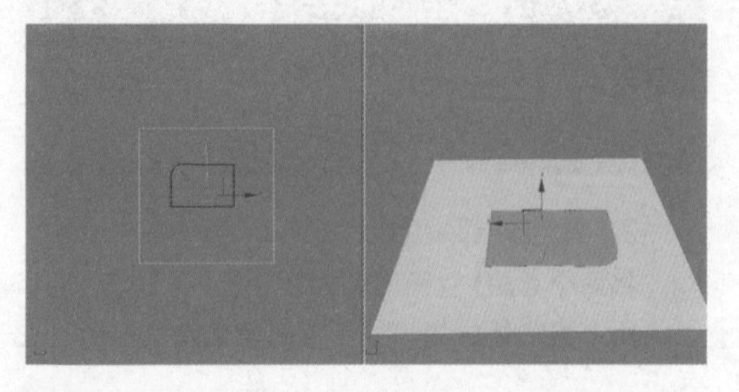

斑马线的宽度为3000mm，地面白线的宽度为500mm左右，转换为“可编辑多边形”，选择子集命令“边”之后再选择“连接”命令，留出车行道柏油马路的宽为20000mm，如下左图所示。

在建筑的两面都要绘制出车行道，还是通过“边”子集命令中的“连接”命令来完成车行道的地面黄色和白色标尺，其中宽度为200mm，一条车行道的宽度为2700mm左右，如下右图所示。

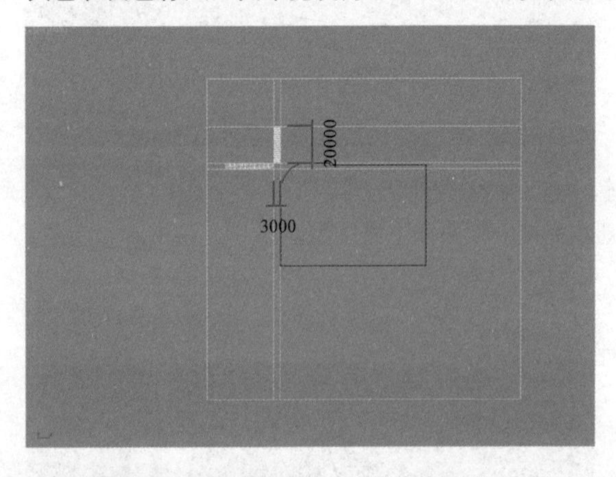

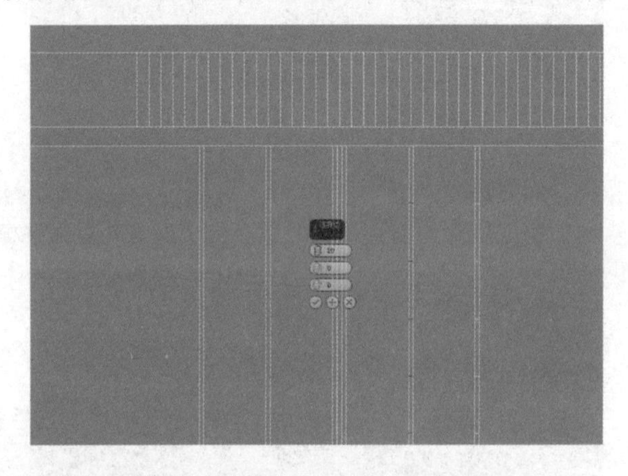

完成之后可以在平面上看到有斑马线、马路中间的双黄线和车辆行驶虚线，如下左图所示。

对于如何在一个物体上赋予多种材质，下面我们将运用到“多维/子对象”材质，给这个地面同时赋予三种不同的材质。首先打开一个新的标准材质球，将其换为“多维/子对象”，如下右图所示。

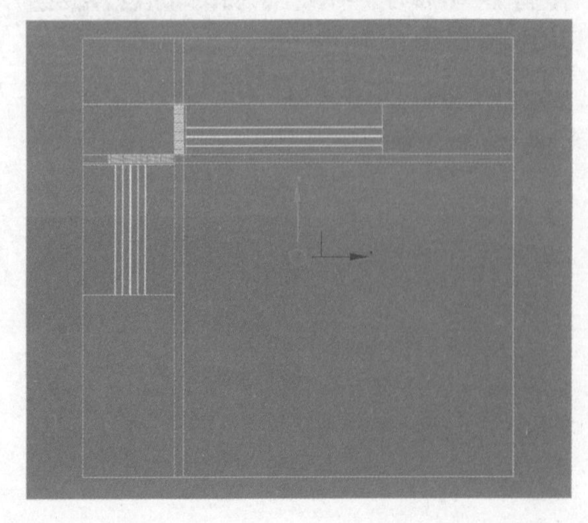

进入“多维 / 子对象”之后，默认的材质数量为 10 个，如下左图所示，但此时在所有的路面材质上所需要用到的只有三个，所以单击“设置数量”按钮设置“材质数量”为 3，这样便在 ID 下显示 3 个材质，一个材质对应一个 ID，如下中图所示。

单击 ID 为 1 材质后面的按钮，为其设置“VR_标准材质”，并赋予“柏油马路.jpg”贴图材质，如下右图所示。

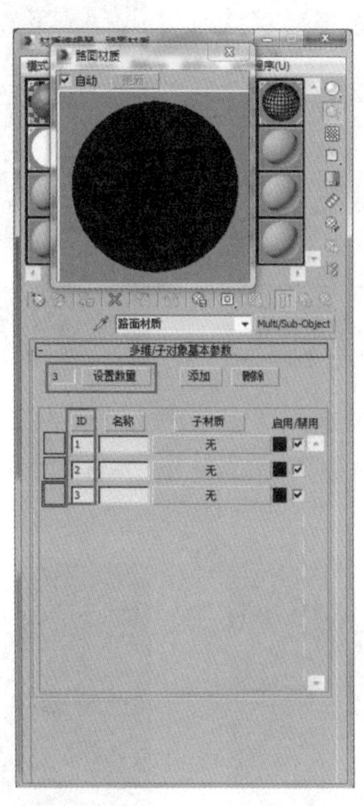

然后将 ID 为 2 的材质设置为黄色，作为路面双黄线的颜色；将 ID 为 3 的材质设置为白色，作为地面白色路标的颜色，如下左图和下中图所示。

设置完路面的“多维 / 子对象”材质之后，进入视图中，先框选选中地面，然后赋予材质，此时的地面所赋予的是 ID 为 1 的柏油马路的贴图材质，如下右图所示。

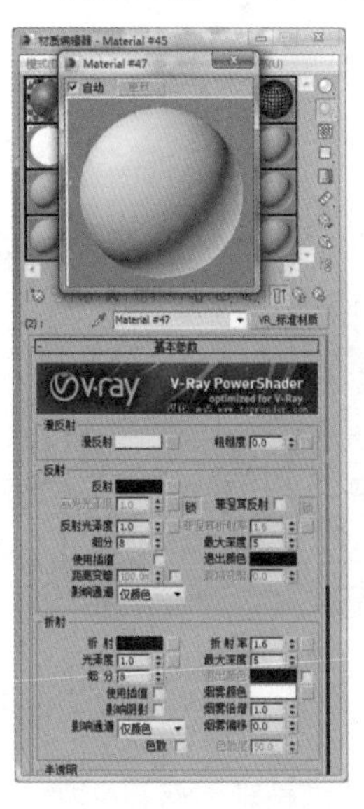

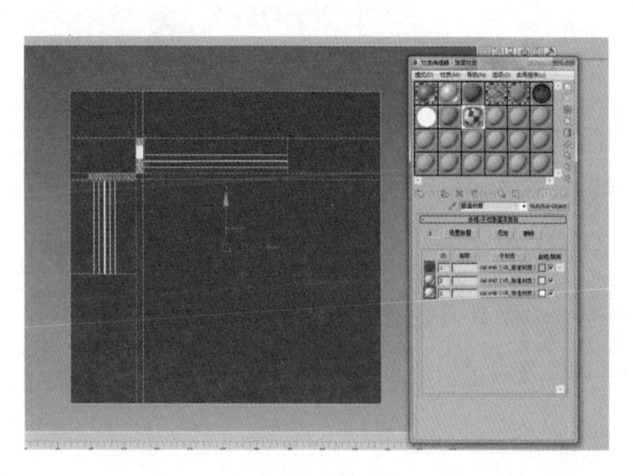

接下来，将路面转换为“可编辑网格”，选中子集命令“多边形”，将需要变成白色斑马线的部分依次单击选中，然后在命令面板中找到“曲面属性”卷展栏下“材质”选项组中的“设置 ID”选项。由于之前所设置的“多维 / 子对象”材质将白色的 ID 设置为 3，所以此处将 ID 设置为 3，最后选中的面变为了白色，如下左图所示。

行车道上面的白色虚线，也用相同的方法来完成，如下右图所示。

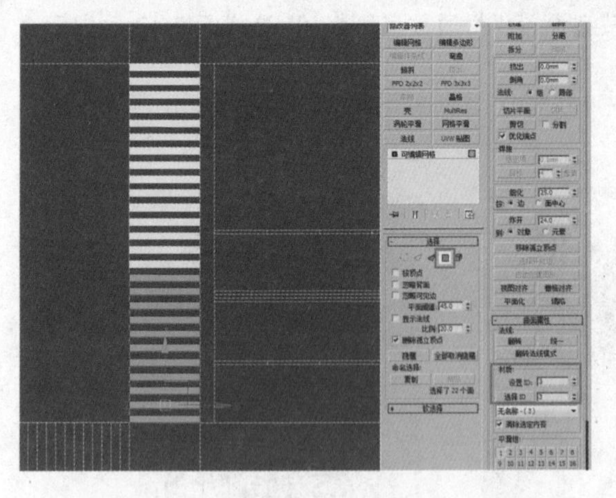

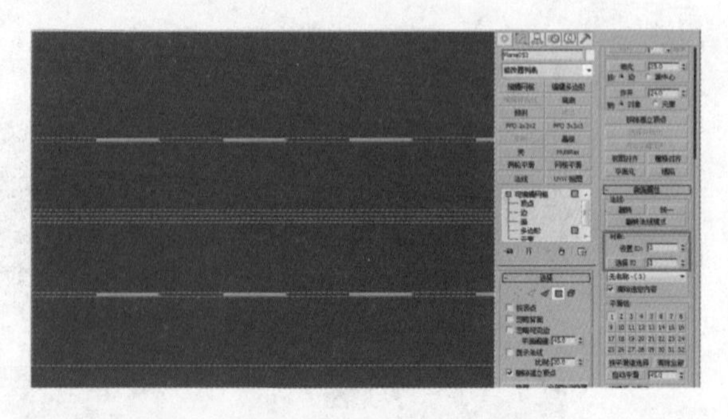

马路中间的双黄线的设定，同样也是进入“多边形”子集后选中面，将“曲面属性”卷展栏中的“设置 ID”更改为 2，从而显示“多维 / 子对象”材质中 ID 为 2 的黄色材质，如下左图所示。

此时马路的贴图完成，如下右图所示。

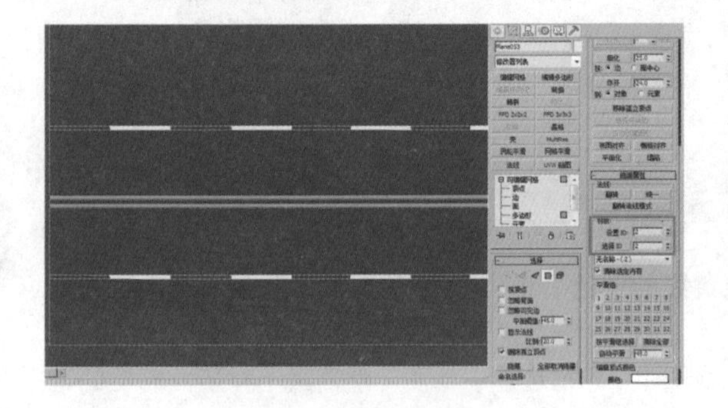

5. 调入模型完善建筑环境

所有的配置设施都完成之后加入摄影机，将摄影机抬高到 1500mm 的位置，然后在渲染设置中将“图像纵横比”设置为 1.7，摄影机视图用安全框显示，如下左图所示。

调入路灯模型到场景中，再贴上广告画，渲染之后的效果如下右图所示。

13.2 空间模型中的灯光设置

室外空间在 3ds Max 中的灯光设置要比室内空间的灯光简单得多，灯光用法都是一样的，但为了不与室内场景中所用的灯光重复，这里再另外介绍两种灯光的运用。

13.2.1 泛光

在标准光源下的泛光灯，是从单个光源向四周投射光线，其照明原理与室内白炽灯泡一样，因此通常用于模拟场景中的点光源，如下图所示。

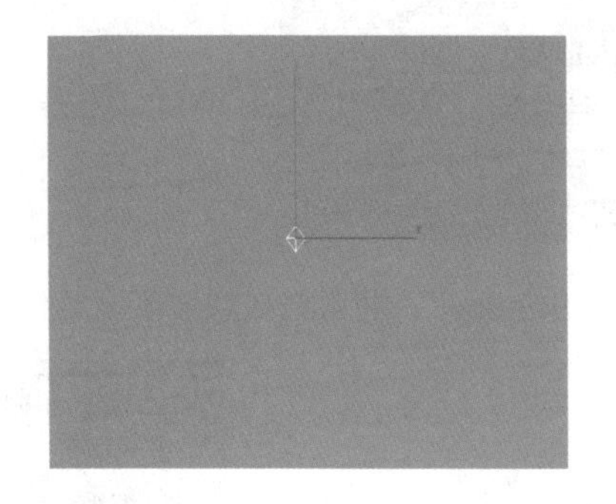

将泛光的“倍增”更改为 2.0，颜色更改为偏暖，这里注意不需要开启“阴影”，它所起到的作用就是照亮场景，不用产生照明的质感，如下图所示。

设置完成之后通过复制，将“泛光”放在建筑内部每层楼窗户边，如下左图所示。

渲染之后的效果如下右图所示，窗户内部能显示出微弱的光线，这样会使场景内部显得更加丰富。

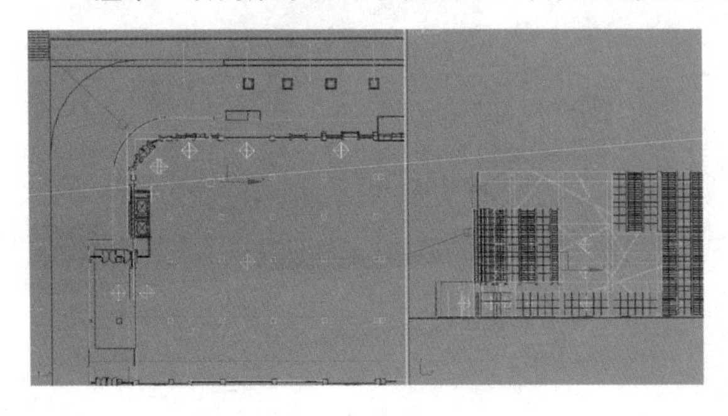

13.2.2 目标聚光灯

聚光灯包括目标聚光灯和自由聚光灯两种，但照明原理都类似于聚集的光束，其差别就是自由聚光灯没有目标对象，这里主要介绍“目标聚光灯”，如下图所示。

开启“VRayShadow”，将灯光倍增强度设置为1.0，颜色同样设置为偏暖色，如下图所示。

将聚光灯放到场景的上方，刚好能照亮建筑物其中的一个面，这样建筑物两边就有了明暗关系对比，如下左图所示。

完成之后的效果如下右图所示。

13.3 背景设置及最终完成效果

经过以上的操作，某地铁站商业圈的大致建模就完成了。

下面调整环境颜色（快捷键为数字 8 键），为其赋予“渐变”贴图材质，然后将环境中的贴图直接拖曳到材质编辑器中，这样环境贴图便可以进行编辑。在材质编辑器中将“坐标”的贴图设置为“屏幕”，通过“角度”的旋转，让天空的渐变从上至下由深到浅，如下图所示。

最后再合并一些人物的模型，渲染出来的最终效果如下图所示。

Chapter 14 某写字楼群设计

本章概述

本章主要介绍写字楼群的设计，将会把几栋建筑放在同一个场景内，这样建筑本身的建模相对于室内或者是独栋建筑来说场景越大，细节会越少，所以建模会比较容易，但是建筑对周边环境以及光源的依赖性将会较强，几栋建筑要相互呼应。在这样的大场景中要出效果，主要还是在于后期处理。

核心知识点

❶ 建筑的简单建模
❷ Photoshop 后期处理

14.1 创建写字楼主楼模型

在画图之前需要了解写字楼的构造，从大体上来说由三个部分组成：一层门厅，层高会高一些，除了入口处其他位置会制作成玻璃幕墙，幕墙上面会有一层要作为大广告牌的位置；然后再将广告牌以上设计为写字楼楼体部分，这个部分每层都是相同的，所以在画图的时候可以通过复制来完成；最后顶层部分可以作为整个写字楼 Logo 部分。

下面将详细分析一栋建筑的三维建模过程。

14.1.1 一层门厅设计

这次的建模我们将采取直接建模的方式来进行，在没有 CAD 作为平面图的情况下，同样也可以完成建筑效果图的制作。先从门厅部分开始。

1. 一层玻璃幕墙

一般视图中只能看到完整建筑的一个面或者两个面，在做建模单帧效果时，不可能做到面面俱到，应有选择地建模。主要以在视图中能看到的两个面作为重点，视图中不显示的面可以不用做过多的细致刻画。

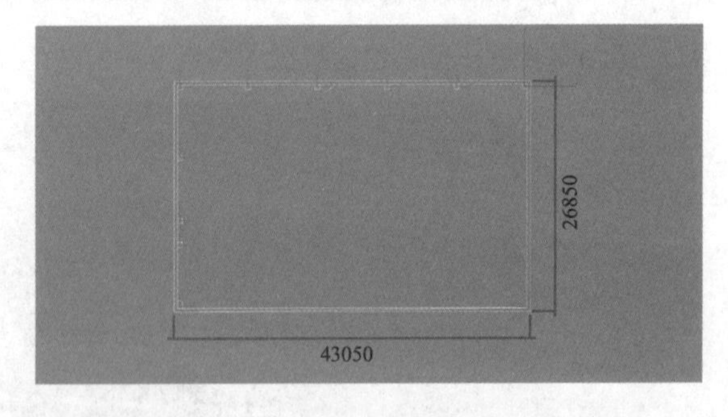

首先从门厅的玻璃幕墙框架开始建模，用二维物体画一个矩形，大小如右图所示，然后转变为“编辑样条线”，向内“轮廓”800mm。

然后用“长方体”画出柱子，高度为 5370mm，正面的边距尺寸如下左图所示。

一层门厅侧边柱子间距尺寸如下右图所示。

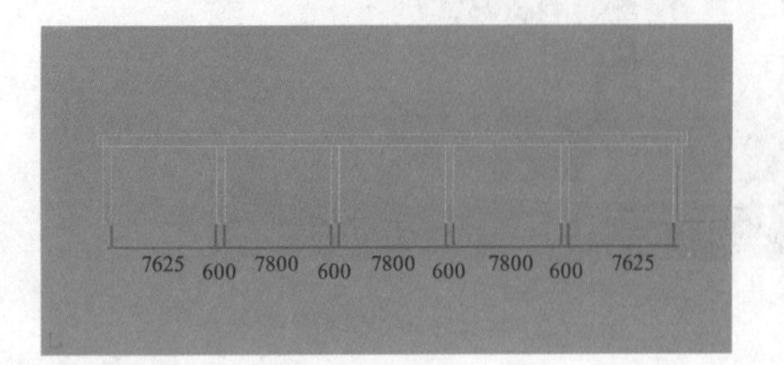

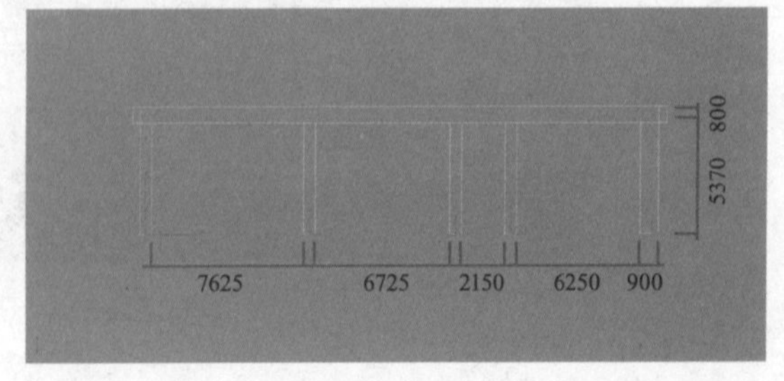

最后成组，赋予“黑色彩钢”材质，设置“反射”为 15、“高光光泽度”为 0.6、“反射光泽度”为 0.95，效果如下左图所示。

下面开始设计玻璃幕墙，在两个柱子之间，用二维物体中的“线”绘制出门框，同样设置“轮廓”为 240mm，然后再“挤出”240mm，完成门框绘制，中间的骨架部分用“长方体”来完成，宽度为 50mm，每根骨架的间距为 440mm，效果如下右图所示。

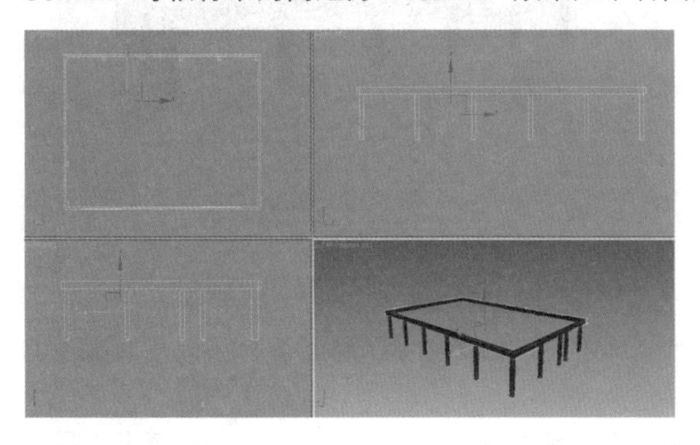

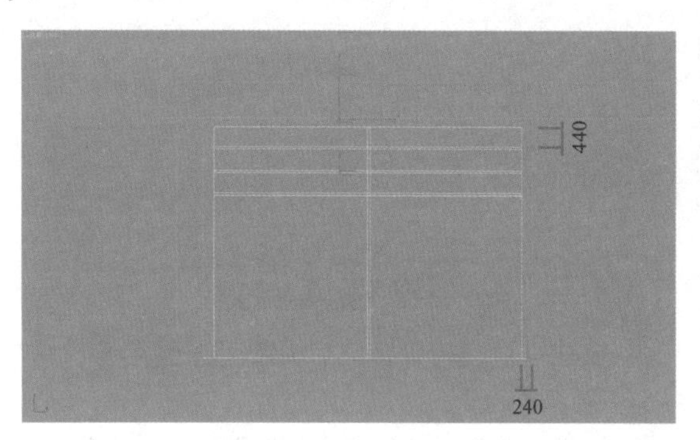

然后这个玻璃幕墙用长方体来完成，厚度为 20mm 即可，最后赋予“玻璃”材质，完成之后的效果如下左图所示。

按照同样的方法将建筑一层的两块玻璃幕墙都建立起来。

2. 广告牌

接下来完成玻璃幕墙上面的广告牌位置，与制作玻璃幕墙的方法一样，中间的高度为 5000mm, 每个广告框架的距离为 300mm, 如下右图所示。

广告牌的框架仍旧赋予“黑色彩钢”材质，广告牌部分分别放入长方体，再赋予“发光贴图”材质，在“发光贴图”材质中贴入一些广告画的贴图，正面效果如下左图所示。

在整个一层门厅部分的背面，也就是摄影机视图看不到的位置，可以直接用长方体来完成，如下右图所示。

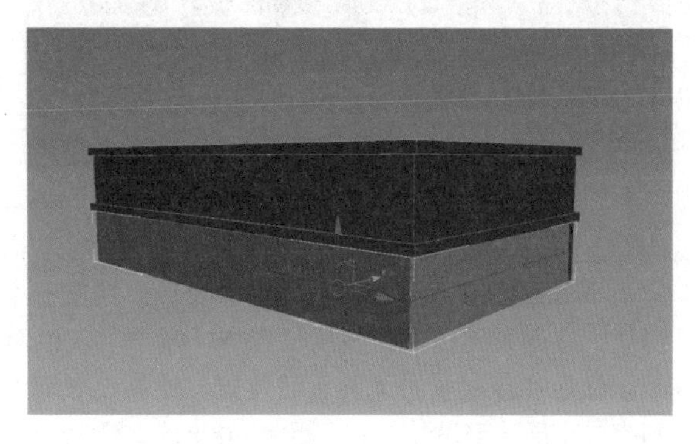

门厅完成之后的效果如右图所示。

14.1.2 写字楼楼体设计

完成一层门厅设计之后，就可以继续设计写字楼的楼体部分，因为结构大体相同，所以相对来说比较容易。

这里主要表现的是窗户，单面窗户的宽度为900mm，双面窗户的宽度为1800mm，其余部分还是用“黑色彩钢”材质，窗户的边框用“金属”材质来完成。可以在靠边的位置设计一个百叶窗，用长方体“阵列”即可完成，其中楼板厚为400mm，每层楼的层高为3600mm，如下左图所示。

在视图中可以看到建筑的另外一边留有900mm的距离，这里将会作为建筑侧面窗户的位置，如下右图所示。

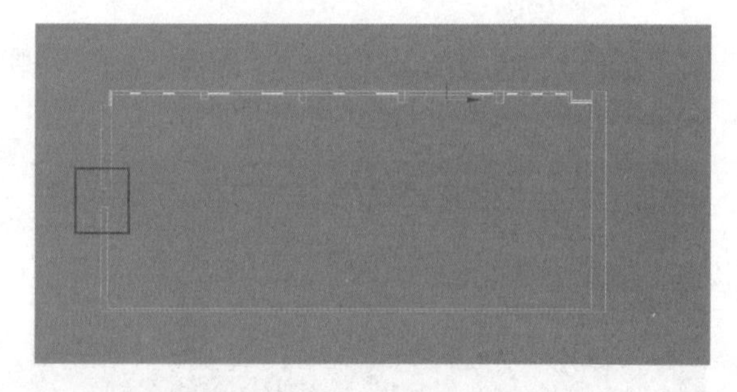

其余的位置赋予“灰色面砖.jpg”贴图材质，此时写字楼主楼楼体效果如下左图所示。

复制24层之后的效果如下右图所示，当复制完成之后，每层窗户的间距不要完全相同，同样的形式但是间距不同，这样便完成了写字楼楼体的建模设计，如下右图所示。

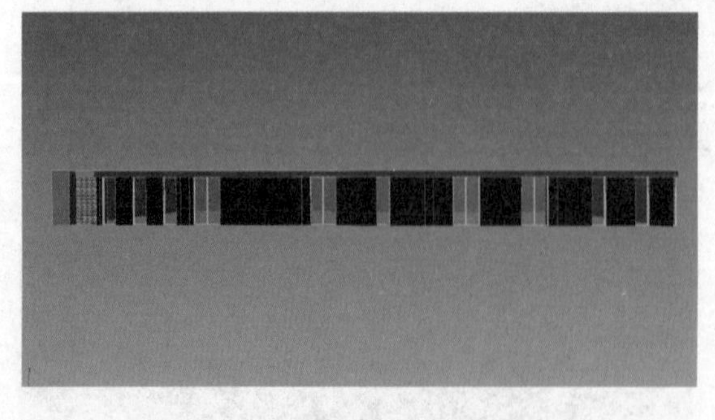

14.1.3 顶层设计

下面进行最后一步——顶层的设计。绘制一个长方体作为顶层，高度为6000mm，赋予“浅灰色”材质，在建筑两边还是使用长方体，赋予“灰色面砖.jpg”贴图材质，如下左图所示。

然后在顶层长方体的正面位置，绘制出长和宽为120mm，高度为6000mm的细长长方体。通过复制完成顶层造型设计，其间距为600mm，最后成组并命名，同样赋予“黑色彩钢”材质，如下中图所示。

通过这三个部分的建模，最终完成整栋大楼的三维建模，如下右图所示。

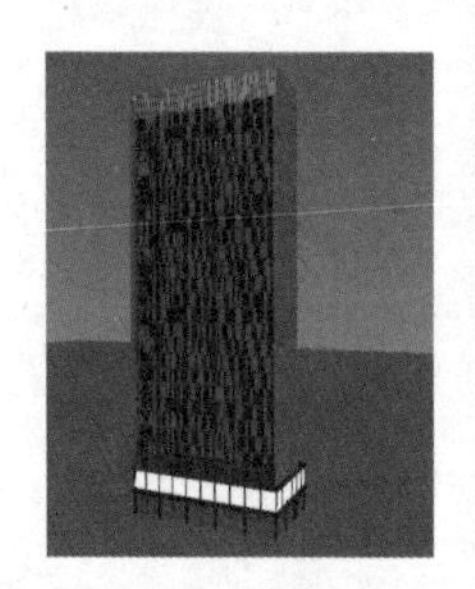

14.2 设置摄影机

完成整栋建筑的建模之后，下面用“平面”制作一个地面，然后赋予“灰色”材质。

与设计室内效果图一样，为了固定视角，制作一个摄影机是理想选择。同样选择“目标摄影机”，选择备用镜头24mm，将摄影机抬起至距地面约1200mm的位置，再将目标点拉远至建筑上，如下左图所示。

摄影机视图完成之后，在渲染设置中将“输出大小”的“图像纵横比”设置为1.0，画布大小长宽可先设置为800，画面效果如下右图所示。

14.3 背景和灯光设置

现在设置背景。按数字8键，弹出“环境与效果”对话框，为环境贴图中赋予“天空贴图.jpg”贴图材质，如下左图所示。

灯光效果很简单，选择“目标聚光灯”即可，启用VRayShadow阴影，排除地面的阴影，灯光的强度倍增调整为0.8，颜色设置为偏暖的颜色，照射的方向如下中图所示。

设置较低参数值渲染设置之后效果如下右图所示。

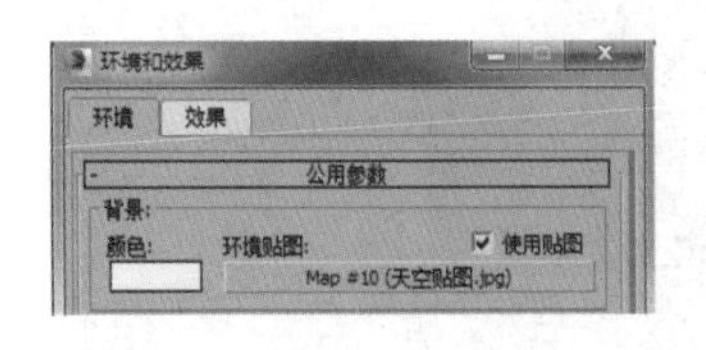

14.4 环境布置及大图渲染

按照之前介绍的写字楼模型创建方法，再制作出其他几栋写字楼，丰富画面构图，如下左图所示。

在摄影机镜头下能看到的部分，用“平面”制作出公路及草坪，分别贴入“公路贴图”和“草坪贴图”，并调入路灯模型，如下右图所示。

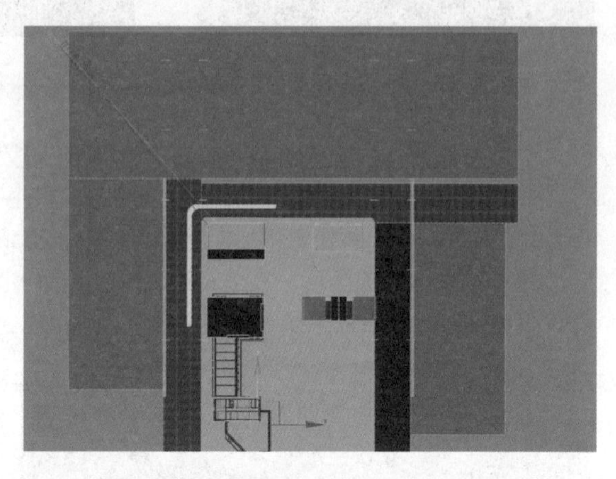

将周边环境都设置完成之后，进行大图渲染设置。首先在渲染设置的“VR- 基项”中，将“图像采样器”设置为“固定”，开启“抗锯齿过滤器”为 Catmull-Rom，将“固定采样器”细分设置为 4，如下左图所示。

在“VR- 间接照明”中将“发光贴图”的“当前预置”设置为“高”，将“灯光缓存”的“细分”设置为 1000，如下右图所示。

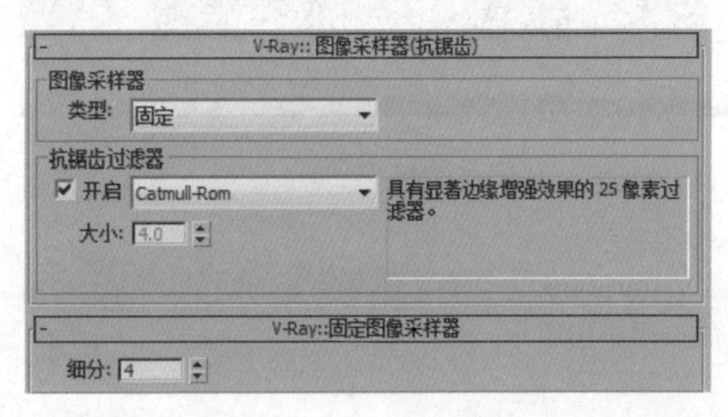

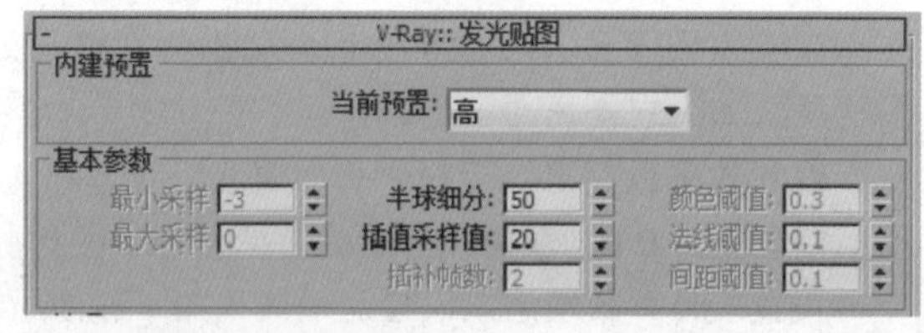

最后将画布大小长宽均设置为 1200，设置完成之后渲染，保存为 TGA 格式，效果如右图所示。

14.5 Photoshop 后期处理

渲染图像是将三维图像表现到二维空间中得到的，然后用 Photoshop 来润色，在润色平面图像时只有遵循透视以及近大远小等规则，才能得到逼真的效果。

如果要使画面看起来更加饱满，就需要添加更多的二维图像素材，根据消失点（也就是人眼的高度）进行构造合成操作。如果合成时不遵守基本的透视法则，制作出来的图像会显得很不自然。

14.5.1 表现建筑玻璃反光

在 Photoshop 中润色时表现周边环境反射是透视图中表现玻璃最有效的方法。将会用到蒙版工具来表现建筑表面的玻璃反射。

首先，将渲染完成之后的图片在 Photoshop 中打开，然后将背景图层转换为普通图层，用魔棒工具选取背景之后删除掉，如下左图所示。

然后拖入在 3ds Max 中通道渲染之后得到的图片，与原图对应，如下右图所示。

最后将玻璃反射的背景素材图也加入到当前图像中，如下左图所示。

当 3 张图像分别放置在 3 个图层中后，先选择通道图与原图所在图层并使其显示，而将素材图所在图层隐藏。再使用魔棒工具选择主楼正面窗户部分（通道图灰色部分），先选择其中一个灰色方格，然后右击，在快捷菜单中选择“选取类似”命令，所有正面窗户部分都被选中之后将通道图隐藏，如下右图所示。

完成选择之后，显示素材图如下左图所示。

最后选择“原图”图层，然后单击“添加矢量蒙版”按钮，此时背景素材图就已经添加上蒙版，然后将不透明度更改为“70%”，如下右图所示。

主楼的正面玻璃反射完成效果如下左图所示。

用蒙版的方法完成所有建筑表面反射效果的表现，如下右图所示。

14.5.2 表现远景

远景可大致分为天空、山和建筑，比较理想的方法就是拍摄设计现场的图片作为背景，然后再进行合成，但是因为诸多因素的干扰，在很多情况下还是会使用事先拍摄好的其他地方的背景照片作为背景。

首先加入背景图片，然后对准背景素材和渲染图像的水平线，如右图所示。

接下来放入远景环境图像，修改其所在图层的填充和不透明度，后面的场景会制作得虚一些，让整个画面有虚实对比。图像的大小可能不太合适，选择菜单栏中的“编辑 > 自由变换”命令（快捷键是Ctrl+T），此时将显示自由变换控制框，如下左图所示。

按住 Shift 键，拖曳控制框 4 个顶点的手柄，可以等比例缩放图像，将这个环境图像缩放到适当的位置之后，放在地平线的位置，如下右图所示。

按照同样的方法，将远景补充完整，如右图所示。

14.5.3 表现中景

当远景补充完整之后，下面将会制作一个中景来遮住图像中远处不自然的部分。例如添加树木来遮盖，从而使图像看起来更加和谐，而且不会显得太空旷，注意选择合适的角度、形状和位置，使之融合到整体图像的氛围中。

此时建筑顶端部分的明度要降低一些，选择多边形套索工具来解决这个问题。首先在图层面板中单击“创建新图层”按钮，新建一个图层，然后再选择多边形套索工具，根据建筑顶层的边框来选中建筑顶层的部分，如下左图所示。

当在草坪中补充了一些灌木和阴影之后，再添加中景设施，增加图片的节奏感，如下右图所示。

选中要填色的区域之后，在调色板中选取颜色然后填充，这里可以看到调色板中有两个色块，快捷键Alt+Delete为选中区域填充前景色，快捷键Ctrl+Delete填充背景色，最后再调整该图层的透明度即可，最后用文字工具加入一个建筑Logo，完成之后的效果如右图所示。

14.5.4 表现近景

近景也就是图像中最近处的景物，根据场景条件和摄影机视图的不同，每个项目中的近景图都是不同的，可能是路边景，也有可能是人行道等。

这个实例中的近景是一片草地休闲区，所以接下来将会采用实际的休闲区照片来还原图像的真实感，结合中景灌木，将不和谐的位置遮住，最后把树枝放到画面的最前面，进一步增强画面的远近效果。

最后在画面中再加入一些人物，显得更热闹一些。在将人物图层放入场景中时，首先要注意按照正确的层次进行摆放，错误的人物尺寸会与建筑形成强烈的对比，从而使得整个画面不协调；其次，尽量避免与计划走向方向不符的人物；为了不分散观者的视线，不要使用太显眼的人物素材，远处人物图层的“不透明度”要相应降低。

完成之后的效果如右图所示。

14.6 最终完成效果

最后新建一个渐变图层，降低画面近景的明度，调整对比度，使画面显得更加沉稳。最终完成的效果如下图所示。

图书在版编目（CIP）数据

3ds Max+Vray 室内外效果图表现高级教程 / 曹凯著 . — 北京：中国青年出版社，2015.1
中国高校“十二五”环境艺术精品课程规划教材
ISBN 978-7-5153-3035-8
I. ①3… II. ①曹 … III. ①建筑设计 — 计算机辅助设计 — 三维动画软件 — 高等学校 — 教材 IV. ①TU201.4
中国版本图书馆 CIP 数据核字（2014）第 293975 号

3ds Max+VRay
室内外效果图表现高级教程

曹凯 / 著

出版发行：中国青年出版社
地　　址：北京市东四十二条 21 号
邮政编码：100708
电　　话：（010）59521188 / 59521189
传　　真：（010）59521111
企　　划：北京中青雄狮数码传媒科技有限公司

策划编辑：付　聪
责任编辑：郭　光　张　军
助理编辑：杨昕宇
封面设计：六面体书籍设计　唐　棣　穆　地

印　　刷：中煤涿州制图印刷厂北京分厂
开　　本：787 × 1092　1/16
印　　张：13.5
版　　次：2015 年 1 月北京第 1 版
印　　次：2015 年 1 月第 1 次印刷
书　　号：ISBN 978-7-5153-3035-8
定　　价：59.80 元（附赠 1DVD）

本书如有印装质量等问题，请与本社联系　电话：（010）59521188 / 59521189
读者来信：reader@cypmedia.com
如有其他问题请访问我们的网站：www.cypmedia.com

“北大方正公司电子有限公司”授权本书使用如下方正字体。
封面用字包括：方正兰亭黑系列